中国核科学技术进展报告

（第八卷）

中国核学会 2023 年学术年会论文集

中国核学会◎编

第 6 册

辐射研究与应用分卷

核技术工业应用分卷

原子能农学分卷

核医学分卷

核技术经济与管理现代化分卷

核电子学与核探测技术分卷

辐照效应分卷

科学技术文献出版社
SCIENTIFIC AND TECHNICAL DOCUMENTATION PRESS

·北京·

图书在版编目（CIP）数据

中国核科学技术进展报告. 第八卷. 中国核学会2023年学术年会论文集. 第6册，辐射研究与应用、核技术工业应用、原子能农学、核医学、核技术经济与管理现代化、核电子学与核探测技术、辐照效应 / 中国核学会编. —北京：科学技术文献出版社，2023.12
ISBN 978-7-5235-1047-6

Ⅰ.①中…　Ⅱ.①中…　Ⅲ.①核技术—技术发展—研究报告—中国　Ⅳ.① TL-12

中国国家版本馆 CIP 数据核字（2023）第 229128 号

中国核科学技术进展报告（第八卷）第6册

策划编辑：张雨涵　　　责任编辑：李　鑫　　　责任校对：王瑞瑞　　　责任出版：张志平

出　版　者	科学技术文献出版社
地　　　址	北京市复兴路15号　　邮编 100038
编　务　部	（010）58882938，58882087（传真）
发　行　部	（010）58882868，58882870（传真）
邮　购　部	（010）58882873
官 方 网 址	www.stdp.com.cn
发　行　者	科学技术文献出版社发行　全国各地新华书店经销
印　刷　者	北京厚诚则铭印刷科技有限公司
版　　　次	2023 年 12 月第 1 版　2023 年 12 月第 1 次印刷
开　　　本	880×1230　1/16
字　　　数	761千
印　　　张	27
书　　　号	ISBN 978-7-5235-1047-6
定　　　价	120.00元

中国核学会 2023 年
学术年会大会组织机构

主办单位 中国核学会

承办单位 西安交通大学

协办单位 中国核工业集团有限公司   国家电力投资集团有限公司
中国广核集团有限公司   清华大学
中国工程物理研究院   中国工程院
中国科学院近代物理研究所   中国华能集团有限公司
哈尔滨工程大学   西北核技术研究院

大会名誉主席 余剑锋   中国核工业集团有限公司党组书记、董事长

大会主席 王寿君   中国核学会党委书记、理事长
卢建军   西安交通大学党委书记

大会副主席 王凤学   张涛   邓戈   欧阳晓平   庞松涛   赵红卫   赵宪庚
姜胜耀   殷敬伟   巢哲雄   赖新春   刘建桥

高级顾问 王乃彦   王大中   陈佳洱   胡思得   杜祥琬   穆占英   王毅韧
赵军   丁中智   吴浩峰

大会学术委员会主任 欧阳晓平

大会学术委员会副主任 叶奇蓁   邱爱慈   罗琦   赵红卫

大会学术委员会成员 （按姓氏笔画排序）

于俊崇   万宝年   马余刚   王驹   王贻芳   邓建军
叶国安   邢继   吕华权   刘承敏   李亚明   李建刚
陈森玉   罗志福   周刚   郑明光   赵振堂   柳卫平
唐立   唐传祥   詹文龙   樊明武

大会组委会主任 刘建桥   苏光辉

大会组委会副主任 高克立   田文喜   刘晓光   臧航

大会组委会成员 （按姓氏笔画排序）

丁有钱   丁其华   王国宝   文静   帅茂兵   冯海宁   兰晓莉
师庆维   朱华   朱科军   刘伟   刘玉龙   刘蕴韬   孙晔
苏萍   苏艳茹   李娟   李亚明   杨志   杨辉   杨来生
吴蓉   吴郁龙   邹文康   张建   张维   张春东   陈伟
陈煜   陈启元   郑卫芳   赵国海   胡杰   段旭如   昝元锋

耿建华　徐培昇　高美须　郭　冰　唐忠锋　桑海波　黄　伟
黄乃曦　温　榜　雷鸣泽　解正涛　薛　妍　魏素花

大会秘书处成员　（按姓氏笔画排序）

于　娟　王　笑　王亚男　王明军　王楚雅　朱彦彦　任可欣
邬良芃　刘　宣　刘思岩　刘雪莉　关天齐　孙　华　孙培伟
巫英伟　李　达　李　彤　李　燕　杨士杰　杨骏鹏　吴世发
沈　莹　张　博　张　魁　张益荣　陈　阳　陈　鹏　陈晓鹏
邵天波　单崇依　赵永涛　贺亚男　徐若珊　徐晓晴　郭凯伦
陶　芸　曹良志　董淑娟　韩树南　魏新宇

技术支持单位　各专业分会及各省级核学会

专 业 分 会　核化学与放射化学分会、核物理分会、核电子学与核探测技术分会、原子能农学分会、辐射防护分会、核化工分会、铀矿冶分会、核能动力分会、粒子加速器分会、铀矿地质分会、辐射研究与应用分会、同位素分离分会、核材料分会、核聚变与等离子体物理分会、计算物理分会、同位素分会、核技术经济与管理现代化分会、核科技情报研究分会、核技术工业应用分会、核医学分会、脉冲功率技术及其应用分会、辐射物理分会、核测试与分析分会、核安全分会、核工程力学分会、锕系物理与化学分会、放射性药物分会、核安保分会、船用核动力分会、辐照效应分会、核设备分会、近距离治疗与智慧放疗分会、核应急医学分会、射线束技术分会、电离辐射计量分会、核仪器分会、核反应堆热工流体力学分会、知识产权分会、核石墨及碳材料测试与应用分会、核能综合利用分会、数字化与系统工程分会、核环保分会、高温堆分会、核质量保证分会、核电运行及应用技术分会、核心理研究与培训分会、标记与检验医学分会、医学物理分会、核法律分会（筹）

省级核学会　（按成立时间排序）

上海市核学会、四川省核学会、河南省核学会、江西省核学会、广东核学会、江苏省核学会、福建省核学会、北京核学会、辽宁省核学会、安徽省核学会、湖南省核学会、浙江省核学会、吉林省核学会、天津市核学会、新疆维吾尔自治区核学会、贵州省核学会、陕西省核学会、湖北省核学会、山西省核学会、甘肃省核学会、黑龙江省核学会、山东省核学会、内蒙古核学会

中国核科学技术进展报告
（第八卷）

总编委会

原子能农学分卷
编 委 会

主 任　刘录祥

副主任　陈　浩　李　云　季清娥　高美须

核医学分卷
编 委 会

主 任　李亚明

委 员　（按姓氏笔画排序）
王雪梅　王雪鹃　方　纬　田　蓉　兰晓莉
刘亚强　李思进　李雪娜　何作祥　郑　容
赵　军　赵长久　赵晋华

核技术经济与管理现代化分卷
编 委 会

主 任　张　建

委 员　（按姓氏笔画排序）
王　佳　何竹亭　谢笑磊

前　言

　　《中国核科学技术进展报告（第八卷）》是中国核学会 2023 学术双年会优秀论文集结。

　　2023 年中国核科学技术领域取得重大进展。四代核电和前沿颠覆性技术创新实现新突破，高温气冷堆示范工程成功实现双堆初始满功率，快堆示范工程取得重大成果。可控核聚变研究"中国环流三号"和"东方超环"刷新世界纪录。新一代工业和医用加速器研制成功。锦屏深地核天体物理实验室持续发布重要科研成果。我国核电技术水平和安全运行水平跻身世界前列。截至 2023 年 7 月，中国大陆商运核电机组 55 台，居全球第三；在建核电机组 22 台，继续保持全球第一。2023 年国务院常务会议核准了山东石岛湾、福建宁德、辽宁徐大堡核电项目 6 台机组，我国核电发展迈进高质量发展的新阶段。我国核工业全产业链从铀矿勘探开采到乏燃料后处理和废物处理处置体系能力全面提升。核技术应用经济规模持续扩大，在工业、医学、农业等各领域，产业进入快速扩张期，预计 2025 年可达万亿市场规模，已成为我国核工业强国建设的重要组成部分。

　　中国核学会 2023 学术双年会的主题为"深入贯彻党的二十大精神，全力推动核科技自立自强"，体现了我国核领域把握世界科技创新前沿发展趋势，紧紧抓住新一轮科技革命和产业变革的历史机遇，推动交流与合作，以创新科技引领绿色发展的共识与行动。会议为期 3 天，主要以大会全体会议、分会场口头报告、张贴报告等形式进行，同时举办以"核技术点亮生命"为主题的核技术应用论坛，以"共话硬'核'医学，助力健康中国"为主题的核医学科普论坛，以"核能科技新时代，青年人才新征程"为主题的青年论坛，以及以"心有光芒，芳华自在"为主题的妇女论坛。

　　大会共征集论文 1200 余篇，经专家审稿，评选出 522 篇较高水平的论文收录进《中国核科学技术进展报告（第八卷）》公开出版发行。《中国核科学技术进展报告（第八卷）》分为 10 册，并按 40 个二级学科设立分卷。

《中国核科学技术进展报告（第八卷）》顺利集结、出版与发行，首先感谢中国核学会各专业分会、各工作委员会和23个省级（地方）核学会的鼎力相助；其次感谢总编委会和40个（二级学科）分卷编委会同仁的严谨作风和治学态度；最后感谢中国核学会秘书处和科学技术文献出版社工作人员在文字编辑及校对过程中做出的贡献。

《中国核科学技术进展报告（第八卷）》总编委会

辐射研究与应用
Radiation Research & Application

目　录

生态环境监测中辐射检测标准体系研究

吴济舟[1*]，刘　永[1]，栾建文[1,2]

（1. 国检测试控股集团京诚检测有限公司，广东　广州　511400；2. 中国国检测试控股
集团股份有限公司，北京　100024）

摘　要：辐射检测是生态环境监测的重要组成部分。辐射主要分为电磁辐射和电离辐射。辐射检测涉及的标准包括国家标准［强制性国家标准（GB）、推荐性国家标准（GB/T）、指导性国家标准（GBZ）］和行业标准［生态环境标准（HJ）、核工业标准（EJ）、地质标准（DZ）、卫生标准（WS）］。电磁辐射涉及国家标准 3 项，行业标准 6 项。电离辐射涉及国家标准 67 项，行业标准 38 项。辐射检测标准体系的快速发展，有助于提升生态环境质量，强化标准化工作，为推动高质量发展、全面建设社会主义现代化国家提供技术支撑。

关键词：生态环境监测；辐射检测；标准体系

2018 年国务院机构改革后，"环境保护部"更名为"生态环境部"，主要是做到了"五个打通"[1]，并对核安全的管理工作重新进行了梳理。为进一步规范生态环境监测机构资质管理，提高生态环境监测机构监测水平，国家市场监管总局、生态环境部于 2018 年 11 月 22 日发布了《检验检测机构资质认定生态环境监测机构评审补充要求》，指出生态环境监测是指运用化学、物理、生物等技术手段，针对水和废水、环境空气和废气、海水、土壤、沉积物、固体废物、生物、噪声、振动、辐射等要素开展环境质量和污染排放的监测（检测）活动[2]。党的第十九届中央委员会第五次全体会议审议通过的《中共中央关于制定国民经济和社会发展第十四个五年规划和二〇三五年远景目标的建议》明确提出，"十四五"时期经济社会发展要"以推动高质量发展为主题".[3]习近平总书记在党的二十大报告中指出："高质量发展是全面建设社会主义现代化国家的首要任务。"[4]随着科学技术的发展，医源性辐射越来越被大众所关心[5]。移动基站与居民之间的距离不断拉近，人们对电磁辐射认识也存在一定的误区[6]。辐射标准体系的不断完善，强化了工程建设过程中辐射管理，减少公众压力，进一步提升生态文明建设水平。

1　辐射检测标准体系

辐射检测分为电磁辐射和电离辐射检测 2 个部分。电磁辐射是由同向振荡且互相垂直的电场与磁场在空间中以波的形式传递动量和能量，其传播方向垂直于电场与磁场构成的平面。电场与磁场的交互变化产生电磁波，电磁波向空中发射或传播形成电磁辐射[7]；根据频率或波长分为不同类型，这些类型包括（按序增加频率）：电力，无线电波，微波，太赫兹辐射，红外辐射，可见光，紫外线[8]。电离辐射，是指携带足以使物质原子或分子中的电子成为自由态，从而使这些原子或分子发生电离现象的能量的辐射，波长小于 100 nm，包括宇宙射线、X 射线和来自放射性物质的辐射；其特点是波长短、频率高、能量高。电离辐射可以从原子、分子或其他束缚状态中放出（Ionize）一个或几个电子。电离辐射是一切能引起物质电离的辐射的总称，其种类很多，高速带电粒子有 α 粒子、β 粒子、质子，不带电粒子有中子及 X 射线、γ 射线[9]。

作者简介：吴济舟（1982—），男，博士，高级工程师，硕士生导师，国检京诚副总工程师，研究方向包括技术服务、检验检测、质量管理、科技创新、环保咨询、企业管理。

2 电磁辐射

电磁辐射涉及标准共 9 项，包括国家标准 3 项［其中强制性国家标准（GB）2 项，推荐性国家标准（GB/T）1 项］，行业标准 6 项（均为生态环境行业标准 HJ）。近 5 年来，共新发布标准 5 项，其中国标 1 项，行标 4 项。具体标准与参数如表 1 所示。

表 1　电磁辐射检测标准与参数

序号	标准编号	标准方法	参数名称
1	GB/T 7349—2002	高压架空送电线、变电站无线电干扰测量方法	无线电干扰
2	GB/T 12720—1991	工频电场测量	工频电场强度
3	GB 39220—2020	直流输电工程合成电场限值及其监测方法	合成电场强度
4	HJ/T 10.2—1996	辐射环境保护管理导则　电磁辐射监测仪器和方法	电磁综合场强、射频磁场强度、射频电场强度、射频功率密度
5	HJ 681—2013	交流输变电工程电磁环境监测方法（试行）	工频磁场强度、工频电场强度
6	HJ 972—2018	移动通信基站电磁辐射环境监测方法	电场强度、功率密度
7	HJ 1136—2020	中波广播发射台电磁辐射环境　监测方法	磁场强度、电场强度、功率密度
8	HJ 1151—2020	5G 移动通信基站电磁辐射环境监测方法（试行）	功率密度
9	HJ 1199—2021	短波广播发射台电磁辐射环境监测方法	磁场强度、电场强度、功率密度

3 电离辐射

电磁辐射涉及标准共 105 项，包括国家标准 67 项，其中强制性国家标准（GB）12 项，推荐性国家标准（GB/T）28 项，指导性国家标准（GBZ）27 项，行业标准 38 项［生态环境标准（HJ）15 项、核工业标准（EJ）20 项、地质标准（DZ）1 项、卫生标准（WS）1 项、其他标准 1 项］。近 5 年来，共新发布标准 5 项，其中国家标准 1 项，行业标准 4 项。具体标准与参数如表 2 所示。

表 2　电离辐射检测标准与参数

序号	标准编号	标准方法	参数名称
1	DZ/T 0064.75—2021	地下水质分析方法　第 75 部分：镭和氡放射性的测定　射气法	氡；镭
2	EJ/T 267.2—1984	铀矿石中铀的测定　硫酸亚铁还原/钒酸铵氧化滴定法	铀
3	EJ 267.4—1984	低品位铀矿石中铀的测定　三正辛基氧膦（或三烷基氧膦）萃取分离、2－（5－溴－2－吡啶－偶氮）－5－二乙氨基苯酚分光光度法	铀－235；铀－238
4	EJ/T 297.10—1987	花岗岩、花岗岩铀矿石组份分析方法　氧化钾量的测定	钾
5	EJ/T 349.2—1988	岩石中微量铀的分析方法	铀
6	EJ/T 349.3—1997	岩石中微量钍的分析方法	钍
7	EJ/T 349.4—1998	岩石中微量铀钍的测定　P350－吸附树脂萃取色层分光光度法	铀
8	EJ/T 363—2012	地面伽玛能谱测量规范	K；Th；U
9	EJ/T 378—1989	铀矿山空气中氡及氡子体测定方法	氡；氡子体
10	EJ/T 550—2000	土壤、岩石等样品中铀的测定（激光荧光法）	铀
11	EJ/T 605—2018	铀矿勘查氡及其子体测量规范	氡；钍射气

序号	标准编号	标准方法	参数名称
12	EJ/T 611—2005	γ测井规范	γ测井
13	EJ/T 859—1994	水中铅-210的分析方法	铅-210
14	EJ/T 861—1994	岩石中微量铷和锶的原子吸收光谱法测定	铷；锶
15	EJ/T 900—1994	水中总β放射性测定蒸发法	总β
16	EJ/T 979—1995	表面氡析出率测定积累法	氡
17	EJ/T 1008—1996	空气中碳-14的取样与测定方法	碳-14
18	EJ/T 1035—2011	土壤中锶-90的分析方法	锶
19	EJ/T 1075—1998	水中总α放射性浓度的测定厚源法	总α；总β
20	EJ/T 1117—2000	土壤中镭-226的放射化学分析方法	镭-226
21	EJ/T 1133—2001	水中氡测量规程	氡
22	GB 5172—1985	粒子加速器辐射防护规定	χ、γ辐射剂量率
23	GB/T 6768—1986	水中微量铀分析方法	铀
24	GB/T 10264—2014	个人和环境监测用热释光剂量测量系统	χ、γ辐射累积剂量
25	GB/T 11214—1989	水中镭-226的分析测定	镭-226
26	GB/T 11218—1989	水中镭的α放射性核素的测定	镭
27	GB/T 11219.1—1989	土壤中钚的测定 萃取色层法	钚
28	GB/T 11219.2—1989	土壤中钚的测定 离子交换法	钚
29	GB/T 11224—1989	水中钍的分析测定	钍
30	GB/T 11225—1989	水中钚的分析方法	钚
31	GB/T 11338—1989	水中钾-40的分析方法	钾-40
32	GB/T 11713—2015	高纯锗γ能谱分析通用方法	γ核素；碘-131、钴-60、钾-40；镭-226；铅-210；铯-137；钍-232；铀-235；铀-238
33	GB/T 11743—2013	土壤放射性核素的γ能谱分析方法	γ核素
34	GB/T 11904—1989	水质 钾和钠的测定 火焰原子吸收分光光度法	钾
35	GB/T 12377—1990	空气中微量铀的分析方法 激光荧光法	铀
36	GB/T 12378—1990	空气中微量铀的分析方法 TBP萃取荧光法	铀
37	GB 12664—2003	便携式X射线安全检查设备通用规范	χ、γ辐射剂量率
38	GB/T 12714—2009	镭铍中子源	中子剂量率
39	GB/T 13070—1991	铀矿石中铀的测定 电位滴定法	铀
40	GB/T 13073—2010	岩石样品^{226}Ra的测定 射气法	镭-226
41	GB/T 13272—1991	水中碘-131的分析方法	碘
42	GB/T 14056.1—2008	表面污染测定 第1部分：β发射体（$E_{\beta max} > 0.15$ MeV）和α发射体	α、β表面污染
43	GB/T 14584—1993	空气中碘-131的取样与测定	碘
44	GB/T 14674—1993	牛奶中碘-131的分析方法	碘
45	GB 14883.1—2016	食品安全国家标准食品中放射性物质铯-137的测定	铯-137
46	GB 14883.3—2016	食品安全国家标准 食品中放射性物质锶-89和锶-90的测定	锶-89；锶-90
47	GB 14883.5—2016	食品安全国家标准 食品中放射性物质钋-210的测定	钋-210
48	GB 14883.6—2016	食品安全国家标准 食品中放射性物质镭-226和镭-228的测定	镭-226；镭-228

序号	标准编号	标准方法	参数名称
49	GB 14883.7—2016	食品安全国家标准 食品中放射性物质天然钍和铀的测定	钍；铀
50	GB 15208.1—2018	微剂量X射线安全检查设备 第1部分：通用技术要求	单次检查剂量；周围剂量当量率
51	GB/T 15221—1994	水中钴-60的分析方法	钴-60
52	GB/T 16140—2018	水中放射性核素的γ能谱分析方法	γ核素；碘-131；钴-60；钾；镭；铯-137；钍-232；铀-235；铀-238
53	GB/T 16145—2020	生物样品中放射性核素的γ能谱分析方法	γ核素；碘-131；钴-60；钾；镭；铯-137；钍-232；铀-235；铀-238
54	GB 18871—2002	电离辐射防护与辐射源安全基本标准	χ、γ辐射剂量率
55	GB/T 30738—2014	海洋沉积物中放射性核素的测定γ能谱法	γ核素
56	GB 50325—2020	民用建筑工程室内环境污染控制标准	氡；氡析出率
57	GB 50348—2018	安全防范工程技术标准	X射线单次检查剂量；X射线泄漏剂量率
58	GB/T 8538—2016	食品安全国家标准 饮用天然矿泉水检验方法	镭-226
59	GB/T 14318—2019	辐射防护仪器中子周围剂量当量（率）仪	χ、γ辐射剂量率；中子剂量率
60	GBZ 114—2006	密封源及密封γ放射源容器的放射卫生防护标准	χ、γ辐射剂量率
61	GBZ 115—2002	X射线衍射仪和荧光分析仪卫生防护标准	χ、γ辐射剂量率
62	GBZ 117—2015	工业X射线探伤放射防护要求	χ、γ辐射剂量率
63	GBZ 118—2020	油气田测井放射防护要求	χ、γ辐射剂量率；α、β表面污染；中子剂量率
64	GBZ 120—2020	核医学放射防护要求	α、β表面污染；χ、γ辐射剂量率
65	GBZ 121—2020	放射治疗放射防护要求	χ、γ辐射剂量率；中子剂量率
66	GBZ 125—2009	含密封源仪表的放射卫生防护要求	χ、γ辐射剂量率；中子辐射剂量率
67	GBZ 126—2011	电子加速器放射治疗放射防护要求	χ、γ辐射剂量率；中子辐射剂量率
68	GBZ 127—2002	X射线行李包检查系统卫生防护标准	χ、γ辐射剂量率
69	GBZ 128—2019	职业性外照射个人监测规范	X、γ辐射剂量率；外照射个人剂量
70	GBZ 130—2020	放射诊断放射防护要求	χ、γ辐射剂量率
71	GBZ 132—2008	工业γ射线探伤放射防护标准	χ、γ辐射剂量率
72	GBZ 134—2002	放射性核素敷贴治疗卫生防护标准	χ、γ辐射剂量率
73	GBZ 135—2002	密封γ放射源容器卫生防护标准	χ、γ辐射剂量率
74	GBZ 141—2002	γ射线和电子束辐照装置防护检测规范	χ、γ辐射剂量率
75	GBZ 142—2002	油（气）田测井用密封型放射源卫生防护标准	X-γ辐射剂量率
76	GBZ 143—2015	货物/车辆辐射检查系统的放射防护要求	χ、γ辐射剂量率
77	GBZ 165—2012	X射线计算机断层摄影放射防护要求	χ、γ辐射剂量率
78	GBZ 168—2005	X、γ射线头部立体定向外科治疗放射卫生防护标准	χ、γ辐射剂量率

序号	标准编号	标准方法	参数名称
79	GBZ 175—2006	γ射线工业CT放射卫生防护标准	χ、γ辐射剂量率
80	GBZ 177—2006	便携式X射线检查系统放射卫生防护标准	χ、γ辐射剂量率
81	GBZ/T 180—2006	医用X射线CT机房的辐射屏蔽规范	χ、γ辐射剂量率
82	GBZ/T 182—2006	室内氡及其衰变产物测量规范	氡
83	GBZ/T 201.2—2011	放射治疗机房的辐射屏蔽规范 第2部分:电子直线加速器放射治疗机房	χ、γ辐射剂量率;中子辐射剂量率
84	GBZ/T 201.5—2015	放射治疗机房的辐射屏蔽规范 第5部分:质子加速器放射治疗机房	环境χ、γ剂量率;中子剂量率
85	GBZ 207—2016	外照射个人剂量系统性能检验规范	外照射个人剂量
86	GBZ/T 256—2014	非铀矿山开采中氡的放射防护要求	氡
87	HJ 785—2016	电子直线加速器工业CT辐射安全技术规范	χ、γ辐射剂量率
88	HJ 813—2016	水中钋-210的分析方法	钋-210
89	HJ 814—2016	水和土壤样品中钍的放射化学分析方法	钍
90	HJ 815—2016	水和生物样品灰中锶-90的放射化学分析方法	锶-90
91	HJ 816—2016	水和生物样品灰中铯-137的放射化学分析方法	铯-137
92	HJ 840—2017	环境样品中微量铀的分析方法	铀-235;铀-238
93	HJ 841—2017	水、牛奶、植物、动物甲状腺中碘-131的分析方法	碘-131
94	HJ 898—2017	水质 总α放射性的测定 厚源法	总α
95	HJ 899—2017	水质 总β放射性的测定 厚源法	总β
96	HJ 1126—2020	水中氚的分析方法	氚
97	HJ 1149—2020	环境空气 气溶胶中γ放射性核素的测定 滤膜压片/γ能谱法	γ放射性核素活度
98	HJ 1157—2021	环境γ辐射剂量率测量技术规范	γ辐射剂量率;χ、γ辐射剂量率
99	HJ 1188—2021	核医学辐射防护与安全要求	α、β表面污染;周围剂量当量率
100	HJ 1198—2021	放射治疗辐射安全与防护要求	χ、γ辐射剂量率
101	HJ 1212—2021	环境空气中氡的测量方法	氡
102	WS/T 184—1999	空气中放射性核素的γ能谱分析方法	γ核素;钴-60;钾;镭;铯-137;钍-232;铀-235;铀-238
103	国家环境保护总局	水和废水监测分析方法(第四版 增补版)2022年	钍;铀

4 辐射与生态文明建设

随着2018年将"生态文明"写进宪法,各大部委结合生态文明建设工作需要,新增了多个法规,同时对已有法律条文进行了修订完善。2017年9月1日,第十二届全国人民代表大会常务委员会第二十九次会议通过《中华人民共和国核安全法》,于2018年1月1日正式施行,该法可以更好地预防与应对核事故,安全利用核能,保护公众和从业人员的安全与健康,保护生态环境,促进经济社会可持续发展。

5 结论

辐射检测标准体系的进一步完善，是落实建设工程高质量发展与全面推进生态文明建设的有机结合，在"二十大"高质量发展中具有举足轻重的地位。

致谢

感谢国检集团、国检京诚集团各位领导、同事对本研究的支持。

参考文献：

［1］ 陈善荣，陈传忠，文小明，等．"十四五"生态环境监测发展的总体思路与重点内容［J］．环境保护，2022，50（3）：12－16.

［2］ 吴济舟，刘永，栾建文，等．《生态环境监测机构评审补充要求》自查实施方案［J］．中国建材科技，2022，32（1）：21－23.

［3］ 常庆欣，邬欣欣．新发展理念对"十四五"时期高质量发展的引领作用研究［J］．马克思主义理论教学与研究，2022，2（4）：28－37.

［4］ 罗来军，张福康．高质量发展是全面建设社会主义现代化国家的首要任务：深入学习贯彻党的二十大精神系列党课［J］．党课参考，2022（23）：44－59.

［5］ 马志强，吴迎春，吕刚，等．辐射危害及其防护措施［J］．兵团医学，2020，18（3）：53－56.

［6］ 李东伟，李东兴，陈潜．移动通信基站电磁辐射危害［J］．移动通信，2012，36（9）：37－40.

［7］ 徐燕．社区环境卫生实用手册［M］．苏州：苏州大学出版社，2016.

［8］ 邹美玲，王林林．环境监测与实训［M］．北京：冶金工业出版社，2017.

［9］ 国际原子能机构（IAEA）．《辐射、人与环境》［M］．王晓峰，周启甫，译．北京：原子能出版社，2006.

Study on radiation detection standard system in ecological environmental monitoring

WU Ji-zhou[1]* , LIU Yong[1] , LUAN Jian-wen[1,2]

(1. China testing holding group Jingcheng Testing Co. , Ltd. , Guangzhou, Guangdong 511400, China；

2. China Testing & Certification International Group Co. , Ltd. , Beijing 100024, China)

Abstract：Radiation detection is an important component of ecological environmental monitoring. Radiation detection is mainly divided into electromagnetic radiation and ionizing radiation, the standards involved include national standards ［mandatory national standard (GB)，recommended national standard (GB/T)，guiding national standard (GBZ)］ and industry standards ［ecological environment standard (HJ)，nuclear industry standard (EJ)，geological standard (DZ)，health standard (WS)］. Electromagnetic radiation involves 3 national standards，6 industry standards. Ionizing radiation involves 67 national standards，38 industry standards. The rapid development of the radiation detection standard system will help to improve the quality of the ecological environment，strengthen the standardization work，and provide technical support for promoting high-quality development and building a modern socialist country in an all-round way.

Key words：Ecological environmental monitoring；Radiation detection；Standard system

含氨冷却剂辐射分解行为模拟计算研究

郭子方[1]，张　扬[2]，李一帆[1]，刘春雨[2]，林子健[1]，

杜香怡[1]，林铭章[1*]

（1. 中国科学技术大学核科学技术学院，安徽　合肥　230026；2. 中广核研究院有限公司，广东　深圳　518028）

摘　要：冷却剂中加入氨可以有效抑制辐解产生的氧化性物质（·OH、O_2 和 H_2O_2），从而缓解结构材料的腐蚀。本文建立了含氨冷却剂辐射分解模型并验证了其可靠性，计算与实验结果的最大相对误差小于 20%。使用辐解模型研究了主要因素包括温度、初始氨浓度及溶解氧浓度等对含氨冷却剂辐解行为的影响。由室温升至 300 ℃ 过程中，氨分解速率大幅放缓，H_2 的浓度随之降低。室温下 30 ppm 的氨水溶液吸收剂量为 18.0 kGy 时氨分解比例达到 45%，而 300 ℃ 下吸收剂量为 $8.6×10^6$ kGy 时才能达到该分解比例（45%）。初始氨浓度的提升加快了氨分解速率，但降低了其分解比例，初始氨浓度由 5 ppm① 增至 50 ppm，分解比例从 80.2% 下降至 40.5%（吸收剂量为 $1.0×10^7$ kGy），辐解产生的 H_2 表现出对氨浓度降幅的线性依赖。冷却剂中存在溶解氧时，氨水的辐解过程明显加强，H_2 的浓度同时降低，吸收剂量为 $1.0×10^7$ kGy 时，无氧氨水中氨损失比例为 45.5%，而溶解有 8 ppm O_2 的氨水溶液中氨损失率为 57.9%，因此清除冷却剂中初始溶解的 O_2 是必要的。

关键词：氨；辐射分解；数学模型；冷却剂

　　控制和优化反应堆的水化学环境是延长核电站寿命的关键环节，其中冷却剂的 pH 是腐蚀过程的主要控制因素之一[1]。此外，体系的 pH 在一定程度上影响着冷却剂的辐解过程，导致辐解产物化学形态和辐射化学产额（G 值）的变化。冷却剂辐解产物中 H_2O_2 和 O_2 是加剧结构材料腐蚀的重要"元凶"[2-4]。因此，抑制冷却剂辐解产生的 H_2O_2 和 O_2 对缓解辐照促进的腐蚀有重要意义。部分压水反应堆中通过添加碱性物质来调控冷却剂的 pH，所用添加物包括一回路的氢氧化锂和氨水以及二回路中的吗啉、环己胺和乙醇胺等[1,5-7]。氨水被广泛应用于 VVER 型反应堆中，既可以调节冷却剂的 pH，又能参与辐解反应抑制冷却剂中氧化性辐解产物的浓度[8]。

　　氨水辐射分解的研究主要集中在过去的几十年中，Kysela 等通过研究提出氨分解产生 H_2，H_2 清除体系中的 O_2[9]。Dwibedy 等则提出较低浓度的氨水（<10 ppm）辐解产生的 H_2 浓度较低，难以有效清除 O_2 和羟基自由基（·OH），清除·OH 和 O_2 的主要作用物是 NH_3 及其被抽氢后生成的氨基自由基（·NH_2）[10]。Rigg 等研究了 X 射线作用下氨水的辐解，观察到有氧氨水溶液辐解过程中亚硝酸根（NO_2^-）的生成[11]。Dwibedy 等提出了有氧氨水辐解产生 NO_2^- 的机理，确定了不同条件下 H_2O_2 和 NO_2^- 的产额[10]。Pagsberg 的研究表明在无氧条件下，氨水辐解过程中的主要辐解产物可能是 N_2H_4 和 $NH_2OH·H_2O$，并提出几个重要反应的速率常数[12]。上述研究关注氨水辐解过程中单一条件下反应或产物的行为变化，未系统地涵盖氨水辐解过程，尤其是氨水辐解过程的模拟预测与关键产物的变化情况有所缺失。

　　针对氨水辐解过程的系统研究匮乏的问题，本文进行了氨水在辐射场中的分解行为分析并归纳了可能的反应过程，在此基础上建立了基于 facsimile 软件的氨水辐解模型，利用实验数据对模型进行了验证。随后利用该模型研究了温度、初始氨浓度及溶解氧浓度等对氨水辐解过程的影响，重点关注了 NH_3 及 H_2 浓度的变化。本文有望为新型反应堆含氨冷却剂的使用优化提供参考。

作者简介：郭子方（1995—），男，河北石家庄人，博士研究生，现主要从事水溶液辐射化学、反应堆水化学等研究。

基金项目：国家自然科学基金"叶企孙"科学基金项目"强 α 放射性溶液辐射分解产氢的机理和模型研究"（U2241289）。

① 1 ppm=1 $\mu g/g$。

1 计算模型建立与验证

1.1 模型建立

模型的建立即对辐解过程和均相化学反应过程的数学表达，对一组微分方程进行积分求解从而求得各物质在对应时刻的浓度。主要的输入参数包括 G 值和吸收剂量率等，G 值受到射线种类和温度等的影响[13]。射线作用下辐解产物的生成速率如下：

$$c_R = G_R \times D \times \rho \times f / N_A。 \tag{1}$$

式中，c_R 是辐解产物的浓度（mol/L），G_R 表示辐射化学产额（/100 eV），D 为吸收剂量（Gy），ρ 是水的密度（kg/L），f 是转换因子 6.241×10^{15}，N_A 是阿伏伽德罗常数。

持续照射的情况下，辐解产物不断产生并扩散到体系达到均相，辐解产物及产物和溶质之间发生化学反应。氨水体系辐解过程的产物达数十种，产物间形成复杂的反应方程集[13-14]。对辐解产物 i 而言，在辐解过程中该物质持续生成和消耗，其净生成速率由式（2）表示。

$$R_i^c = \sum_{j=1}^{N} \sum_{m,s=1}^{M} k_j \times c_s \times c_m - c_i \times \sum_{j=1}^{N} \sum_{s=1}^{M} k_j \times c_s + G_R \times \dot{D} \times \rho \times f/N_A。 \tag{2}$$

式中，k_j 为物种 s 与 m 之间（生成 i 的反应）或 s 与 i 之间反应（消耗 i 的反应）的速率常数，c_s、c_m 和 c_i 分别为物种 m、s 和 i 的即时浓度，N 为反应方程式总数，M 为反应方程集中涉及物种数，$\dot{D}$ 表示射线的吸收剂量率。

1.2 模型的可靠性验证

图 1a 中，氨水中初始氨浓度为 5.30 mmol/L（约 100 ppm），添加物 H_3BO_3 的浓度为 168 mmol/L，随着辐照的进行氨的分解速率逐渐减缓，模型计算结果给出了混合场中的剩余氨浓度，较好地预测了剩余氨的变化趋势。当吸收剂量为 1032 kGy 时（吸收剂量率为 3.44 Gy/s），实际剩余氨浓度为 2.17 mmol/L，模型的计算结果为 2.47 mmol/L，相对误差为 13.8%。图 1b 中，溶液中初始的氨浓度为 5.25 mmol/L（约 90 ppm），30 ℃ 下氨水吸收 867 kGy 能量时剩余氨的浓度为 0.96 mmol/L，与计算结果的 0.96（3）mmol/L 接近。因此模型可以较好地预测不同温度及添加物的情况下氨的辐射分解行为。本模型选取较为公认的水辐解和简化的氨水辐解反应集[13]，计算结果与实验数据的最大误差小于 20%，模型预测结果的误差优于已经报道的同类研究（平均偏差为 35%）[14]。

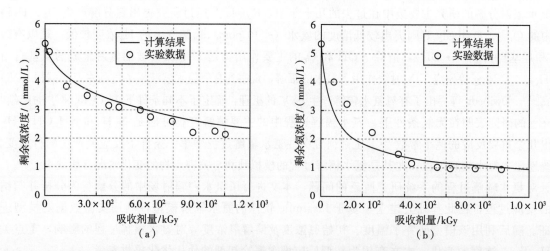

图 1　温度为 180 ℃（a）和 30 ℃（b）时中子和 γ 混合场中氨浓度随吸收剂量的变化

2 结果分析与讨论

2.1 温度的影响

图 2 为不同温度下 30 ppm（1.76 mmol/L）的氨水辐解过程中剩余氨和产生 H_2 的浓度随辐照时间（吸收剂量）的变化。模拟反应堆中的中子和 γ 混合场，吸收剂量率为 10 kGy/s（中子与 γ 剂量率之比为 1：1），氨水的初始氨浓度为 1.76 mmol/L。25 ℃ 时，经过 1.8 s 照射后，氨浓度降至 1 mmol/L 以下。温度升至 300 ℃ 时，吸收剂量为 $8.6×10^6$ kGy 时剩余氨降至 1 mmol/L 以下，氨损失的比例约为 45%，说明提升温度后氨的分解速率明显减慢。这归因于温度升高后，相比于 ·OH 对 NH_3 的消耗过程（3），氨的再生成反应（4）和（5）增强的程度更大。

$$NH_3 + ·OH = ·NH_2 + H_2O, \tag{3}$$

$$·NH_2 + ·H = NH_3, \tag{4}$$

$$·NH_2 + e_{aq}^- + H_2O = NH_3 + OH^-。 \tag{5}$$

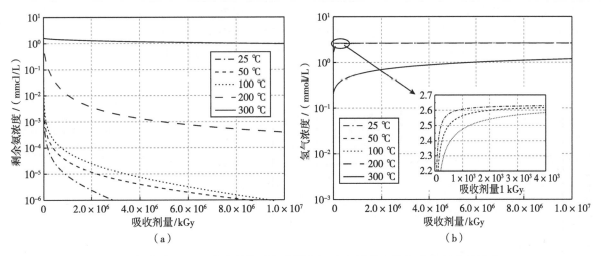

图 2 温度对 30 ppm 氨水辐解过程中剩余氨（a）及产生氢气（b）浓度的影响

图 2b 为不同温度下氨水辐解产生 H_2 的浓度与吸收剂量的关系，随着温度的升高，氨水辐解产生的 H_2 逐步减少。温度从 25 ℃ 升高到 200 ℃ 时，氨水辐解产生 H_2 的浓度均能达到平衡，且平衡浓度的值在该温度范围内极缓慢降低了约 1 μmol/L，降低的比例约为 0.04%，因此浓度曲线基本重合；当温度进一步升高至 300 ℃ 时，模拟范围内 H_2 未达到平衡，且浓度明显低于 200 ℃。H_2 浓度的明显降低有两个原因，首先 H_2 清除 ·OH 是高温水化学中最重要的化学反应之一[4,13]，该反应（6）的速率常数在 300 ℃ 时达到最大值 $7.8×10^8$ L·mol^{-1}·s^{-1}（20 ℃ 时为 $3.4×10^6$ L·mol^{-1}·s^{-1}[14]），H_2 的主要消耗反应明显增强。其次，H_2 主要由 ·H 或 e_{aq}^- 的二聚反应转化而来［（7）和（8）］，碱性环境下主要存在形式为 e_{aq}^-（300 ℃ 时 $pK·_H = 6.64$，初始浓度为 30 ppm 的氨水 pH_T 约为 6.81），300 ℃ 时反应（8）的速率常数为 $6.1×10^6$ L·mol^{-1}·s^{-1}，约为室温速率常数的 0.1%[13]；且随着温度升高，由 ·NH_2 与 ·H 和 e_{aq}^- 反应再生成 NH_3 的过程［（4）和（5）］明显增强，在与生成 H_2 反应的竞争中更占优势，意味着 H_2 的生成过程被抑制。综上所述，H_2 浓度出现了随温度升高而降低的现象。

$$H_2 + ·OH = ·H + H_2O, \tag{6}$$

$$·H + ·H = H_2, \tag{7}$$

$$2e_{aq}^- + 2H_2O = H_2 + 2OH^-。 \tag{8}$$

2.2 初始氨浓度的影响

初始氨浓度对氨水辐解过程存在影响，随着氨浓度增加，其在辐射场中的分解速率和分解比例均会发生变化。图 3 是 300 ℃时不同初始氨浓度的氨水辐解后剩余氨和 H_2 浓度随吸收剂量变化的情况，中子和 γ 混合场的吸收剂量率为 10 kGy/s（中子与 γ 剂量率的比例为 1∶1）。随着初始氨浓度从 5 ppm 增加到 200 ppm，相同吸收剂量下氨水辐解的速率增加，氨浓度降低的值更大（如吸收剂量为 $1×10^7$ kGy 时，5 ppm 的氨水消耗 4 ppm，200 ppm 的氨水减少 81 ppm），但值得注意的是，氨分解的比例大幅降低（分别为 80.2% 和 40.5%）。提升冷却剂中氨的初始浓度会增加氨的分解速率，但随着氨浓度进一步升高，这种浓度提升带来的"增益"减弱。这归结于氨水辐解过程中存在两种模式，初始氨浓度较低时氨的"快速分解"占优，当氨浓度高于 10 ppm 时，氨分解过程中的"慢速分解"占优[14]，尽管提升氨浓度的时候加强了这种"慢速分解"，但浓度提升带来的加强作用的"增益"是越来越弱的。相同条件下初始氨浓度高的体系中留存的氨浓度更高，对保持 pH 是有利的。

初始氨浓度提升后，辐解产生的 H_2 的浓度显著升高（图 3b），且辐解产生的 H_2 与氨浓度的降幅之间存在较好的线性关系（$c_{H_2} = 1.5×\Delta c_{NH_3} - 1.0×10^{-7}$，$R^2 = 0.9999$）。基于上述结果，我们认为冷却剂中加氨后可有效地清除氧化性的 ·OH 和 H_2O_2 等辐解产物，且清除过程主要涉及与 NH_3 的反应，氨存在时 H_2 不被体系内辐解产生的氧化性产物消耗。不过，这需要进一步验证实验结果。

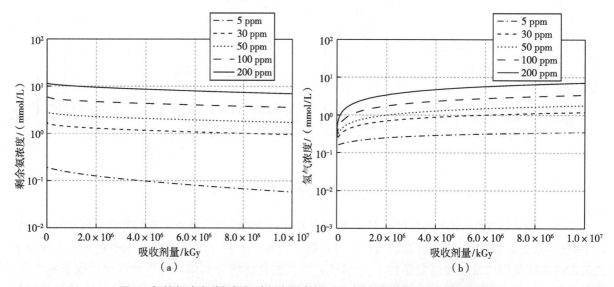

图 3 初始氨浓度对氨辐解过程中剩余氨（a）及产生氢气（b）浓度的影响

2.3 初始氧浓度的影响

体系内溶有 O_2 时，溶液辐解过程中氧化性产物，尤其是 H_2O_2 的浓度会急剧升高，曝气溶液中 H_2O_2 的稳态浓度约为 100 μmol/L，N_2 饱和的溶液中该值小于 1 μmol/L，氧化性产物的升高必然影响氨和 H_2 的浓度。图 4 为不同溶解 O_2 浓度的 30 ppm 氨水辐解过程中，剩余氨和 H_2 浓度随辐照时间的变化情况，中子和 γ 混合场的吸收剂量率为 10 kGy/s（中子与 γ 剂量率的比例为 1∶1），温度为 300 ℃。O_2 浓度从 0 ppm 升至 16 ppm 时，相同吸收剂量下剩余氨浓度明显降低，说明 O_2 的加入会加快氨的分解。吸收剂量为 $1×10^7$ kGy 时，无氧氨水中剩余氨的浓度为 0.96 mmol/L，消耗比例约为 45.5%，溶解有 8 ppm 氧气的氨水溶液只剩下 0.74 mmol/L（常温下，曝气溶液中 O_2 的溶解度约为 8 ppm），氨分解比例为 57.9%，氨浓度的降度为 22.9%。上述结果表明，清除冷却剂中初始的溶解 O_2 对水化学控制是十分必要的。

与其他影响因素不同的是，冷却剂中溶有 O_2 时，图 4b 中辐解产生的 H_2 未表现出对氨浓度降幅的线性依赖关系，这与 H_2 的生成过程被抑制有关，且起到主要作用的氧化性物质为 O_2。吸收剂量为 $1×10^7$ kGy 时，无氧氨水辐解产生的 H_2 浓度为 1.20 mmol/L，溶解氧浓度升至 16 ppm 时 H_2 的浓度降至 0.85 mmol/L，证明 O_2 的存在显著影响 H_2 的浓度。对 H_2 和 O_2 的浓度进行分析后发现，较大吸收剂量时（$1×10^7$ kGy），H_2 表现出对 O_2 的浓度负相关线性依赖关系（$c_{H_2} = -1.7×10^{-2}×c_{O_2} - 1.2×10^{-3}$，$R^2 = 0.992$），这种影响归因于 O_2 清除 e_{aq}^- 和·H 后导致 H_2 的生成过程被抑制，H_2 的浓度降低。因此，去除冷却剂中初始溶解的 O_2 对冷却剂的还原性环境控制是必要的。

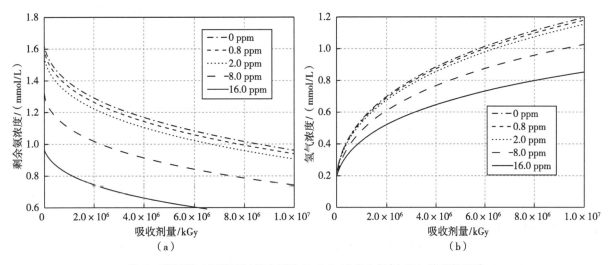

图 4　溶解氧对氨辐解过程中剩余氨（a）及产生氢气（b）浓度的影响

3　结论

本文建立了含氨冷却剂辐解动力学模型，并通过与实验数据的对比，验证了模型的有效性，模型计算结果与实验数据的最大误差小于 20%。随后利用该模型对含氨冷却剂在反应堆中的分解行为进行了模拟，研究了包括温度、初始氨浓度及溶解氧浓度等对氨水辐解过程的影响，预测了剩余氨和辐解产生的 H_2 浓度。主要结论如下：

（1）温度由室温升高到 300 ℃ 的过程中氨的分解速率明显减慢，25 ℃ 时吸收剂量为 18 kGy 时氨损失率达到 45%，而 300 ℃ 时，氨损失率达到该值时相应吸收剂量为 $8.6×10^6$ kGy。这与高温下氨的再生成过程增强密切相关，意味着反应堆达到临界后可能需要适当补充升温过程中消耗的氨，H_2 与温度呈负相关，这与高温水化学中·OH 与 H_2 反应速率大幅升高有关。

（2）较高的初始氨浓度加快了氨的分解速度，但会导致氨分解比例的降低，初始氨浓度超过 50 ppm 后氨分解的比例约为 40%（$1×10^7$ kGy），且该比例不会随初始氨浓度的升高发生明显变化；无氧体系中氨水辐解产生 H_2 的浓度与氨的分解量呈良好的线性关系 $c_{H_2} = 1.5×\Delta c_{NH_3} - 1.0×10^{-7}$，$R^2 = 0.9999$。

（3）冷却剂体系中存在溶解 O_2 时，氨的分解速率会明显加快，吸收剂量为 $1×10^7$ kGy 时 30 ppm 的无氧氨水中氨损失率为 45.5%，而溶解 8 ppm 氧气的氨溶液中氨损失率为 57.9%。有氧体系中，H_2 明显减少且不再表现出对氨浓度降幅的依赖关系，因此去除冷却剂中初始的溶解氧对化学环境的控制是十分重要的。

参考文献:

[1] DEY G R. Nitrogen compounds'formation in aqueous solutions under high ionizing radiation: an overview [J]. Radiation physics and chemistry, 2011, 80 (3): 394 – 402.

[2] DAUB K, ZHANG X, NOËL J J, et al. Effects of γ – radiation versus H_2O_2 on carbon steel corrosion [J]. Electrochimica acta, 2010, 55 (8): 2767 – 2776.

[3] LIN C C, KIM Y J, NIEDRACH L W, et al. Electrochemical corrosion potential models for boiling – water reactor applications [J]. Corrosion, 1996, 52 (8): 618 – 625.

[4] UCHIDA S, KATSUMURA Y. Water chemistry technology – one of the key technologies for safe and reliable nuclear power plant operation [J]. Journal of nuclear science and technology, 2013, 50 (4): 346 – 362.

[5] TYAPKOV V F, ERPYLEVA S F. Water chemistry of the secondary circuit at a nuclear power station with a VVER power reactor [J]. Thermal engineering, 2017, 64 (5): 357 – 363.

[6] LUZAKOV A V, BULANOV A V, VERKHOVSKAYA A O, et al. Radiation – chemical removal of corrosion hydrogen from VVER first – loop coolant [J]. Atomic energy, 2008, 105: 402 – 407.

[7] 胡海, 王磊, 王宇宙. VVER 机组一回路加氨量化控制方法的研究 [J]. 中国核电, 2014, 7 (4): 326 – 330.

[8] KYSELA J, ZMITKO M, YURMANOV V A, et al. Primary coolant chemistry in VVER units [J]. Nuclear engineering and design, 1996, 160 (1 – 2): 185 – 192.

[9] KYSELA J. Primary water chemistry experience in Czechoslovak VVER reactors [C] //Proceedings of the 1991 JAIF international conference on water chemistry in nuclear power plants. 1991.

[10] DWIBEDY P, KISHOKE K, DEY G R, et al. Nitrite formation in the radiolysis of aerated aqueous solutions of ammonia [J]. Radiation physics and chemistry, 1996, 48 (6): 743 – 747.

[11] RIGG T, SCHOLES G, WEISS J. Chemical actions of ionising radiations in solutions: the action of X – rays on ammonia in aqueous solution [J]. Journal of the chemical society (resumed), 1952 (8): 3034 – 3038.

[12] PAGSBERG P B. Investigation of the NH_2 radical produced by pulse radiolysis of ammonia in aqueous solution [J]. Aspects of research at risø, 1972 (5): 209.

[13] ELLIOT A J, BARTELS D M. The reaction set, rate constants and g – values for the simulation of the radiolysis of light water over the range 20 deg to 350 deg C based on information available in 2008 [R]. Atomic energy of Canada limited, 2009.

[14] GRACHEV V A, SAZONOV A B. Radiolysis of aqueous ammonia solutions: mathematical modeling [J]. High energy chemistry, 2021 (55): 472 – 481.

Radiolysis of ammonia-containing coolant: mathematical modeling

GUO Zi-fang[1], ZHANG Yang[2], LI Yi-fan[1], LIU Chun-yu[2],

LIN Zi-jian[1], DU Xiang-yi[1], LIN Ming-zhang[1] *

(1. School of Nuclear Science and Technology, University of Science and Technology of China, Hefei, Anhui 230026, China; 2. China Nuclear Power Technology Research Institute Co., Ltd., Shenzhen, Guangdong 518028, China)

Abstract: Ammonia added in the reactor's primary circuit can effectively suppress the oxidizing substances ($\cdot$ OH, O_2, and H_2O_2) produced by the coolant's radiolysis to mitigate the corrosion of structural materials. In the present work, a model to simulate aqueous ammonia radiolysis is established. The model was validated by comparing the calculation results to the experimental data, in which, the maximum relative error between the calculation result and the experimental data is less than 20%. The model was applied to study the effect of several factors (temperature, initial ammonia concentration, and dissolved oxygen) on ammonia-containing coolant radiolysis. The consumption of ammonia slows down significantly when the temperature rises from 25 ℃ to 300 ℃. The fraction of ammonia loss reaches 45% when the absorbed dose is 18 kGy at 25 ℃, whereas the corresponding absorbed dose is 8.6×10^6 kGy in the same case when the temperature is 300 ℃. Differently, the concentration of H_2 displays a drop as the temperature increases. Growth of initial concentration enhances the radiolysis ratio of ammonia, however, the radiolysis ratio of ammonia decreases from 80.2% to 40.5% when initial ammonia concentration increases from 5 ppm to 50 ppm (at 1.0×10^7 kGy). Besides, H_2 exhibits a positive linear dependence on ammonia loss. The presence of dissolved oxygen in the coolant promotes the radiolysis of ammonia solution but suppresses the concentration of H_2. The proportion of ammonia loss is 45.5% in the oxygen-free aqueous ammonia when the absorbed dose is 1.0×10^7 kGy, whereas that value is 57.9% in the ammonia solution dissolving 8 ppm oxygen. Besides, H_2 exhibits a negative linear dependence on O_2 concentration. Therefore, it is necessary to remove the initially dissolved O_2 in the coolant.

Key words: Ammonia; Radiolysis; Mathematical model; Coolant

硅烷偶联剂改性 BCN/硅橡胶复合材料的
耐 γ 辐射老化性能研究

沈　杭[1,2]，吴志豪[1]，黄　玮[2]，陈洪兵[2]，林铭章[1*]

（1. 中国科学技术大学核科学技术学院，安徽　合肥　230027；
2. 中国工程物理研究院核物理与化学研究所，四川　绵阳　621054）

摘　要：航空、航天和核医学等尖端领域应用的高分子材料常面临极端辐射环境，长时辐射对材料的服役可靠性提出了严格的要求，提高此类高分子材料的耐辐射老化性能迫在眉睫。本文利用碳掺杂氮化硼（BCN）的类石墨烯的自由基清除性能，并经硅烷偶联剂 KH550 改性以提高分散性，制备了耐辐射硅橡胶复合材料。利用万能材料试验机、热重分析仪和平衡溶胀法等手段剖析了材料辐照前后机械、热学、交联度等性能的变化。结果表明，吸收剂量为 150 kGy 时，纯硅橡胶断裂伸长率下降为未辐照时的 40% ± 2%，而掺杂 0.3 份 BCN-KH550 的硅橡胶复合材料则保留初始值的 54% ± 2%。同时，辐照后 BCN-KH550 硅橡胶复合材料初始分解温度较纯硅橡胶提高了 12.8 ℃。经测试证明，BCN-KH550 的加入有效延缓了硅橡胶复合材料的辐射交联效应，对硅橡胶侧链有明显的保护作用。
关键词：硅橡胶；辐射效应；二维纳米材料；碳掺杂氮化硼；硅烷偶联剂

硅橡胶是一类主链为 —Si—O— 无机结构，侧链为有机基团的无机饱和且非极性弹性体[1]。拥有优秀的电绝缘性、生物相容性及良好的机械性能、耐高低温等性能，广泛应用于生物医学、国防科技、航空航天制造及精细化工等领域[2]。作为航空航天领域常用特种橡胶之一，硅橡胶不可避免地遭受着各类核辐射的影响[3]。其中，γ 射线因其穿透性较强，会严重影响聚合物的各种性能，导致材料失效甚至引起安全事故[4]。因此，针对硅橡胶的耐 γ 辐射老化性能研究迫在眉睫。

目前，针对硅橡胶的耐辐射的研究主要集中在基体改性和耐辐射填料上：针对基体改性易导致材料过度交联，从而影响硅橡胶机械性能；而针对填料则整体对硅橡胶耐辐射提升较小[5]。本文通过将硼酸、尿素和葡萄糖按一定比例混合制备碳掺杂氮化硼（BCN），并用硅烷偶联剂 KH550 对 BCN 表面进行改性，以增强其与硅橡胶基体的相容性。利用傅里叶红外光谱、热重分析仪和 X 射线光电子能谱仪验证 KH550 接枝效果，并针对 BCN 和 BCN－KH550 对硅橡胶复合材料辐射前后的机械性能、热性能和交联度的变化进行了研究。

1　实验

1.1 主要原料

硼酸（H_3BO_3，纯度 99.0%）、尿素（CON_2H_4，纯度 99.0%）、2，5-二甲基-2，5-二（叔丁基过氧）己烷（DPBH，纯度 99.5%）、3-氨丙基三乙氧基硅烷（KH550，99.0%），上海阿拉丁生化科技股份有限公司；盐酸（HCl，36.0% ～ 38.0%）、葡萄糖（$C_6H_{12}O_6$，纯度 99.8%），国药集团化学试剂有限公司；高分子量羟基硅油，兴德化工；甲基乙烯基硅橡胶，东爵有机硅（南京）有限公司［110－2，分子量为（62±2）万］；气相法白炭黑（AEROSIL 200，表面积为 200±25 m^2/g，直径约为 12 nm），德固赛；氮气（N_2，99.999%），南京上元工业气体厂；超纯水，Kertone Lab VIP 净水系统生产，电阻率为 18.25 MΩ·cm。

作者简介：沈杭（1996—），女，陕西宝鸡人，博士研究生，现主要从事耐辐照高分子材料、中子屏蔽材料等研究。
基金项目：国家自然科学基金项目"氮化硼和氧化石墨烯多级孔材料的制备及其对放射性钴的高效去除研究"（22276180）、"强 α 放射性溶液辐射分解产氢的机理和模型研究"（U2241289）。

1.2 硅烷偶联剂改性 BCN/硅橡胶复合材料制备

将适量尿素、硼酸和葡萄糖在研钵中充分研磨后装入刚玉方舟中。N₂气氛下以 5 ℃/min 的速率在管式炉中加热混合粉末至 900 ℃，煅烧 5 h 后冷却至室温。煅烧后的粉末进行充分研磨加入热盐酸中洗涤。洗涤后将产物放置于 60 ℃ 的真空烘箱中干燥过夜，将产物命名为 BCN。在甲苯溶液中放入适量 BCN 和 KH550 并超声处理 30 min。在 N₂保护下将混合物加热至 110 ℃ 并搅拌 8 h，过滤洗涤并干燥，将硅烷偶联剂改性后的填料命名为 BCN – KH550。

在 40 ℃ 的条件下在密炼机中加入甲基乙烯基硅橡胶与气相法白炭黑二氧化硅，以 70 r/min 的速率混合 8 min 后，依次加入不同份数的 BCN 或 BCN – KH550 继续密炼 5 min。混合体系中加入 2.85 mL 羟基硅油继续混合 15 min。将预处理的样品陈化一周，加入 0.42 mL DPBH 再混合 15 min 后取出。将样品放置在平板硫化机上，以 170 ℃、10 MPa 的条件硫化 5 min，二次硫化在鼓风烘箱中以 200 ℃ ×4 h 的条件进行。所制备的硅橡胶复合材料分别命名为 SR、BCN/SR0.3、BCN/SR0.5、BCN – KH550/SR0.3 和 BCN – KH550/SR0.5。

1.3 性能测试

① γ 辐照实验：放射源为 ⁶⁰Co，由中国科学技术大学提供，剂量率为 0.79 Gy/s；②化学键测试：由傅里叶红外光谱（FT – IR，Thermo Nicolet 6700）在 500～4000 cm⁻¹ 范围内得到；③表面化学结构测试：通过 X 射线光电子能谱仪（XPS，Thermo ESCALAB 250）测得，测量采用单色 Al Kα 辐射（hν = 1486.6 eV，200 W）进行，结合能已用 C1s 中 C—C 键（284.8 eV）校正；④机械性能测试：按照中国塑料拉伸性能国家标准方法（GB/T 528—2009）在万能试验机（HD-B 604 S）上进行测定，测试样条为宽度（4.0 ± 0.2）mm、厚度（2.0 ± 0.2）mm 的哑铃型样条，拉伸速率为 200 mm/min；⑤热稳定性测试：由热重分析仪（TGA，NETZSCH TG 209）在空气（橡胶样品）或 N₂气氛（BCN 样品）下以 10 ℃/min 的加热速率测试样品的热稳定性；⑥交联密度测试：橡胶样品的交联密度（ν_e）由平衡溶胀法测得，并通过 Flory 方程计算获得。

2 结果与讨论

2.1 硅烷偶联剂改性 BCN 效果表征

KH550 的改性用以提高 BCN 与基体的相容性。针对 KH550 改性效果进行了表征。红外光谱测试结果表明，KH550 已成功改性在 BCN 上（图 1）。

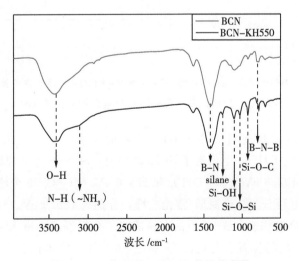

图 1　BCN 和 BCN – KH550 的红外光谱

由图1可知，BCN 样品中 B－N 平面内拉伸振动位于 1403 cm⁻¹、784 cm⁻¹ 处的峰值为 B－N－B 平面外弯曲振动。3150～3250 cm⁻¹ 附近出现的宽峰可归因于 BCN 边缘存在的氨基。物理吸附的 H_2O 中的 O—H 拉伸振动位于 3300～3600 cm⁻¹ 处。而经过改性后的 BCN－KH550 出现了 925 cm⁻¹、1027 cm⁻¹ 和 1394 cm⁻¹ 的新峰，分别属于 Si－O－C、Si－O－Si 和硅烷的有机基团的弯曲和不对称振动。出现在 1103 cm⁻¹ 附近的峰属于 Si—OH 的拉伸振动峰。所有证据都表明硅烷偶联剂 KH550 已被接枝在 BCN 表面，结合方式为物理吸附或化学键合（图2）。

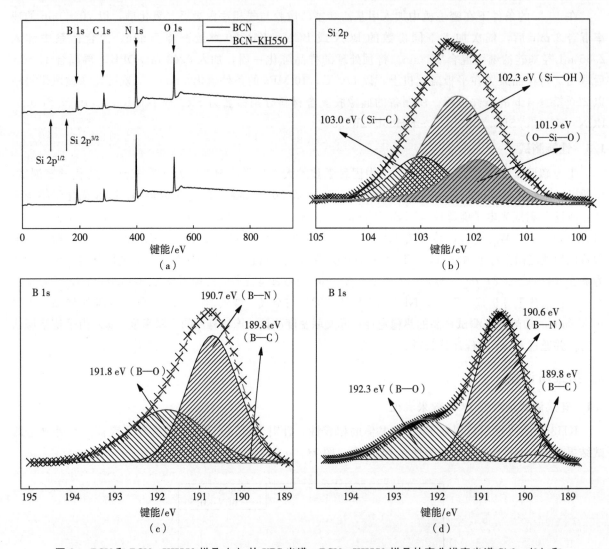

图2 **BCN 和 BCN－KH550 样品（a）的 XPS 光谱；BCN－KH550 样品的高分辨率光谱 Si 2p（b）和**
B 1s（c）光谱；BCN 样品的 B 1s 高分辨率光谱（d）

利用 XPS 检测 KH550 接枝前后 BCN－KH550 表面元素信息的变化，以确定 KH550 的接枝方式。由图2b 可知，BCN－KH550 上出现了 Si 2p 的峰值，Si 原子的比例约为 1.4%。Si 2p 可分为 101.9 eV（O—Si—O）、102.3 eV（Si—OH）和 103.0 eV（Si—C）3 个峰，证实 KH550 已成功改性 BCN。BCN 的 B 1s 信号可分为 3 个高斯-洛伦兹峰，分别为 189.8 eV、190.7 eV 和 191.8 eV，分别由 B—C、B—N 和 B—O 键构成。B—C 键的存在证实了 C 已经成功嵌入到 BN 中，B—O 键可能出现在 BCN 中的边缘结构或缺陷位置。对比图2c 和图2d 中 B—O 键的位置，可以看到明显的偏置，这很可能是 B 与 KH550 上的羟基结构发生反应的结果。因此，KH550 的接枝方式更倾向于与边缘和缺陷处的 B 发生化学相互作用[6]。

2.2 硅烷偶联剂改性 BCN/硅橡胶复合材料耐辐射性表征

聚合物的断裂伸长率和拉伸强度可用于评价聚合物机械性能。如图 3a 所示，SR 具有 3.51 MPa ± 0.53 MPa 的拉伸强度和 916% ± 86% 的断裂伸长率。随着 BCN 和 BCN - KH550 的加入，样品的断裂伸长率略有下降，拉伸强度也有所下降。这可能是 BCN 作为填料易在基质中形成应力集中，填料会导致样品受拉时产生界面裂纹，进一步引起复合材料的连续结构坍塌。相比之下，BCN - KH550/SR 的拉伸强度比 BCN/SR0.3 提高了 0.23 MPa ± 0.08 MPa。这可能是 KH550 和基体之间形成了新的交联，改善了 BCN 和基体之间的相容性，因此拉伸强度有所上升。然而，由于无机填料对界面效应的影响，BCN/SR 或 BCN - KH550/SR 的断裂伸长率仍然低于 SR。这可能是 KH550 产生的交联作用不能完全抵消添加较大尺寸填料带来的开裂影响导致的。

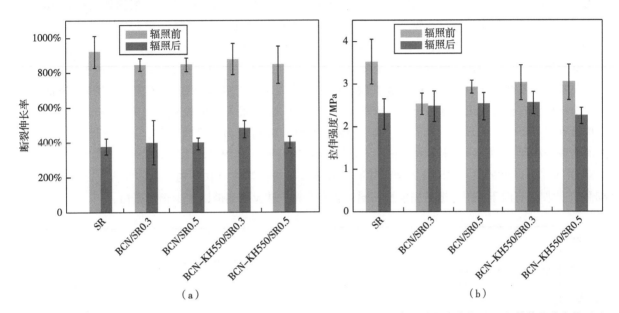

图 3 SR、BCN/SR 和 BCN - KH550/SR 复合材料在 150 kGy 吸收剂量前后的断裂伸长率变化 (a) 和拉伸强度变化 (b)

γ 射线会对聚合物的机械性能造成严重损害。以 γ 辐射吸收剂量为 150 kGy 时硅橡胶复合材料的断裂伸长率和拉伸强度来评估 γ 射线对硅橡胶力学性能的影响，如图 3 所示，SR 辐照后断裂伸长率降至 371% ± 24%，拉伸强度为 2.23 MPa ± 0.34 MPa。其中，BCN - KH550/SR0.3 样品断裂伸长率下降幅度最低，辐照后的断裂伸长率可达 474% ± 47%。BCN/SR0.3 样品拉伸强度变化最低，辐照后仍能保持 2.46 MPa ± 0.36 MPa。以断裂伸长率和拉伸强度保持率作为硅橡胶耐辐射性能的评价标准，公式如下：

$$断裂伸长率保持率 = \frac{辐射后断裂伸长率}{辐射前断裂伸长率} \times 100\% 。 \tag{1}$$

$$拉伸强度保持率 = \frac{辐射后拉伸强度}{辐射前拉伸强度} \times 100\% 。 \tag{2}$$

根据式（1）和式（2）中计算的辐射前后的保持率，BCN 和 BCN/KH550 都有助于延迟辐射引起的 SR 断裂伸长率和拉伸强度的降低。SR 样品的断裂伸长率保持率为 40% ± 2%，拉伸强度保持率为 65% ± 5%。添加 0.3 份 BCN 后，断裂伸长率的保持率上升至 47% ± 4%，说明 BCN 可以有效延缓辐照引起断裂伸长率的下降。同时，BCN - KH550/SR0.3 的断裂伸长率保持率也可达 54% ± 2%，而拉伸强度的保持率可以达到 85% ± 3%。因为添加量较少的缘故，BCN - KH550/SR0.3 的分散性较其他样品好。并且 KH550 也可增强基体相容性，更容易减少辐照引起的机械性能恶化。BCN 和 BCN - KH550 都可以帮助 SR 减少由辐射引起的断裂伸长率和拉伸强度的损失。选用 BCN/SR0.3 和 BCN - KH550/SR0.3 用作后续热性能研究。

γ 射线也会严重破坏高分子材料的热稳定性。由图 4a 可知，BCN/SR0.3 和 BCNKH550/SR0.3 的初始分解温度（T_{10}）都比 SR 高，表明 BCN 的加入可以提高 SR 的热稳定性。根据 DTG 曲线可看出，SR 热解主要分为两个阶段，分别是侧链在 400～550 ℃下产生断裂和氧化交联反应和主链在 550～700 ℃下的热分解。表 1 显示了各样品辐射前后的最高侧链分解率和最高主链分解率时对应的温度（T_{d1} 和 T_{d2}）。BCN－KH550/SR0.3 样品的 T_{d1} 较 SR 高 3.6 ℃，这表明 BCN－KH550 可以成功地减少侧链断裂和热氧化。如表 1 所示，加入了 BCN－KH550 的硅橡胶样品 T_{d1} 和 T_{d2} 较 SR 和 BCN/SR 样品均有所提高，推测 KH550 可起到交联剂的作用，提高了样品整体的交联水平，延缓侧链和主链的氧化降解。

虽然硅橡胶具有良好的耐热性，但其热稳定性较易受到电离辐射的影响，限制了硅橡胶复合材料的应用范围。结合图 4a 和表 1 可知，辐射后 SR 的 T_{10} 下降了 18.4 ℃。而 BCN 和 BCN－KH550 的加入显著提高了 SR 辐照后的热稳定性，样品的 T_{10} 可分别提高至 469.3 ℃和 467.7 ℃。根据辐照前后 SR 样品的 T_{d1} 下降了 43.5 ℃可以看出，辐照对硅橡胶侧链的破坏十分严重。而辐照后 BCN/SR0.3 的 T_{d1} 仅减少了 18.6 ℃，这表明 BCN 的加入有效地保护了 SR 的侧链，减轻了辐射对 SR 侧链的影响。BCN－KH550/SR0.3 辐射后的 T_{d1} 保持在 541.3 ℃，证实了 KH550 不仅可以提高 BCN 与基体的相容性，并且可以与基体形成新的交联保护侧链。从 SR 的 T_{d2} 变化角度来看，在样品的吸收剂量为 150 kGy 时，SR 的主链结构没有显著变化。对比而言，BCN/SR0.3 的 T_{d2} 没有很明显的变化，推测 BCN 的引入对主链结构没有明显影响。而 BCN－KH550/SR0.3 辐照前后的 T_{d2} 有较为明显的变化。虽然 KH550 与主链形成的交联结构导致 BCN－KH550/SR 的 T_{d2} 在照射后有所下降，但 BCN－KH550/SR 的 T_{d2} 仍然高于 SR，证实 BCN－KH550 的加入并没有完全破坏硅橡胶复合材料整体的交联结构。总体而言，BCN 和 BCN－KH550 的加入有助于保持主链的完整性，同时能显著保护硅橡胶侧链以减少辐射损伤。

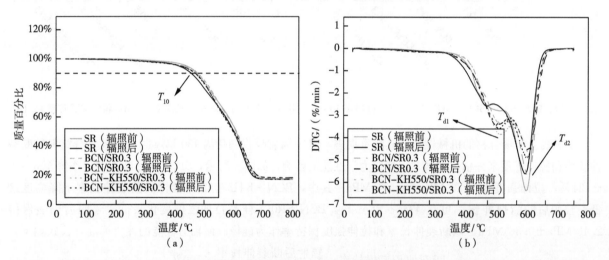

图 4　SR、BCN/SR 和 BCN－KH550/SR 复合材料在 150 kGy 吸收剂量前后的 TGA 曲线（a）和 DTG 曲线（b）

表 1　SR 和 BCN－KH550/SR 复合材料辐照前后的 T_{10}、T_{d1} 和 T_{d2}

样品	T_{10}/ ℃	T_{d1}/ ℃	T_{d2}/ ℃
SR（辐照前）	473.3	543.9	632.5
SR（辐照后）	454.9	500.4	629.4
BCN/SR0.3（辐照前）	477.6	542.7	640.1
BCN/SR0.3（辐照后）	469.3	524.1	638.0
BCN－KH550/SR0.3（辐照前）	477.5	547.5	642.6
BCN－KH550/SR0.3（辐照后）	467.7	541.3	634.3

注：T_{10} 为样品质量下降 10 wt% 时对应的温度；T_{d1} 为侧链最大分解速率对应的温度；T_{d2} 为主链最大分解速率对应的温度。

γ 辐照会显著影响 SR 的交联程度[7]。Mc 代表交联点之间的分子量，随着 BCN 和 BCN – KH550 的加入，Mc 有所下降，这是由于 BCN 或 BCN – KH550 作为填料存在硅橡胶交联网络中，样品整体的交联程度提高。且由于 KH550 提高了与基体的交联，BCN – KH550/SR0.3 样品较 SR 和 BCN/SR0.3 样品的 ν_e 略有提高。由表 2 可知，在吸收剂量为 150 kGy 时，辐射交联效应在硅橡胶中占主导地位，导致 ν_e 增加，Mc 迅速降低。对比辐照后的样品，BCN – KH550 和 BCN 都能很好地延缓样品辐照后 Mc 的下降。BCN – KH550/SR0.3 辐照前后 ν_e 的变化值仅有 0.45×10^{-4} mol/cm³，这表明 BCN – KH550 可以延缓硅橡胶的辐射交联作用。

表 2　SR、BCN/SR 和 BCN – KH550/SR 复合材料辐照前后溶胀法测量参数

样品	Mc / (g/mol)	$\nu_e \times 10^{-4}$ / (mol/cm³)
SR（辐照前）	10 694	1.00
SR（辐照后）	5883	1.82
BCN/SR0.3（辐照前）	10 188	1.01
BCN/SR0.3（辐照后）	6682	1.59
BCN – KH550/SR0.3（辐照前）	10 274	1.04
BCN – KH550/SR0.3（辐照后）	7156	1.49

注：Mc 为橡胶交联点之间的分子量；ν_e 为样品交联密度。

3　结论

本文描述了 BCN 和 KH550 改性的 BCN 纳米材料如何影响硅橡胶的机械、热性能和 γ 辐射稳定性。经测试验证，KH550 已成功地接枝到 BCN 上。所制备的硅橡胶复合材料经吸收剂量为 150 kGy 的 ^{60}Co γ 射线的辐照下，机械和热性能均有明显变化。主要结论如下：

（1）BCN – KH550/SR0.3 的断裂伸长率保持率可达 54%±2%，BCN/SR0.3 的拉伸强度保持率高达 85%±3%；

（2）辐照后 BCN – KH550/SR0.3 初始分解温度较 SR 提高了 14.4 ℃，侧链最大分解速率对应的温度提高至 541.3 ℃；

（3）经溶胀法测试复合材料交联密度，BCN 和 BCN – KH550 可较大幅度延缓硅橡胶复合材料的辐射交联效应。

综上所述，BCN 可从延缓辐射交联的角度提高硅橡胶的耐辐射性，为制备高效耐辐射高分子材料提供了参考。

参考文献：

[1] VICTOR A, RIBEIRO J E, ARAÚJO F F. Study of PDMS characterization and its applications in biomedicine：a review [J]. Journal of mechanical engineering and biomechanics, 2019, 4 (1)：1 – 9.

[2] WANG G, LI A, ZHAO W, et al. A review on fabrication methods and research progress of superhydrophobic silicone rubber materials [J]. Advanced materials interfaces, 2021, 8 (1)：2001460.

[3] JOSEPH A. 2003 Flexible amorphous composition for high level radiation and environmental protection：6608319B2 [P]. 2003 – 08 – 19.

[4] AL – SHEIKHLY M, CHRISTOU A. How radiation affects polymeric materials [J]. IEEE transactions on reliability, 1994, 43 (4)：551 – 556.

[5] HAFEEZ A, KARIM Z A, ISMAIL A F, et al. Functionalized boron nitride composite ultrafiltration membrane for dye removal from aqueous solution [J]. Journal of membrane science, 2020, 612：118473.

[6] GARCÍA - HUETE N, LAZA J M, CUEVAS J M, et al. Study of the effect of gamma irradiation on a commercial poly-cyclooctene I. Thermal and mechanical properties [J] . Radiation physics and chemistry, 2014, 102: 108 - 116.

[7] CHANG S. Effect of curing history on ultimate glass transition temperature and network structure of crosslinking polymers [J] . Polymer, 1992, 33 (22): 4768 - 4778.

γ-Radiation resistance properties of BCN/silicone rubber composites modified by silane coupling agent

SHEN Hang[1,2] , WU Zhi-hao[1] , HUANG Wei[2] ,
CHEN Hong-bing[2] , LIN Ming-zhang[1]*

(1. School of Nuclear Science and Technology, University of Science and Technology of China, Hefei, Anhui 230027, China; 2. China Academy Of Engineering Physics, Institute of Nuclear Physics and Chemistry, Mianyang, Sichuan 621054, China)

Abstract: Polymer materials used in cutting-edge fields such as aviation, aerospace and nuclear medicine often face extreme radiation environments. Long-term radiation puts forward strict requirements on the service reliability of materials. It is urgent to improve the radiation aging resistance of such polymer materials. In this paper, the radiation-resistant silicone rubber composites were prepared by using the free radical scavenging properties of carbon-doped boron nitride (BCN) similar to graphene and modified by silane coupling agent KH550 to improve the dispersion. The mechanical, thermal and crosslinking properties of the composite before and after radiation were studied. The results showed that when the absorbed dose was 150 kGy, the elongation at break of pure silicone rubber decreased to 40%±2% of that without irradiation, while the silicone rubber composite doped with 0.3 phr BCN-KH550 retained 54%±2% of the initial value. The initial decomposition temperature of BCN-KH550 silicone rubber composites after irradiation was 12.8 ℃ higher than that of pure silicone rubber. The test proved that the addition of BCN-KH550 effectively delayed the radiation crosslinking effect of silicone rubber composites and had a significant protective effect on the side chain of silicone rubber.

Key words: Silicone rubber; Radiation effect; Two-dimensional nanomaterials; Carbon doped boron nitride; Silane coupling agent

氮化硼/氟橡胶复合材料的耐辐射性能研究

吴志豪[1]，沈　杭[1,2]，焦力敏[1]，林铭章[1] *

（1. 中国科学技术大学核科学技术学院，安徽　合肥　230027；2. 中国工程物理研究院
核物理与化学研究所，四川　绵阳　621000）

摘　要：氟橡胶（FKM）常作为密封材料广泛应用于航空、航天和原子能等前沿领域。除高温高压等极端条件外，电离辐射也是加速 FKM 裂解、降低自身性能的重要因素之一。因此，提高 FKM 的耐辐射性能是延长其服役寿命、保障设备安全的必要措施。本工作以六方氮化硼（h-BN）作为填料，研究了其对高分子基体交联度、力学性能及耐 γ 辐照性能等的影响。研究表明，h-BN 与氟橡胶中存在相互作用力，提高了基体交联度。拉伸强度也随 h-BN 填充量的增加而加强，填充量为 10 份的复合材料（BN/FKM-10），拉伸强度提高至纯 FKM 的 130%。同时，h-BN 的存在能有效提升 FKM 的耐辐射性能。在照射 350 kGy 吸收剂量后，纯 FKM 和 BN/FKM-10 的玻璃转化温度分别提高了 4.8 ℃ 和 3.8 ℃；FKM 的断裂伸长率降为未辐照时的 34%，而 BN/FKM-10 则保持初始值的 42%，表明 h-BN 能降低电离辐射对 FKM 基体微观结构的变化程度，提高了氟橡胶的耐辐射性能。

关键词：氟橡胶；氮化硼；耐辐射性能；交联度

　　氟橡胶（FKM）具有优异的化学稳定性、抗腐蚀性及热稳定性，尤其相对于其他弹性体，其高温下对流体介质的耐性最为出色[1]。因此，FKM 常被制作成 O 形圈、垫片和软管等，广泛应用于航空航天和核能领域的密封、燃料处理和动力系统中[2]。然而，在电离辐射环境中，FKM 三维网络结构容易遭受破坏，从而导致其各项性能下降。例如，在吸收 100 kGy γ 射线后，FKM 被压缩 25% 时的载荷仅为未辐照时的 63% 左右[3]。FKM 的初始热分解温度也在吸收 500 kGy 剂量后，由 390 ℃ 降至 260 ℃[4]。因此，提高 FKM 的辐射稳定性，延长其服役寿命，是保障航空航天和核能事业安全迅速发展的必要举措。

　　高分子辐射保护策略已有大量研究，早期通过加入铅、钨等高 Z 金属颗粒来实现高分子材料辐射稳定性的增强。然而这些颗粒通常尺寸较大，或与高分子相容性差，导致复合材料的力学性能有所下降。相较之下，纳米材料因其尺寸小、比表面积大等特点，能够更均匀地分散于高分子基体中，是近年来高分子复合材料中常用的添加物。其中，石墨等碳材料作为填料时，不仅能增强高分子材料的力学性能，还能充当自由基清除剂，降低辐射损伤，提高材料的辐射稳定性[5]。六方氮化硼（h-BN）作为石墨类似物，不仅在结构上与石墨相似，而且作为填料时同样也能耗散辐射能量[6]。不仅如此，h-BN 还具有丰富的 B 原子，是优异的中子屏蔽的材料，同时其热稳定性优于碳材料。因此，高分子基体中添加 h-BN 有望实现力学、热稳定性、耐辐射性等性能的同步增强。

　　本工作制备了一系列不同 h-BN 填充量的 FKM 复合材料（BN/FKM），并对填料与基体之间的相互作用及填充量对复合材料交联密度和力学性能的影响进行了深入研究。同时，通过对比辐射前后力学性能和玻璃转变温度的变化，考察了复合材料的辐射稳定性。

作者简介：吴志豪（1993—），男，湖南益阳人，博士研究生，现主要从事高分子材料辐照效应等研究。

基金项目：国家自然科学基金（22276180、U2241289）。

1 实验部分

1.1 实验材料

FKM 基体为偏氟乙烯与六氟丙烯共聚物 P（VDF－HFP），含氟量为 66.5％，门尼黏度为 57 MU（121 ℃），购自上海华谊三爱富新材料有限公司。氢氧化钙 [Ca（OH）$_2$]、苄基三苯基氯化磷（BPP）和 2，2－双（4－羟基苯基）六氟丙烷（Bisphenol AF）等试剂由自贡天龙化工有限公司提供。高活性氧化镁（MgO，STARMAG 150，98％）购自日本神岛化学工业株式会社，巴西棕榈蜡购自上海麦克林有限公司。填料六方氮化硼（h-BN，99.9％）购自中国阿拉丁有限公司。所有试剂均直接使用，无须进一步纯化。

1.2 BN/FKM 复合材料的制备

在室温下通过开炼机制备 BN/FKM 复合材料。首先将 FKM 基体在 1∶1.35 转速的双辊中进行充分打薄，随后按高分子基体的质量份数（phr，高分子基体质量的百分之一），分批次加入 MgO（3 phr）、Ca(OH)$_2$（6 phr）、BPP（0.5 phr）、棕榈蜡（1 phr）、一定量的 h-BN 及 Bisphenol AF（2 phr），反复薄通，直至所有填料均匀分散于 FKM 基体中。其中，h-BN 含量分别为 0 phr、0.5 phr、1 phr、3 phr、5 phr、10 phr。随后利用平板硫化仪，在 160 MPa 和 170 ℃下热压 10 min，得到了尺寸为 100 mm × 100 mm × 2 mm 的硫化橡胶板材。最后将一次硫化后的橡胶在 230 ℃下加热 24 h，进一步固化，去除低分子量残留物。

1.3 γ 辐照实验

将固化后的 BN/FKM 复合材料，裁剪成哑铃形，以 5 个样品为一组平行样，置于 ^{60}Co γ 辐射源中，在室温和空气气氛中进行辐照，剂量率为 3.3 kGy/h。^{60}Co 放射源位于中国科学技术大学，活度为 12.6 kCi。

1.4 材料表征

利用 X 射线光电子能谱（XPS，ESCALAB 250Xi，Thermo Scientific）获取材料表面化学信息，其中 X 射线源为 Al 单色 Kα 射线（hν = 1486.6 eV）。所有结合能以 C 1 s 中 C－C 键（284.8 eV）进行校正。玻璃转化温度（T_g）由差示扫描量热仪（DSC，Q2000，TA Instruments）测得：在 N$_2$ 气氛下，样品以 10 ℃/min 的升温速率在－50～50 ℃循环 3 次。填料与高分子基体间的样品交联密度（ν）由平衡溶胀法测得。首先裁剪约 0.1 g 样品，并记录质量，随后浸没在乙酸乙酯中，置于 25 ℃ 恒温箱中进行溶胀。15 天后取出样品，用滤纸迅速擦除表面残留溶剂，并在称量瓶中进行称量。根据 Flory－Rehner 公式计算获得复合材料的交联密度[7]。通过电子万能试验机测试复合材料的拉伸强度（TS）、断裂伸长率（E$_b$）和 100％定伸应力（TS100）。拉伸速度为 100 mm/min，所有应力应变曲线均在室温下获得。

2 结果与讨论

2.1 BN/FKM 复合材料的表征

相较于简单的物理缠绕，填料与高分子基体间存在化学键结合时，通常能更好地提升复合材料力学、热稳定性等性能。因此，利用 XPS 获取 BN/FKM 复合材料中填料与基体的相互作用信息。如图 1 所示，FKM 的 F 1 s 谱图可以分为 C－F 峰（689.1 eV）及 M－F 峰（685.4 eV，M 为 Ca、Mg 等金属离子），而 BN/FKM－10 的 C－F 峰位置则位于 688.8 eV。B 原子是一种缺电子原子，具有多的空轨道，易于与 F 原子形成配位键[8]。因此，BN/FKM－10 中 C－F 峰位置的减小可能是由于 h-BN 中 B 原子与 FKM 中 F 原子形成配位键所导致。h-BN 在结构上与石墨类似，是一种以 sp^2 杂化的六方多层片材，其中 B－N 键位于 190.6 eV，边缘少数 B 与 O 结合，结合能位于 191.6 eV，如图 2

所示。由于只有表面和边缘 B 原子能与 FKM 直接接触，因此，相较于 h – BN 中 7.8％的 B – O 峰面积，BN/FKM – 10 的 B – F/B – O 峰面积只略微提升至 8.2％。

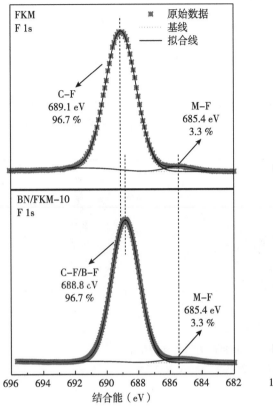

图 1　FKM 和 BN/FKM – 10 的 F 1s 谱图　　图 2　h – BN 和 BN/FKM – 10 的 B 1s 谱图

2.2　BN/FKM 复合材料的交联密度及力学性能

交联密度作为三维网络结构高分子材料的基本物理参数之一，对高分子力学性能有着重要影响。通过平衡溶胀法，测得不同 h – BN 填充量下复合材料的交联密度，如图 3 所示。未加入填料时，纯 FKM 的交联密度为 1.58 mmol/cm³，随着 h – BN 的填充，复合材料交联密度逐渐增大，BN/FKM – 10 的交联密度提升至 2.10 mmol/cm³。这是由于 h – BN 与 FKM 基体之间存在化学键，h – BN 相当于"额外"交联剂，进一步增强了高分子基体交联键的数量。

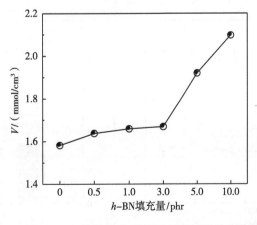

图 3　不同 h – BN 填充量 BN/FKM 复合材料的交联密度

当填充量较小时（填充量≤1 phr），h-BN 对复合材料的力学性能影响不大，BN/FKM 的拉伸强度、断裂伸长率与纯 FKM 基本一致，仅对 100％定伸应力略有增强（图 4）。进一步提高 h-BN 填充量后，拉伸强度与 100％定伸应力迅速提高。当填充量为 10 phr 时，拉伸强度和 100％定伸应力增强至 9.03 MPa 和 3.28 MPa，与纯 FKM 相比，分别提升了 30％和 138％。上述应力性能的增强可归因于两个方面：一方面，h-BN 作为一种纳米二维材料，尺寸小，比表面积大，在一定填充量下，与高分子具有较好的相容性，能够在 FKM 基体中均匀分散，难以形成应力集中点，不会对复合材料的拉伸强度造成破坏；另一方面，填料与基体之间存在化学相互作用，导致交联密度随着填充量的增加而增加。更多的交联键能够进一步分散外界应力，提升复合材料的拉伸强度和定伸应力。相应地，交联键的增加也会阻碍分子链的滑移，导致断裂伸长率的降低。因此，BN/FKM-10 的断裂伸长率降至 FKM 的 82％。

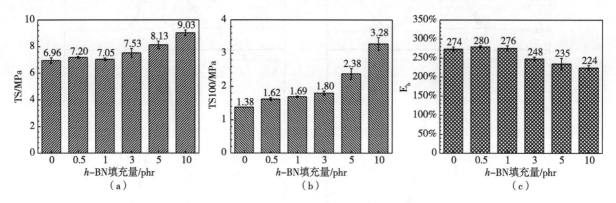

图 4　填充量对 BN/FKM 复合材料力学性能的影响

（a）拉伸强度；（b）100％定伸应力；（c）断裂伸长率

2.3　BN/FKM 复合材料的 γ 辐射稳定性研究

为了探究 h-BN 对 FKM 辐射稳定性的增强效果，本文选取 FKM 和 BN/FKM-10 作为对比目标，测量其辐射前后力学性能和 Tg 的变化。P（VDF-HFP）类型 FKM 在电离辐射下，交联趋势略大于裂解趋势。因此，随着吸收剂量的增加，FKM 的拉伸强度缓慢增强，吸收 550 kGy 辐射剂量后，拉伸强度提升至 7.12 MPa，与未辐照时增大了 0.16 MPa，如图 5a 所示。而 BN/FKM-10 在吸收相同剂量后，拉伸强度由 9.03 MPa 提高至 10.68 MPa。同样，二者的 100％定伸应力也随吸收剂量的增大而增加，但 BN/FKM-10 的增强效果更为明显，如图 5b 所示。值得注意的是，当吸收剂量大于 250 kGy 后，样品的断裂伸长率小于 100％，因此 100％定伸应力只记录至吸收 250 kGy 剂量的样品。

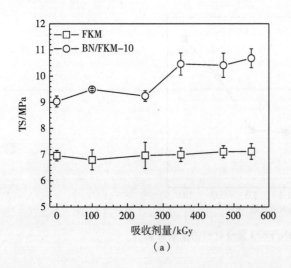

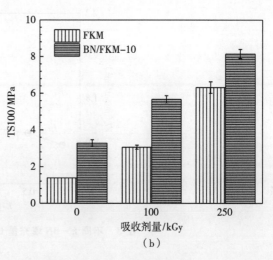

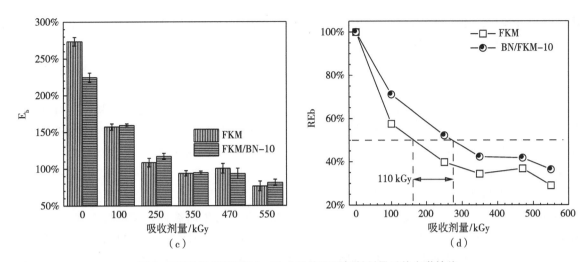

（c）　　　　　　　　　　　　　　　（d）

图 5　FKM 与 BN/FKM - 10 在吸收不同辐射剂量后的力学性能
（a）拉伸强度；（b）100％定伸应力；（c）断裂伸长率；（d）相对断裂伸长率

在一定吸收剂量下，尽管 FKM 和 BN/FKM - 10 的拉伸强度等都提高了，但是断裂伸长率逐渐降低，如图 5c 所示。未辐照时，由于填料的影响，BN/FKM - 10 的断裂伸长率只有 FKM 的 82％。γ 辐照后，二者的断裂伸长率却降低至基本一致，表明 h - BN 能够降低辐射损伤，起到保护高分子基体的作用。通常，对比高分子材料辐射稳定性的强弱可根据某项性能降至初始值 50％时所吸收的辐射剂量来评估。将断裂伸长率，根据式（1）转换为相对断裂伸长率（REb），如图 5d 所示。可以明显看出，相同吸收剂量下，FKM 断裂伸长率的下降速度更快，尤其是在吸收 250 kGy 剂量以内。以初始值的 50％作为参考，可以看出 BN/FKM - 10 需要吸收约 270 kGy 剂量，而 FKM 只需吸收约 160 kGy。因此，h - BN 能够明显增强 FKM 的辐射稳定性。

$$REb ＝ 未辐照时断裂伸长率 / 辐照后断裂伸长率 \times 100\%。 \tag{1}$$

高分子的 T_g 是分子链段运动的最低温度，能够体现材料整体的分子链刚性，也是材料实际使用时的重要考察参数之一。h - BN 的添加，阻碍了 FKM 基体局部分子链的移动，因此 BN/FKM - 10 比 FKM 的 T_g 高 0.5 ℃（图 6）。如上所述，辐照会引起 FKM 进一步交联，因此分子链的运动进一步受阻。二者的 T_g 随吸收剂量的增加而逐渐增加。吸收 350 kGy 剂量后，FKM 的 T_g 提高了 4.8 ℃，而 BN/FKM - 10 只提高了 3.8 ℃。这可能是因为没有 h - BN 时，辐照引起的交联均匀分布于整个高分子

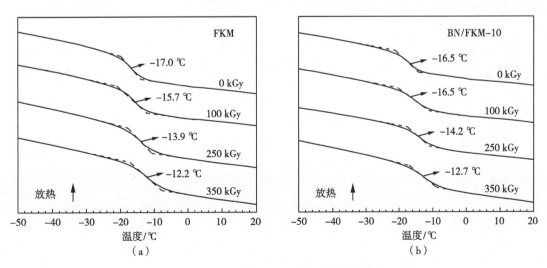

（a）　　　　　　　　　　　　　　　（b）

图 6　FKM 和 BN/FKM - 10 在吸收不同剂量后的 T_g
（a）FKM；（b）BN/FKM—10

基体。而 h-BN 的存在，会在局部隔断链与链的接触，导致辐射交联并没有均匀分布。因此，h-BN 也能减小 FKM 被辐照后 Tg 的变化程度。

3 结论

本文采用机械共混的方法制备了一系列不同 h-BN 填充量的 BN/FKM 复合材料，并对复合材料的化学信息、交联密度、力学性能和辐射稳定性进行了系统研究。结果表明，填料与 FKM 基体之间存在化学键，进一步促进了基体的交联密度，并且填料越多，交联密度越大。填充量为 10 phr 时，尽管断裂伸长率降低至纯 FKM 的 82%，但拉伸强度和 100% 定伸应力分别提升了 30% 和 138%。h-BN 不仅对 FKM 的力学性能有所助益，在辐射稳定性增强效果中也有非常优异的表现。一方面，BN/FKM 在被辐照后，拉伸强度增强程度远优于 FKM，并且对于断裂伸长率降低至初始值 50% 所吸收的剂量，BN/FKM-10 比 FKM 高约 110 kGy；另一方面，h-BN 的填充也能使复合材料被辐照后，Tg 的变化更小。综上所述，h-BN 可实现 FKM 的力学和辐射稳定性的同步提升，为制备高性能耐辐射高分子材料提供了参考。

参考文献：

[1] DROBNY J. Fluoroelastomers handbook：the definitive user's guide ［M］. New York：William Andrew, 2016.

[2] CHEN J, DING N W, LI Z F, et al. Organic polymer materials in the space environment ［J］. Progress in aerospace sciences, 2016 (83) 37 - 56.

[3] GOURDIN W H, JENSEN W. Relaxation of compressive stress in gamma - irradiated Viton™ fluoroelastomer ［J］. Fusion engineering and design, 2021 (172)：112714.

[4] CUCCURU A, SODI F. Thermal stability of γ - irridiated fluoroelastomers ［J］. Thermochimica Acta, 1975, 12 (3)：281 - 286.

[5] SAIYAD M, DEVASHRAYEE N, MEWADA R. Study the effect of dispersion of filler in polymer composite for radiation shielding ［J］. Polymer composites, 2014, 35 (7)：1263 - 1266.

[6] JIAO L M, WANG Y, WU Z H, et al. Effect of gamma and neutron irradiation on properties of boron nitride/epoxy resin composites ［J］. Polymer degradation and stability, 2021 (190)：109643.

[7] SAMARŽIJA - JOVANOVIĈ S, JOVANOVIC V, MARINOVIC - CINCOVIC M, et al. Comparative study of radiation effect on rubber - carbon black compounds ［J］. Composites part B：engineering, 2014 (62)：183 - 190.

[8] MEIYAZHAGAN A, SERLES P, SALPEKAR D, et al. Gas - Phase Fluorination of Hexagonal Boron Nitride ［J］. Advanced materials, 2021, 33 (52)：e2106084.

A study on the γ-radiation resistance of boron nitride/fluoroelastomer composites

WU Zhi-hao[1] , SHEN Hang[1,2] , JIAO Li-min[1] , LIN Ming-zhang[1]*

(1. School of Nuclear Science and Technology, University of Science and Technology of China,

Hefei, Anhui 230027, China; 2. Institute of Nuclear Physics and Chemistry,

China Academy of Engineering Physics, Mianyang, Sichuan 621000, China)

Abstract: Fluoroelastomers (FKM) as the sealing materials have been widely used in frontier areas, such as aeronautics, astronautics and atomic energy. As well as the high-temperature and high-pressure, the ionic radiation is also a key influence factor for accelerate the degradation rate and reduce the performance of FKM. Therefore, it's the necessary requisite measure to promote the radiation resistance of FKM for prolonging the service life and ensuring the safe operation of equipment. This paper studied systematically on the effect of filler (hexagonal boron nitride, h-BN) on the crosslink degree, mechanical performance and γ-ray radiation resistance of FKM composites. The results shown that the FKM matrix crosslink degree and tensile strength were increased gradually with the increasing fill content of h-BN, because there's an interaction between them. The tensile strength of composite filled with 10 phr h-BN was increased to 130% of pure FKM. In addition, the presence of h-BN can effectively improve the radiation resistance of FKM. The glass transition temperature of pure FKM rose by 4.8 ℃ after absorbing 350 kGy, but only by 3.8 ℃ for BN/FKM - 10. Moreover, while BN/FKM - 10 stayed 42% of the initial value, the elongation at break of FKM was reduced to 34% of that without irradiation, showing that h-BN can lessen the impact of ionizing radiation on the microstructure of the FKM matrix.

Key words: Fluoroelastomer; Hexagonal boron nitride; Radiation resistance; Crosslink degree

含铜离子水溶液的辐射行为研究

林子健，林蕴良，郭子方，李一帆，杜香怡，林铭章*

（中国科学技术大学核科学技术学院，安徽　合肥　230027）

摘　要： 铜与铜合金广泛应用于核材料领域，对于材料腐蚀控制和氢爆风险评估，含铜离子水溶液辐解的影响必须予以考虑。本工作开展了含铜离子水溶液 γ 辐解实验，探究了不同吸收剂量、吸收剂量率和 Cu^{2+} 浓度对 H_2O_2、O_2 和 H_2 生成的影响。实验结果表明，随着吸收剂量的增加（0 ~1.80 kGy），H_2O_2 和气相中 H_2 的浓度先增大后趋于稳态，其稳态浓度分别为 5.41×10^{-6} mol/L 和 7.91×10^{-5} mol/L，而气相中 O_2 的浓度则维持在 9.04×10^{-4} mol/L。Cu^{2+} 的存在使 H_2、H_2O_2 的平衡浓度分别提升一个和两个数量级，对 H_2O_2、H_2 的生成起到了促进作用，但对 O_2 的生成基本没有影响。H_2O_2 和 H_2 的平衡浓度随着吸收剂量率的增大而升高，当吸收剂量率从 1.40 Gy/min 增大到 46.93 Gy/min，其平衡浓度分别从 4.56×10^{-6} mol/L 和 1.78×10^{-5} mol/L 升高到 2.46×10^{-5} mol/L 和 3.81×10^{-4} mol/L，而在此吸收剂量率范围内 O_2 基本不受影响。同时，基于水辐解反应动力学和气液两相传质双膜理论，我们构建了含铜离子水溶液辐解计算模型。模拟结果与实验数据相比，标准化平均偏差的绝对值基本在 1‰ ~7‰，最大约 24‰，证明了计算模型的有效性和正确性。

关键词： 含铜离子水溶液；γ 射线；辐射分解；化学动力学模拟

　　铜与铜合金因其独特的性能，在核材料领域有着广泛的应用。铜具备良好的耐化学腐蚀性、抗辐照损伤性和足够的机械强度，可作为乏燃料深层地质储存罐的屏蔽材料。在使用 50 mm 厚的铜屏蔽层时，乏燃料深层地质储存罐可服役 10 万年以上[1]。另外，铜合金（如 CuCrZr）具有高热导率、较高的强度、较好的热稳定性和耐中子辐照性能，是未来聚变堆水冷偏滤器的首选热沉材料[2]。

　　偏滤器水冷回路中的冷却剂或乏燃料深层地质储存罐中的放射性废液在电离辐射的作用下发生辐射分解，生成 e_{aq}^-、·H、·OH、HO_2·、H_2、H_2O_2 和 O_2 等氧化性或还原性辐解产物[3]。其中，分子产物 H_2O_2、O_2 和 H_2 对体系所处化学环境的氧化还原性起主导作用[4]。H_2O_2 和 O_2 的存在可以诱发铜或铜合金的腐蚀，使一定量的铜离子释放到体系中，与辐解产物发生系列化学反应，导致辐解产物浓度发生变化，进而影响体系的化学环境。对于乏燃料深层地质储存，还需要充分考虑高放废液贮存过程中溶液辐解产生的 H_2 浓度，避免高浓度 H_2 带来的氢气爆炸（简称"氢爆"）风险。因此，在研究铜与铜合金的辐射腐蚀控制及评估储存罐氢爆风险时，考虑含铜离子水溶液辐解产生的 H_2O_2、O_2 和 H_2 的影响是十分必要的。

　　本工作中，我们开展了含铜离子水溶液 γ 辐解实验，探究了在不同吸收剂量、吸收剂量率和 Cu^{2+} 浓度下 H_2O_2、O_2 和 H_2 的生成情况，然后以水辐解反应动力学和气液两相传质双膜理论为基础，构建了含铜离子水溶液辐解模型，通过对比实验数据与模型模拟结果，证明了模型的有效性和正确性。

1　含铜离子水溶液 γ 辐解实验

1.1　试剂与仪器

　　硫酸铜（$CuSO_4$，≥98.0%）、碘化钾（KI，≥99.0%）、邻苯二甲酸氢钾（$KHC_8H_4O_4$，≥96.0%）、硫酸（H_2SO_4，≥98.0%）、氢氧化钠（NaOH，≥96.0%）、四水合钼酸铵（$H_{24}Mo_7N_6$

作者简介： 林子健（1999—），男，硕士研究生，现主要从事反应堆水化学，化学动力学模拟等方面的研究。

基金项目： 国家自然科学基金"叶企孙"科学基金（U2241289）。

$O_{24} \cdot 4H_2O$，≥96.0%）、过氧化氢（H_2O_2，30%）购自国药集团化学试剂有限公司。氩气（Ar，≥99.999%）、氢气（H_2，≥99.999%）、氧气（O_2，≥99.999%）购自南京上元工业气体厂。所有试剂使用前均无纯化处理。

用于配制溶液的超纯水（18.25 MΩ·cm）由 Kertone Lab VIP® 超纯水机生产。溶液的 pH 由 PHSJ-3F 型 pH 计（上海雷磁仪器）测定。辐解产物的紫外可见吸收光谱由 UV-vis 分光光度计测定（UV-2600，Shimadzu）。气体产物含量由 GC-2014 气相色谱仪（Shimadzu）测定，待测气体通过进样针（Hamilton）进样。

1.2 实验步骤

1.2.1 样品制备与辐照

将石英封管用铬酸洗液（60 g $K_2Cr_2O_7$ + 100 mL 浓硫酸 + 500 mL H_2O）浸泡 24 h 以上，洗净烘干备用。配制相同 pH（4.25）不同浓度（1～21 μmol/L）的硫酸铜溶液，取 25 mL 溶液装入石英封管，通氩气 30 min 以上，迅速封管。将制备好的样品置于活度为 15 kCi[①] 的 60Co 辐射场中进行辐照，吸收剂量范围为 0.45～1.80 kGy，吸收剂量率范围为 1.40～46.93 Gy/min，辐照完成后取出样品测定辐解产物及气相中氢气、氧气的浓度。

1.2.2 产物测定

H_2O_2 光谱测定：使用 Ghormley 法[5]测定 H_2O_2 浓度。测量步骤大致如下：往 25 mL 棕色容量瓶中加入 5 mL 显色剂 A（碘化钾 66 g/L，氢氧化钠 2 g/L，四水合钼酸铵 0.2 g/L）和 5 mL 显色剂 B（邻苯二甲酸氢钾 20 g/L），再加入 10 mL 待测液，定容摇匀后静置 15 min 以上，测定 352 nm 处的吸光度。

气相中 H_2、O_2 的测定：用进样针抽取石英封管气相部分 1 mL 气体，注入气相色谱进样仪，以氩气为载气（流速为 40 mL/min），在 TCD 检测器温度 80 ℃、5A 填充柱温度 70 ℃下分离待测气体，通过峰面积求解得气相中 H_2、O_2 的浓度。

2 数学建模过程

在辐射场中，电离辐射入射到含铜离子水溶液中时，在径迹上发生能量沉积，使水分子发生激发和电离，形成激发态水分子、慢化电子并分布于径迹周围的云团中。随后激发态水分子和慢化电子分别发生解离和溶剂化，生成·H、·OH、H_3O^+ 和 e_{aq}^- 等辐解产物，这些辐解产物在云团中发生一系列化学反应并逐渐扩散出云团，在大约 100 ns 整个体系达到均相[3]。另外，对于存在气液两相的体系，辐解过程中产生的气体将从液相扩散到气相，最终形成动态平衡。因此，含铜离子水溶液辐解计算模型的建模应对上述辐解过程和气液两相传质过程完成数学表达并求解，模型组成包括辐解产物的辐射化学产额（G 值）、反应方程集及速率常数、气液两相传质模型和其它物理参数（吸收剂量率、温度、pH 等）等。

3 结果与讨论

3.1 吸收剂量对含铜离子水溶液辐解的影响

为探究含铜离子水溶液在 γ 场中不同吸收剂量下的辐解行为，将浓度为 6 μmol/L、pH 为 4.25 的 $CuSO_4$ 溶液置于 γ 场中辐照（吸收剂量率为 3.76 Gy/min，气相中 O_2 起始浓度为 9.04×10^{-4} mol/L），体系吸收剂量为 0.45 kGy～1.80 kGy。辐照后体系的 H_2O_2 及气相中 H_2、O_2 的浓度随吸收剂量的变化与辐解模型模拟结果的对比如图 1 所示。

---

① 1Ci = 3.7×10^{10} Bq。

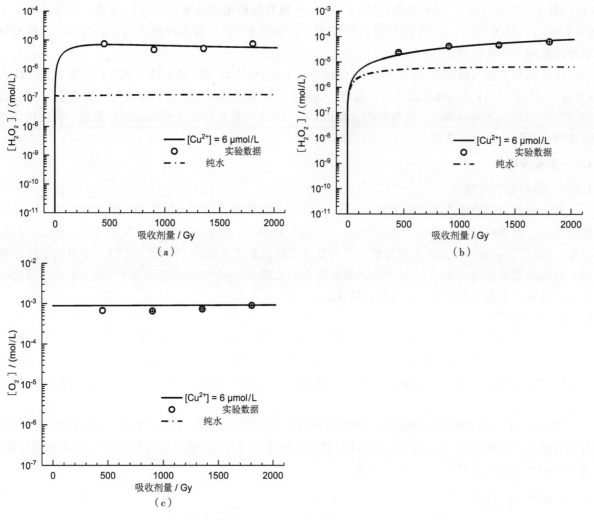

图 1 不同吸收剂量下 H_2O_2（a）及气相中 H_2（b）、O_2（c）的浓度

（注：实线为 $CuSO_4$ 溶液模拟结果，点划线为纯水模拟结果；圆点为实验数据）

H_2O_2 及气相中 H_2 的浓度随着吸收剂量的增加先增大后趋于稳态，而气相中 O_2 的浓度基本不受吸收剂量的影响。另外，Cu^{2+} 对 H_2O_2、气相中 H_2 的生成起促进作用，对气相中 O_2 的生成基本没有影响。这是因为体系中一部分 Cu^{2+} 在辐解过程中被 e_{aq}^- 和 $\cdot H$ 还原成 Cu^+（R4、R5），Cu^+ 化学性质不稳定，迅速与体系中的 O_2^- 和 $HO_2 \cdot$ 反应生成 H_2O_2（R6、R7），最终表现为 Cu^{2+} 对 H_2O_2 的生成有促进作用。而 Cu^+ 对 O_2^- 和 $HO_2 \cdot$ 的消耗使得 $\cdot H$ 复合生成 H_2（R1）的竞争反应 R2、R3 受到削弱，最终促进了 H_2 的生成。由于辐解前后气相中 O_2 浓度的变化量远小于起始浓度，气相中 O_2 的平衡浓度随吸收剂量的增大并无明显变化。

$$\cdot H + \cdot H = H_2, \tag{R1}$$

$$\cdot H + HO_2 \cdot = 2 \cdot OH/H_2O_2, \tag{R2}$$

$$\cdot H + O_2^- = HO_2^-, \tag{R3}$$

$$e_{aq}^- + Cu^{2+} \rightarrow Cu^+, \tag{R4}$$

$$\cdot H + Cu^{2+} \rightarrow H^+ + Cu^+, \tag{R5}$$

$$O_2^- + Cu^+ + 2H^+ \rightarrow Cu^{2+} + H_2O_2, \tag{R6}$$

$$Cu^+ + HO_2 \cdot + H^+ \rightarrow Cu^{2+} + H_2O_2。 \tag{R7}$$

3.2 吸收剂量率对含铜离子水溶液辐解的影响

为探究吸收剂量率对含铜离子水溶液辐解的影响，将浓度为 6 μmol/L、pH 为 4.25 的 $CuSO_4$ 溶液置于 γ 场中以不同的吸收剂量率辐照相同的吸收剂量（0.9 kGy），吸收剂量率分别为 1.40 Gy/min、3.76 Gy/min、6.58 Gy/min、12.75 Gy/min、31.03 Gy/min 和 46.93 Gy/min，气相中 O_2 起始浓度为 9.04×10^{-4} mol/L。如图 2 所示，在吸收剂量率 1.40~46.93 Gy/min，H_2O_2、气相中 H_2 的平衡浓度随着吸收剂量率的增大而升高，而气相中 O_2 的平衡浓度基本不受吸收剂量率的影响。这是因为在体系辐解过程中，吸收剂量率大，可能造成一定程度的云团重叠，促使云团内自由基产物（·H、·OH 及 HO_2·）浓度升高，自由基复合反应（R1、R8）加剧，且 ·H 与 HO_2· 扩散到云团外与 Cu^{2+} 和 Cu^+ 发生一系列反应（R5、R7），促进了分子辐解产物的生成，最终表现为 H_2O_2、气相中 H_2 的平衡浓度随吸收剂量率的增大而升高。而辐解前后气相中 O_2 浓度的变化量远小于起始浓度，导致气相中 O_2 的平衡浓度随吸收剂量率的增大并无明显变化。

$$·OH + ·OH = H_2O_2。 \tag{R8}$$

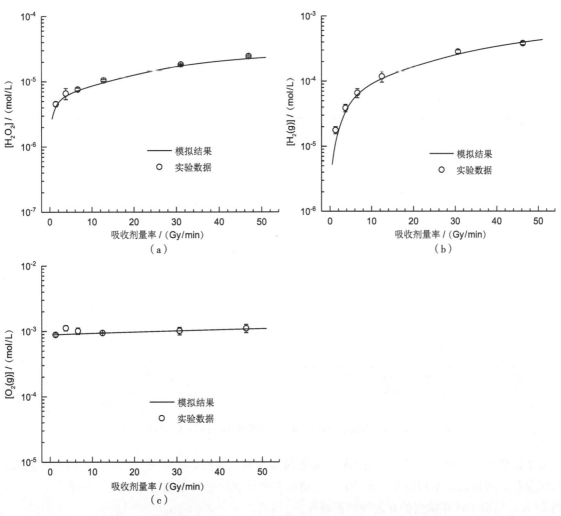

图 2　不同吸收剂量率下 H_2O_2（a）及气相中 H_2（b）、O_2（c）的浓度

3.3 Cu^{2+} 浓度对含铜离子水溶液辐解的影响

为探究 Cu^{2+} 浓度对含铜离子水溶液辐解的影响，将浓度分别为 1 μmol/L、6 μmol/L、11 μmol/L、16 μmol/L、21 μmol/L，pH 均为 4.25 的 $CuSO_4$ 溶液置于 γ 场中辐照 4 h（吸收剂量率为 3.76 Gy/min，

气相中 O_2 起始浓度为 9.04×10^{-4} mol/L）。如图 3 所示，H_2O_2 的平衡浓度随着 Cu^{2+} 浓度的升高而略有升高，而气相中 H_2、O_2 的平衡浓度基本不受 Cu^{2+} 浓度的影响，即 Cu^{2+} 的存在对 H_2O_2 的生成有促进作用且随浓度升高而增强，对气相中 H_2 的生成有促进作用但不随浓度变化而变化，对气相中 O_2 的生成基本无影响。Cu^+ 浓度升高一方面导致 O_2^- 和 $HO_2\cdot$ 的消耗增加（R6、R7），使得·H 复合生成 H_2（R1）的竞争反应 R2、R3 受到削弱，从而促进了 H_2 的生成；另一方面会促进反应 R7 进行，导致·H 浓度下降，进而对反应 R1 造成一定程度上的抑制。两方面共同作用下，结果表现为 Cu^{2+} 的存在对气相中 H_2 的生成有促进作用但不随浓度变化而变化。而辐解前后气相中氧气 O_2 浓度的变化量远小于起始浓度，导致气相中 O_2 的平衡浓度随 Cu^{2+} 浓度的升高并无明显变化。

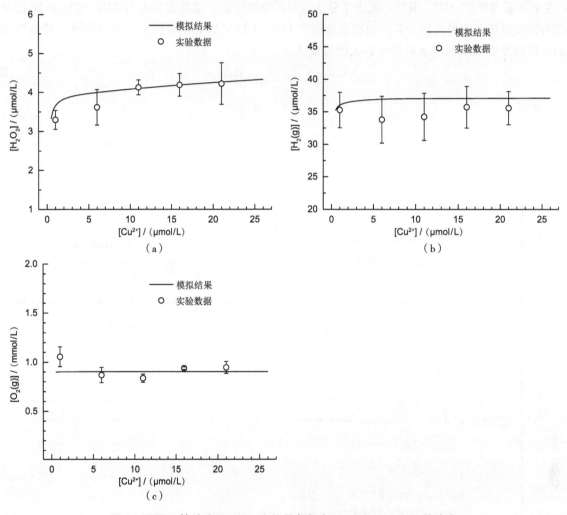

图 3　不同 Cu^{2+} 浓度下 H_2O_2（a）及气相中 H_2（b）、O_2（c）的浓度

　　为了评估计算模型的模拟结果与实验数据的偏离程度，我们计算了图 2 至图 3 中各子图的模拟结果与实验数据的标准化平均偏差（NMB）[6]，结果表明标准化平均偏差的绝对值基本在 1%～7%，最大约 24%，证明了计算模型的有效性和正确性。

4　结论

　　本文开展了含铜离子水溶液 γ 辐解实验，探究了不同吸收剂量、吸收剂量率和 Cu^{2+} 浓度对辐解产生 H_2O_2、O_2 和 H_2 的影响，然后以水辐解反应动力学和气液两相传质双膜理论为基础，构建了含铜离子水溶液辐解计算模型，通过对比实验数据与模型模拟结果，证明了模型的有效性和正确性。

H_2O_2、气相中 H_2 的浓度随着吸收剂量的增加先增大后趋于稳态，而气相中 O_2 的浓度基本不受吸收剂量的影响；Cu^{2+} 对 H_2O_2、气相中 H_2 的生成起到促进作用，对气相中 O_2 的生成基本没有影响，并且随着 Cu^{2+} 浓度升高，对 H_2O_2 生成的促进作用增强，对气相中 H_2 生成的促进作用基本没有变化；H_2O_2、气相中 H_2 的平衡浓度随着吸收剂量率的增大而升高，而气相中 O_2 的平衡浓度基本不受吸收剂量率的影响。本工作有望为铜与铜合金的腐蚀控制及乏燃料深层地质储存罐氢爆风险评估等提供重要参考和指导。

参考文献：

[1] KING F, AHONEN L, TAXÉN C, et al. Copper corrosion under expected conditions in a deep geologic repository [R]. Swedish nuclear fuel and waste management Co., 2001.

[2] 彭昊擎亮，李强，常永勤，等. 核聚变堆偏滤器热沉材料研究现状及展望 [J]. 金属学报，2021，57（7）：831－844.

[3] BELLONI J, MOSTAFAVI M, DOUKI T, et al. Radiation chemistry – from basics to applications in material and life sciences [M]. Paris：EDP Sciences，2008.

[4] MACDONALD D D. Viability of hydrogen water chemistry for protecting in-vessel components of boiling water reactors [J]. Corrosion, 1992, 48 (3)：194－205.

[5] JOSEPH J M, CHOI B S, YAKABUSKIE P, et al. A combined experimental and model analysis on the effect of pH and O_2 (aq) on γ-radiolytically produced H_2 and H_2O_2 [J]. Radiation Physics and Chemistry, 2008, 77 (9)：1009－1020.

[6] SÁNCHEZ-Ccoyllo O R, ORDOÑEZ-Aquino C G, Muñoz Á G, et al. Modeling study of the particulate matter in lima with the wrf-chem model：Case study of April 2016 [J]. International journal of applied engineering research：IJAER, 2018 (11)：10129.

Study on radiolysis ofaqueous solution containing copper ion

LIN Zi-jian, LIN Yun-liang, GUO Zi-fang,
LI Yi-fan, DU Xiang-yi, LIN Ming-zhang*

(School of Nuclear Science and Technology, University of Science and Technology of China, Hefei Anhui 230027, China)

Abstract: Copper and copper alloys are widely used in the field of nuclear materials. The influence of copper ion containing aqueous solution radiolysis must be considered for material corrosion control and hydrogen explosion risk assessment. In this work, γ-radiolysis experiment of aqueous solution containing copper ion was carried out to explore the effects of different absorbed doses, absorbed dose rates and Cu^{2+} concentrations on the generation of H_2O_2, O_2 and H_2. The experimental results show that with the increase of absorbed dose (0~1.80 kGy), the concentrations of H_2O_2 and H_2 (g) first increase and then tend to be stable, with steady-state concentrations of 5.41×10^{-6} mol/L and 7.91×10^{-5} mol/L, respectively, while the concentration of O_2 (g) remains at 9.04×10^{-4} mol/L. The presence of Cu^{2+} enhances the equilibrium concentrations of H_2 and H_2O_2 by one and two orders of magnitude, respectively, which promotes the generation of H_2O_2 and H_2 but has little effect on the generation of O_2. The equilibrium concentrations of H_2O_2 and H_2 increase with increasing absorption dose rate, and when the absorption dose rate is increased from 1.40 Gy/min to 46.93 Gy/min, their equilibrium concentrations increase from 4.56×10^{-6} mol/L and 1.78×10^{-5} mol/L to 2.46×10^{-5} mol/L and 3.81×10^{-4} mol/L, respectively, while O_2 is basically unaffected within this absorption dose rate range. Meanwhile, based on the kinetics of water radiolysis and the two-film theory of gas-liquid mass transfer, we constructed a calculation model for the radiolysis of aqueous solution containing copper ion. Compared with experimental data, the absolute values of normalized mean bias in simulation results are generally between 1% and 7%, with a maximum of about 24%, demonstrating the effectiveness and correctness of the calculation model.

Key words: Aqueous solution containing copper ion; γ-rays; Radiolysis; Chemical kinetics modeling

电子束辐照对芜根主要活性成分及灭菌效果的影响

吕倩倩[1,2,3]，谢和兵[1,2,3,4]*，谢景星[5]，尼玛次仁[3,4]，白玛旦增[3,4]

(1. 安徽中医药大学药学院，安徽　合肥　230013；2. 南通市海门长三角药物高等研究院，江苏　南通　226133；

3. 江苏神猴医药研究有限公司，江苏　南通　226133；4. 西藏神猴药业有限责任公司，西藏　日喀则　857000；

5. 中广核戈瑞（深圳）科技有限公司，广东　深圳　518000)

摘　要：目的：探究电子束辐照对芜根主要活性成分及灭菌效果的影响。方法：分别以 2、4、6、8、10 kGy 剂量对芜根粉末进行辐照灭菌，比较辐照前后样品中半乳糖、甘露糖、总多糖的含量以及指纹图谱、微生物水平的变化。结果：不同剂量电子束辐照后，芜根粉末中半乳糖、甘露糖和总多糖的含量无显著性差异，指纹图谱相似度高达 0.999 及以上，细菌菌落总数、霉菌和酵母菌菌落总数显著降低（$P < 0.05$），当辐照剂量为 6 kGy 时，微生物水平符合《中华人民共和国药典》2020 版第四部规定。结论：不同剂量的电子束辐照灭菌对芜根粉末主要有效成分无显著影响，且辐照剂量达 6 kGy 时能达到良好的灭菌效果，电子束辐照适用于芜根粉末的灭菌。

关键词：芜根；电子束；半乳糖；甘露糖；总多糖；指纹图谱

　　芜根（*Brassica rapa* L.），又名蔓菁，藏语名为"妞玛"，十字花科芸薹属，是青藏高原地区特有的食、药、饲三用植物。《四部医典》《千金食治》等医学典籍均记载了芜根具有味甘性温、清热解毒、滋补增氧之功效[1]。现代药理学研究表明，芜根富含蛋白质、粗纤维、钙、磷、铁等多种人体所需的营养成分[2]，此外，芜根所富含的多糖等多种生物活性成分，能够有效增强免疫力[3]，起到抗疲劳[4]、抗菌抗炎[5]、降血糖[6]、抗缺氧[7]等作用，具有较好的产业化开发价值。

　　若对芜根采用传统的晾干、晒干的炮制工艺，无法控制药材的微生物水平，导致药材在储存过程中易发生霉变。本研究前期采用藏药常用干热、湿热的方式控制微生物水平，发现高温后的芜根色泽、气味发生显著的改变，因此高温方式并不适用于芜根的灭菌。本试验将具有低温、高效、安全等优点[8-11]的电子束辐照应用于芜根药材的灭菌，以药材的主要活性成分的定量、指纹图谱以及微生物水平为指标，考察不同剂量的电子束辐照对芜根中主要活性成分和灭菌效果的影响，旨在探究电子束辐照灭菌方法对芜根药材灭菌的适用性，为芜根及其制剂的辐照灭菌提供参考依据。

1　仪器与试药

1.1　仪器

　　20B 高效万能粉碎机（常州市强迪干燥设备有限公司）；Aglient 1260 高效液相色谱仪（美国安捷伦科技有限公司）；JA10003N 电子天平（上海精其仪器有限公司，精度为 1‰）；XSR205DU/AC 分析天平（美国梅特勒托利多科技有限公司，精度为 1/10 万）；UC－250DE 超声清洗仪（上海精其仪器有限公司）；HH－6 数显恒温水浴锅（上海力辰邦西仪器科技有限公司）；DHG－9030A 电热恒温鼓风干燥箱（上海精其仪器有限公司）；PHS－3C 雷磁酸度计（上海仪电科学仪器股份有限公司）；SHZ－DC（Ⅲ）循环水式多用真空泵（上海力辰邦西仪器科技有限公司）；UV－1900i 紫外可见分光光度计（岛津仪器有限公司）；XH－C 涡旋振荡器（常州中捷实验仪器制造有限公司）。

作者简介：吕倩倩（1999—），女，安徽阜阳人，硕士研究生，研究方向为中药制剂工艺与质量标准。

基金项目：西藏自治区科技厅区域科技协同创新专项-藏药材加工专项（QYXTZX-RKZ2022－07）。

1.2 试药

芜根（西藏神猴医药研究有限公司，202211171）；D-无水葡萄糖（110833-202109，99.9%，中检院）；半乳糖（100226-201807，100.0%，中检院）；D-甘露糖（140651-201805，100.0%，中检院）；苯酚（国药集团化学试剂有限公司，20220110）；硫酸（国药沪试，20220829）；磷酸二氢钾为分析纯（国药沪试，20220514）；甲醇为分析纯（国药集团化学试剂有限公司，20221222）；1-苯基-3-甲基-5-吡唑啉酮为化学纯（国药沪试，20220316）；三氟乙酸为分析纯（上海麦克林生化科技有限公司，C14896618）；氢氧化钠为分析纯（国药集团化学试剂有限公司，20220930）；三氯甲烷（国药沪试，20220625）；盐酸（上海泰坦科技股份有限公司，P2141688）。

2 方法与结果

2.1 样品制备及辐照处理

取干燥芜根药材打粉，过四号筛，即得芜根粉末样品。所有样品均由中广核戈瑞科技有限公司采用电子束辐照灭菌处理，辐照剂量分别为 2 kGy、4 kGy、6 kGy、8 kGy、10 kGy。

2.2 半乳糖、甘露糖含量测定

2.2.1 对照品溶液的制备[12]

精密称取甘露糖对照品 10.17 mg、半乳糖对照品 20.00 mg，分别置于 10 mL 和 20 mL 容量瓶中，加水溶解并定容至刻度，摇匀，配制成质量浓度为 1017 μg/mL 甘露糖对照品储备液，1000 μg/mL 半乳糖对照品储备液；分别精密吸取甘露糖对照品储备液 7.5 mL、半乳糖对照品储备液 15 mL，置同一 25 mL 容量瓶中，加水溶解并定容至刻度，摇匀，配制成甘露糖浓度为 305.1 μg/mL、半乳糖浓度为 600.0 μg/mL 的混合对照品储备液，精密吸取混合对照品储备液 1 mL，置于 10 mL 容量瓶中，加水溶解并定容至刻度，摇匀，即得混合对照品溶液。精密吸取混合对照品溶液 400 μL，置 5 mL 离心管中，依次加入 0.3 mol/L NaOH 溶液 400 μL、0.5 mol/L PMP 甲醇溶液 400 μL，混匀，置 70 ℃烘箱中反应 30 min，取出，冷却至室温，加入 0.3 mol/L HCl 溶液 400 μL 中和，混匀后加入 1 mL 三氯甲烷进行涡旋混合 1 min，静置 1 min，弃去下层液，重复萃取 3 次，吸取上层液，上层液用 0.45 μm 有机系微孔滤膜滤过，即得对照品溶液。

2.2.2 供试品溶液的制备[13]

精密称取芜根粉末 0.2 g，置于顶空瓶中，加 2 mol/L 三氟乙酸溶液 6 mL，密封，静置 30 min。将其放入烘箱中 120 ℃加热水解 4 h，取出，冷却至室温，滤过，残渣用水洗涤两次，每次 6 mL，用 1 mol/L NaOH 溶液中和至 pH 值约 7.0，转移定容至 50 mL 容量瓶中，即得供试品储备液。精密吸取供试品储备液 400 μL，置 5 mL 离心管中，依次加入 0.3 mol/L NaOH 溶液 400 μL、0.5 mol/L PMP 甲醇溶液 400 μL，混匀，置 70 ℃烘箱中反应 30 min，取出，冷却至室温，加入 0.3 mol/L HCl 溶液 400 μL 中和，混匀后加入 1 mL 三氯甲烷进行涡旋混合 1 min，静置 1 min，弃去下层液，重复萃取 3 次，吸取上层液，上层液用 0.45 μm 有机系微孔滤膜滤过，即得供试品溶液。

2.2.3 色谱条件

色谱柱：ShimNex CS-C18（4.6 mm×250 mm，5 μm）；流动相：0.05 mol/L KH_2PO_4-NaOH：乙腈（82：18）；流速：1.0 mL/min；检测波长：250 nm；柱温：30 ℃；进样量：5 μL。

2.2.4 样品测定

取 0 kGy、2 kGy、4 kGy、6 kGy、8 kGy、10 kGy 不同辐照剂量的芜根粉末样品，按"2.2.2"的方法制备成供试品溶液，每个样品平行制备 6 份供试品溶液，按"2.2.3"的色谱条件测定，采用外标法计算各样品中半乳糖和甘露糖的含量，运用 SPSS 26.0 分析软件进行数据处理，以 0 kGy 样本作为对照组，采用配对样本 t 检验。结果显示，辐照前后芜根粉末中的半乳糖和甘露糖含量无显著性差异（$P > 0.05$），无统计学意义，结果如表 1 所示。

表1　不同辐照剂量芫根粉末中甘露糖、半乳糖含量（$n=6$）

有效成分	辐照剂量/kGy	芫根粉末	
		含量/（mg/g）	P 值
甘露糖	0	7.13	—
	2	7.00	0.26
	4	7.08	0.74
	6	6.90	0.23
	8	7.05	0.33
	10	7.06	0.53
半乳糖	0	12.18	—
	2	12.29	0.42
	4	12.13	0.86
	6	12.16	0.90
	8	12.23	0.72
	10	12.36	0.52

2.2.5　HPLC指纹图谱比较

使用"中药色谱指纹图谱相似度评价系统（2012版）"对所得色谱图进行处理，以0 kGy供试品色谱图为参照，计算相似度[14]。结果显示，不同辐照剂量下的芫根粉末图谱相似度达0.999及以上，说明2 kGy、4 kGy、6 kGy、8 kGy、10 kGy的辐照剂量对芫根粉末的化学成分一致性没有产生影响，结果如图1和表2所示。

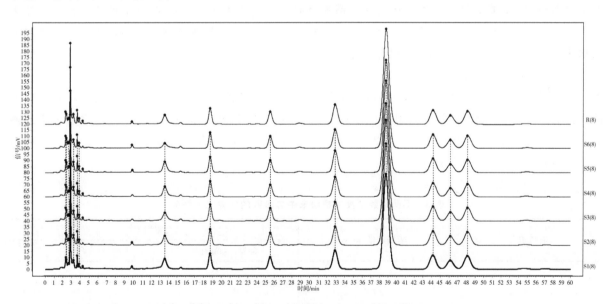

注：S1至S6为辐照剂量依次为0 kGy、2 kGy、4 kGy、6 kGy、8 kGy、10 kGy的样品；R为对照图谱。

图1　辐照前后芫根粉末指纹图谱

表2　辐照前后芫根粉末指纹图谱相似度

	0 kGy	2 kGy	4 kGy	6 kGy	8 kGy	10 kGy	R
0 kGy	1.000	0.999	0.999	0.999	0.999	0.999	1.000
2 kGy	0.999	1.000	1.000	0.999	0.999	0.999	1.000
4 kGy	0.999	1.000	1.000	1.000	0.999	1.000	1.000

续表

	0 kGy	2 kGy	4 kGy	6 kGy	8 kGy	10 kGy	R
6 kGy	0.999	0.999	1.000	1.000	1.000	0.999	1.000
8 kGy	0.999	0.999	0.999	1.000	1.000	0.999	1.000
10 kGy	0.999	0.999	1.000	0.999	0.999	1.000	1.000
R	1.000	1.000	1.000	1.000	1.000	1.000	1.000

2.3 总多糖含量测定

2.3.1 D-无水葡萄糖标准曲线的制备[15-16]

精密称取 D-无水葡萄糖对照品 10.30 mg，置于 20 mL 容量瓶中，加入蒸馏水使其溶解并定容至刻度，摇匀，即得 D-无水葡萄糖对照品溶液，备用。精密吸取 0、25 μL、50 μL、100 μL、150 μL、200 μL、250 μL D-无水葡萄糖对照品溶液置于具塞试管中，分别加入蒸馏水 1000 μL、975 μL、950 μL、900 μL、850 μL、800 μL、750 μL，摇匀，加入 5 ％苯酚溶液 1 mL，摇匀，加入 5 mL 浓硫酸，混匀后置沸水浴中加热 15 min，再于室温放置冷却后，于 484 nm 处测定吸光度。以吸光度 Y 为纵坐标，标准浓度 X（mg/L）为横坐标绘制标准曲线，得线性回归方程 $Y=0.0685X+0.0015$，$r=0.9995$，表明 D-无水葡萄糖在 1.837～18.375 mg/L 范围内与吸光度呈良好的线性关系。

2.3.2 供试品溶液的制备

精密称取芫根粉末 2.0 g，置于锥形瓶中，加入蒸馏水 60 mL，称定重量，90 ℃水浴加热回流 1 h，放冷，用蒸馏水补足减失的重量，滤过。精密吸取 1.5 mL 滤液置于 25 mL 容量瓶中，加蒸馏水定容至刻度，摇匀即得供试品储备液。精密吸取供试品储备液 100 μL，置于具塞试管中，加蒸馏水 900 μL，摇匀，加入 5 ％苯酚溶液 1 mL，摇匀，再加入 5 mL 浓硫酸，混匀，然后置于沸水浴中加热 15 min，室温冷却，即得供试品溶液。

2.3.3 样品测定

取 0 kGy、2 kGy、4 kGy、6 kGy、8 kGy、10 kGy 不同辐照剂量的芫根粉末样品，按"2.3.2"的方法制备供试品溶液，每个样品平行制备 6 份供试品溶液，于 484 nm 处测定吸光度，计算各样品中总多糖的含量，数据处理方法同"2.2.4"。结果显示，总多糖含量在辐照前后均无显著性差异（$P>0.05$），无统计学意义，结果如表 3 所示。

表 3 不同辐照剂量芫根粉末中总多糖的含量（$n=6$）

有效成分	辐照剂量/kGy	芫根粉末	
		含量/（mg/g）	P
总多糖	0	255.23	—
	2	251.44	0.58
	4	253.13	0.84
	6	253.82	0.68
	8	248.87	0.48
	10	247.28	0.31

2.4 微生物检测

参照《中华人民共和国药典》2020 年版四部中的 1105 微生物计数法、1106 控制菌检查法和 1107 非无菌药品微生物限度标准，对不同辐照剂量的芫根粉末细菌菌落总数、霉菌和酵母菌菌落总数及大肠菌群进行检查，数据处理方法同"2.2.4"。结果显示经过电子束辐照后，细菌菌落总数、霉菌和酵母菌菌落总数均显著下降（ $P <$ 0.05）；样品在辐照前后均未检出大肠菌群；当辐照剂量为 6 kGy 时，芜根粉末的微生物限度符合药典规定标准，结果如表 4 所示。

表 4　辐照前后芜根粉末中微生物限度的比较（ $n=2$ ）

辐照剂量/ kGy	细菌菌落总数/（cfu/g）	霉菌、酵母菌菌落总数/（cfu/g）	大肠菌群总数/（mpn/g）
0	176 050	6540	N
2	25 680*	1360*	N
4	6580*	525*	N
6	1230*	135*	N
8	75*	N	N
10	N	N	N

注：N 表示未检出；与对照品相比，＊ $P <$ 0.05。

3　讨论

芜根中含有多种硫代葡萄糖苷[17]，被赋予特殊的辛辣味。硫代葡萄糖苷是一类重要的生物活性物质，十字花科植物是硫代葡萄糖苷的主要来源[18]，至今已分离得到 120 多种硫代葡萄糖苷，它们在抗癌、植物防御和风味形成等方面有重要作用。若对芜根采用传统的晾干、晒干的炮制工艺，一方面无法控制药材的微生物水平；另一方面会导致硫代葡萄糖苷在介子酶等内在酶的作用下发生降解，其降解产物包括吲哚-3-甲醇、异硫氰酸酯、二甲基二硫醚和 5-乙烯基噁唑硫酮（OZT）等，这些降解产物对动物和人体多个器官具有多种毒性作用，尤其是可抑制甲状腺素的合成和对碘的吸收。电子束辐照产生的高能电子束不但能作用于细菌的遗传物质结构达到杀菌目的，同时电子束还能使水发生电离产生具有强氧化性的氧离子，抑制酶的活性[9-20]，因此，电子束辐照不但可以用于控制芜根药材的活性，还可能在控制芜根中硫代葡萄糖苷的降解中发挥作用，需要进一步研究。

现代药物化学、药理学研究表明芜根多糖为芜根中的主要活性成分，具有抗缺氧、抗辐射、提高免疫力等活性作用，芜根多糖由 D-无水葡萄糖、D-甘露糖、鼠李糖、D-半乳糖醛酸、D-无水葡萄醛酸、半乳糖和阿拉伯糖等单糖组成，因此本研究以半乳糖、甘露糖、总多糖含量以及单糖的指纹图谱作为主要活性成分指标，评价辐照前后芜根药材的质量变化。

芜根作为一种药食两用的药材，藏族地区百姓主要用于鲜食或加工成芜根干食用。近年来随着对芜根保健功能的重视，以芜根为原料开发了饮料、糖果等现代食品[21]，对推动芜根的产业化开发产生了积极作用。但芜根药材的质量缺乏统一的标准，目前芜根药材无中国药典标准，西藏自治区地方药材质量标准中收载的质量标准水平低，仅仅包括性状、薄层鉴别，无成分的定量指标。本文研究了芜根中总多糖、半乳糖以及甘露糖的含量测定方法，为芜根药材质量标准提升提供了参考。

4　结论

本文分析了不同剂量的电子束辐照对芜根粉末总多糖、半乳糖、甘露糖、指纹图谱和微生物水平的影响。结果表明：不同剂量的电子束辐照对芜根粉末的各项指标均无显著影响，且可显著降低药材的微生物水平，当辐照剂量达 6 kGy 时即可达到良好的灭菌效果。因此，电子束辐照灭菌是一种有效的控制芜根药材微生物水平的方法，并对药材质量无显著的影响。此外，本文研究了紫外分光光度计法测定芜根多糖含量和高效液相色谱法同时测定芜根中半乳糖、甘露糖含量的方法，可用于芜根药材的质量评价，为产品质量标准的提升提供了参考。

参考文献:

[1] 次仁德吉，米玛．浅谈芜菁研究现状 [J] ．西藏农业科技，2021，43 (1)：89-92.

[2] 任延靖，赵孟良，韩睿．不同芜菁种质资源营养成分分析及评价 [J] ．中国食品学报，2021，21 (11)：159-173.

[3] TANAKA S，YAMAMOTO K，HAMAJIMA C，et al. Dietary supplementation with fermented *Brassica rapa* L. stimulates defecation accompanying change in colonic bacterial community structure [J] ．Nutrients，2021，13 (6)：1847-1860.

[4] 唐伟敏，金露，谢亮华，等．芜菁多糖的分离纯化、化学结构及其抗疲劳动物试验研究 [J] ．中国食品学报，2018，18 (12)：22-31.

[5] ALOTAIBI B，MOKHTAR F A，EL-MASRY T A，et al. Antimicrobial activity of *Brassica rapa* L. flowers extract on gastrointestinal tract infections and antiulcer potential against indomethacin-induced gastric ulcer in rats supported by metabolomics profiling [J] ．J Inflamm Res，2021，14：7411-7430.

[6] 海仁古丽·麦麦提，祖丽皮艳·阿布力米特，海力茜·陶尔大洪．芜菁中性多糖降血糖作用研究的初步探讨 [J] ．食品安全质量检测学报，2020，11 (2)：387-392.

[7] 王伟，杨晓君，高蕾，等．响应面法优化新疆芜菁多糖提取工艺及体外抗氧化活性研究 [J] ．食品工业科技，2018，39 (2)：229-233.

[8] 康超超，王学成，伍振峰，等．基于物理化学及生物评价的中药生药粉灭菌技术研究进展 [J] ．中草药，2020，51 (2)：507-515.

[9] 唐艺文，陈谦，王钢，等．高能电子束辐照对杜仲叶品质的影响研究 [J] ．核农学报，2023，37 (5)：962-970.

[10] 高月霞，彭雪，李阳，等．高能电子束辐照对金丝绞瓜贮藏特性的影响 [J] ．中国食品学报，2023，23 (3)：290-299.

[11] 付孟，王丹，王钢，等．电子束辐照对三七粉主要成分及指纹图谱的影响 [J] ．食品工业科技，2023，44 (16)：99-106.

[12] 邝婷婷，王宇，王张，等．柱前衍生 HPLC 法分析蔓菁多糖中单糖的组成 [J] ．中成药，2014，36 (10)：2121-2125.

[13] 范芳芳，魏伯平，李宁，等．HPLC 法测定藏药蔓菁中葡萄糖含量及其特征图谱分析 [J] ．辽宁中医杂志，2018，45 (7)：1465-1468.

[14] 余玖霞，郭爽，苏联麟，等．基于高效液相色谱指纹图谱结合化学计量学评价不同产地黄连药材质量 [J] ．中国医院用药评价与分析，2022，22 (10)：1153-1156，1163.

[15] 贺维涛，年婧，赵重博．不同产地黄精多糖含量、多糖红外光谱及抗氧化活性研究 [J] ．现代中医药，2022，42 (6)：51-55.

[16] 杨永东．藏药蔓菁多糖的制备、组分分析及抗急性低压缺氧损伤作用的研究 [D] ．成都：成都中医药大学，2013.

[17] 赵学志，何洪巨，刘庞源，等．芜菁不同生长期硫代葡萄糖苷的变化 [J] ．北方园艺，2018 (5)：27-32.

[18] 何玲莉，余旭东，李军，等．不同基因型菜薹硫代葡萄糖苷组分及含量分析 [J] ．江西农业学报，2018，30 (3)：36-40.

[19] 刘泽松，史君彦，王清，等．辐照技术在果蔬贮藏保鲜中的应用研究进展 [J] ．保鲜与加工，2020，20 (4)：236-242.

[20] 叶力瑕，牛耀星，王燕，等．低剂量电子束辐照对徐香猕猴桃生理品质与氧化酶的影响 [J] ．食品工业科技，2023，44 (14)：355-362.

[21] 乔明锋，郝婉婷，蔡雪梅，等．一种芜根咀嚼片配方优化及特性 [J] ．食品工业，2021，42 (11)：70-75.

Effect of electron beam irradiation on main active components and sterilization effect of *Brassica rapa* L.

LV Qian-qian[1,2,3], XIE He-bing[1,2,3,4*], XIE Jing-xing[5], NIMA Ci-ren[3,4], BAIMA Dan-zeng[3,4]

(1. Anhui University of Chinese Medicine, Hefei, Anhui 230013, China; 2. Yangtze Delta Drug Advanced Research Institute, Nantong, Jiangsu 226133, China; 3. Jiangsu God Mokey Medical Research Co. , Ltd, Nantong, Jiangsu 226133, China; 4. Tibet God Mokey Pharmaceutical Co. , Ltd, Shigatse, Tibet 857000, China; 5. CGN Gray (Shenzhen) Technology Co. , Ltd. , Shenzhen, Guangdong 518000, China)

Abstract: Objective: To investigate the effect of electron beam irradiation on the main active components and the sterilization effect of *Brassica rapa* L. Methods: The samples were irradiated and sterilized with 2, 4, 6, 8, 10 kGy respectively. The contents of galactose, mannose, total polysaccharide, fingerprint and microbial level were compared before and after irradiation. Results: After electron beam irradiation at different doses, there were no significant differences in the contents of mannose, galactose and total polysaccharide of *Brassica rapa* L. The similarity of fingerprint was as high as 0.999 or above. The number of bacterial colonies and total number of myceland yeast colonies decreased significantly ($P < 0.05$), when the irradiation dose was 6 kGy, the microbial level was in line with the provisions of *Chinese Pharmacopoeia* 2020 edition. Conclusion: Different doses of electron beam irradiation sterilization had no significant effect on the main effective components of *Brassica rapa* L. powder, and the irradiation dose of 6 kGy achieved good sterilization effect. Electron beam irradiation is suitable for sterilization of *Brassica rapa* L. powder.

Key words: *Brassica rapa* L. ; Electron beam; Galactose; Mannose ; Total polysaccharide; Fingerprint

^{60}Co－γ 辐照辣椒红油护色工艺的优化

汪菡月[1,2]，黄　敏[2,3]，伏　毅[2,3]，黄雪晴[2]，陈　浩[2,3]，
刘绵学[2]，梁玥琦[2]，陈　谦[2,3*]

(1. 西南科技大学 生命科学与工程学院，四川　绵阳　621002；2. 四川省原子能研究院，四川　成都　610101；
3. 辐照保藏四川省重点实验室，四川　成都　610101)

摘　要：前期实验初步筛选番茄红素、虾青素、玉米黄质、β-胡萝卜素、竹叶黄酮 5 种护色剂，通过 PB 试验、最陡爬坡试验和响应面试验，获得 ^{60}Co－γ 辐照辣椒红油的最优工艺参数为：番茄红素添加量 0.05 g/kg，虾青素添加量 0.06 g/kg，玉米黄质添加量 0.35 g/kg，β-胡萝卜素添加量 0.3 g/kg（按有效成分含量计算）。

关键词：辣椒红油；护色；辐照；响应面优化

　　辣椒红油（Chili oil），俗称辣椒油、红油，是一种调料，一般将辣椒和各种配料混合，然后与热油混合制得[1-2]。因其味型香辣，广受我国关中地区、西南地区人们的欢迎，更是川菜中不可缺少的一味调料，如兰州的牛肉面，四川的夫妻肺片、红油兔丁都会用到辣椒油。近年来，中国休闲食品发展迅速，市场规模逐年提升[3]，2020 年中国休闲食品市场总份额已达 1482 亿元。其中，辣味休闲食品已经成为所有休闲食品中的主流口味，所以辣椒红油在休闲食品中的应用也是相当的广泛，目前，辣椒红油休闲食品市场规模以每年 30％的速度递增，发展潜力巨大。

　　目前，高温杀菌法是食品企业常用的杀菌方法，但是过高的温度会改变食品的色泽、口感等，导致产品的品质变差，市场接受度降低[4-5]。辐照杀菌技术是指利用 X 射线、^{60}Co 或 ^{137}Cs 衰变所释放的γ射线、电子加速器所产生的电子束等电离辐射，与食品发生物理、化学或生物学效应，达到杀灭食品中有害微生物的目的[6-7]。与传统杀菌方法相比，辐照杀菌是一种"冷杀菌"，可以最大程度地保证食品原有的风味[8]。FAO/IAEA/WHO 联合专家委员会在 1980 年曾经宣布"任何食物受到 10 kGy 以下照射量的辐照，都不会因辐照引起毒性危害"[9]。目前，50 多个国家批准可进行辐照处理的食品有 200 多种，已有 38 个国家对食品辐照进行了商业化应用。因此，将辐照处理技术应用在红油休闲食品的保藏加工中，是该行业未来发展的趋势之一，市场应用前景巨大。

　　前期研究发现，辣椒红油休闲食品经过辐照杀菌后，会出现"褪色"现象，影响产品的市场接受度，与崔文甲等的结果相符[10]。这种"褪色"现象严重制约了辐照杀菌技术在辣椒红油休闲食品产业中的应用。陈菁等人研究发现，加入抗氧化剂能有效提高辣椒红素的稳定性[11]。因此，本研究选择了几种对辐照辣椒红油有护色作用的天然抗氧化剂，通过响应面实验，获得辐照辣椒红油护色的最优工艺参数，避免含辣椒红油的休闲食品辐照后出现褪色现象，为推进辐照杀菌技术在辣椒红油休闲食品保藏中的应用提供理论支撑。

作者简介：汪菡月（1995—），女，四川成都人，硕士，研究方向为食品加工与贮藏。

基金项目：四川省科技创新人才项目——基于电子束辐照的（2021JDRC0042），四川省省院省校合作项目——基于辐照的苦荞黄酮高效制备关键技术研究（2023YFSY0055），四川省省级科研院所基本科研业务项目——基于网络数据库的肺癌新型靶点预测（2023JDKY0009），成都市龙泉驿区科技项目——电子束辐照对川芎安全性影响的研究（2022-34-2）。

1 材料与方法

1.1 试验材料

干红辣椒，产地为四川省广元市，购于当地超市；5 L 桶装菜籽油，产地为四川省德阳市，购于京东超市；番茄红素粉末（有效成分含量 10%），生产厂家为曲阜市圣嘉德生物科技有限公司；竹叶黄酮粉末（有效成分含量 24%），生产厂家为信阳市沐凡生物科技有限公司；β-胡萝卜素粉末（有效成分含量 10%），生产厂家为西安瑞林生物科技有限公司；玉米黄质油剂（有效成分含量 10%），生产厂家为信阳市沐凡生物科技有限公司；虾青素油剂（有效成分含量 5%），生产厂家为湖北雅仕达生物技术有限公司。丙酮为分析纯，生产厂家为成都科隆化工试剂厂。

1.2 仪器与设备

Eppendorf 5415 R 小型高速冷冻离心机（德国 Eppendorf 股份公司），BSA224S - CW 型电子天平［赛多利斯科学仪器（北京）有限公司］；UV - 1700 型分光光度计（日本岛津公司）；TH - 02 - 260 型电热恒温鼓风干燥箱（成都易华天宇试验设备有限责任公司）；粉碎搅拌机（广东小熊电器有限公司）

1.3 试验方法

（1）辣椒油的制备

将条干辣椒剪成段，去籽，40 ℃烘干 4 h 后打粉备用；菜籽油与辣椒粉质量比为 5：1，将菜籽油加热至 130～145 ℃后，与辣椒粉混合，避光，晾凉至室温后，用双层纱布过滤，制得辣椒红油，备用[1]。

（2）辐照处理

辐照处理在四川省原子能研究院辐照工程中心进行，使用 200 万居里全自动 $^{60}Co - \gamma$ 辐照装置对样品进行辐照，源强约为 3.33×10^{16} Bq，辐照源剂量率为 35 Gy/min，以重铬酸银剂量计测定样品的实际吸收剂量。

（3）吸光度测定

样品辐照处理后，取 1 mL 样品于 EP 管中，8000 r/min 离心 20 min，然后称取一定量的上清液，用丙酮（分析纯）定容于 10.0 mL 容量瓶中，用分光光度计在 460 nm 波长处，以丙酮作为参比样，于 1 cm 玻璃比色皿中测定其吸光度，被测样品吸光度控制在 0.3～0.7[12]。

（4）结果计算

$$E_{1 \text{ cm}}^{1\%} = (A \times f)/(m \times 100)。 \tag{1}$$

式中，A 为实测试样溶液的吸光度；f 为稀释倍数；m 为试样质量，g；100 为换算系数。

（5）Plackett－Burman（PB）设计

根据前期实验结果，发现番茄红素、虾青素、玉米黄质、β-胡萝卜素 4 种添加剂对辐照后辣椒红油的护色效果较明显，因此选择这 4 种添加剂进行 PB 试验。利用 Design Expert 10.0.1 软件设计 PB 试验，选用试验次数 $N = 12$ 的设计组合对这 4 个因素进行分析，另设置 7 个虚拟变量用于估计误差，响应值为 6 kGy 剂量辐照后辣椒油的吸光度。每个因素设置高低 2 个水平（表1）。所有试验重复 3 次，取平均值。

表 1　PB 设计各因素水平

编码	因素	高水平值	低水平值
A	番茄红素添加量/（g/kg）	0.04	0.02
B	虾青素添加量/（g/kg）	0.05	0.03
C	β-胡萝卜素添加量/（g/kg）	0.80	0.40
D	玉米黄质添加量/（g/kg）	0.40	0.20
E	虚拟	—	—

编码	因素	高水平值	低水平值
F	虚拟	—	—
G	虚拟	—	—
H	虚拟	—	—
J	虚拟	—	—
K	虚拟	—	—
L	虚拟	—	—

（6）响应面实验设计

根据上述实验的结果，采用 Box-Behnken Design（BBD）组合设计，选取护色效果最明显的 3 种护色剂及效果最明显的 3 个添加量进行响应面实验。响应面因素水平编码如表 2 所示。

表 2　响应面因素与水平编码

因素	编码	水平		
		−1	0	1
番茄红素添加量/（g/kg）	X_1	0.04	0.05	0.06
虾青素添加量/（g/kg）	X_2	0.04	0.05	0.06
玉米黄质添加量/（g/kg）	X_3	0.35	0.40	0.45

1.4　数据处理

采用 SPSS Statistics 17.0 对数据进行显著性分析，应用 Microsoft Excel 2010 对数据进行整理、作图，并用 Design Expert 10.0.1 软件对 PB 试验及响应面试验数据进行统计分析。

2　结果与分析

2.1　Plackett-Burman（PB）实验

采用 PB 试验设计可以直观地看出不同的护色剂对辐照后辣椒红油的护色效果，方便进一步研究。利用 Design Expert 10.0.1 软件对结果进行回归分析，试验结果如表 3 所示，回归分析结果如表 4 所示。

表 3　$N=12$ 的 PB 设计及结果

试验号	A	B	C	D	E	F	G	H	J	K	L	吸光度 $E_{1\,cm}^{1\%}$ 460 nm
1	−1	1	1	−1	1	1	1	−1	−1	−1	1	3.025 ± 0.161
2	1	1	1	−1	−1	−1	1	−1	1	1	−1	2.896 ± 0.024
3	−1	−1	−1	1	−1	1	1	1	−1	1	1	2.762 ± 0.181
4	−1	−1	1	−1	1	1	−1	1	1	1	−1	2.845 ± 0.131
5	−1	1	−1	1	1	−1	1	1	1	−1	−1	3.308 ± 0.181
6	−1	1	1	1	−1	−1	−1	1	−1	1	1	2.935 ± 0.279
7	1	1	−1	−1	−1	1	−1	1	1	−1	1	3.147 ± 0.174
8	−1	−1	−1	−1	−1	−1	−1	−1	−1	−1	−1	2.751 ± 0.028
9	1	−1	1	1	1	−1	1	−1	−1	−1	1	2.922 ± 0.168
10	1	1	−1	1	1	1	−1	−1	−1	1	−1	3.262 ± 0.059
11	1	−1	−1	−1	1	−1	1	1	1	1	1	2.935 ± 0.060
12	1	−1	1	1	−1	1	1	1	−1	−1	−1	3.051 ± 0.200

表 4 PB 实验结果回归分析

变异来源	平方和	自由度	均方	F 值	P 值
模型	0.380	9	0.043	315.94	0.0032
A	0.017	1	0.017	127.23	0.0078
B	0.170	1	0.170	1280.00	0.0008
C	0.011	1	0.011	79.11	0.0124
D	0.050	1	0.050	369.80	0.0027
E	0.032	1	0.032	238.82	0.0042
F	0.019	1	0.019	141.04	0.0070
H	0.018	1	0.018	136.36	0.0073
K	0.041	1	0.041	304.20	0.0099
L	0.023	1	0.023	166.91	0.0059
残差		2			
总离差	0.380	11			

决定系数 $R^2 = 0.9993$，调整决定系数 $Adj-R^2 = 0.9961$

由表 4 可知，此回归模型的主效应 P 值为 0.0032，表明 PB 试验设计因素在所选取的水平范围内对辐照后辣椒红油的护色作用显著，同时决定系数为 0.9999，调整决定系数为 0.9961，说明回归模型设计可靠。另外，由表 3 还可知，这 4 种护色剂对辣椒红油的护色作用由高到低依次为虾青素、玉米黄质、番茄红素、β-胡萝卜素，其相关性可用方程表示：

$$R = 2.278 + 3.783A + 12B - 0.149C + 0.645D + 0.051E + 0.04F + 0.039H - 0.058K - 0.04433L。$$

(2)

其中，番茄红素、虾青素、玉米黄质对辐照后辣椒红油的护色效果为正效应，而 β-胡萝卜素为负效应。

2.2 响应面优化试验

为进一步确定辐照后辣椒红油的最优护色剂组成及用量，将 β-胡萝卜素的浓度固定在 0.3 g/kg，以番茄红素、虾青素、玉米黄质的浓度为变量，以添加护色剂在 6 kGy 剂量下辐照后辣椒红油的吸光度为响应值，进行 Box-Behnken 响应面优化，结果如表 5 所示。

表 5 BBD 试验设计及结果

试验号	编码水平			吸光度 $E_{1\,cm}^{1\%}$ 460 nm
	X_1	X_2	X_3	
1	0	0	0	6.450±0.394
2	0	1	-1	7.243±0.357
3	-1	1	0	7.185±0.176
4	1	0	-1	6.481±0.164
5	-1	0	-1	6.920±0.209
6	0	0	0	6.446±0.156
7	0	0	0	6.360±0.318
8	0	-1	1	6.608±0.339
9	0	0	0	6.339±0.167
10	0	-1	-1	6.081±0.214

试验号	编码水平			吸光度 $E_{1\ cm}^{1\%}$ 460 nm
	X_1	X_2	X_3	
11	1	−1	0	5.874 ± 0.203
12	0	1	1	6.964 ± 0.042
13	1	1	0	5.971 ± 0.081
14	1	0	1	6.299 ± 0.054
15	−1	−1	0	5.925 ± 0.188
16	0	0	0	6.479 ± 0.254
17	−1	0	1	6.729 ± 0.273

采用 Design Expert 10.0.1 软件对表 5 试验数据进行二次多元回归拟合，获得变量（番茄红素添加量 X_1，虾青素添加量 X_2，玉米黄质添加量 X_3）与响应值辣椒油吸光度（Y）之间的回归模型方程：

$$Y = 7.77 + 269.375X_1 + 369.912X_2 - 87.604X_3 - 2907.5X_1X_2 - 4.5X_1X_3 - 403X_2X_3$$
$$- 1486.5X_1^2 - 274X_2^2 + 134.64X_3^2 \text{。} \tag{3}$$

对该回归模型进行方差分析，由表 6 可知，模型的 P 值为 0.0002，而失拟项不显著（$P = 0.0552$），说明该模型显著，拟合度良好，表明试验值与预测值之间一致性好。响应值 Y 的 R^2 为 0.9688，调整决定系数（Adj-R^2）为 0.9287，说明回归模型能在 92.87% 的概率上解释此试验结果，有 7.13% 的变异不能由该模型解释。因此，该回归模型拟合程度较高，误差较小，能分析和预测护色剂对辐照后辣椒红油的护色效果。

表 6 回归模型方差分析

变异来源	平方和	自由度	均方	F 值	P 值	显著性
模型	2.65	9	0.29	24.15	0.0002	**
X_1	0.56	1	0.56	45.98	0.0003	**
X_2	1.03	1	1.03	84.89	<0.0001	**
X_3	0.0014	1	0.0014	0.12	0.7417	
X_1X_2	0.34	1	0.34	27.78	0.0012	**
X_1X_3	0.0002	1	0.0002	0.0017	0.9686	
X_2X_3	0.16	1	0.16	13.34	0.0081	**
X_1^2	0.093	1	0.093	7.64	0.0279	*
X_2^2	0.0031	1	0.0031	0.26	0.6260	
X_3^2	0.48	1	0.48	39.19	0.0004	**
残差	0.085	7	0.012			
失拟	0.070	3	0.023	6.20	0.0552	
误差	0.015	4	0.0038			
总离差	2.73	16				

决定系数 $R^2 = 0.9688$，调整决定系数 Adj-$R^2 = 0.9287$

注：* 为显著（$P < 0.05$），** 为极显著（$P < 0.01$）。

另外，一次项、二次项 X_1、X_2、X_3^2 对辣椒红油吸光度影响表现出极显著水平，X_1^2 表现出显著水平。交互项 X_1X_2、X_2X_3 对辣椒红油吸光度影响表现为极显著水平。且根据显著性与 F 值大小可知，辐照后辣椒红油护色效果从高到低依次为虾青素（X_2）>番茄红素（X_1）>玉米黄质（X_3）。

为了反映各因素及其交互作用对辐照后辣椒红油吸光度的影响，对回归方程绘制三维响应面图，如图 1 所示。由图 1 可以看出，虾青素的护色作用最为明显，随着虾青素含量的增加，辣椒油颜色加深；其次是番茄红素，随着番茄红素浓度的增加，辣椒油颜色加深，但是当番茄红素浓度增加到 0.05 g/kg 时，辣椒油颜色不再增加；玉米黄质的护色效果随着浓度的增加呈现先减少后增加的趋势，考虑到使用成本，综合模型预测及实际成本，辣椒红油最佳的护色工艺为番茄红素 0.05 g/kg，虾青素 0.06 g/kg，玉米黄质 0.35 g/kg，β-胡萝卜素 0.3 g/kg[13-14]。

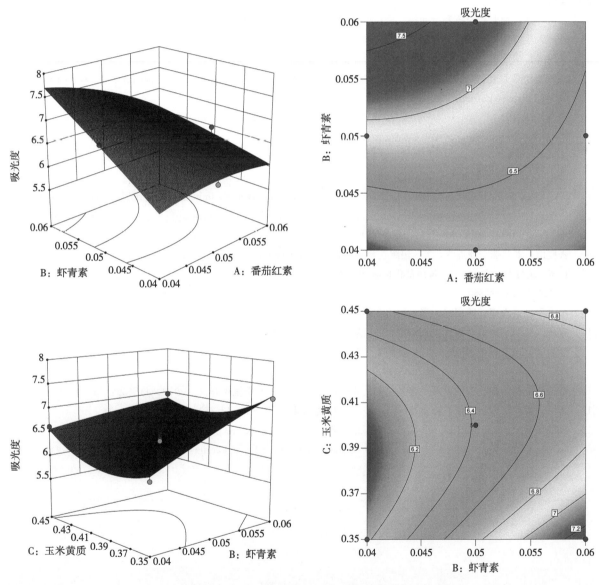

图 1　各因素交互作用对辐照后辣椒红油吸光度影响的响应面

2.3　最优护色工艺的确定及验证

将上述实验结果添加至辣椒红油中，以未添加护色剂的辣椒红油为对照，在 6 kGy 的辐照剂量下，对比护色效果。其中，对照组辣椒油吸光度 $E_{1\ cm}^{1\%}$ 460 nm 为（3.825±0.120），实验组辣椒油

吸光度 $E_{1\,cm}^{1\%}$ 460 nm 为（5.665±0.609）。通过显著性分析，实验组的辣椒油吸光度显著高于对照组（$P<0.05$），由此说明护色剂的加入对辐照后的辣椒红油有明显的护色效果。

3 结论

通过 PB 实验和响应面实验，得出在番茄红素有效成分浓度 0.05 g/kg，虾青素有效成分浓度 0.06 g/kg，玉米黄质有效成分浓度 0.35 g/kg，β-胡萝卜素有效成分浓度 0.3 g/kg 时，辣椒红油在 6 kGy 的剂量辐照后的吸光度最高。该实验结果表明，加入一定量具有抗氧化性的食品添加剂可以在一定程度上减少辐照后辣椒红油的褪色现象，有利于推进辐照杀菌技术在辣椒红油食品中的应用[15]。

参考文献：

[1] 冯勇．辣椒油制作规范和运用探讨 [J]．中国调味品，2016，41 (3)：114 – 117.

[2] 姜敏，吴建虎．果胶酶对炒制辣椒油辣度的影响 [J]．中国调味品，2019，44 (2)：56 – 58，64.

[3] 李国强，宋金鹏，李慧，等．我国休闲食品的研究进展 [J]．中国果菜，2016，36 (7)：13 – 14，18.

[4] DOWNING D L. A complete course in canning and related processes：processing procedures for canned food products (Thirteen Edition) [M]．Maryland：CTI Publications，INC.，1996.

[5] LI X，FARID M. A review on recent development in non – conventional food sterilization technologies [J]．Journal of food engineering，2016 (182)：33 – 45.

[6] RAVINDRAN R，JAISWAL A K. Wholesomeness and safety aspects of irradiated foods [J]．Food chemistry，2019，285：363 – 368.

[7] SAXENA S，KUMAR S，TRIPATHI J，et al. No induced mutagenesis in human lymphoblast cell line and bacterial systems upon their prolonged sub – culturing in irradiated food blended media [J]．Journal of the science of food and agriculture，2018，98 (5)：2011 – 2019.

[8] 张振山，刘双燕，刘玉兰，等．辐照在食品工业中的应用研究进展 [J]．中国调味品，2013，38 (11)：113 – 116.

[9] 徐涛，靳健乔，杨斌，等．辐照食品的安全性综述 [C]．第八届中国核学会"三核"论坛论文集．嘉峪关：中国核学会，2011：233 – 236.

[10] 崔文甲，王文亮，陈相艳，等．红油金针菇辐照杀菌加工工艺研究 [J]．农产品加工，2015 (1)：25 – 27.

[11] 陈菁，黄明．影响辣椒红色素稳定性的因素研究 [J]．食品工业科技，2014，35 (4)：287 – 290.

[12] 食品安全国家标准 食品添加剂 辣椒红：GB 1886.34—2015 [EB/OL]．[2023 – 05 – 21]．http：//www.nhc.gov.cn/sps/s3594/202301/ff4b683101d1443bb479a1853b0a80bf.shtml.

[13] 贾新超，焦丽娟，田洪，等．番茄红素乳液稳定性研究 [J]．中国调味品，2019，44 (3)：161 – 164.

[14] 高丽．番茄红素提取及其稳定性的研究 [J]．中国调味品，2018，43 (8)：163 – 166.

[15] SIEMS W G，SOMMERBURG O，VAN KUIJK F J G M. Lycopene and β – carotene decompose more rapidly than lutein and zeaxanthin upon exposure to various pro – oxidantsin in vitro [J]．Biofactors，1999，10 (2 – 3)：105 – 113.

Optimization of color protection process of red pepper oil irradiated by ^{60}Co-γ irradiation

WANG Han-yue[1,2] , HUANG Min[2,3] , FU Yi[2,3] , HUANG Xue-qing[2] ,
CHEN Hao[2,3] , LIU Mian-xue[2] , LIANG Yue-qi[2] , CHEN Qian[2,3]*

(1. School of Life Science and Engineering, Southwest University of Science and Technology, Mianyang,
Sichuan 621002, China; 2. Sichuan Institute of Atomic Energy, Chengdu, Sichuan 610101, China;
3. Irradition Preservation Key Laboratory of Sichuan Province, Chengdu, Sichuan 610101, China)

Abstract: Preliminary screening of following five kinds of color protection agents: lycopene, astaxanthin, β-carotene, zeaxanthin and bamboo leaf flavone. Through Plackett-Burman experiment, steepest climbing experiment and Box-Behnken design, the optimal process parameters for ^{60}Co-γ irradiation of capsicum oil were: lycopene dosage: 0.05 g /kg, astaxanthin dosage: 0.06 g/kg, zeaxanthin dosage: 0.35 g/kg, β-carotene: 0.3 g/kg (based on contents of active ingredients) .

Key words: Chili oil; Color protection; Irradiation; Box-behnken design

核技术工业应用
Nuclear Techniques in Industry

目　录

新型下管座自动涂料工艺优化及应用

陈思伊

（中核建中核燃料元件有限公司，四川　宜宾　644000）

摘　要：下管座自动涂料工艺在原有的手动涂料工艺的基础上，对钎焊料膏调配、涂料位置控制、涂料量控制 3 个方面进行了优化改进。解决了下管座手动涂料时间长、涂料精度低、钎焊后焊缝质量差的瓶颈问题。下管座自动涂料工艺实现了自动化过程管理对涂料、钎焊工艺过程的全面控制。使得下管座生产线的稳定性、可靠性、生产能力、产品质量、自动化程度和安全性等各项指标均有了本质的提高。

关键词：自动涂料；钎焊料膏调配；涂料位置；涂料量控制

近年来，随着国家核电事业的蓬勃发展，我国对于下管座部件的需求量也在逐年增加。设计一种能加快生产效率和满足工艺质量的涂料方式势在必行。生产中，涂料方式经历过多次更新换代。第一代涂料方式主要以手动涂料为主，但手动涂料耗时久，无法保证所涂钎料完美覆盖焊缝，会影响钎焊效果，产品质量有所下降；第二代涂料方式以脚踩式压空涂料机为主，虽然涂料时间大幅减少，但涂料精度、钎料黏度、涂料质量仍无质的变化；第三代涂料方式以自动涂料为主，存在优化改进的空间。目前生产中，下管座涂料工艺操作仍以手动涂料为主，在钎料调配、涂料方位、涂料量控制等工艺质量方面仍有较大的提升空间。针对以上问题，新型下管座自动涂料工艺从钎料黏度调配、涂料量控制、涂料定点等核心关键工艺出发，通过对镍基合金钎焊料膏的分装、调配、脱泡、黏度测试，视觉定位和点胶系统对所有钎焊缝定量自动涂料，实现了新型下管座自动涂料工艺优化及应用，并利用光学检测系统对已涂料完成的工件进行检查，对漏涂、涂料不均的位置进行补涂[1]。新型下管座自动涂料控制系统设计思路是采用模块化控制理念，从整体上讲自动涂料控制系统分为以下几个单元模块：点胶机涂料控制模块单元、定位识别模块单元、缺陷检测模块单元、机械臂涂料控制模块单元、故障识别模块单元。工艺现场的切换开关可将控制模式切换为按键模式、手柄操作模式、系统自动模式[2]。

1　工艺优化及应用

1.1　钎料黏度调配

1.1.1　分析问题

由于目前使用的钎料黏度较高且不稳定，直接使用可能会造成针管堵塞、结合强度低、流动性差等问题，人工方法调制后黏度判断主要依赖目视和经验，而且容易产生气泡，在随后的涂料过程中可能导致断料、喷溅等问题，严重影响产品质量并造成钎焊料膏的大量浪费。同时，频繁的断料、喷溅会增加涂料时间，影响生产进度。

1.1.2　解决方案

在涂料前端准备工作时，配备黏度测试仪自动钎料调制、真空脱泡机消泡及黏度测试系统，确保每次涂料时钎焊料膏的性质均匀一致，才能更好地控制钎焊质量。为保证每次自动涂料钎料分装罐内钎料黏度相同，每次涂料前用黏度测试仪重复且同一深度测试了 5 次钎料罐内钎料黏度（表 1）。

作者简介：陈思伊（1992—），男，工程师，现主要从事金属热处理等工作。

表 1　黏度测试仪精度调度

次数	钎料黏度/（mPa·s）
1	74 580
2	74 500
3	74 540
4	74 600
5	74 560

实验发现，不同钎料黏度不同，脱泡效率有明显差别，并且脱泡将气泡抽出时也会带出少量钎焊料膏，造成不必要的浪费。为了找出脱泡最高效的钎料黏度及避免浪费钎焊料膏，我们测试了 1 分钟脱泡后同等体积不同钎料黏度的脱泡效率及脱泡前后重量对比（表 2）。

表 2　同等体积不同钎料黏度 1 分钟脱泡对比

钎料黏度范围/（mPa·s）	脱泡后出料状态	脱泡前后重量差/g
71 000～72 000	断料 3 次	0.5
72 000～73 000	断料 1 次	0.7
73 000～74 000	断料 0 次	0.3
74 000～75 000	断料 0 次	0.2
75 000～76 000	断料 0 次	1.2

1.2　涂料量控制

1.2.1　分析问题

新型燃料组件下管座涂料数量较多且密集，涂料均匀性对后续钎焊质量影响较大，量的多少直接影响焊接质量。量过多，易造成下管座流道堵塞；量过少，易致使焊缝未焊到或焊料不足，且在涂料过程中，容易造成漏涂的情况。由于钎焊料膏主要成分为金属颗粒物，因此会对阀体和点胶系统造成磨损。

1.2.2　解决方案

在每次涂料结束时，需将涂料接口及针头进行清洗并将针头置于去离子水中浸泡，保证钎焊料膏不粘连，堵塞针头。同时编制水平涂料控制程序，确保在涂料前调控出适当的出料速度及涂料压空压力。原理为设计一个点为原点，沿同一坐标轴方向水平涂料一段距离，重复多次后观察钎焊料膏流动情况，调节适当的出料速度及涂料压空压力，保证钎焊料膏均匀覆盖焊缝。

1.3　涂料定点

1.3.1　分析问题

新型燃料组件下管座钎焊缝数量为 3458 条，人工涂料效率低（每人每天最多手工涂料下管座 2 件），易发生人因失误导致的漏涂情况。同时下管座焊缝间间隔较小，仅 3.5 mm，且由于叶片有 1.2 mm 凸起，涂料针头无法伸入整条焊缝，焊缝数量较多，涂料效率较低。

管座背面涂料时，管座总高 78 mm，内腔高度仅 24 mm，4 个支腿处有遮挡，对导向管座、仪表管座与筋条、叶片的周圈连接处进行涂料操作，该处焊缝位置比较特别，导向管座、仪表管座与筋条、叶片的周圈连接处涂料位置密集，两个叶片间的间距仅 2.3 mm；背面涂料时，导向管座、仪表管座有 30°的倒角，涂料位置有遮挡，更增加了涂料难度。

1.3.2 解决方案

每隔一定生产周期，要对六轴机械臂的坐标重复定位精度进行调试，确保机械臂的重复定位精度要优于 0.04 mm，确保能将钎料反复均匀且完整地涂抹于焊缝处。方法是在坐标轴中随机获取一个点的坐标定为原点，机械臂重复回原点 5 次，检测机械臂的重复定位精度（表 3）。

表 3 重复定位精度调试

次数	X/mm	Y/mm	Z/mm
1	0.001	0	0.001
2	0.002	0.001	0.001
3	0.001	0.001	0
4	0	0.009	0
5	0	0.005	0.002

由于新型下管座结构件支腿附近有近 180 条焊缝，导向管座与筋条、叶片交接处焊缝位置过于深入，下管座背部涂料时下管座针头难以进入；容易撞针及坐标位置偏差，需多次调试不同方位下针涂料位置。提出的解决方案是编制新型下管座涂料控制程序，在下管座中心建立坐标系，在所需涂料位置设定涂料点及不同方位下针的涂料参数，确保涂料位置的精准控制[1]。新型下管座涂料控制程序如图 1 所示。

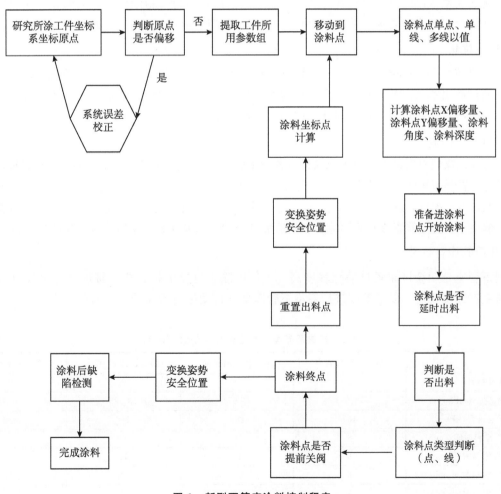

图 1 新型下管座涂料控制程序

对于涂料后的未涂料部位的缺陷检测，由以前的人员自检目测改进为现在的相机自动识别检测。由工业相机在涂料前拍照确定好各个涂料位置的情况，和涂料后的拍照位置对比，显示出未涂料部位的情况和具体位置，方便涂料人员及时补涂。

2 研究结果

2.1 钎焊料膏调配优化

经过改进后真空脱泡机消泡对比发现，当钎料黏度在 73 000～75 000 mPa·s 时，出料均匀，无断料现象，同时脱泡时溢出钎焊料膏量少，可最大限度节约成本。改进后的自动涂料工艺与手动涂料工艺相比，在钎焊料膏调配上具有优越性（表 4）。

表 4   改进后自动涂料与手动涂料调配对比

	第一次涂料背面	第一次涂料正面	第二次涂料背面	第二次涂料正面
手动涂料调试钎料时间/min	5	8	3	2
自动涂料调试钎料时间/min	5	0	5	0
手动涂料钎料黏度/（mPa·s）	76 631	75 875	73 523	73 523
自动涂料钎料黏度/（mPa·s）	74 853	74 853	73 625	73 625

改进后自动涂料钎焊料膏调试时间远远低于手动涂料，可降低生产时间、提高生产进度。同时，经由黏度测试仪调试出的自动涂料钎焊料膏黏度稳定，涂料后料膏粗细均匀，无间断，无喷溅、鼓泡的现象，钎焊后焊缝成型美观，节省了涂料时间，提高了产品的质量和生产效率。

2.2 涂料量优化

经过涂料前水平涂料调控后，新型下管座自动涂料装置能够准确地将钎料均匀涂抹到钎焊缝上，能够很好地控制出料速度及出料量。由于自动涂料装置是由工件涂料前设定好的参数进行涂料的，因此改进后的涂料，涂料量均匀，无间断、拉丝的现象，稳定性高。

2.3 涂料位置优化

改进后自动涂料对新型下管座各个涂料位置的精确涂料，既控制了出料量，节省了钎料成本，也使涂料后焊缝位置料膏粗细均匀整齐，钎焊后焊缝成型美观。研发的新型下管座自动涂料装置具有定点定量涂料功能，可根据钎焊缝所需钎焊料膏体积定量涂，节约了加工成本，节省了涂料时间，提高了产品的质量，解决了新型下管座涂料后因涂料不均造成钎焊后焊缝未钎满、流道堵塞等缺陷的难题。

2.4 优化后的涂料效果

新型下管座自动涂料装置自动化程度高，生产中除去更换磨损针头、钎料罐、工件等必要操作外，涂料生产速度稳定。以下是改进后新型下管座部件自动涂料所需的生产时间（表 5）。

表 5   改进后新型下管座部件自动涂料时间

	第一次涂料背面	第一次涂料正面	第二次涂料背面	第二次涂料正面
调试钎料时间/min	8	0	8	0
钎料浓度/（mPa·s）	74 853	74 853	73 625	73 625
压空压力/kPa	467	467	438	438
第一件涂料时间/ min	8	10	18	8
第二件涂料时间/min	8	10	18	8
第三件涂料时间/min	8	10	18	8
第四件涂料时间/min	8	10	18	8

经过钎焊料膏调配优化、涂料量优化、涂料位置优化后，自动涂料整体性能大幅提升。从钎焊料膏的调试等准备工序开始，到装配工件，工件涂料所需时间与手动涂料进行比对，效果明显。新型下管座分别进行自动涂料与手动涂料所使用的平均时间对比如表6所示。

表6　新型下管座进行自动涂料与手工涂料时间对比

	自动涂料准备工序所需时间/min	自动涂料单个工件涂料时间/min	手动涂料准备工序所需时间/min	手动涂料单个工件涂料时间/min
CF3下管座第一次涂料	18	20	15	70
CF3下管座第二次涂料	15	20	15	95
一件CF3下管座涂料所需时间	70		195	

可以看出，改进后的CF3下管座第一次自动涂料（正、反两个面）仅需时间20 min左右，人工涂料需70 min左右；下管座第二次自动涂料（正、反两个面）仅需时间20 min左右，人工涂料需95 min左右，改进后整个管座涂料效率是人工涂料的4倍，效率提升400%。

3　结论

（1）新型下管座自动涂料工艺优化在原有的手动涂料的基础上，通过对钎焊料膏调配的改进、涂料量的控制、涂料位置的控制，解决了新型下管座手动涂料时间长、涂料精度低，钎焊后焊缝质量差的瓶颈问题。

（2）优化改进后的涂料效率是人工涂料的4倍，涂料效率提升400%。节约了加工成本，减轻了员工的劳动强度，使得新型下管座生产线的稳定性、可靠性、生产能力、产品质量、自动化程度和安全性等各项性能有了本质提高。

参考文献：
[1] 袁有德. 焊接机器人现场编程及虚拟仿真 [M]. 北京：化学工业出版社，2020.
[2] 刘伟，李飞，姚鹤鸣. 焊接机器人操作编程及应用 [M]. 北京：中国机械工艺出版社，2016.

Optimization and application of new automatic coating technology for bottom nozzle

Chen Si-yi

(CNNC Jianzhong Nuclear Fuel Co.，Ltd.，Yibin，Sichuan 644000，China)

Abstract：The automatic coating process for bottom nozzle has optimized and improved the three aspects of solder deployment, coating position control and coating amount control. The bottleneck problems of long manual coating time, accuracy and quality issues of bottom nozzle are solved. The automatic coating process of the bottom nozzle realizes the comprehensive control of the coating and brazing process by the automatic process management. The stability, reliability, production capacity, product quality, automation and safety of the bottom nozzle production line have been substantially improved.

Key words：Automatic coating；Solder allocation；Paint location；Coating quantity control

大功率矩形转换靶热分析计算及结构设计

崔爱军，韩广文，朱志斌，刘保杰，杨　誉，刘秀莹，吕约澎

（中国原子能科学研究院，北京　102413）

摘　要：随着辐照技术的不断发展，辐照工业对电子束转换 X 射线提出迫切需求，源于 X 射线具有能量高、方向集中、穿透力强、利用率高、安全可靠等特点。若能将大功率的 10 MeV 电子束转换成 X 射线，其辐照加工应用市场面将进一步扩展。转换靶是韧致辐射 X 射线产生的关键部件，它的性能特点决定了所产生 X 射线的品质以及整个设备的运行电子束转换成 X 射线的过程中大部分能量都将以热的形式释放，为此靶材热负载分布较为复杂，在一定的体积内解决大功率 X 射线转换的散热问题，实现冷却剂在靶体有限体积和厚度条件下高效热交换的设计具有重要意义。基于能量为 10 MeV 的高能量、高功率电子直线加速器，开展束流扫描状态下的转换靶设计工作，选取钨为靶材，采用蒙特卡洛模拟方法优化计算靶材厚度，并给出转化靶产生 X 射线的剂量分布及能谱分布。对转换靶进行水冷结构设计，利用有限元分析软件对冷却效果进行仿真计算，并对转换靶结构进行力学分析，保证其结构设计可靠，进而最终完成转换靶的总体设计。

关键词：转换靶；X 射线；加速器；高功率；有限元分析

　　高能大功率 X 射线具有能量高、穿透能力强、方向集中、安全可控等特点，可广泛应用于辐照灭菌领域[1]，高能大功率 X 射线辐照技术也是未来辐照灭菌行业的重要发展方向。而高能大功率 X 射线转换技术更是整个行业发展的重中之重。基于 X 射线辐照灭菌技术需要将电子束扫描成扇束并对转换靶进行轰击，从而产生具有扇束的 X 射线对货物进行辐照灭菌处理[2]，为此转化靶的尺寸较大，热功率较大，同时还受到冷却水压的影响，其机械结构的设计尤为重要。

1　X 射线转换靶材选择

　　高能电子与物质发生作用时，主要包括两类物理作用过程，即电子与物质的原子核发生非弹性碰撞和与核外电子发生非弹性碰撞。其中电子与核外电子发生非弹性碰撞时，电子损失能量，以电离能损的形式沉积于靶体，最终全部转化为热能，是靶体热负载的主要来源。电子与原子核发生非弹性碰撞的能量损失以 X 射线的形式散射出来，单位长度 $\mathrm{d}x$ 内入射电子由于韧致辐射产生的 X 射线的平均能量 $\mathrm{d}E$，可以由式（1）计算[3]。

$$\left(\frac{\mathrm{d}E}{\mathrm{d}x}\right)_{\mathrm{r}} = -\frac{NEZ(Z+1)e^4}{137m_{\mathrm{e}}^2c^4}\left(4\ln\frac{2E}{m_{\mathrm{e}}c^2}-\frac{4}{3}\right)。 \tag{1}$$

式中，N 为靶材物质单位体积内的原子数；E 为入射电子能量，MeV；Z 为靶材物质的原子序数；m_{e} 为电子静止质量，kg；c 为光速，m/s。

　　由计算公式可以看出，当入射电子束能量一定时，原子序数越大，产生的 X 射线的强度就越高，转换效率就越高[2]。但实际应用中，X 射线转换效率较低，绝大部分电子束功率以电离能损的形式体现，致靶体发热严重[6-7]，易造成转换靶损坏。经综合考虑，本文选用高 Z 材料钨作为转换靶主要材料。

作者简介：崔爱军（1990—），男，硕士，主要研究领域为加速器技术。

2 X射线转换靶尺寸

针对10 MeV电子束能量,选择合适的靶材厚度较为关键。若厚度过大,靶材会对已产生的X射线产生吸收效应;若厚度较小,则X射线的转换效率较低,杂散电子产额较大。转换靶的厚度除了与靶体材料有关外,还主要取决于入射电子束的能量参数,本文转化设计采用的电子直线加速器束流参数如表1所示。

表1 转换靶设计的入射电子束流参数

能量/MeV	平均束流/mA	扫宽/mm	束斑直径/mm	脉冲宽度/μs
10	5	800	20	16

基于转换靶入射电子束流参数对转换靶的设计尺寸进行确定,转换靶长度和宽度均大于入射电子束的扫描宽度和束斑直径,其设计尺寸如表2所示。

表2 转换靶设计尺寸参数

长/mm	宽度/mm	厚度/mm
1000	60	2.7

3 转换靶热载荷计算

基于表1中束流参数,利用式(2)计算靶体的热负载。

$$P = \frac{E}{e}I(1-\eta)。 \tag{2}$$

式中,P为转换靶的热载荷功率,kW;E为电子束能量,MeV;I为电子束流强度,mA;η为转换靶转换效率。

由于束流扫描宽度为800 mm,直径为20 mm的电子束斑均匀轰击在转换靶上,转换靶转换效率为10%~12%,取最小转换效率10%,则转换靶上800 mm×20 mm的区域范围内受到热负载功率为45 kW,其功率密度为2.8 W/mm²。

4 转换靶设计

由于转化靶尺寸结构较大,考虑机械强度和X射线转化率,本文考虑采用钨材料作为X射线转化靶的靶片材料[7],水介质作为靶片的冷却液,通过调节入口水流速进而优化转换靶的发热效果[4-5]。

4.1 转换靶结构设计

转换靶采用单层钨靶设计结构,钨靶片厚度为2.7 mm,长度为1000 mm,宽度为60 mm,冷却水层厚度6 mm,冷却水入口直径为22 mm,冷却水出库直径为22 mm,靶片内嵌于不锈钢基体内,并在基体上设计有冷却水道,靶片能够与水冷却介质充分接触,增加散热效果,保证靶片工作时温度的恒定,转换靶计算模型设计结构如图1所示。

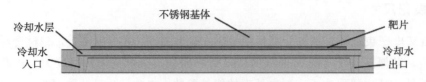

图 1 转换靶计算模型设计结构

4.2 转换靶热分析

以钨靶片中心 20 mm×800 mm 区域为热源，其功率密度设 2.8 W/mm²，设计了两种不同结构的靶片，并分别计算在不同冷却水入口流速，靶片在强制水冷条件下，其热平衡状态下的温度分布。两种靶片的设计结构如图 2 所示，模型 1 采用平面型板材设计靶片，模型 2 采用在纵向上设计散热肋筋，为减小肋筋对 X 射线转换的影响，肋筋之间间隙尺寸大于束斑尺寸，本文中肋筋间隙设计为 30 mm。肋筋的设计不仅对靶片的热传导起到良好作用，同时对靶片的机械强度起到加强作用，使得其结构更能满足实际工作的要求，可延长靶片的使用寿命。

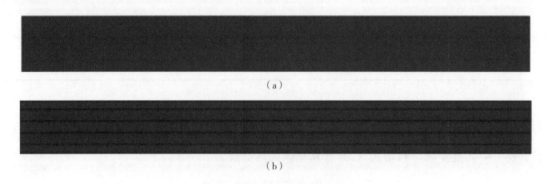

图 2 两种靶片的设计结构

(a) 模型 1 设计结构；(b) 模型 2 设计结构

基于靶片的设计结构，分别建模计算了冷却水入口流速为 4 m/s、5 m/s 和 6 m/s 条件下转换靶总体的热分布情况，其热仿真分析计算结果如图 3 所示，并通过耦合计算方法，仿真计算转换靶基体以及靶片在对应工况下的机械强度，其机械强度和变形计算结果如图 4 和图 5 所示，转换靶基体和靶片受到的机械应力强度均小于材料许用应力，满足工程应用要求，结构设计合理。

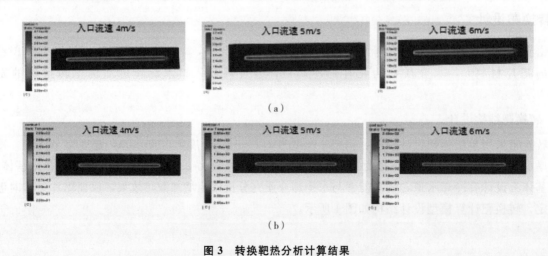

图 3 转换靶热分析计算结果

(a) 模型 1 热分析计算结构；(b) 模型 2 热分析计算结构

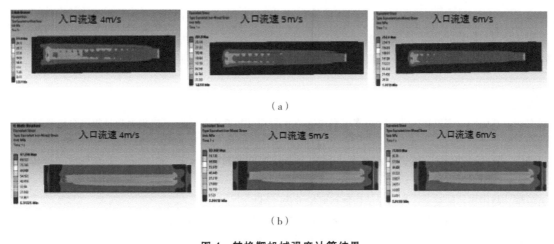

（a）

（b）

图 4 转换靶机械强度计算结果
（a）模型 1 机械强度计算结构；（b）模型 2 机械强度计算结构

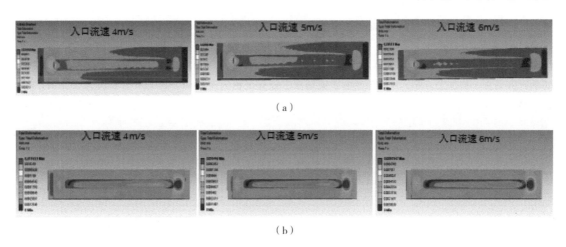

（a）

（b）

图 5 转换靶变形计算结果
（a）模型 1 机械变形计算结果；（b）模型 2 机械变形计算结果

通过对比两种结构的热分析结果、最大应力以及最大应变，其计算结果数据如表 3 所示，可以看出靶片模型 2 的设计对靶片冷却效果以及机械强度具有明显改善，可以完全将最大应力控制在靶片材料（钨合金）的许用应力 517 MPa 范围内，靶片模型 2 因温度和冷却水压的影响，其变形可控制在 0.012 mm 以内，其结构设计对比模型 1 更适合于高功率 X 射线转换靶的工程应用。

表 3 计算结果对比

冷却水入口流速/（m/s）	靶片模型 1			靶片模型 2		
	最高温/℃	最大应力/MPa	最大应变/mm	最高温/℃	最大应力/MPa	最大应变/mm
4	471	311.36	0.034	295	97.298	0.011 6
5	411	284.8	0.028	266	83.368	0.010 4
6	374	252.6	0.025	245	73.965	0.009 7

5 结论

通过对大功率转换的靶片材料选择、功率密度估算，并针对转换的水冷结构进行设计，利用热分析软件对转换靶进行热力学分析，利用流固耦合计算方法对转换靶结构的机械强度进行仿真计算，最终完成大功率转换靶的结构设计，并满足大功率环境下的工程应用需求。本文考虑了平均功率损耗在转换靶上的热力学分析，未来需要结合 X 射线转换靶的设计应用情况，进一步分析脉冲电子束损耗在转换靶上的脉冲功率[8]，分析瞬时高功率损耗对转换结构的影响。

参考文献：

[1] 钱文枢，郑曙昕，唐传祥，等．大功率辐照加速器 X 射线转换靶设计 [J]．清华大学学报（自然科学版），2008 (8)：1276 - 1278．

[2] 张耀锋，黄建微，胡涛，等．高功率韧致辐射 X 射线转换靶设计 [J]．北京师范大学学报（自然科学版），2015，51 (1)：36 - 39．

[3] 吴治华，赵国庆，陆福全，等．原子核物理实验方法 [M]．

[4] 封坤，吕霞云，张璐，等．铅铋散列靶靶体物理热工耦合分析 [J]．南方能源建设，2020，7 (1)：76 - 83．

[5] 艾尼塞，俞冀阳，杨永伟．PDS—XADS 散裂靶热工水力分析 [C] //中国核学会．中国核科学技术进展报告（第二卷）——中国核学会 2011 年学术年会论文集第 3 册 [核能动力分卷（下）]．北京：中国原子能出版社，2011：493 - 501．

[6] 刘慰仁，高军思，李素梅，等．强流电子束在薄靶中能量沉积的模拟计算 [J]．原子能科学技术，1989 (6)：71 - 75．

[7] 洪润生，冯奇，苏宝荣．强流电子束在薄靶中的能量沉积 [J]．原子能科学技术，1986 (3)：257 - 261．

[8] 刘学，冉宪文，徐志宏，等．计算脉冲电子束辐照下能量沉积剖面的新方案 [J]．核技术，2016，39 (12)：27 - 31．

Thermal analysis calculation and structural design of high-power rectangular conversion target

CUI Ai-jun, HAN Guang-wen, ZHU Zhi-bin, LIU Bao-jie,
YANG Yu, LIU Xiu-ying, LV Yue-peng

(China Institute of Atomic Energy, Beijing 102413, China)

Abstract: With the development of irradiation technology, the irradiation industry has put forward an urgent demand for electron beam conversion of X-ray, which stems from the characteristics of high energy, concentrated direction, strong penetration, high utilization, safety and reliability of X-ray. If the high-power of electron beam with 10 MeV can be converted into X-ray, its irradiation processing application market will be further expanded. The conversion target is the key component of bremsstrahlung X-ray generation. Its performance characteristics determine the quality of the X-ray generated and the operation of the entire equipment. Most of the energy will be released in the form of heat in the process of converting the electron beam into X-ray. For this reason, the thermal load distribution of the target is relatively complex. It is of great significance to solve the heat dissipation problem of high-power X-ray conversion in a certain volume, and to realize the design of efficient heat exchange of the coolant under the limited volume and thickness of the target. Based on the high-energy and high-power electron linear accelerator with energy of 10 MeV, the design of the conversion target under the beam scanning state is carried out. Tungsten is selected as the target material, and the thickness of the target material is optimized by Monte Carlo simulation method, and the dose distribution and energy spectrum distribution of the X-ray generated by the conversion target are given. The water-cooled structure of the transfer target is designed, the cooling effect is simulated and calculated by finite element analysis software, and the mechanical analysis of the transfer target structure is carried out to ensure the reliability of its structure design, and then the overall design of the transfer target is finally completed.

Key words: Conversion target; X-ray; Electron linear accelerator; High-power; Finite element analysis

基于 FPGA 的质子直线加速器低能束流传输线频率信号控制系统设计

傅宇斌，向益淮，杨京鹤，刘保杰，杨　誉，郭继业

（中国原子能科学研究院核技术综合研究所，北京　102413）

摘　要： 质子直线加速器低能束流传输线频率信号控制系统主要是为低能束流传输线提供各种元件所需的各种频率的方波和正弦波信号，信号经功率放大器后，驱动低能束流传输线的各种元件工作，其中正弦波信号需要频率相位独立可调，从而对质子束进行正确的处理，使后续加速能正常进行。本文介绍了以 FPGA 为核心的频率信号控制系统设计，利用 FPGA 控制外围数字和模拟芯片输出所需信号。经过示波器测试，该系统满足了低能束流传输线对频率信号控制系统的要求。

关键词： 质子直线加速器；低能束流传输线；频率信号控制；FPGA

　　质子直线加速器是人们观察和利用质子的重要手段，其中的低能束流传输线（LEBT）是影响质子能否成功加速和应用的重要组成部分，低能束流传输线的主要作用是对从离子源引出的质子束进行横向及纵向处理，方便后续的束流加速[1]，其中，纵向处理的主要元件是切割器和聚束器。想要成功地切割和聚束，各元件间的工作频率需要有严格的倍率关系，目前的切割器和聚束器各自由独立的电源提供功率，此时由于各自电源存在频率漂移等问题，各设备间工作频率倍率关系不稳定，导致聚束不稳定，需要研制一套频率信号控制系统输出各设备需要的频率信号，并保持这些信号之间频率倍率关系的稳定，然后让这些信号通过功率放大器驱动各设备工作。根据需求，本文设计出一套频率相位独立可调且可同时输出正弦波和方波信号的频率信号控制系统。本系统基于 FPGA 进行设计，经过测试，系统满足频率输出范围要求，同时能保持频率倍率关系稳定，并为质子直线加速器低能束流传输线的后续升级优化提供空间。

1　频率信号控制系统架构设计

　　本文所设计的频率信号控制系统主要分为两部分，即 FPGA 和外围 DAC 芯片。之所以选择 FPGA 作为系统的核心，主要是基于以下几点考虑[2]：①信号时序要求高；②信号类型有两种，且需要多路；③后续可能需要对系统进行调整或升级。

　　该系统的信号电路部分实物图如图 1 所示。

　　图 1 中右边为 FPGA，采用的是 Altera 公司的 Cyclone Ⅳ E 型 FPGA，FPGA 的功能为：

（1）通过板上的晶振和 pll 核产生所需时钟。

（2）实现可调整频率和相位的 DDS 功能，产生一连串的数字幅度值信号传输给 DAC。

　　图 1 中左边为 DAC 芯片，采用的是 ADI 公司的 AD9767 芯片，DAC 芯片的功能为：

（1）通过接收 FPGA 传出的数字幅度值信号，将数字信号转换为模拟信号。

（2）调整输出信号的幅度值。

作者简介： 傅宇斌（1998—），男，硕士生，现主要从事直线加速器控制系统研究工作。

图 1 信号电路实物图

2 FPGA 设计及实现

本文所设计的频率信号控制系统的 FPGA 部分的 RTL 视图如图 2 所示,主要包括 pll 时钟倍频模块、方波 DDS 模块、正弦波 DDS 模块和两个用于检测输出的 issp 模块。信号生成的基本流程是片上 50 MHz 的晶振通过 FPGA 的 pll 核倍频至 125 MHz,利用该 125 MHz 的信号作为时钟,驱动两个 DDS 模块和 DAC 芯片工作,DDS 模块输出幅度值数据,幅度值数据后续接入 DAC 芯片产生正弦波和方波[3]。而 issp 模块仅作探针用,通过检测 DDS 模块是否有输出来排除故障。

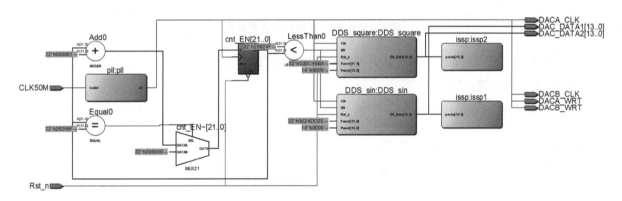

图 2 FPGA 部分的 RTL 视图

2.1 pll 时钟倍频模块设计与仿真

该模块利用了 Cyclone Ⅳ E 系列 FPGA 的片上 pll 核,该 ip 核将 50 MHz 晶振的时钟信号线二分频再五倍频,得到 125 MHz 的时钟信号,由于 ip 核的设计部分由软件自动生成,故只展示仿真结果,仿真结果如图 3 所示。

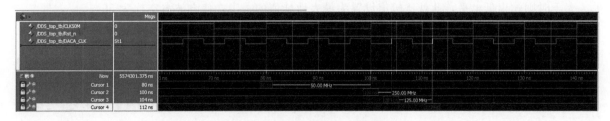

图 3 pll 时钟倍频模块的仿真结果

可以看出,该模块成功地实现了倍频功能。

2.2　正弦波 DDS 模块设计与仿真

正弦波 DDS 模块的 RTL 视图如图 4 所示。

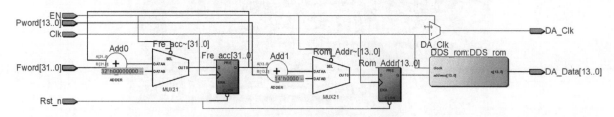

图 4　正弦波 DDS 模块的 RTL 视图

首先将正弦波的波形数据存储在 ROM 中，相位累加器随同步时钟自加，每次自加的同时输出地址信号到 ROM 中，ROM 再输出对应地址的数字幅度值信号。通过控制自加值和相位累加器的初始值，就能够实现对频率和相位的控制[4]。

利用 Quartus 软件自带的 ModelSim 进行模拟仿真，仿真结果如图 5 所示。

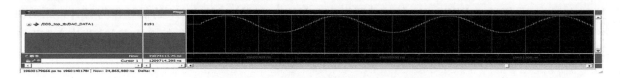

图 5　正弦波 DDS 模块的仿真结果

可以看出，该模块成功地实现了输出正弦波数字幅度值信号的功能。

2.3　方波 DDS 模块设计与仿真

方波 DDS 模块的 RTL 视图如图 6 所示。

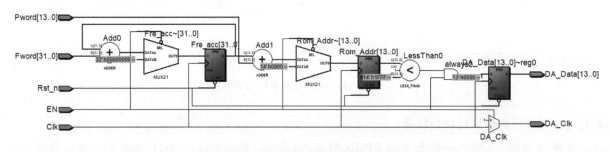

图 6　方波 DDS 模块的 RTL 视图

该模块与正弦波模块类似，不过将 ROM 换成了一个比较器，当地址信号小于指定值时输出高电平，大于时则输出低电平，此处比较值设置为最大地址值的一半，使方波占空比为 50％。

利用 Quartus 软件自带的 ModelSim 进行模拟仿真，仿真结果如图 7 所示。

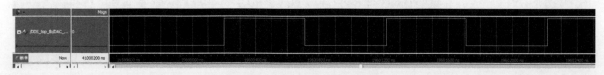

图 7　方波 DDS 模块的仿真结果

可以看出，该模块成功地实现了输出方波的功能。

3 实机测试

3.1 测试环境

为验证低能束流传输线频率信号控制系统输出信号的性能，对其输出信号进行了实验室测试。测试使用了 RIGOL DS1054Z 示波器，测试环境如图 8 所示。

图 8 测试环境

3.2 测试结果及分析

本次测试中，根据低能束流传输线的具体要求，对 FPGA 进行了设置。在低能束流传输线中，离子源的工作频率为 50 Hz，周期为 20 ms，而其中仅有 400 μs 有束流输出，故整个系统在 20 ms 中只有 400 μs 需要工作，其他时间应该关闭输出来减小功耗浪费，所以整个系统应该输出脉冲式的正弦波和方波，这样不方便示波器测量，故在两路输出中将一路设置为 1 MHz，占空比为 50% 的方波信号作为参考对照，同时也能用来判断频率关系是否稳定；另一路分别输出 3 MHz、6 MHz 和 10 MHz 的正弦波，其中，对照用方波的单独测量结果如图 9 所示。

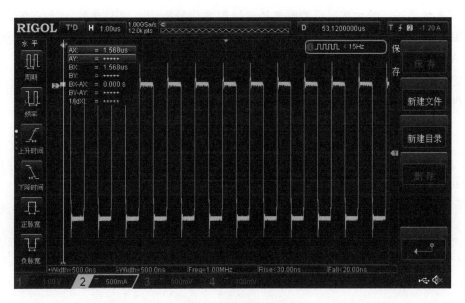

图 9 方波测试结果

可以看出，该方波满足频率 1 MHz、占空比 50%。

对照测试结果如图 10 所示，3 组测试图，左边为 400 μs 脉冲的前端，中间为 400 μs 脉冲的整体展示，右边为 400 μs 脉冲的后端，从上到下分别为 3 MHz、6 MHz 和 10 MHz 正弦波与 1 MHz、占空比为 50% 的方波的对比图，根据前端和后端正弦波与方波上升沿和下降沿相对关系的比较，可以看出信号输出的倍率关系十分稳定，满足系统的设计需求。后续可能会需要产生更高频率的信号，这时只需更换工作频率更高的 DAC 芯片即可[5]。

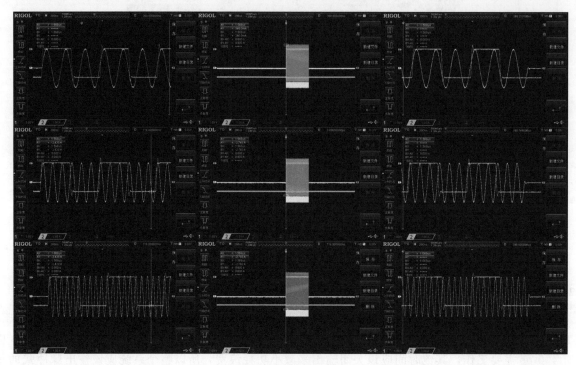

图 10　对照测试结果

4　结论

基于 FPGA 的质子直线加速器低能束流传输线频率信号控制系统是在解决质子直线加速器低能束流传输线聚束不稳定问题的过程中提出来的，用于提高聚束的稳定性，并且方便后续的各项升级，本文以 FPGA 为核心设计了一个 DDS 核来输出方波信号和正弦波的幅度值信息信号，配合外围 DAC 芯片输出指定模拟信号。经过测试，各项指标满足设计需求。本设计通过 FPGA 控制，加强了整个系统的可靠性，为后续的升级也留下了空间。

参考文献：

[1] 王永鹏，郭玉辉，罗冰峰，等．基于 FPGA 技术的加速器切束控制系统设计 [J]．强激光与粒子束，2016，28 (10)：135 - 138.

[2] 苟力．基于 FPGA 的高速 DDS 关键技术研究 [D]．成都：电子科技大学，2016.

[3] 巩桂成．PXIe 双通道任意波形发生模块硬件电路设计 [D]．成都：电子科技大学，2022.

[4] 王顺岭．基于 FPGA 的低杂散直接数字频率合成技术研究 [D]．成都：电子科技大学，2013.

[5] JIN X M，TAN J M. Implementation and performance of DDS-based general radar waveform generator [J]．Radar science and technology，2004，2 (3)：183 - 187.

Design of low energy beam transmission line frequency signal control system for proton linear accelerator based on FPGA

FU Yu-bin, XIANG Yi-huai, YANG Jing-he, LIU Bao-jie,
YANG Yu, Guo Ji-ye

(Institute of Nuclear Technology, China Institute of Atomic Energy, Beijing 102413, China)

Abstract: The low energy beam transmission line frequency signal control system of the proton linear accelerator is mainly to provide square wave and sine wave signals of various frequencies required by various components of the low energy beam transmission line. After the power amplifier, it drives various components of the low energy beam transmission line to work, among which the sine wave signal needs to be independently adjustable in frequency and phase, so as to correctly process the proton beam, enable subsequent acceleration to proceed normally. This paper introduces the design of frequency signal control system with FPGA as the core, using FPGA to control the peripheral digital and analog chips to output the required signals. After oscilloscope test, the system meets the requirement of low energy beam transmission line for frequency signal control system.

Key words: Proton linear accelerator; Low energy beam transmission line; Frequency signal control; FPGA

975 MHz 高功率波导窗的理论研究

郭继业，朱志斌，杨　誉，秦　成，王修龙，吴青峰，傅宇斌

（中国原子能科学研究院核技术综合研究所，北京　102413）

摘　要：盒型波导窗具有结构简单、功率容量大、技术成熟等特点，本文基于盒型窗结构，通过等效电路分析及电磁仿真软件模拟，对 975 MHz 高功率波导窗进行了理论设计。通过增大介质窗片的半径，降低窗片中心的最高场强，提高了波导窗的功率容量。通过分析计算波导窗内的电场分布及波导窗的射频参数，优化得到了窗片半径、厚度及矩圆过渡的圆角半径，并对窗口结构进行了热仿真分析和形变仿真分析。结果表明，设计的高功率盒型窗可以在介质窗处实现较低的最高电场强度、最大温度和形变，满足高功率使用要求。

关键词：波导窗；975 MHz；功率容量

质子直线加速器是粒子物理、核物理等领域的重要科学研究装置，通常由多种加速结构将束流逐步加速至所需能量[1]。波导窗是隔绝加速结构内部真空与大气的关键部件，其性能对加速器长期稳定运行起着重要作用。作为加速器微波传输系统的关键部件，高功率波导窗一直都是加速器技术领域的研究热点之一，国内外一直在探索新的结构设计方案和窗片材料，来满足不同应用场景的性能需求。针对一段工作频率为 975 MHz 的腔耦合直线加速器（CCL），本文通过理论分析及模拟仿真，开展了 975 MHz 高功率波导窗设计研究工作。

1　盒型窗基本结构

常规盒型窗结构如图 1 所示，由输入输出矩形波导和包含介质窗片的圆波导段组成。

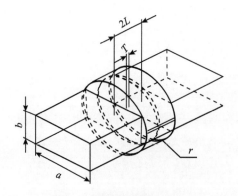

图 1　常规盒型窗结构示意

其中，矩形波导截面的长为 a，高为 b，圆波导长为 $2L$。中间的介质窗片是盒形波导窗的核心部件，其形状为圆形，厚度为 T，半径为 r。介质窗片通常采用陶瓷材料制造，以具备更好的电气和机械性能，能够承受更高的功率。

作者简介：郭继业（1997—），男，黑龙江鹤岗人，硕士生，现主要从事直线加速器射频技术研究。

2 等效电路分析

盒型窗的理论研究方法，本文采用常用的等效电路法[2]，两侧矩圆波导过渡段可等效为电容 B_1 和 B_2，介质窗片可等效为电容 B_C，盒型窗的等效电路如图 2 所示。

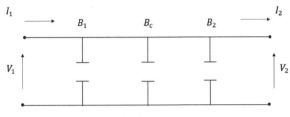

图 2　盒型窗的等效电路

根据等效电路可以得到传输矩阵，盒型窗一般采用对称结构，因此理想状态下等效电路可以视为互易无耗的双口网络，主对角矩阵元素相等。若要功率完全传输，则需要副对角线矩阵元素也相等，由此可以构建出关于圆波导长度的等式。通过等效电容 B_c 和波导连接处的电纳值 B_1、B_2，可计算出圆波导长度，进而得到常规盒型窗的初始理论参数[3]。经过软件仿真后优化得到 975 MHz 盒型窗结构参数如表 1 所示。

表 1　盒型窗理结构参数

a/mm	b/mm	r/mm	T/mm	L/mm	备注
247.65	123.82	138.44	7.000	61.72	理论
247.65	123.82	138.44	7.122	62.00	仿真

3 高功率 975 MHz 盒型窗的设计

3.1 结构设计

设计采用阶梯形介质窗片以增大陶瓷介质与圆波导的接触面积，有利于焊接和散热[4]。同时适当增大介质窗片半径，以减小窗片的电场强度。并采用矩圆波导过渡结构，减少连接处的电场强度，同时通过调节过渡倒角，实现与圆波导介质窗片的阻抗匹配，扩宽带宽。新型波导窗和陶瓷片结构如图 3、图 4 所示。

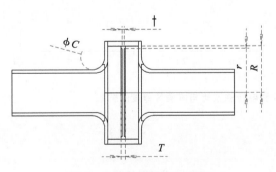

图 3　新型波导窗结构示意

图 4　陶瓷片结构示意

其中，陶瓷片总厚度为 T，外径为 R。中间圆盘厚度为 t，半径为 r，矩形波导与圆波导的过渡结构圆角半径为 $C/2$。陶瓷片和圆形波导之间有 4 mm 的镶嵌结构，陶瓷片阶梯处有一个 0.5 mm 的倒角。

3.2 高频分析

通过仿真软件，描绘在 975 MHz 的频率下，反射系数、插入损耗、电压驻波比与波导窗尺寸参数之间的关系，如图 5 至图 7 所示，得到陶瓷片半径、厚度和过渡结构圆角半径的初步设计值。

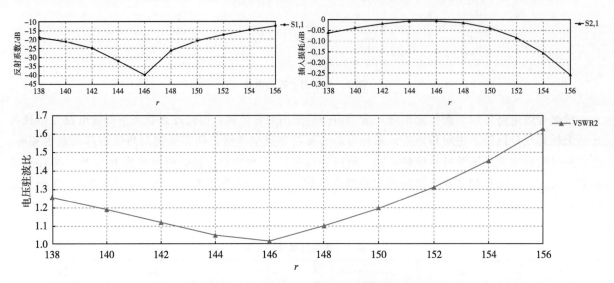

图 5　反射系数、插入损耗和电压驻波比与陶瓷片半径的关系

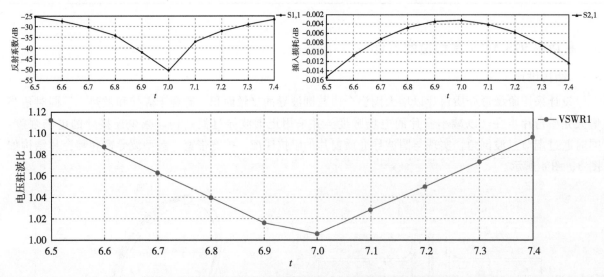

图 6　反射系数、插入损耗和电压驻波比与陶瓷片厚度的关系

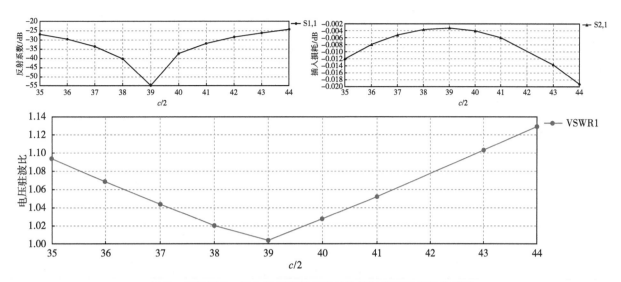

图7 反射系数、插入损耗和电压驻波比与过渡圆角半径的关系

计算不同半径、厚度的陶瓷片及不同圆角过渡结构对应的反射系数如图8至图10所示，由结果可知，随着陶瓷片半径 r 的增大，反射最低处工作频率点向高频方向移动，随着厚度 t 的增大，S_{11} 的最小点向低频方向移动，厚度 t 的影响更为显著。矩圆过渡圆角的选取对阻抗匹配有较大的影响，随着圆角半径的增加向低频方向移动。

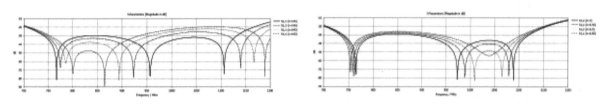

图8 不同半径的陶瓷片反射系数与频率的关系   图9 不同厚度的陶瓷片反射系数与频率的关系

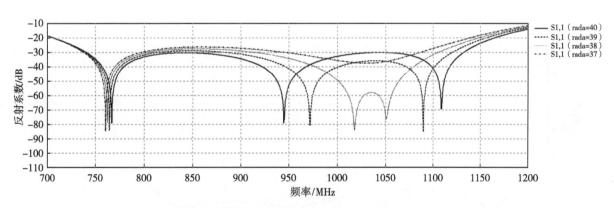

图10 不同圆角的过渡结构反射系数与频率的关系

经过仿真优化，得到最终的波导窗结构参数，如表2所示。

表2 设计的盒型窗优化参数 单位：mm

a	b	r	t	R	T	L	C	备注
247.65	123.82	145.39	6.98	149.39	12.98	44.48	79.78	仿真

优化设计的波导窗反射系数、插入损耗及驻波比曲线如图11至图13所示。由结果可知，波导窗的反射系数在975 MHz时达到-83.41 dB，插入损耗达到-0.003 1 dB，拥有较好的反射特性与传输特性，电压驻波比低于1.1的带宽为400 MHz，满足使用要求。

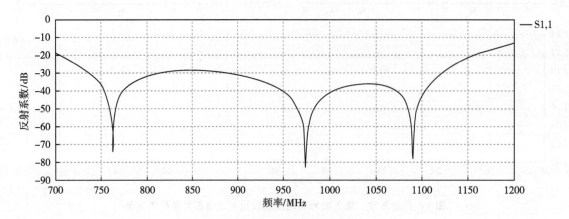

图 11　反射系数与频率的变化关系

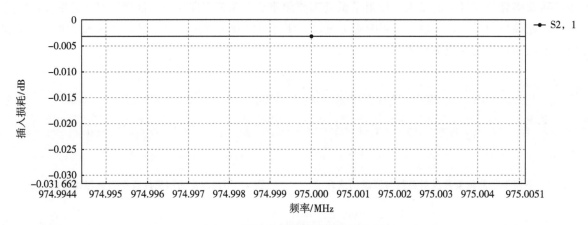

图 12　插入损耗与频率的变化关系

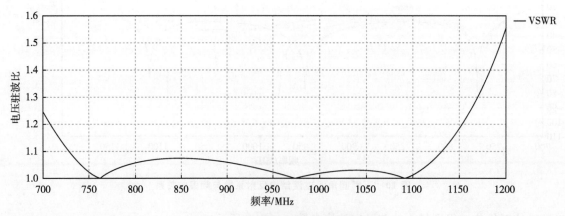

图 13　电压驻波比与频率的变化关系

3.3　电磁-热耦合分析

对设计的盒型窗进行电热力特性的协同仿真，得到结果如图14至图16所示。由图14可知，在工作频率为975 MHz的情况下，改进设计的波导窗电场强度最大值265 V/m（输入功率为1W）。传输3 MW射频功率时，可计算得知波导窗峰值场强为 0.443 MV/m，低于大气侧空气的击穿场强 3 MV/m[5]，此时盒型窗的温度和形变情况如图 15、图 16 所示，最高温度为 181 ℃，位于陶瓷片中心，最大变形量为 0.0653 mm，位于陶瓷片边缘，满足使用要求。

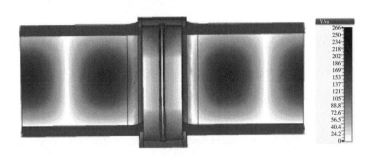

图 14　波导窗电场分布

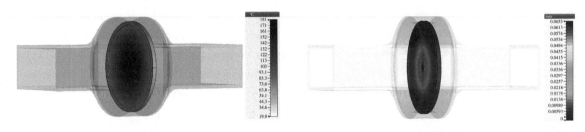

图 15　波导窗温度分布　　　　　　　　　　　图 16　波导窗形变分布

4　总结

本文通过等效电路，分析得到了波导窗的基本结构参数，采用了增大陶瓷介质窗片半径的方案，并重新设计了阶梯形状的介质窗片和矩圆波导过渡结构，以降低介质窗片表面场强提高功率容量，经过仿真优化，完成了低反射、低损耗 975 MHz 高功率波导窗的设计。经过电磁-热耦合仿真，结果表明，设计的波导窗结构峰值场强为 0.443 MV/m，低于大气侧空气的击穿场强，陶瓷片上的温度较低，满足传输 3 MW 射频功率的使用要求。

参考文献：

[1] 郁庆长. 质子直线加速器设计研究 [J]. Chinese Physics C，2001，25（5）：429 - 436.

[2] 丁耀根. 大功率速调管的设计制造和应用 [M]. 北京：国防工业出版社，2010.

[3] 杨雪霞. 微波技术基础 [M]. 2 版. 北京：清华大学出版社，2015.

[4] 李虎雄，宫玉彬，徐进，等. 一种新型 Ka 波段盒型窗 [J]. 真空电子技术，2011（3）：3.

[5] WOO W，DEGROOT J S. Microwave absorption and plasma heating due to microwave breakdown in the atmos-phere [J]. Physics of fluids，1984，27（2）：475 - 487.

Theoretical study of 975 MHz high power waveguide window

GUO Ji-ye, ZHU Zhi-bin, YANG Yu, QIN Cheng,
WANG Xiu-long, WU Qing-feng, FU Yu-bin

(China Institute of Atomic Energy, Beijing   102413, China)

Abstract: The pillbox waveguide window has the characteristics of simple structure, large power capacity, and mature technology. Based on the pillbox window structure, this paper theoretically designs a 975 MHz high-power waveguide window through equivalent circuit analysis and electromagnetic simulation software simulation. By increasing the radius of the dielectric window, the maximum field strength at the center of the window is reduced, and the power capacity of the waveguide window is increased. By analyzing and calculating the electric field distribution inside the waveguide window and the RF parameters of the waveguide window, the window radius, thickness, and fillet radius of the rectangular transition were optimized. The window structure was analyzed through thermal simulation and deformation simulation. The results indicate that the designed high-power pillbox window can achieve lower maximum electric field intensity, maximum temperature, and deformation at the dielectric window, meeting the requirements for high-power using.

Key words: Waveguide Windows; 975 MHz; Power capacity

移动灭菌方舱控制系统设计

闫　洁，佘国龙，崔爱军

（中国原子能科学研究院，北京　102413）

摘　要： 移动灭菌方舱是一种能快速、机动、有效应对突发疫情和紧急情况的处置装置，其采用电子辐照技术控制电子辐照直线加速器产生的电子束对束下传输系统输送的物品进行辐照，可快速实施就地机动响应、高效灭菌消毒、绿色安全快捷的应急功能。同时其控制系统应具有高可靠性和实时响应速度，不仅需要提供友好的人机操作界面及信息综合处理能力，而且需要快速的设备监控和保护系统，以确保系统正常运行。本文在分析移动灭菌方舱控制需求的基础上开展了基于 OPC 技术的控制系统设计。该系统以高速以太网为中心，以 OPC 充当现场设备、数据传输和上层应用程序的接口，向下可以对各种不同的控制设备进行数据采集，向上可与 OPC 客户应用程序通信以便工作人员完成对远程设备的控制与参数获取，具有良好的开放性和可扩展性。基于 PLC 的硬件平台对移动灭菌方舱内置的电子辐照装置（电子辐照直线加速器系统、束下传输系统、辐射安全联锁系统、真空系统、水冷系统以及配套的控制室和相应辅助设施等）提供系统同步和设备保护，最大限度地降低故障影响范围，使操作人员能方便地按操作程序运行加速器。运行测试表明，该系统可以满足加速器的控制要求。

关键词： 移动灭菌；辐照加速器；控制系统；LabVIEW

　　核辐照技术在医疗领域因具有有效实施灭菌、杀菌快捷的优势，早已得到广泛的应用，近年来，随着电子加速器技术的不断发展，电子加速器辐照装置在辐射加工产业中的地位日趋重要，但核辐照技术大部分采用固定地点的辐射加工方式，难以应对突发公共卫生事件快速实施应急灭菌防治的需求，因此需开展移动快速电子束灭菌应急处置方舱的关键技术研究。移动灭菌方舱（以下简称"移动方舱"）是一种能快速、机动、有效应对突发疫情和紧急情况的处置装置，其利用加速器产生高能电子束，生成的电离辐射可摧毁病菌的蛋白质和 DNA/RNA 结构，使病菌原体完全失去活性，利用特定剂量的电子束辐射可实现灭菌消毒的功效，具备剂量率高、灭毒速度快等特点。

　　小型化医疗防治装备的集成设计开发是一种技术融合创新，国内外相关研究工作开展较少，移动方舱相较常规加速器系统，控制设备端口处于强磁场大电流，且内部空间紧凑有限，因此控制系统应具备很强的抗干扰和针对故障的快速反应能力。基于移动快速电子束灭菌应急处置方舱的控制功能需求，以方舱为基础对加速器及各辅助配套设备开展控制系统开发设计。

1　移动方舱总体结构

　　移动方舱内置的电子辐照装置主要包括电子辐照直线加速器系统、束下传输系统、辐射安全联锁系统以及配套的控制室和相应辅助设施等。电子辐照直线加速器系统主要由电子枪、加速管、微波系统、高压电源系统、控制系统、磁场系统、真空系统、水冷系统、束流传输及扫描系统、配电系统等组成。电子辐照直线加速器产生的电子束对束下传输系统输送的物品进行辐照灭菌处理。屏蔽装置保证方舱内工作区域及外部人员的辐射安全。方舱整体尺寸及外观等同于一个标准尺寸集装箱，方舱内电子辐照装置的整体布局如图 1 所示。

作者简介：闫洁（1993—），女，硕士，工程师，现主要从事加速器控制系统工作。

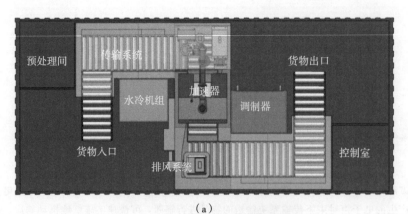

（a）

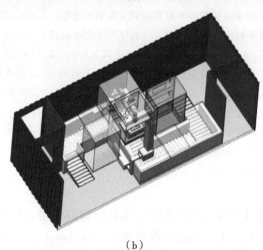

（b）

图 1 移动方舱整体布局示意

2 移动方舱控制系统功能

移动方舱系统中，控制设备端口处于紧凑的强磁场大电流环境下，电子设备存在缝隙向外界辐射能量，电磁信号容易交叠产生电磁干扰耦合，因此控制系统应具备很强的抗干扰和针对故障的快速反应能力[1]和友好的人机操作界面及统筹综合信息处理能力，在出现异常故障时需快速切断束流的保护系统，确保系统正常运行，提供系统同步和设备保护，使操作人员能方便地按操作程序运行加速器。系统功能划分为：①底层设备监控通信功能；②联锁保护功能；③人机操作界面出束调束功能。

3 移动方舱控制系统组成

3.1 控制系统 OPC 组成

移动方舱控制系统中具体需控制的模块主要包括调制器模块、AFC 模块、冷却水状态监测模块、传输链模块等。现场设备驱动接口众多且非统一标准，若对全部设备访问依次编写相应的驱动程序，工作量巨大，开发效率低下。所以移动方舱系统采用一种基于 OPC 协议的通用可配置 PLC 数据采集与监控模块及方法，划分为现场设备采集控制模块、OPC 服务（Server）模块、OPC 客户（Client）模块。控制系统以工控机、PLC 和串口服务器作为硬件平台，并通过中心交换机搭建分布式控制网络[2]。PLC 作为底层设备控制器负责模拟信号和数字信号的采集和控制输出，实现对数据实时监控与控制，设计划分功能模块，可独立调试运行。工控机运行 IOC 程序[3]。IOC 程序基于 LabVIEW 环境开发而成，OPI 通过配置 IP 地址及将界面控件与 PV（Process Variable）关联的方式，与 IOC 配合完成 PV 同步更新，将控制系统的服务器与 4 台 PLC 连接，进行数据交换（图 2）。

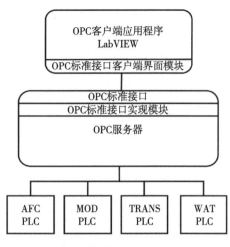

图 2　控制系统 OPC 组成结构

3.2　OPC 服务器的构成

OPC 服务器标准接口定义了以下 3 个层次的接口逻辑关系，依次呈包容关系：OPC Server，用于 OPC 启动服务器，获得其他对象和服务的起始类并用于返回 OPC Group 类对象；OPC Group，用于存储由 OPC Item 组成的组信息，并返回 OPC Item 类对象，控制系统共分为 4 组，分别对应 AFC、MOD、TRANS、WAT 4 组 PLC；OPC Item，用于存储 Item 项的定义、数据值、状态值等信息。

OPC 服务器配置完成后，与 LabVIEW 的 DSC 模块进行 OPC 连接，通过工业以太网络与上位机进行数据通信[4-5]。通过配置标签进行设备连接，将 LabVIEW 与需要访问的输入输出点、线圈及内部寄存器一一对应，直接读写 OPC 标签完成 PLC 信息交互，OPC 服务器端硬件扫描频率设定为 100 ms，可完全满足上位机监控显示实时性需求及加速器程序连续可靠运行需求[6]。

4　移动方舱控制系统开发

系统软件主要由人机交互界面、触摸屏软件以及 PLC 程序组成。人机交互界面采用图形化开发工具 LabVIEW 2017 完成开发。触摸屏软件基于 WinCC flexible SMART 软件开发，并采用 OPC 协议实现上位机、触摸屏、PLC 之间的信息通信。图形化开发工具 LabVIEW 的 DataSocket 数据通信技术支持 OPC 通信协议，通信实现过程分为 3 个部分：第一部分是设计 PLC、串口服务器等控制设备的通信程序，实现对现场设备的控制；第二部分建立 IOC Server，把所有监控的参数通过 PV 的形式进行发布；第三部分是根据需要保存主要的控制参数。PLC 程序采用结构化的方法进行设计，将其分为逻辑处理子程序、设备联锁保护子程序、通信处理子程序等多个模块，分别用于实现不同的功能，具有结构清晰、可读性强的优点。

4.1　束下传输系统

移动方舱束下传输系统主要用于完成医疗垃圾的隔离分拆、束下传输及相应设备的上下料功能。传输控制系统选择 S7-1200 PLC 与 V90 伺服电机之间通过伺服工艺轴方式完成电机控制。在 TIA Portal 软件 V16 环境采用 STL 和 LAD 编写，结合 TP700 触摸屏交互基于 Profinet 网络协议，采用双绞线和上位机连接。电机动作设置为点动，按住点动按钮电机向相应方向旋转，松开后电机停转。点击调速按钮可以将电机速度设定为低频速度 20 Hz，再次点击调速按钮则为高频 50 Hz。

束下传输系统界面分为手动模式界面（图 3）、自动模式界面、IO 监视界面、报警界面。在报警提示界面依据提示内容，操作人员检查设备解决报警故障，分为低级报警、中级报警、高级报警 3 类报警，与加速器故障联锁作为急停报警，解除报警后需复位操作才可上电正常运行。

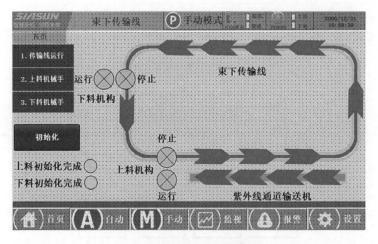

图3 传输链手动模式界面

4.2 水冷系统设计

水冷系统选用 S7 - 200SMART（CPU SR60）PLC，基于 STEP 7 - Micro/WIN 开发环境设计，设置接通水冷机组电源，闭合空气开关 QF1 和 QF2，机组上电，如果相序正确，水冷触摸屏与 PLC 上电，触摸屏上默认显示为控制界面、状态界面、监视界面、设置界面及参数界面。控制界面可单独本地控制，也可远程通过控制台触摸屏或远程电脑端控制设置压机启停点、目标温度和在报警温度界面设置出水温度和水箱温度的目标温度和报警温度值。状态界面显示机组各部件的运行及故障状态。监视界面实时显示水冷机组水路的循环动态图。设置界面设定变频压缩机和水箱加热器的参数。参数界面设置 PID 参数和测量值线性的修正。水冷系统内部故障联锁保护信号与加速器联锁，且与调制器控制 PLC 之间建立心跳包验证通信正常。

4.3 交互界面设计

移动方舱控制系统可通过车侧身控制台触摸屏进行本控模式操作，也可通过远程电脑端进行远控模式操作。本控模式界面如图 4 所示，分为系统操作、参数设定、故障指示、数值显示、水冷系统 5 个可切换界面。由触摸屏发出指令，完成加速器出束调束工作。远控模式在主机设计独立操作软

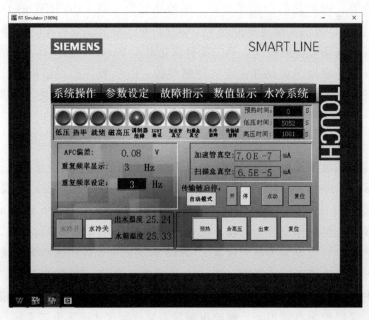

图4 本控用户界面

件，程序框图通过顺序结构与循环结构嵌套实现与信号数据的互通有无，结合 VI 前面板交互界面设计如图 5 所示。以图形化的方式对所有输入输出控制进行逻辑编程，将控制信号在软件平台中进行集成控制。

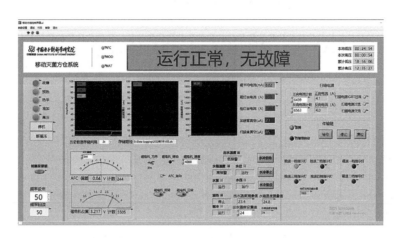

图 5　远控用户界面

5　结论

基于 OPC 技术设计开发的移动方舱控制系统实现了异构系统的数据间共享和交换，在强磁场干扰的恶劣环境下可以进行可靠工作，同时也具有易维护、可扩展性强等特点。经过出束实测，加速器系统运行稳定正常，对微波打火等故障能实时响应，保护现场设备，表明该系统满足加速器的控制要求。

参考文献：

[1]　何奇文．OPC 技术在 LabVIEW 8.0 DSC 模块中的运用 [J]．计算机工程与设计，2006（22）：4389 - 4390.

[2]　张俊彪，王鸿辉，何长安．基于 OPC Server 的 PC 与 S7 - 300/400 的通信 [J]．电力自动化设备，2007（4）：83 - 86.

[3]　吴飞，何朝辉，陶仁和，等．基于 OPC 的 LabVIEW 与 S7 - 200 SMART PLC 以太网通信 [J]．全文版：工程技术，2016（4）：311.

[4]　郭玉辉，王彦瑜．基于 OPC 技术离子源控制系统研究 [J]．微计算机信息，2006，22（4 - 1）：112 - 113.

[5]　张曾科，古吟东．计算机网络 [M]．3 版．北京：清华大学出版社，2009.

[6]　于春蕾．ADS 注入器 II 强流质子 RFQ 加速器控制系统的研究 [D]．北京：中国科学院近代物理研究所，2014：37 - 43.

Design of control system for mobile sterilization shelter

YAN Jie, YU Guo-long, CUI Ai-jun

(China Institute of Atomic Energy, Beijing 102413, China)

Abstract: The mobile sterilization shelter is a disposal device that can quickly and effectively respond to sudden disease control and epidemic prevention. It uses electronic irradiation technology to control the electron beam generated by the electron irradiation linear accelerator to irradiate the items transported by the beam transmission system, which can quickly implement on-site mobile response, efficient sterilization and disinfection, and green, safe and fast emergency functions. At the same time, the control system should have high reliability and real-time response speed. It is not only necessary to provide a friendly man-machine operation interface and comprehensive information processing capabilities, but also requires a set of fast equipment monitoring and protection systems to ensure normal operation, provide system synchronization and equipment protection, and have good openness and scalability. This paper introduces the design of a control system based on OPC technology based on the analysis of the control requirements of mobile sterilization shelter. The system is centered on high-speed Ethernet, with OPC serving as the interface for field devices, data transmission, and upper layer applications. With the OPC server function, it can collect data from various control devices downward, and communicate with OPC client applications upward to complete staff control and parameter acquisition of remote devices. It has good openness and scalability. The hardware platform based on PLC provides system synchronization and equipment protection for the electronic irradiation device built into the mobile shelter, the electronic irradiation linear accelerator system, the beam transmission system, the radiation safety interlocking system, the vacuum system, the water cooling system, as well as the supporting control room and corresponding auxiliary facilities, to minimize the scope of fault impact, enabling operators to easily operate the accelerator according to operating procedures. Operational tests show that the system can meet the control requirements of accelerators.

Key words: Mobile sterilization; Irradiation accelerator; Control system; LabVIEW

速调管收集极热结构研究

刘秀莹，崔爱军，杨　誉，范雨轩，王常强，吕约彭，杨京鹤

（中国原子能科学研究院，北京　102413）

摘　要： 为了满足 C 波段速调管高输出功率及结构紧凑的需求，本文优化设计了一种双层沟槽型收集极并分析了其冷却性能。首先基于流体力学和传热学经典理论，分析了收集极内部热环境，初步计算了收集极稳态工作时的内表面温度；其次考虑加工条件约束，合理设计了收集极内表面平均温度，优化了冷却翅片结构尺寸并建立三维模型；最后通过热流固耦合计算，得到了收集极温度分布及流体温升，并计算了瞬态热源下收集极的脉冲温升和分布热源下收集极的局部最高温度，模拟了实际工况，为速调管后续微波测试和热测提供参考。

关键词： 速调管；收集极；热流固耦合

速调管工作时，电子束与高频电磁场发生相互作用后轰击收集极，收集极接收电子束剩余的能量并将其转化为热量，通过收集极内部特定的冷却方式将沉积热量带走，从而保证系统内热环境的稳定以及工作的可靠。本文将介绍速调管收集极热结构设计过程。首先基于流体力学和传热学经典理论，计算稳态收集极的内表面温度；其次通过加工条件约束，以收集极内表面温度最小为目标，优化翅片结构尺寸；最后分别在稳态热源、分布热源和瞬态热源下分析收集极的温度场。

1　收集极温度计算

1.1　收集极模型建立

本文采用双层沟槽型[1-2]水冷收集极结构，进水口、出水口分布于水套座两侧，冷却水由进水口进入水套座中心孔，再扩散至内层水套与收集极体沟槽之间，带走收集极体产生的热量，经收集极体底部返回至内层水套和外层水套中间，最后从出水口流出，其模型如图 1 所示。

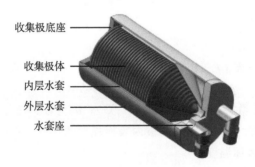

收集极底座
收集极体
内层水套
外层水套
水套座

图 1　收集极模型

1.2　收集极内壁温度计算

使用表面温升法计算收集极内表面温度 t，即为冷却液温升 Δt_f、冷却液入口温度 t_1、收集极体内外表面温差 Δt 和热量从收集极体外表面转换到冷却液所需温差 Δt_w 四部分之和[3-5]。

作者简介： 刘秀莹（1994—），女，硕士，助理工程师，现主要从事加速器技术研究。

1.2.1 冷却液温升 Δt_f

冷却液温升 Δt_f 可根据冷却通道的总流量与收集极内表面耗散的总功率求得:

$$\Delta t_f = 860 \times P / (C_p \gamma \times Q_m)。 \tag{1}$$

式中, P 为耗散功率, W; C_p 为流体的比热容, cal/(kg·℃); γ 为流体的重度, kgf/m³; Q_m 为流过冷却通道的总流量, m³/h。

1.2.2 热量从收集极体外表面转换到冷却液所需温差 Δt_w

热量从收集极体外表面转换到冷却液所需温差 Δt_w 通过雷诺数 N_{Re}、普朗特数准则和努谢尔特准则求得换热系数, 进而计算发热面与流体温度差。

(1) 雷诺数 N_{Re}

用雷诺数 N_{Re} 来表示流体状态, 即

$$N_{Re} = U \times D_{eq} / v。 \tag{2}$$

式中, U 为液体流速, m/s; D_{eq} 为冷却通道的当量直径, m; v 为液体的运动黏度系数, m²/s。

(2) 普朗特数准则

普朗特数 N_{Pr} 反映流体中分子动量和热量扩散能力的无量纲量, 即

$$N_{pr} = C_p \mu / \lambda。 \tag{3}$$

式中, λ 为流体的热导率, W/(m·℃); μ 为动力黏度系数, N·s/m²。

(3) 努谢尔特准则方程

努谢尔特数 N_{Nu} 反映流体对流换热特性的无量纲量, 发热表面与流体间的温差较小时 (水 $\Delta t <$ 20~30 ℃), 狄特斯和波尔特提出 N_{uf} 与 N_{Nu} 相等, 即

$$N_{Nu} = \alpha D_{eq} / \lambda = N_{uf} = 0.023 N_{Re}^{0.8} N_{Pr}^{0.4}。 \tag{4}$$

式中, α 为换热系数, W/(m²·℃)。

(4) 换热系数计算

由努谢尔特准则可求得流体的换热系数 α, 即

$$\alpha = (\lambda / D_{eq}) N_{uf} = 0.23 N_{Re}^{0.8} N_{Pr}^{0.4} (\lambda / D_{eq})。 \tag{5}$$

综上, 发热表面温度可由牛顿公式计算, 即

$$\Delta t_w = P / (\alpha \times A)。 \tag{6}$$

式中, A 为发热表面的总面积, m²。

1.2.3 收集极体内外表面温差 Δt

收集极体内外表面的温度差 Δt 可由单位管长的热流量 q_1 计算, 即

$$q_1 = P / L = \Delta t / [1 / 2\pi\lambda \times \ln(d_2 / d_1)]。 \tag{7}$$

式中, λ 为铜收集极的导热系数, $\lambda = 383$ W/(m·℃); d_2 为收集极外表面直径, m; d_1 为收集极内表面直径, m; L 为收集极长, m; P 为收集极内表面耗散的功率, W。

综上, 可计算收集极内表面温度:

$$t = \Delta t_f + t_1 + \Delta t + \Delta t_w。 \tag{8}$$

2 收集极结构优化

2.1 设计变量及目标函数

本项目中速调管收集极的工作参数为: 电子束平均功率为 20 kW, 发热内表面面积为 64 081 mm², 使用 30 ℃、4 m/s 的水进行冷却, 其中冷却水物性参数如表 1 所示, 收集极结构参数如表 2 所示。

表 1　冷却水物性参数

t_1（温度）/ ℃	v（液体运动黏度系数）/ (m²/s)	U（液体流速）/ (m/s)	Cp（比热容）/ [cal/ (kg·℃)]	μ（动力黏度系数）/ (N·s/m²)	λ（流体的热导率）/ [W/ (m·℃)]	γ（流体重度）/ (kgf/m³)
30	0.000 000 805	4	997	0.000 817	0.59	995.7

表 2　收集极结构参数

L（长度）/m	d_2（外表面直径）/m	d_1（内表面直径）/m	A（发热面积）/m²	锥角/°	锥长/m	柱长/m
0.245	0.12	0.09	0.064 081	73.74	0.06	0.17

以翅片长 a、宽 b、高 h 为设计变量，以收集极内表面温度 t 最小为目标，优化收集极水路结构。由于使用材料特性、加工条件约束，以现有无氧铜棒料为基体，设计变量的范围为 $0.003 \leqslant a \leqslant 0.017$、$0.003 \leqslant b \leqslant 0.017$、$0 \leqslant h \leqslant 0.010$。

2.2　优化流程及结果

由于设计变量较少，使用传统算法即可得到优化结果，其优化计算流程如图 2 所示。为了清楚表达 a、b、h 和 t 的关系，使用 h 以步长 0.002 形成的三维曲面图展示优化结果，其优化计算结果如图 3 所示。

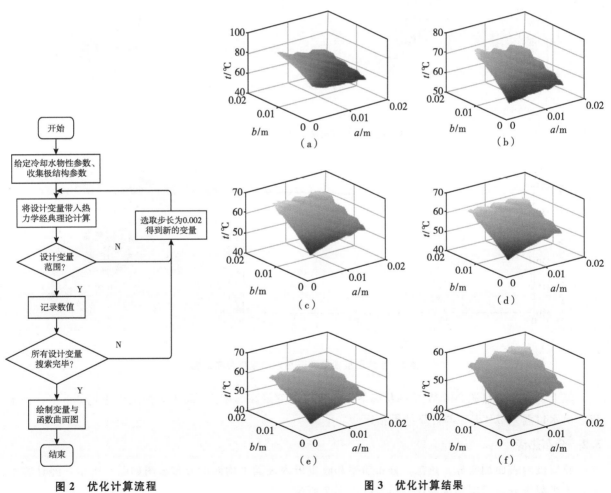

图 2　优化计算流程

图 3　优化计算结果

(a) $h=0$；(b) $h=0.002$；(c) $h=0.004$；(d) $h=0.006$；

(e) $h=0.008$；(f) $h=0.01$

综上，在材料特性和加工条件约束下，得到当翅片长、宽、高分别为 0.003、0.003、0.010 时，收集极内表面温度 t 最小，冷却液温升 Δt_f 为 2.8 ℃、冷却液入口温度 t_1 为 30 ℃、收集极体内外表面温差 Δt 为 9.76 ℃ 和热量从收集极体外表面转换到冷却液所需温差 $\Delta t_w = 8.1$ ℃，t 为 50.7 ℃。

3 收集极热仿真计算

使用热流固耦合模型计算收集极温度分布[6-7]，其中收集极体内表面加载热源，设置材料属性及水流状态，进水口流速为 4 m/s，可以得到收集极温度分布及流体温升。

3.1 稳态热源

收集极内表面加载 20 kW 的稳态热源，经计算得到收集极温度分布云图和水流速分布云图如图 4 所示，平均温度曲线和进水口、出水口温度分布云图如图 5 所示。

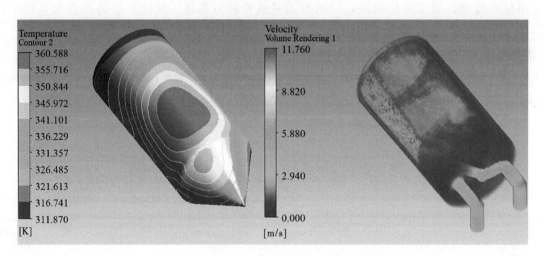

图 4　收集极温度分布云图和水流速分布云图

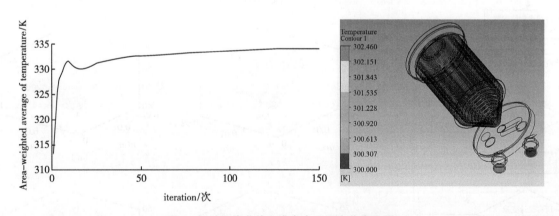

图 5　平均温度曲线和进出水口温度分布云图

综上，在稳态热源 20 kW 功率状态下，收集极局部最高温度为 360 K，内表面平均 333 K，进水口、出水口温差 2.4 K，与计算结果相近。

3.2 分布热源

收集极内表面加载分布热源，分布功率和收集极内表面平均温度分布云图如图 6 所示，经计算得到收集极温度分布云图和水流速分布云图如图 7 所示。

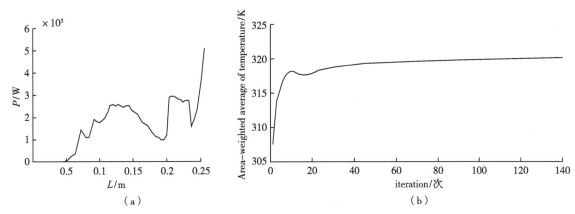

（a）   （b）

图 6　分布功率图和收集极内表面平均温度曲线

（a）分布功率；（b）收集极内表面平均温度

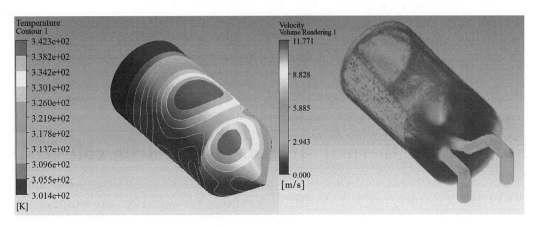

图 7　收集极温度分布云图和水流速分布云图

综上，在分布热源下，收集极内表面最高温度 342 K，平均温度 320 K。

3.3　瞬态热源

为了模拟实际工况，计算收集极电子束峰值功率为 6 MW、脉宽为 8 μs、频率为 250 Hz 的脉冲温升，如图 8 所示，脉冲温升为 306 K，随后降至常温，满足散热需求。

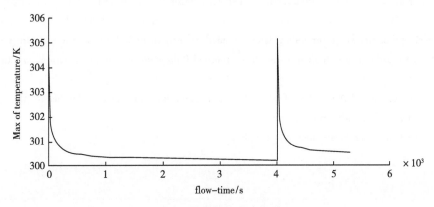

图 8　收集极的脉冲温升

4 结论

本文进行了速调管收集极结构设计，计算了收集极内表面温度，优化了翅片结构尺寸参数，并分析了稳态热源、分布热源和瞬态热源下收集极温度分布。在稳态热源下，内表面平均温度和进出水口温差与计算结果相近，且仿真结果表明收集极能够正常散热，达到设计效果。

参考文献：

［1］ 薛明，丁耀根，王勇．大功率速调管收集极流固耦合换热数值模拟 ［J］．电子与信息学报，2017，039（11）：2770-2776.

［2］ 薛明，丁耀根，王勇．速调管收集极冷却水路反接影响分析 ［J］．真空电子技术，2018，335（4）：48-53.

［3］ 黄银虎，马国武，雷文强，等．95 GHz 回旋管降压收集极的设计和模拟 ［C］//中国电子学会真空电子学分会第十九届学术年会论文集，2013：512-514.

［4］ 丁耀根．大功率速调管的设计制造和应用 ［M］．北京：国防工业出版社，2010.

［5］ 白卫星，李金晶，邢兵锁．大功率多注行波管收集极液冷结构的热设计 ［J］．数字通信世界，2018，163（7）：241-242，263.

［6］ 吴瑶．相对论速调管收集极的散热技术研究 ［D］．成都：电子科技大学，2016.

［7］ 沈斌．宽带多注速调管的计算机模拟研究 ［D］．北京：中国科学院电子学研究所，2005：45-46.

Study on the thermal structure of klystron collection

LIU Xiu-ying, CUI Ai-jun, YANG Yu, FAN Yu-xuan,
WANG Chang-qiang, LV Yue-peng, YANG Jing-he

(China Institute of Atomic Energy, Beijing 102413, China)

Abstract： In order to meet the requirements of high output power and compact structure of C band klystron, a double groove collector is optimized and its cooling performance is analyzed. Firstly, based on the classical theory of fluid mechanics and heat transfer, the thermal environment inside the collector is analyzed, and the internal surface temperature of the collector in steady state operation is preliminarily calculated; Secondly, considering the constraints of processing conditions, the average surface temperature of the collecting electrode was reasonably designed, the structural dimensions of the cooling fins were optimized, and a three dimensional model was established; Finally, the collector temperature distribution and fluid temperature rise are obtained through the thermal fluid solid coupling calculation, and the pulse temperature rise of the collector under the transient heat source and the local maximum temperature of the collector under the distributed heat source are calculated to simulate the actual working condition and provide reference for the subsequent microwave test and thermal test of the klystron.

Key words： Klystron; Collector; Heat-fluid-solid coupling

世界主要核能制氢国家发展现状与经验启示

刘洪军，宿吉强，张红林，石　磊

（中核战略规划研究总院，北京　100048）

摘　要： 相比于传统化石能源，氢气利用后只生产水，不会产生二氧化碳、硫氧化物、氮氧化物、氮氧化物和粉尘颗粒等污染物质，能有效减缓全球温室效应，助力我国"双碳"目标的实现。本文通过梳理世界主要核能国家美国、日本、法国和韩国在核能制氢方面的主要做法和现状，提出未来核能制氢主要发展方向，总结经验启示。

关键词： 核能；氢气；启示

相比于传统化石能源，氢气利用后只生成水，不会产生二氧化碳、硫氧化物、氮氧化物和粉尘颗粒等污染物质，能有效减缓全球温室效应，助力我国"双碳"目标的实现。但氢气的制取需要利用一次能源，目前 95％以上的氢能来源于化石能源[1]，制取过程中会释放大量温室气体和气体污染物质，不符合清洁能源制氢的要求[2]；少量氢气的制取采用水电解制氢方法，但效率偏低、消耗人量电能、成本高[1]。

核能制氢主要采用电解水制氢和热化学制氢两种方式[1]，以水为原料，全部或部分利用核热的热化学循环和高温蒸汽电解，被认为是代表未来发展方向的核能制氢技术。利用核能发电通过电解水装置将水分解成氢气，是一种较为直接的氢气制取方法，但该方法产氢效率（55％～60％）较低，即便采用最先进的美国 SPE 电解水技术，也仅将电解效率提升为 90％。但由于目前大多数核电站的热电转换效率仅为 35％左右，因此核能电解水制氢最终的总效率仅为 30％。热化学制氢是基于热化学循环，将核反应堆与热化学循环制氢装置耦合，以核反应堆提供的高温作为热源，使水在 800～1000 ℃下催化热分解，从而制取氢和氧。与电解水制氢相比，热化学制氢的效率较高，总效率预期可达 50％以上，成本较低。因此在核能制氢方法中，热化学循环分解水是核能制氢的一个重要研究方向。热化学循环制氢体系主要可分为钙溴循环、氯循环、金属/金属氧化物循环、碘硫循环和混合硫循环等[2]，其中碘硫循环和混合硫循环为主流方法，硫循环从水中分离出氧气，碘循环分离出氢气，碘硫循环是国际上公认最具应用前景的催化热分解方式，日本、法国、韩国和中国都在开展硫碘循环的研究。

1　核能制氢发展现状

现今，全球主要国家都高度重视氢能发展，美国、日本、德国等已经将氢能上升到国家能源战略高度，不断加大对氢技术研发和产业化扶持力度。在全球碳中和不断推进下，美国、日本、法国、韩国等核电国家，以及国际原子能机构（IAEA）等国际组织都在考虑核能制氢，谋划制定发展路线图，支持核能制氢的相关技术开发、示范验证与产业化推广。

1.1　美国

美国作为氢能发展先行者和领导世界氢燃料电池发展的主要国家，1970 年开始布局氢能技术研发，提出"氢经济"概念，并出台《1990 年氢研究、开发及示范法案》，布什政府提出氢经济发展蓝图，奥巴马政府发布《全面能源战略》，特朗普政府将氢能和燃料电池作为美国优先能源战略，开展前沿技术研究。2002 年，美国能源部发布《国家氢能发展路线图》，标志着美国"氢能社会"由设想

作者简介： 刘洪军（1990—），男，山东潍坊人，硕士，助理研究员，主要从事核能产业战略规划研究。

阶段转入行动阶段。2004 年开始执行"核氢启动计划（NHI）"，在下一代核电站计划中设计、建造高温气冷堆并用于制氢。主流的热化学制氢法碘硫循环和混合硫循环均由美国公司研发得到。2018年，美国宣布 10 月 8 日为美国国家氢能与燃料电池纪念日。2021 年 1 月 8 日，美国能源部核能办公室发布战略愿景，将"确保美国现有核反应堆的持续运行"列为五大战略目标之首，其中作为支撑目标之一，要求拓展发电以外的市场，计划到 2022 年示范一个可扩展的核能制氢试点电厂。

美国能源部下属两家机构即核能办公室及能源效率与可再生能源办公室正在积极推动核能制氢技术研究。核能办公室聚焦长期目标，开展与高温气冷堆（出口温度 700～950 ℃）和超高温气冷堆（出口温度 950 ℃以上）配套的两种制氢技术研究，即热化学循环技术和高温电解技术。能源效率与可再生能源办公室重点关注能够在近期实现商业化应用、可供"核电反应堆-可再生能源混合能源系统"制氢的两项技术。一项是需要使用热能和电力的高温电解技术。该办公室近期发布报告指出，核能高温电解制氢技术有望在当前市场环境中具备经济竞争力。另一项是仅需要使用电力的低温电解技术，但效率较低，热能至氢能的转换效率仅为 23％～28％。

美国能源部迄今已宣布为由爱达荷国家实验室牵头的 4 个核能制氢商业示范项目提供资助：2019年 9 月宣布资助首个核能制氢示范项目，2020 年 10 月宣布资助两个项目，2021 年宣布资助一个项目。美国能源部 2019 年 9 月宣布将为首个核能制氢示范项目提供资助，该项目为期两年，第一能源方案将利用爱达荷国家实验室的技术在戴维斯-贝瑟核电厂（拥有一座 894 兆瓦压水堆）建设一座 1～3 兆瓦低温电解示范装置。项目总投资 1050 万美元，能源部资助 920 万美元。埃克西尔能源公司2020 年 10 月获得能源部资助，将与爱达荷国家实验室合作，在蒙蒂塞洛核电厂（拥有一座 628 兆瓦沸水堆）或普雷里岛核电厂（拥有两座 520 兆瓦压水堆）建设一座高温电解中试设施。计划在 2021年启动工程和规划工作，2022 年启动设施建设，2023 年投运。项目总投资 1377 万美元，能源部资助1050 万美元。燃料电池能源公司也在 2020 年 10 月获得能源部资助，将为爱达荷国家实验室提供一个 250 千瓦的固体氧化物电解池（SOEC）系统。在完成严格验证测试后，爱达荷将把这一系统用于核能制氢。项目总投资为 1250 万美元，能源部资助 800 万美元。2021 年 10 月 7 日，美国能源部宣布将提供 2000 万美元资金，支持在帕洛弗迪核电厂（拥有两座 130 万千瓦压水堆）开展核能制氢示范项目，以帮助实现在 10 年内将制氢成本降至每千克氢 1 美元的目标。该项目由 PNW 氢能公司（PNW Hydrogen）和爱达荷国家实验室（INL）合作开展，使用低温电解技术制氢[3]。

1.2 日本

长期受困于国内资源短缺的日本是坚持大力发展核氢技术的国家。自 20 世纪 80 年代至今，日本原子力机构（JAEA）一直在进行高温气冷堆和碘硫循环制氢的研究。1998 年其开发的 30 MW 高温气冷试验堆（HTTR）反应堆首次实现临界，2001 年达成了满功率运行，2004 年将出口温度提高到了 950 ℃。2014 年 4 月日本制定《第四次能源基本计划》，确定了加速建设和发展"氢能社会"的战略方向[1]。日本在核能制氢方面的举措有如下几个。

一是在碳中和承诺下进一步明确核能制氢的具体行动安排。主要是支持开展利用高温气冷堆高温热能进行制氢的技术研究和示范，目标是到 2050 年将利用高温气冷堆过程热制氢的成本降至 12 日元/标准立方米。具体技术工艺上，政府将支持发展 IS 循环工艺和甲烷热解等技术在内的超高温无碳制氢技术。具体发展路线图安排如：2021 年重启高温工程试验堆（HTGR）；2021—2023 年完成 HTTR 的固有安全性验证试验；2024—2030 年完成无碳制氢相关技术（甲烷裂解和 IS 循环工艺）开发；2040 年前完成无碳制氢装置与 HTTR 耦合技术验证；2050 年前通过扩大销售和规模化生产降低成本，争取成本降低到12 日元/标准立方米。

二是大力推进核能制氢。据日本原子力机构（JAEA）代表在国际原子能机构专题会议上介绍，将利用高温堆制氢满足炼钢和燃料电池汽车需求；为传统行业提供蒸汽；吸收可再生能源可能造成的电力波动。具体实施方案有两种：一是高温堆单独制氢，堆热功率 600 MW，出口温度 950 ℃，制氢能力 85 000 m³/h；二是氢—热—电联产系统。在制氢（50 000 m³/h）的同时发电，并提供低温热利用（热利用率 80%）；制氢技术方案是 2030s 采用蒸汽重整制氢，2040s 采用碘硫循环制氢。按照 2050 年日本氢气需求 900 万吨测算，如核能制氢为 380 万吨，需要建造 73 个高温堆单独制氢系统（600 MWt，85 000 m³/h）。日本规制局 NRA 已经对 HTTR 颁发了安全许可，预计 2021 年 7 月重启高温堆。日本正在研发更先进的 GTHTR300 堆，采用钍燃料，用于发电、热电联产和制氢。正在考虑进行高温堆与制氢系统的耦合，已完成了一些基本设计实验。

JAEA 认为，在考虑高达 80% 的热利用率下，核能开展氢热电联产相比于其他系统具有较好经济竞争力。根据初步测算，如果高温度单独用来制氢，则制氢成本为 24.2 USC/Nm³，而采用同时制氢和发电，则制氢成本降为 11.8 USC/Nm³，由于具有高的热利用率，在此基础上利用余热开展区域供热，则制氢成本降为 0.1 USC/Nm³，可以极大降低制氢成本。

目前核能制氢的主要制约是堆与制氢系统的连接，以及 IS 循环水分解技术。按照 JAEA 给出的计划安排：2030 年，日本将建成基于蒸汽重整制氢技术的示范堆及配套汽轮机系统与制氢工艺设备；完成基于 IS 循环制氢技术的示范堆及配套汽轮机与制氢系统的设计，及关键部件验证试验；2040 年，日本将建成基于蒸汽重整制氢技术的商业堆及配套汽轮机与制氢系统；完成基于 IS 循环制氢技术的示范堆及配套汽轮机与制氢系统的建造。

1.3 法国

法国原子能委员会（CEA）的核氢战略是集中发展可以与核电或可再生能源耦合的，能够以可持续方式生产的制氢工艺[4]。

法国的 R&D 针对 3 种需要高温的基本工艺——高温蒸汽电解（HTSE）、硫碘循环（S-I）和混合 S 循环（HyS）进行研究，同时也对在较低温度下运行的其他循环进行研究，特别是 Cu-Cl 循环。从 2004 年起，CEA 就在执行发展高温蒸汽电解技术的重大项目，对电解器所有的问题都进行了研究，包括部件和建模、材料和系统。同时与 Sandia 国家实验室（SNL）和 GA 公司进行合作，进行碘硫循环的试验。这是由 CEA 和 DOE 支持的国际核能研究启动计划（NERI），目标是进行实验室规模的 S-I 循环试验，形成利用 S-I 循环制氢的整体性运行和示范的能力。CEA 正在研发 HyS 循环，并考虑了所有可能的热化学循环，在进行了评估之后，最终选择了 Cu-Cl 循环，这个循环提供了与其他第四代反应堆耦合的可能性，如钠冷快堆和超临界水堆。

法国的"氢能计划"提到，将从 2019 年起在工业、交通及能源领域部署氢能。2021 年 3 月，法国电力公司和 Rosatom 签署协议，准备合作在俄罗斯和欧洲开发低碳氢项目，计划利用核能与甲烷重整技术耦合系统制氢。

1.4 韩国

韩国政府自 2004 年起开始执行核能制氢开发示范计划（NHDD），在 2005 年提出了氢经济计划，其主要内容是要在 2020 年之前研发、2030 年之前向公众示范需要商业化的技术，如氢燃料的生产、储存和利用技术，也包括利用安全和环境友好已经得到证明的第四代核反应堆系统制氢[4]。

从 2004 年起，韩国就在大力执行一项利用核电进行制氢的 R&D 计划，在计划的前 3 年，确定了利用 VHTR 进行经济和高效制氢的技术领域，已经做了商用核能制氢厂的前期概念设计[4]。

2009 年韩国原子能研究院等国内 13 家企业共同签署原子能氢气合作协议，正式开展核能制氢信息技术交流与研发合作[5-6]。

2010 年 6 月，以韩国电力公司为首的财团投资 1000 亿韩元，联合浦项钢铁公司和韩国原子能研究院开展系统集成模块化先进反应堆（SMART）和超高温核反应堆技术的研发工作，探索核能制氢用于冶金项目。韩国政府计划通过三步完成氢还原炼铁，第一步是从 2025 年开始试验炉试运行；第二步是从 2030 年开始在 2 座高炉实际投入生产；第三步是到 2040 年 12 座高炉投入使用。

2020 年 5 月，韩国政府选择韩国水电与核电公司参与一个电制气（P2G）技术开发项目，利用核电站开展电解水制氢研究。韩国斗山重工与建造公司与韩国水电与核电公司（KHNP）签署了一项商业协议，两家公司将利用清洁能源建立制氢和储氢设施，推动小型模块堆制氢的联合研发，并在海外开发清洁能源制氢项目。

2 核能制氢未来发展方向

根据中国氢能联盟的预测数据，到 2050 年在核能制氢技术及其应用上，未来的发展方向有：

一是耦合生物质制氢是近期核能制氢的新研究路径。以甲烷为中间体的生物质核能制氢技术，由生物质加氢气化制甲烷、甲烷水蒸气重整制氢、重整反应高温气冷堆供热 3 个部分组成，重整过程由高温气冷堆供热。优势在于生物质是唯一含碳的可再生资源，以甲烷为中间体，可解决氢的储运难题，以及生物质高分散和核能高集中的矛盾，这一技术路径预计将于 2025 年具备产业化条件。而在远期热化学碘硫循环（热解）制氢、高温固体氧化物（电解）制氢等将成为主流[7]。

二是未来可以重点研究高温堆与制氢系统的耦合，并且进一步优化氢电联产系统。目前对于高温堆制氢的研究还主要集中在制氢工艺上，对高温堆与制氢系统耦合的研究相对较少，且研究中能量的分配较为粗略。目前已经有研究对高温堆不同品位的能量进行梯级利用与分配，构建氢电联产系统，为进一步的氢电联产系统优化奠定了基础[2]。

三是核能制氢-冶金应用耦合技术，是核能制氢的一个重要的发展方向。核能氢在钢厂的自发电厂替代、大型高炉喷氢、小型高炉全氧/全氢冶炼、全氢竖炉等领域都具有应用的前景。而以高温气冷堆 HTR - PM 技术为代表的核能技术可以提供廉价、稳定的热和电，结合制氢技术，能为钢厂提供廉价氢气，助力钢厂实现氢冶金[7]。因此核能制氢-冶金应用耦合技术，无论对于钢厂还是核电产业的可持续发展都意义重大，

四是电解水技术可实现 CO_2 的零排放，占全世界 4％～5％的氢气生产量。核能发电电流密度高且稳定，可耦合采用固体氧化物电解质电解，但是需要进一步研发核能发电的电极材料，同时可研究采用高压电解槽的 SPE 为质子交换膜（PEM）技术等，优化电解池堆集成技术、解决长时间运行性能衰竭等问题，持续降低电解的设备投资和生产成本。

3 经验启示

为积极推进核能制氢创新发展，一方面建议政府有关部门及相关企业在核能制氢工艺方法优化与改进、中间换热器及其部分关键部件研发制造、满足核安全要求的氢制备与储存和运输技术等方面，要在推动核能制氢全过程工程咨询服务业发展的基础上，立足实际，充分做好调研和评估工作，理性投资，积极增加一些新课题研发，加强核能界与相关各方的合作与交流，加快制氢环节科研技术开发。

另一方面，要以科技创新为驱动力，加强知识产权保护和标准引领，大力培养和引进核能制氢人才和研发企业，并考虑国外实地调研掌握最新国际动态，进一步明确和聚焦市场应用情景，重点探索新的工艺热利用制氢途径和方法研究，加大中间换热器的材料及制造工艺研发力度，加强经济性评价，切实提高核能制氢的实际应用价值，为核能制氢及其储运、应用的创新发展创造健康、有利的环境，为开展核能制氢商业示范工程建设奠定坚实基础。

参考文献：

[1] 侯艳丽. 核能制氢的新尝试 [J]. 能源，2020 (9)：73 - 76.

[2] 曲新鹤，赵钢，王捷，等. 基于核能制氢的氢电联产系统能量梯级利用研究 [J]. 原子能科学技术，2021，55 (S1)：37 - 44.

［3］ 伍浩松，李晨曦．美能源部资助核能制氢示范项目［J］．国外核新闻，2021（11）：7.
［4］ 张平，于波，徐景明．核能制氢技术的发展［J］．核化学与放射化学，2011，33（4）：193-203.
［5］ 刘秀，李林蔚，王婉莹．积极发展核能制氢助力双碳目标实现［J］．国防科技工业，2022（3）：63-65.
［6］ 王海洋，荣健．碳达峰、碳中和目标下中国核能发展路径分析［J］．中国电力，2021，54（6）：86-94.
［7］ 饶文涛，魏炜，蔡方伟，等．核能制氢-冶金应用耦合技术的现状及应用前景［J］．上海节能，2021（11）：1273-1279.

Current situation and experience of hydrogen production in major nuclear power countries in the world

LIU Hong-jun，SU Ji-qiang，ZHANG Hong-lin，SHI Lei

(China Institute of Nuclear Industry Strategy，Beijing 100048，China)

Abstract：In Compared to traditional fossil fuels，hydrogen can only produce water after utilization，without generating pollutants such as carbon dioxide，sulfur oxide，nitrogen oxide，nitrogen oxide，and dust particles. This can effectively alleviate the global greenhouse effect and help China achieve the "dual carbon" goal. This article summarizes the main practices and current situation of nuclear hydrogen production in the world's major nuclear power countries，such as the United States，Japan，France，and South Korea，and draws lessons from experience. It provides suggestions for the development of China's nuclear hydrogen production industry.

Key words：Nuclear energy；Hydrogen；Inspiration

附银硅胶制备技术研究

夏名强，黄宾虹，毕雅珺，张　航，杨松涛，高　旭，邹琛华，梁　洁

（中核四〇四有限公司，甘肃　兰州　0732850）

摘　要：核化工厂工艺尾气中会存在放射性较强 ^{129}I，目前某核化工厂采用充有附银硅胶的碘过滤器进行工艺尾气中的 ^{131}I 和 ^{129}I 吸附净化，当附银硅胶吸附达到饱和后需要及时更换过滤器中的附银硅胶。目前，附银硅胶制备装置存在集成度较低、自动化程度较低、制备工艺参数未进行固化的问题，导致附银硅胶制备过程人力劳动负担较重，附银硅胶颗粒的生产效率较低。本文提供一种附银硅胶颗粒的制备系统，以提高附银硅胶的制备自动化程度，减少制备过程人工干扰，提高制备过程稳定性。本文研究了不同硝酸银浓度、不同烘干温度、不同烘干模式对附银硅胶制备过程的影响，发现硝酸银浓度在 30％时可以得到 18％的附银硅胶，烘干温度在 130 ℃左右时，能够在保证烘干质量的前提下达到较高烘干效率。

关键词：附银硅胶；核化工；自动化；过滤器

碘吸附器是核空气净化系统中关键的净化部件，被广泛应用于核化工厂去除设施内工艺尾气中的放射性碘[1-3]。随着我国核事业的快速发展，碘吸附器及其吸附介质的需求也在飞速增长。浸渍活性炭具有良好的吸附性能，但由于核燃料后处理过程的废气中含有较多的氧化氮等气体，若用活性炭吸附则容易发生燃烧爆炸事故[4]。其中，附银硅胶因其对碘的高选择性及高温高压条件下仍能将 92.1％的碘永久牢固吸附的特点，被广泛应用于去除核化工厂含碘的工艺尾气[5]。附银硅胶在粒度较小，且附银量为 18％时，具有较好的净化性，每克附银硅胶可吸附 186.5 mg 碘，银的利用率达 85％[6]。目前制备附银硅胶颗粒的装置尚不成熟，制备过程中人工对硅胶颗粒等生产原料及产品的搬运，以及制备过程人工的干扰，会导致产品质量较差。

本文设计了一种附银硅胶制备系统，该系统集成化与自动化程度较高，能够减少制备过程中的人力消耗，能解决现有制备过程人工干扰非常严重、产品质量较差、搬运过程中易造成原料与产品的洒落、出现人员伤害与产品损失的问题。此外，本文还对附银硅胶制备工艺参数进行了摸索试验，可为后续附银硅胶制备工程应用提供较好的借鉴。

1　附银硅胶制备装置结构设计

1.1　附银硅胶制备系统结构设计

附银硅胶制备装置主体分为附银箱部分、烘干箱部分、转运小车部分，结构如图 1 所示。附银箱部分主要由附银箱和导轨组成，附银箱用于制备和存储硝酸银溶液，同时也是硅胶与硝酸银浸泡反应的容器。附银箱通过下方伺服电机与链轮驱动在导轨实现水平方向的转运与定位，同时导轨上设置有接近开关，可以进一步精准定位附银箱的位置。烘干箱部分主要由烘干箱、丝杠升降机构、开门装置、反应篮、支撑架及真空上料机组成。烘干箱部分主要用于硅胶在附银箱与烘干箱之间的转运，当附银箱位于烘干箱下方，丝杠升降机构带动装有硅胶的反应篮上下转运，同时开门装置可以实现烘干箱门的开闭。烘干箱作为浸泡硝酸银后硅胶的烘干设备，可以实现烘干温度、烘干时间的梯度控制，真空上料作为硅胶颗粒的转运装置，可用于反应篮中硅胶颗粒的上料与卸料。转运小车则是运送附银硅胶原料和成品的转运工具，同时也可以作为附银硅胶的储存装置。

作者简介：夏名强（1997—），男，硕士生，助理工程师，现主要从事核化工等科研工作。

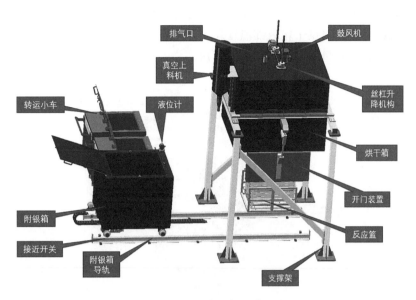

图 1　附银硅胶制备系统结构

1.2　附银硅胶制备系统附银箱部分结构设计

附银箱部分为硝酸银溶液制备、存储及与硅胶发生浸泡的场所，其结构如图 2 所示。其中附银箱制备硝酸银，进水管用于去离子水的注入，放空管用于附银箱内部液体的排空，而液位计能够实时监测附银箱中液位，附银箱底部设置有搅拌电机，搅拌电机带动附银箱内部搅拌叶轮对内部硝酸银溶液进行搅拌。整个附银箱被安装在导轨上，其动力由驱动伺服电机和驱动链轮提供，使得附银箱在导轨上水平移动，导轨两端分别设置有接近开关，可以实现附银箱的精准定位。由于附银箱作为硝酸银溶液的存储容器，故在附银箱上端设置有 3 个密封锁扣和密封条，保证附银箱的密封性能。附银密封箱盖安装有阻尼器，可以稳定地控制密封盖的开合角度。

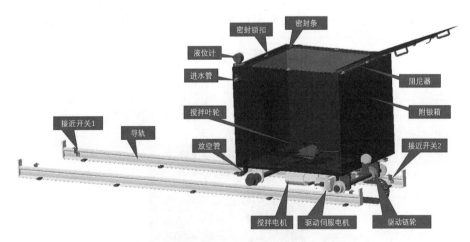

图 2　附银硅胶制备系统附银箱部分结构

1.3　附银硅胶制备系统烘干箱部分结构设计

附银硅胶制备系统烘干箱部分主要用于硅胶在附银箱与烘干箱之间的转运及硅胶在的烘干，其结构如图 3 所示。烘干箱被支撑架进行支撑固定，烘干箱顶部设置有同步的丝杠升降机构，两个丝杠升降机构由一台升降驱动电机驱动，丝杠下端利用法兰与反应篮进行连接，可以实现反应篮稳定的上升与下降。烘干箱在进行烘干前开门装置控制烘干箱门关闭，开门装置由电动推杆和铰链组成，安装在烘干箱两侧。在进行烘干过程，烘干箱可以实现烘干温度、烘干时间的梯度控制，其上端的鼓风机为烘干箱内部进行鼓风循环，使得烘干箱内部温度均匀，防止硅胶局部受热。烘干箱上端排风口可以将烘干箱内部气体导出至专用排风管线，反正污染厂房。

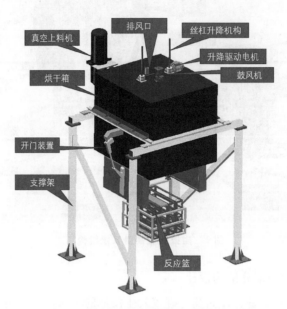

图 3　附银硅胶制备系统烘干箱部分结构

1.4　附银硅胶制备系统转运小车结构设计

　　附银硅胶制备系统转运小车用于硅胶原料和附银硅胶成品的转运，同时具备短期储存硅胶的功能，其结构如图 4 所示。转运小车由转运箱体、福马轮、推杆、箱盖、密封锁扣和密封条组成。采用省力、承重好、结实、移动方便的福马轮作为转运小车的移动滚轮，该脚轮可调节高度，可固定，可滚动移动，还具有防尘作用，能够满足日常转运需求。由于转运小车可作为成品附银硅胶的存储容器，故在转运箱体上端设置有 3 个密封锁扣和密封条，保证附转运箱体的密封性能。

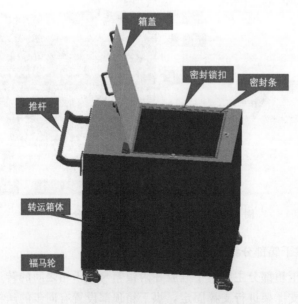

图 4　附银硅胶制备系统转运小车部分结构

1.5 附银硅胶制备系统实物装置

对上诉附银硅胶制备系统进行加工装配，本系统考虑到长期性使用及耐腐蚀性，故采用较多的不锈钢材料作为系统零部件的加工材料，其实物结构如图5所示。经过实验验证，该附银硅胶制备系统能够利用自动化控制实现附银硅胶的制备，极大地减少了人力的消耗，能解决现有制备过程人工干扰非常严重，导致产品质量较差，搬运过程中易造成原料与产品的洒落，出现人员伤害与产品损失的问题。该附银硅胶制备系统能够单批次制备 100 kg 以上的附银硅胶，满足核化工厂对于附银硅胶的使用需求。

图 5 附银硅胶制备系统实物

2 附银硅胶制备参数摸索性试验

附银硅胶制备过程涉及浸泡和烘干两个工序，本文对附银硅胶制备过程的工艺参数进行试验摸索，采用附银硅胶制备常用原料空分硅胶-2 型（直径 φ2～φ4）、硝酸银含量大于 99.8% 的硝酸银晶体作为试验原料，研究了不同硝酸银浓度、不同烘干温度、不同烘干模式对于附银硅胶制备过程的影响。

2.1 硅胶浸泡前的烘干试验

硅胶具有疏松多孔的材料，其表面积非常大，容易吸收空气或者环境中的水分，导致硅胶受潮。需要通过烘干试验来验证硅胶在存放环境中的含水情况，避免潮湿的硅胶颗粒影响后续对硝酸银的吸附效果，进而影响附银硅胶附银效果。随机取同一批次硅胶，分成 3 个对照组，每个对照组取硅胶50 g。将 3 组硅胶都放置于烘盘中。开启烘干箱，将烘干箱温度调节至 130 ℃，待烘干箱温度稳定后，将 3 组硅胶及烘盘放入烘箱中，并每隔 10 分钟记录一次烘盘中附银硅胶的质量，共计烘干 50 分钟，硅胶质量记录如表 1 所示。

表 1 硅胶烘干对照试验

烘干时间	第一组 m_1/g	第二组 m_2/g	第三组 m_3/g	平均质量 m/g
0 min	50	50	50	50
10 min	48.63	48.25	48.32	48.40
20 min	48.47	48.15	48.30	48.31
30 min	48.45	48.12	48.11	48.23
40 min	48.35	47.99	48.07	48.13
50 min	48.27	48.06	47.97	48.10

由表 1 可知，3 组硅胶放置在 130 ℃烘干箱中进行烘干试验，硅胶质量随着烘干时间的增加而逐渐降低，烘干至 50 min 时，硅胶质量几乎不再下降，此时可以认为硅胶中的水分已经完全被烘干，故可知处于该环境中的每 50 g 硅胶中含水分量约为 2 g。再次称取该批次硅胶颗粒 50 g，并将该硅胶颗粒放置在去离子水中进行浸泡，浸泡完成后称量硅胶质量为 94.52 g。考虑到硅胶附银过程能够吸附大量的硝酸银溶液，故原料中所含水对硅胶附硝酸银溶液影响较小，故制备附银硅胶时可以不必对硅胶原料进行烘干。

2.2 硝酸银浓度对附银率的影响

硝酸银浓度对附银硅胶的影响较大，故为了研究在不同硝酸银浓度下对附银硅胶附银率的影响，称取同一批次硅胶样品，将该样品分成 5 组，每组各 50 g。配制硝酸银浓度为 0、10%、20%、30%、40%浓度的硝酸银溶液各 75 mL，将上述 5 组硅胶放入不同硝酸银浓度中充分浸泡至无气泡冒出，沥干表面水分，将沥干后的 5 组硅胶放置在烘干箱中进行烘干处理，烘干箱温度保持在 130 ℃。每间隔 10 分钟对上诉 5 组硅胶颗粒进行称重一次，硅胶质量记录如表 2 所示。

表 2 不同浓度硝酸银对照试验

硅胶质量	第 1 组	第 2 组	第 3 组	第 4 组	第 5 组
0 min 硅胶质量 m_1/g	94.52	97.74	100.54	104.50	111.06
10 min 硅胶质量 m_2/g	76.81	80.73	84.36	90.62	95.65
20 min 硅胶质量 m_3/g	60.83	65.04	70.88	80.41	83.97
30 min 硅胶质量 m_4/g	51.93	56.01	64.46	71.30	76.78
40 min 硅胶质量 m_5/g	48.54	53.29	59.28	65.43	73.13
50 min 硅胶质量 m_6/g	48.52	53.22	58.88	64.80	73.36
60 min 硅胶质量 m_7/g	48.51	52.97	58.54	64.42	72.90
70 min 硅胶质量 m_8/g	48.38	53.01	58.44	64.42	72.81

硝酸银浓度为 0 时，认为烘干后硅胶样品附银率为 0，其他硝酸银浓度下利用称重法对附银硅胶附银率进行计算，不考虑原料中硅胶的水分，附银硅胶的附银率：

$$\partial = \frac{(m - m_0)}{m_0} \times 0.635 \times 100\% 。 \tag{1}$$

式中，m 为附银硅胶烘干后的质量；m_0 为硅胶原料的质量；0.635 为银在硝酸银所占比重，上述试验最终得到各组附银硅胶样品附银率随硝酸银浓度变化如图 6 所示。由图 6 可以得知，随着硝酸银浓度的增加，附银硅胶附银率也随之增加，若要满足附银硅胶附银率为 18%，则应保证硝酸银浓度为 30%。

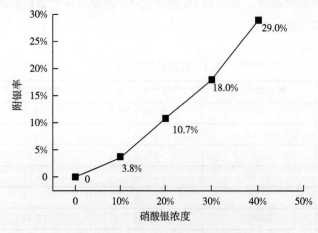

图 6 附银硅胶附银率随硝酸银浓度变化关系

2.3 烘干温度对附银硅胶制备的影响

配制一批 30% 浓度的硝酸银溶液，并称取硅胶 250 g 浸泡至所配制浓度的硝酸银溶液中，并将浸泡完成后的硅胶沥干后分成 6 组，每组附银硅胶均为 70 g，其中 1~5 组的附银硅胶分别放入温度恒定在 80 ℃、100 ℃、120 ℃、140 ℃、160 ℃烘干箱中进行烘干。第 6 组硅胶放入温度变化的烘干箱中进行烘干，该烘干箱烘干温度呈梯度变化，烘干箱温度为 80 ℃、100 ℃、120 ℃、140 ℃、160 ℃，每个温度下烘 10 分钟，每隔 10 分钟对各烘干箱中的硅胶进行称重测量，测量结果如表 3 所示。

表 3 前 5 组不同烘干温度对照试验

硅胶质量	第 1 组	第 2 组	第 3 组	第 4 组	第 5 组	第 6 组
0 min 硅胶质量 m_1/g	70.00	70.00	70.00	70.00	70.00	70.00
10 min 硅胶质量 m_2/g	55.12	52.88	48.35	44.78	44.26	58.75
20 min 硅胶质量 m_3/g	44.32	44.42	43.61	42.32	43.16	47.05
30 min 硅胶质量 m_4/g	44.30	43.56	43.24	42.27	42.91	43.85
40 min 硅胶质量 m_5/g	44.04	43.70	43.56	42.28	43.12	43.71
50 min 硅胶质量 m_6/g	43.91	43.67	43.27	42.36	43.21	43.65

如表 3 所示，不同烘干温度下附银硅胶的烘干效率有所不同，当烘干温度达到 140 ℃及以上时，该组附银硅胶几乎能在 10 min 左右完成烘干。此外，在不同烘干温度的条件下，附银硅胶的最终烘干质量几乎相等，可见烘干温度在 80~160 ℃不影响附银硅胶的附银率。图 7 为不同烘干温度下硅胶的最终烘干状态。

图 7 不同烘干温度下附银硅胶状态

从图 7 可知，第 1、第 2、第 3、第 6 组附银硅胶的最终烘干效果较好，没有出现烤焦现象。经分析可知，第 1、第 2、第 3 组烘干温度为 80 ℃、100 ℃、120 ℃，此温度下硅胶不会出现烤焦现象。其中第 4 组附银硅胶烘干后出现部分灰色硅胶，当烘干温度为 140 ℃时，产生极少量灰色硅胶，说明

此时硅胶已经出现轻度烤焦现象，当烘干温度为 160 ℃时，第 6 组出现大量黑灰色硅胶，说明硅胶在
160 ℃下容易被烤焦。此外在 2.2 中，当烘干温度为 130 ℃时，硅胶状态如图 8 所示，硅胶未出现过
度烘干现象。结合硅胶在烘干温度在 130 ℃时的烘干状态，说明附银硅胶的最佳烘干温度在 130 ℃左
右，在能保证附银硅胶不被烤焦的情况下烘干效率最好，且附银硅胶制备过程烘干温度尽量不得超过
140 ℃。

图 8   130 ℃时硅胶烘干状态

3   结论

本文提供了一种附银硅胶制备系统的设计方案，通过提高附银硅胶制备系统的集成度与自动化程
度，可以极大降低附银硅胶制备过程人力消耗。该系统能够满足硝酸银溶液制备、存储、硅胶的浸
泡、梯度烘干、尾气排、硅胶的上卸料及转运存储等功能，且根据实际验证，该附银硅胶制备系统能
够单批次制备 100 kg 以上的附银硅胶，满足核化工厂对于附银硅胶的使用需求。此外，通过对附银
硅胶制备工艺参数的摸索，硝酸银浓度在 30％时可以得到 18％的附银硅胶，烘干温度在 130 ℃左右
时，能够在保证烘干质量的前提下烘干效率较高。

参考文献：

[1] 韩拓．Ⅲ型碘吸附器在三门核电的应用 [J]．长春师范大学学报，2014，33 (6)：36 - 38.

[2] 岳龙清，罗德礼．捕集气体中放射性碘用固体吸附材料研究进展 [J]．材料导报，2012，26 (S2)：285 - 289.

[3] 何辉，张秋月，陈延鑫，等．碘—后处理过程的关键裂片元素 [C] //中国核学会核化学与放射化学分会．第三
届全国核化学与放射化学青年学术研讨会论文摘要集．2015：2.

[4] 乔太飞，张渊，马英，等．碘吸附器用吸附介质的国内外标准差异对比与分析 [J]．辐射防护，2017，37 (6)：
495 - 500.

[5] 梁飞，李永国，张计荣，等．核燃料后处理厂溶解废气中放射性碘吸附材料的研究与应用 [J]．中国辐射卫生，
2015，24 (4)：423 - 426.

[6] 叶明吕，茅云，唐静娟，等．动力堆核燃料后处理过程废气中碘的去除的研究：吸附放射性碘用的附银硅胶的
制备和筛选 [J]．核技术，1985 (2)：65 - 68.

Study on preparation technology of silica gel with silver

XIA Ming-qiang, HUANG Bin-hong, BI Ya-jun, ZHANG Hang,
YANG Song-tao, GAO Xu, ZOU Chen-hua, LIANG Jie

(China Nuclear 404 Co. , Ltd. , Lanzhou, Gansu 0732850, China)

Abstract: There are strong radioactive ^{129}I in the process exhaust gas of nuclear plants. At present, an iodine filter filled with silver silica gel is used in a nuclear plant to adsorb and purify ^{131}I and ^{129}I in the process exhaust gas. When the adsorption of silver silica gel reaches saturation, the silver silica gel in the filter needs to be replaced in time. At present, the silver coated silica gel preparation device has the problems of low integration and low automation, and the preparation process parameters are not cured, resulting in heavy labor burden and low production efficiency of silver coated silica gel particles in the preparation process. In this paper, a preparation system of silvered silica gel particles is provided to improve the automation degree of silvered silica gel preparation, reduce the artificial interference and improve the stability of the preparation process. The effects of different concentrations of silver nitrate, different drying temperatures and different drying modes on the preparation process of silver coated silica gel were studied. It was found that 18% silver coated silica gel could be obtained when the concentration of silver nitrate was 30%. When the drying temperature was about 130 ℃, the drying efficiency could be higher under the premise of ensuring the drying quality.

Key words: Silica gel with silver; Nuclear chemical industry; Automation; Filter

乏燃料后处理自动取样系统功能应用研究

祁万函，杜明阳，朱珍亮，谢连珊，崔飞越，杜　璇

（中核四〇四有限公司后处理运行公司，甘肃　兰州　732850）

摘　要： 放射性厂房具有放射性强、取样需求大、管线设置复杂等特点，相较于国内常采用的"正压输送"送样系统和剑式机械手手动取样操作，真空抽吸气动送样系统和自动远程控制取样系统更适用于放射性厂房。本文基于某放射性厂房实际工程调试，探讨真空抽吸气动式自动取送样系统在工程应用方面的调试问题、影响因素及改进措施，保证取样成功率达 90％以上，取样量达 5 mL 以上，以此为放射性厂房的稳定运行提供理论基础和实践参考。

关键词： 真空抽吸；自动取送样；放射性厂房

放射性厂房由于具有极强的放射性，物料中有相当数量的裂变物质，故而需要远距离操作、控制和测量。自动取样系统能减少人员对放射性物料的接触时间和频率，成为放射性厂房取样分析系统的核心装置[1]。采用真空抽吸气动式自动取送样系统能固定取样量，满足取样代表性要求。同时，此系统能在密闭环境下实现放射性物料取样，再将放射性样品通过真空气动送样管网远距离运送到分析实验室进行分析，防止放射性物料外泄，及时准确地获取工艺运行情况，保证运行时的可靠性和稳定性。某放射性厂房取样点有 295 个，平均每天的取样 500 瓶次左右，且分析项目繁多，若全部采用人工操作将花费大量的大力和时间。取样分析结果作为判断工艺系统稳定性和物料衡算的重要依据，对取样分析系统有较高的时效性、稳定性和准确性要求。为此，将自动化技术应用于取送样系统，实现物料、设备的远距离控制，有利于工艺系统实现物料浓度的快速获取，满足更高的安全性和辐射防护要求。

我国基本已经掌握了压空气动送样技术，但国内目前大部分采用的是手动取样结合正压气动送样模式，通过向管道内提供压空，进行正压输送[2-3]。对于取样分析结果的获取则是手动录入或电话通知，整体自动化程度较低。此外，压空送样同样存在放射性料液外泄的安全隐患，故障率较高，很难满足通量较大的放射性厂房运行要求。国外对放射性料液送样一般采用真空抽吸气动送样系统，将取样后的样品送至分析中心，法国已经将气动送样广泛应用在放化领域，并使用自动化控制系统，只需控制室下发取样指令，系统会自动完成取送样，并可在控制室内计算机控制显示取送样过程及样品实时位置，自动化程度高，极大增强了取送样效率。

结合当前国内外先进技术发展情况和先进经验，我国某放射性厂房直接采用全自动化取样程序和真空抽吸气动送样，提高送样系统的安全性、可靠性及操作方便性，开发适用于国内放射性厂房连续生产要求的自动化取送样系统，满足工艺取样分析需求。

1　自动化取送样系统介绍

1.1　取样原理

自动取样系统分为真空辅助空气提升和计量泵两种取样方式，其取样工作原理如图 1 所示。其中，真空辅助空气提升取样方式采取"真空升液＋空气提升"的原理，通过调节 A6 阀门开度使压空喷射器制造负压，为空气提升装置提供一定浸没度（20％～40％），再通过调节 AS3 阀门开度将取

作者简介：祁万函（1995—），男，本科，助理工程师，主要从事乏燃料后处理萃取工艺研究工作。

样点内物料提升至取样小室进行真空抽取。计量泵取样则是在将供料槽料液输送至接收槽的管线上加一个支路用于取样。

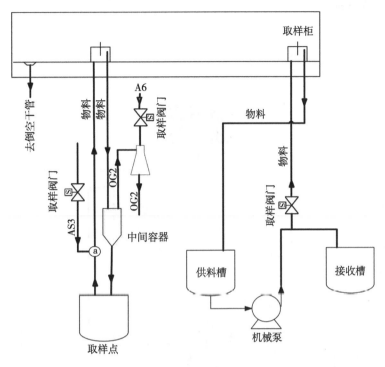

图 1 取样工作原理

1.2 自动取送样流程

为实现性接触性取样和尽可能实现免设备维修，采用远距离信号控制的自动取送样控制系统，其具体流程如图 2 所示。

（1）操作人员在中央控制室通过 DCS 控制系统画面下发"取样需求"信号至取样柜；

（2）取样柜控制系统执行取样流程，打开对应取样点的料液循环操作阀门（泵），取样柜内进行料液循环，保证集成式取样器料液贮槽形成稳定液位，同时向分析中心气动送样控制系统发送取样指令；

（3）分析中心接到指令后，开启真空泵组造负压装置进口手动阀门，取样空瓶被抽吸至取样柜内启动收发装置中；

（4）自动取样系统的机械臂将样品瓶从收发装置中取出，转移至相应取样点的取样针上方并进行插针取样操作；

（5）分析取样柜完成自动取样操作后，关闭气动阀，再开启分析中心真空泵组系统，将取满料液的取样瓶再次抽回分析中心进行分析取样；

（6）分析结果反馈至控制中心，控制中心可根据取样子项的操作信号反馈进行实时监督。

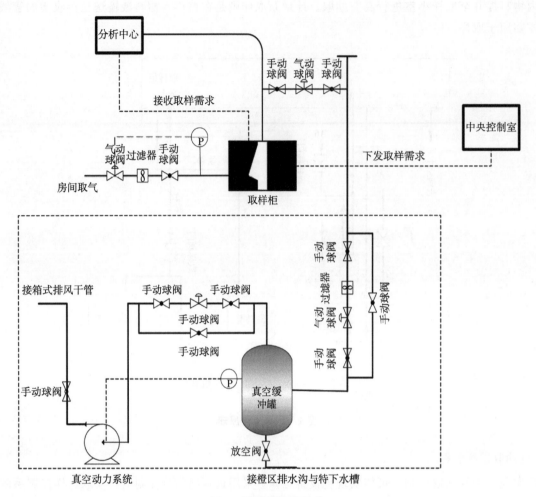

图 2　取送样流程示意

1.2.1　自动取样流程

取样空瓶被抽吸至取样柜内启动收发装置中后，收发仓门打开，取样柜按照设定程序依次执行取样操作步骤：夹取样品瓶、旋转收取样点、下放取样瓶取样、升起取样瓶旋转收发仓、放置取样瓶。在收发仓关闭之后，取样柜向分析中心发送"取样完成"信号的同时，依次关闭 AS3、A6 管道电磁阀。具体自动取样流程如图 3 所示。

1.2.2　自动送样系统

分析中心接收到"取样需求"信号之后将同样的"取样需求编码"反馈至 DCS 控制系统画面，保证双方编码确信息准确无误，同时等待接收取样柜发送的取样需求编码。

在接收到取样柜发送的取样编码之后，空瓶供给装置启动真空泵对取样瓶抽负压（保证瓶内真空度在 -71 kPa 左右）；同时将换向器与相应取样柜的取送样管道接通，并将取样柜后端的取样管道的气动阀门打开，再启动取样柜端的真空泵。在取样瓶抽完负压之后，空瓶供给装置将取样瓶放入取送样管道。

取样瓶通过管道内的负压，依次通过管道上安装的探测器到达取样柜端，探测器将信号分别传送至分析中心（关闭取样柜端的真空泵及气动阀）与取样柜（执行取样操作步骤）。在取样操作步骤完成之后分析中心收到取样柜的"取样完成"信号，此时分析中心将送样管道的气动阀门打开，并启动相应取样瓶接收岗位的真空泵，将取样瓶抽回，在取样瓶到达接收岗位之后，分析人员将取样瓶取出，将取样结束信号发送给取样柜与控制中心，取样结束。

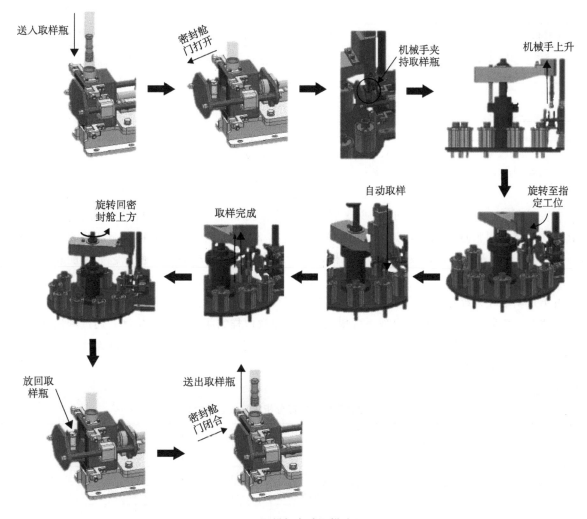

图 3 取样柜自动取样流程

2 自动取送样系统验证

2.1 自动取送样系统适用性

厂房内取样管线复杂，距离较长，对自动化取送样系统有一定的阻碍。以某厂其中的一个子项为例，该子项内长度为 115 m，分析中心内长度为 100 m，该子项与分析中心的距离为 250 m，总长度为 465 m。该子项共设置 13 个取样柜，其取送样用时如表 1 所示。

表 1 取送样用时

取样柜号	A6 设定时间/s	AS3 设定时间/s	第一瓶用时①/s	第二瓶用时②/s
1#	90	60	300~330	180~210
2#	90	60	300~330	180~210
3#	90	60	300~330	180~210
4#	90	60	300~330	180~210
5#	30	240	420~450	180~210
6#	30	240	420~450	180~210
7#	90	60	300~330	180~210
8#	90	60	300~330	180~210

取样柜号	A6 设定时间/s	AS3 设定时间/s	第一瓶用时①/s	第二瓶用时②/s
9#	90	60	300～330	180～210
10#	90	60	300～330	180～210
11#	90	60	300～330	180～210
12#	90	60	300～330	180～210
13#	90	60	300～330	180～210

① 第一瓶用时包含分析室送瓶至子项时间、料液循环时间、取样时间、送瓶至分析室时间；

② 第二瓶用时不包含料液循环时间。

由表 1 可知，单次取样最短可在 180 s 完成，最长也仅用时 450 s。其中，为保证样品的代表性，在取样前对待测料液进行循环，其时长设定为 150 s 或 270 s。该子项除去料液循环时间外的取送样时间在 30～180 s 范围内，相较于人工取送样，极大地缩短了取送样时间，使工艺人员能较早地掌握系统运行状况。

由于自动取样系统并非实体可视化，取样瓶在管线中的运动状态及机械手对取样瓶的夹取操作并非时刻监控，为防止取样过程中出现不可预见事故，导致取样结果不具备可信度，通过理论计算值与实际分析结果反馈值进行对比，以验证其准确性。以酸度调节为例，表 2 给出了理论计算值与实际分析结果反馈值的对比数据。

表 2 理论计算值与实际分析结果反馈值对比

序号	调前酸度/(mol/L)	调前体积/L	加入 H13 体积/L	加入 H1 体积/L	调后实测酸度/(mol/L)	理论计算酸度/(mol/L)
1	1.77	1742.6	340.0	112.1	3.40	3.47
2	1.92	1708.3	308.6	174.1	3.40	3.41
3	1.60	1763.4	375.2	70.3	3.57	3.52
4	1.46	1637.0	392.8	208.9	3.47	3.44
5	1.59	1855.4	392.7	0	3.54	3.58
6	1.49	1871.8	359.0	0	3.25	3.34

从表 2 可以看出，理论计算值与实际分析结果反馈值之间的偏差在 0.01～0.09 mol/L，即误差率在 0.29%～2.27%，为可接受范围内（图 4）。上述结果表明，自动取送样过程较为稳定，料液循环功能稳定，其结果具有可信性。

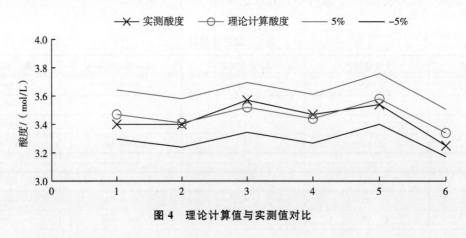

图 4 理论计算值与实测值对比

相较于普通化工厂，放射性厂房最明显的特点便是料液具有较大的放射性和腐蚀性，各物料成分如表 3 所示。

表 3 取样点物料特性

取样点	料液代号	料液成分	料液性质
待取样贮槽 1	UA6	低浓铀	酸度：0.01 mol/L；密度：1.1 g/cm³
待取样贮槽 2	2BXXW1	有机相	U：0～10 g/L；酸度：0.01 mol/L；密度：0.814 g/cm³
待取样贮槽 3	2BP5	低浓铀	U：0～0.05 g/L；酸度：0.5 mol/L；密度：1 g/cm³
待取样贮槽 4	2AP1	有机相	U：0～10 g/L；酸度：0.5 mol/L；密度：0.814 g/cm³
取样中间槽 5	2AF3/2	低浓铀	U：0～4 g/L；酸度：4 mol/L；密度：1.3 g/cm³
取样中间槽 6	2BXXW2/3	有机相	U：0～20 g/L；酸度：0.5 mol/L；密度：0.814 g/cm³
取样中间槽 7	2AW3	低浓铀	U：0～0.01 g/L；酸度：3.6 mol/L；密度：1.2 g/cm³
取样中间槽 8	2BP2	低浓铀	U：0～0.01 g/L；酸度：1 mol/L；密度：1.1 g/cm³
取样中间槽 9	2AW2	低浓铀	U：0～0.01 g/L；酸度：3.6 mol/L；密度：1.2 g/cm³

由表 3 可以看出，自动取样系统在耐酸和耐辐照等方面均适用，针对不同密度的料液，也能进行取样操作。

为分析取样系统的稳定性，对取样成功率进行统计，如图 5 所示。在连续 71 天的取样统计中，成功率在 69.17%～97.73%范围内波动，其平均值为 87.73%。失败的主要现象为空瓶和样品量不足（＜5 mL），其中，空瓶率平均值在 8.35%，样品不足率平均值在 3.92%。经过取样参数调整和取样贮槽液位保证的优化措施后，极大地降低了空瓶率和样品不足率，在第 61 天后的持续 10 天内，取样成功率能稳定保持在 90%以上，满足实际工程应用要求。

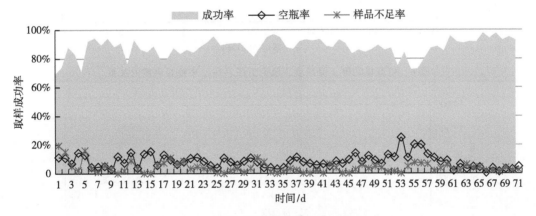

图 5 取样成功率统计

2.2 自动取送样系统参数优化

2.2.1 操作参数确定

根据待取样设备的布置位置，部分待取样设备内的料液可直接通过一级空气提升至取样小室（直接取样），而部分待取样设备的位置较低，仅通过取样系统的一级空气提升难以将料液提升至取样小室，需先将待取样设备内的料液提升至取样中间槽，再进行取样操作（间接取样）。

为防止料液从呼排管线窜料，料液最大提升至中间容器底部。以直接取样点中理论最大浸没度的最大值和最小值为例。其中，待取样贮槽 1 的 AS3 空提底节标高（h_1）2000 mm，取样小室（h_2）9500 mm，以 h_3 为负压抽吸高度。

浸没高度：

$$\Delta H_1 = h_3 - h_1。 \tag{1}$$

提升高度：

$$\Delta H_2 = h_2 - h_1。 \tag{2}$$

浸没度：

$$\eta = \Delta H_1 / \Delta H_2。 \tag{3}$$

为防止料液从呼排管线窜料，料液最大提升至中间容器底部（5995 mm），负压净抽吸高度（$h_4 = h_3$ -取样液面高度）为 6082 mm，此时理论最大浸没度为 48.8%，相对应的理论最大负压为 59.6 kPa。

同理，待取样贮槽 2 的 AS3 空提底节标高（h_1）为 −3600 mm，取样小室（h_2）9500 mm，中间容器底部标高 5995 mm，取样液面为 −4588 mm，负压净抽吸高度（h_4）为 10 583 mm，此时理论最大浸没度为 73.2%，相对应的理论最大负压为 103.71 kPa。

为考察操作条件对料液循环的影响，选取 25%、30% 和 35% 的浸没度作为操条件，待取样贮槽 1 和待取样贮槽 2 中浸没度、理论负压、理论净抽吸高度（h_4）的关系如图 6、图 7 所示。

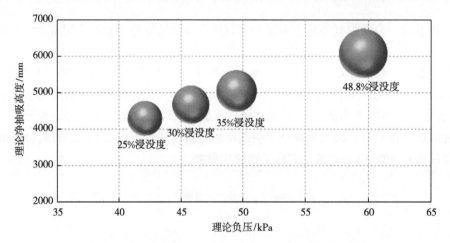

图 6　待取样贮槽 1 浸没度、理论负压、理论净抽吸高度的关系

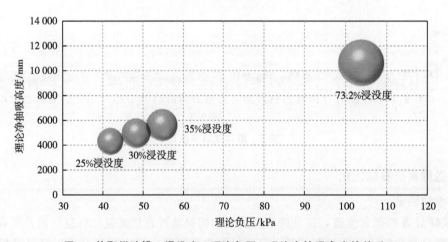

图 7　待取样贮槽 2 浸没度、理论负压、理论净抽吸高度的关系

设定在选定的 AS3 压空流量（1.6~3.3 NL/min）下，各浸没度能满足料液循环。由图 6 可知，当浸没度在 25%~35% 范围内时，对应的理论负压为 42.1~49.5 kPa，其理论净抽吸高度为 4299~5049 mm。由图 7 可知，当浸没度在 25%~35% 范围内时，对应的理论负压为 41.8~54.6 kPa，其理论净抽吸高度为 4263~5573 mm。

根据图8所示，系统抽吸负压与浸没度呈正相关的线性关系，其斜率存在一定波动（0.7783～1.3606）。根据升液量总是随浸没度的增大而增大，因此在理论最大负压范围内，开大 A6 压空有利于料液循环。然后，A6 压空过大，易导致料液从呼排窜料，从而影响取样量，因此，能推测出 A6 压空与取样量的关系图应为开门向下的抛物线。

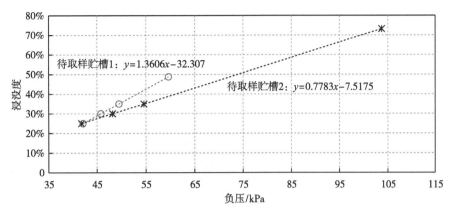

图 8　负压与浸没度关系

以间接取样点中理论最大浸没度的最大值和最小值为例。其中，取样中间槽 5 是待取样贮槽 5 的取样中间槽，它的 AS3 空提底节标高（h_1）3350 mm，取样小室（h_2）9500 mm，以 h_3 为负压抽吸高度。根据式（1）至式（3）可计算出将料液提升至中间容器底部（5995 mm）时，负压净抽吸高度（$h_4 = h_3 -$取样液面高度）为 3895 mm，此时理论最大浸没度为 43%，相对应的理论最大负压为 38.2 kPa。同理，取样中间槽 6 是待取样贮槽 6 的取样中间槽，它的 AS3 空提底节标高（h_1）为 -350 mm，取样小室（h_2）9500 mm，将料液提升至中间容器底部（6045 mm），取样液面为 -1300 mm，负压净抽吸高度（h_4）为 7345 mm，此时理论最大浸没度为 64.9%，相对应的理论最大负压为 72 kPa。选取 25%、30% 和 35% 的浸没度作为操作条件，取样中间槽 5 和取样中间槽 6 中浸没度、理论负压、理论净抽吸高度（h_4）的关系如图 9 至图 10 所示。

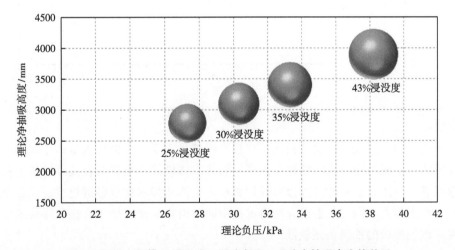

图 9　取样中间槽 5 浸没度、理论负压、理论净抽吸高度的关系

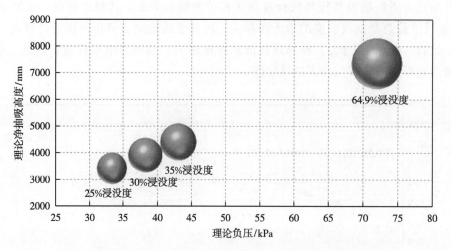

图 10　取样中间槽 6 浸没度、理论负压、理论净抽吸高度的关系

AS3 压空流量设定在 1.6～3.3 NL/min 范围内，各浸没度能满足料液循环。由图 9 可知，当浸没度在 25%～35% 范围内时，对应的理论负压为 27.3～33.3 kPa，其理论净抽吸高度为 2787.5～3402.5 mm。由图 10 可知，当浸没度在 25%～35% 范围内时，对应的理论负压为 33.4～43.1 kPa，其理论净抽吸高度为 3412.5～4397.5 mm。根据图 11 所示，系统抽吸负压与浸没度呈正相关的线性关系，其斜率在 1.0344～1.6514 范围内。

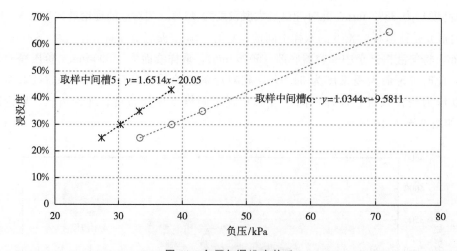

图 11　负压与浸没度关系

根据上述图表可知，直接取样模式相比于间接取样模式需要更大的抽吸负压才能达到相同的浸没度，直接取样模式下负压与浸没度的依赖关系弱于间接取样模式下负压与浸没度的依赖关系，考虑到两种模式的取样管径一致，这可能是间接取样模式在将液体从待取样设备通过空提提升至取样中间槽时，提供了一个向上的力，同时气液混合使得取样中间槽内料液密度低于直接取样模式中带取样设备内的料液密度，致使所需的抽吸负压较低。

表 4 中的取样实测数据对该结论进行了验证。直接取样模式和间接取样模式的取样量均在 6～8 mL 范围内，且对于类似的浸没度（40%～50%），直接取样模式的负压高于间接取样模式。

表 4　直接取样模式与间接取样模式实测对比

取样点	取样模式	取样量/mL	中间容器液位/mm	浸没度	负压/kPa	AS3 流量/（NL/min）
待取样贮槽 1	直接	7	30.0	49.2%	50.93	1.65
待取样贮槽 2	直接	7	24.2	73.4%	22.00	2.05
待取样贮槽 3	直接	7	30.0	42.3%	32.40	2.57
待取样贮槽 4	直接	6.5	29.6	68.4%	66.84	3.40
取样中间槽 5	间接	7	42.9	43.7%	43.40	2.55
取样中间槽 6	间接	6	28.1	65.2%	38.80	3.10
取样中间槽 7	间接	7	29.7	43.4%	15.20	1.74
取样中间槽 8	间接	8	23.2	45.3%	37.60	2.80
取样中间槽 9	间接	8	43.0	44.5%	31.00	2.80

对于放射性低的取样点，采取计量泵取样模式。经试验所有取样点均能正常取样，取样量在 8～8.5mL 范围内，满足运行要求。

根据已报道的文献，以水为试验，当压空喷射器的抽吸负压约为-71 kPa 时，最大抽吸高度可达7.1 m[4-5]。根据压力公式可知，压力与密度、抽吸高度为一次线性关系，设定管道压力损失忽略不计，重力加速度为 10 m/s。

由图 12 可知，各取样点的抽吸负压与抽吸高度呈线性关系，且斜率与文献数据相似，表明系统未存在漏气点等异常工况。

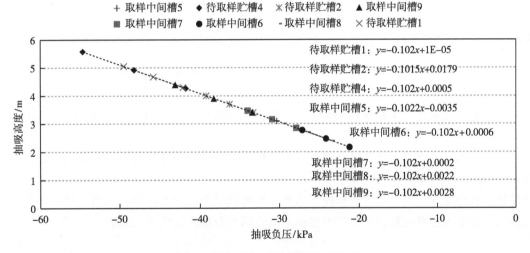

图 12　抽吸负压与抽吸高度线性关系

2.2.2　程序优化

由图 5 可知，部分样品存在样品量不足的现象。影响样品量的原因主要有两点：一是取样小室内的负压大于取样瓶内负压或两者负压差距过小，导致取样瓶难以通过负压抽吸的原理进行取样；二是AS3 流量过大使得料液中混入较多气体，使得取样瓶内料液样品量不足；三是取样小室内料液液位过低，导致取样针不能接触到料液。

针对原因一，对取样程序进行改动，保证样品量。原始程序设定在取样瓶插入取样点后，延时5～8 s 后送出样品瓶，且在第一瓶样品取完后，不关闭压空（A6 和 AS3），等待空取样瓶到来后直接将取样瓶插入取样点进行取样。该过程原理为利用取样瓶内负压将料液抽入取样瓶，但存在样品量不足的现象。后期，对程序进行改动，当第一瓶取样瓶插入取样点后，延时 5～8 s 关闭 A6，延时 3～

5 s关闭 AS3，并送出取样瓶。第二瓶取样瓶需要进行取样时，需再次打开 A6 并持续 30 s后，开启 AS3，重新进行料液循环，等待取样瓶到达后进行取样操作。该过程原理为利用关闭 A6 后小室内瞬间的正压将料液挤入取样瓶，保证样品量。

针对原因二，在试验过程中为防止 AS3 压空流量过大，对 AS3 调节阀进行节流板尺寸缩径。

针对原因三，在对取样针长度进行比较之后发现取样针针管较短时，取样量普遍较少，若对取样针管进行加长，则取样量可以达到 3/4 瓶以上，满足分析需求取样量要求，具体对比数据如图 13 所示。无论是直接取样模式还是间接取样模式，长针取样量均大于短针取样量。

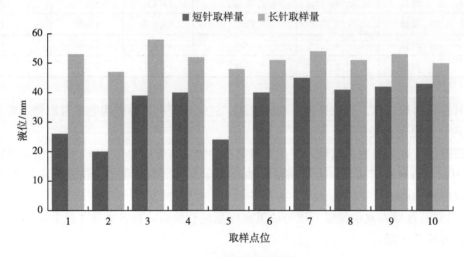

图 13　取样针取样量对比

3　结论

（1）自动取送样系统单次取样时长在 $180\sim450$ s，极大地缩短了取送样时间，使工艺人员能较早地掌握系统运行状况；

（2）自动取送样系统稳定性较高，其结果反馈值与理论计算值之间的偏差在 $0.01\sim0.09$ mol/L，即误差率在 $0.29\%\sim2.27\%$；

（3）自动取送样系统可通过取样参数调整和取样贮槽液位保证等优化措施，使取样成功率稳定保持在 90% 以上；

（4）直接取样模式相比于间接取样模式需要更大的抽吸负压才能达到相同的浸没度，直接取样模式下负压与浸没度的依赖关系弱于间接取样模式下负压与浸没度的依赖关系。

参考文献：

[1]　余国林. 粉料自动取样器的 DCS 控制改造实践 [J]. 水泥工程，2022（4）：51.

[2]　汪宗太，杨欣静，张兆清，等. 放化设施真空抽吸气动送样系统设计及验证 [J]. 广东化工，2022（5）：92 - 93.

[3]　边伟，冯敏，宋秉阳，等. 自动取样系统放射性料液循环模块的台架水力学研究 [J]. 广东化工，2022（11）：15 - 16.

[4]　颜官超，石秀高，王秋枫，等. 放射性料液取样技术试验研究及应用 [J]. 中国核科学技术进展报告（第一卷），2009（11）：153 - 161.

[5]　杜颖，徐圣凯，马鑫，等. 后处理厂取样料液循环系统试验研究 [J]. 石油石化物资采购，2021（15）：75 - 78.

Research on the functional application of the spent fuel reprocessing automatic sampling system

QI Wan-han, DU Ming-yang, ZHU Zhen-liang, XIE Lian-shan,
CUI Fei-yue, DU Xuan

(The Nuclear Fuel Reprocessing Company of 404 Company Limited, CNNC, Lanzhou, Gansu 732850, China)

Abstract: Compared to the commonly used "positive pressure conveying" sampling system in China and the manual sampling operation with a sword type robotic arm, the vacuum suction and pneumatic sample system and the automatic remote control sampling system are more suitable for radioactive plants with characteristics such as high radioactivity, high sampling demand, and complex pipeline settings. This study is based on the actual engineering debugging of the radioactive plant, exploring the debugging problem, influencing factors, and improvement measures of the vacuum suction pneumatic automatic sampling system in engineering applications, ensuring a sampling success rate of over 90% and a sampling volume of over 5 mL. This provides a theoretical basis and practical reference for the stable operation of radioactive plants.

Key words: Vacuum suction; Automatic sample system; Radioactive plants

多网融合放射源管理系统设计与应用

徐　杨，石松杰，欧阳小龙，梁英超

（武汉第二船舶设计研究所，湖北　武汉　430205）

摘　要： 随着放射源在工业上的大量应用，考虑到放射性可能对人体造成的伤害及产生的社会恐慌影响，针对位置、放射性水平、是否丢失等放射源动态的实时监管成为相关应用、贮存企业所必须解决的问题。本文设计了一套基于多网融合的放射源管理系统，针对移动式放射源，尤其是探伤机，设计了一体化核辐射探测、处理、显示与通信设备，具备 4G 通信及 GPS/北斗定位功能，可有效安装于移动放射源载体表面，用于探伤源监测、放射源运输监测及放射性环境监测等，同时为手持式使用和移动运输两种场景设计了不同的结构，兼顾了便携式固定与户外防水加固的需求；针对固定式放射源设计了另一种探测装置、信号处理装置和中继器独立的分体式设备，探测装置与信号处理装置采用电缆连接，信号处理装置与中继器采用无线 Mesh 自组网通信，中继器再通过以太网或 4G 网络将数据发送给服务器，一个中继器可搭配多个信号处理装置使用，通过这种多网融合的网络架构，优化了系统设计与配置方案，提升了系统网络传输的安全性与可靠性。同时，设计并部署了一套在线监管软件系统，包含放射源状态实时监测与管理、放射源信息管理、监测设备信息管理、用户及权限管理、系统管理、放射源出入库管理、室外移动监测与电子围栏控制、监测设备参数远程配置、历史数据查询等功能。整套软硬件系统覆盖了放射源从入库、出库、使用、状态监测与报警、位置监测、参数配置、数据查询等全生命周期的完整监管能力与措施，可有效保障放射源的使用、运输与储存安全。

关键词： 多网融合；放射源管理；位置监测

随着核技术的高速发展及其在工业应用上的普遍化，大量医院、研究所、探伤检测单位及工厂等拥有放射源或电离辐射装置，分别用于放射性成像、治疗、设备校准、探伤、测厚等需求[1]。对普通公众来说，放射性物质已经进入了日常生活情景中，亟需设计一套放射源动态监管系统，融合实际使用场景的多种不同网络，完整覆盖放射源在室内静态工况和室外运输工况下的状态实时监测，确保了放射源动态的可记录、可追踪和放射性操作的可提示、可优化，从而保障了人员的辐射安全，也避免了产生放射性事故及其引起的社会恐慌情绪[2]。

鉴于当前国家政策要求和大量放射源使用管理的迫切现实需求，国内很多高校、企业也实现了相关放射源动态管理系统。成都理工大学设计了一种 γ 探伤机的动态管控系统[3]，基于 GPRS、云服务器和手机 APP 搭建了一套相对完整的软硬件系统；同时，成都理工大学还建立了一套放射源及个人剂量数据管理系统[4]，该系统根据高校对放射源的使用特点建立了完善的放射源管理规程；此外，国核公司也基于 GPRS、GPS 和手机 APP 设计了一套用于放射源运输监测与报警的在线监控系统[5]；随着北斗定位与 5G 通信的普及，采用相关技术设计与实现的系统也纷至沓来[6]。与这些系统相比，本文所设计的系统基于全面、完善、实用的原则，吸收改进了相应的方法、方案，功能完整覆盖了放射源、设备、人员及有关监测与管理流程。

1　系统总体功能设计

本系统针对放射源状态实时监测与管理，涵盖放射性及放射源状态监测、设备工作状态监测、放射源及设备状态管理、数据采集、显示与查询等功能，其主要功能设计如下：

作者简介： 徐杨（1989—），男，硕士，高级工程师，现主要从事核辐射监测设备、软件等科研工作。

① 宽量程 γ/X 剂量率实时监测；

② 放射源屏蔽打开或屏蔽失效报警；

③ 放射源丢失报警；

④ 环境温度及设备工作状态实时监测；

⑤ 人员抵近状态实时监测；

⑥ 设备室外移动实时监测；

⑦ 高可靠性数据无线传输（4G、无线自组网格网等）；

⑧ 实时数据集成显示、存储与分析（室外移动时含定位数据）；

⑨ 历史数据可视化图表查询与分析（室外移动时含定位数据）；

⑩ 电子围栏设置；

⑪ 放射源及监测设备出入库管理；

⑫ 设备工作参数远程配置。

2 总体技术方案

如图 1 所示，本系统设计应用场景为放射源在室内放置使用和室外运输。

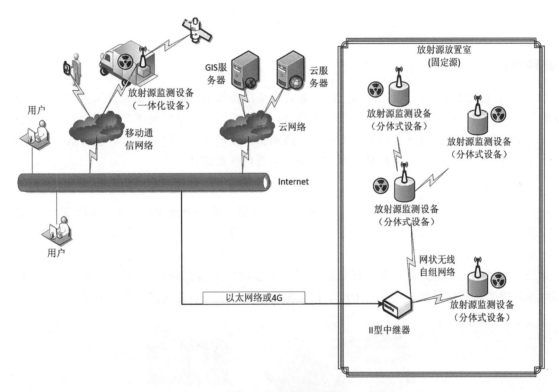

图 1 总体方案架构

在室内放置使用时，固定在放射源设备表面或附近的放射源监测设备实时采集核辐射、温度等参数信息，通过网状无线自组网络可靠稳定地将这些数据传递给通信中继，通信中继再以以太网或 4G 形式将数据汇总传输给云服务器（部署了服务端），用户可通过 Web 浏览器直接访问相关监测参数与状态。

在室外运输时，放射源监测设备除实时获取核辐射等相关监测参数外，还通过 GPS/北斗模块实时获取车辆移动位置，同时与 GIS 服务器通信，用户可通过 Web 浏览器查看放射源移动轨迹及相关状态。

如图 2 所示，所有采集数据通过网络传输至数据库中存储，系统软件实现人员管理、放射源出入库管理、室内外参数显示与报警等功能。

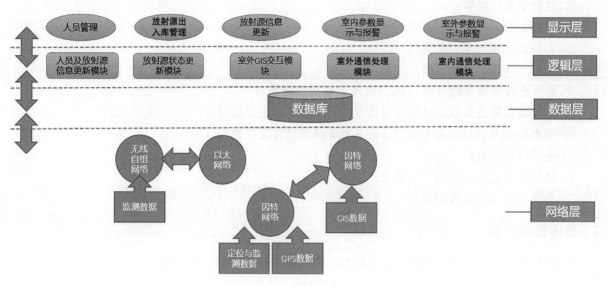

图 2   任务流架构

3   硬件设计

针对室内外使用及多种放射源监测应用场景，本系统将放射源监测设备设计为两型：一体化设备主要应用于探伤机、移动运输源或放射性环境监测；分体式设备主要应用于环境恶劣且放射源固定的场景。考虑到各设备均需兼顾放射源丢失及放射源裸露的辐射强度监测需求，各设备剂量率范围均设计为 0.1 μGy/h～1 Gy/h，以匹配环境本底监测及强放射性监测任务。

3.1   一体化设备设计

一体化设备即为一体化探测、处理、显示、通信设备，采用电池供电、4G 通信及 GPS/北斗定位，安装可采用磁吸或螺纹结构方式固定在物体表面，可用于探伤源监测、放射源运输监测及放射性环境监测等。一体化设备在手持式使用时通过其背部可拆卸安装支架固定于探伤机螺纹结构上，具体采用如图 3 所示的安装方式；在移动运输时，采用外套磁吸安装盒形式，安装盒为 IPX7 防水设计，背部由多块强力铷磁铁拼接，可安装于汽车箱体相对平坦位置，安装效果如图 4 所示。

图 3   一体化设备外形及布置效果

图 4 一体化设备车载安装效果

3.2 分体式设备介绍

分体式设备分为探测装置、信号处理装置和中继器，探测装置与信号处理装置采用电缆连接，信号处理装置与中继器采用无线自组网通信，中继器通过以太网或4G网络将数据发送给服务器。其具体原理如图5所示，中继器采用外部供电，信号处理装置内置锂电池供电，也支持外部交流供电。

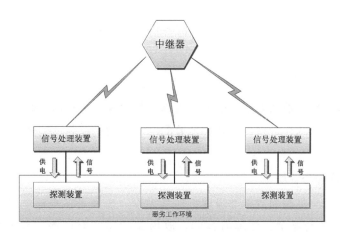

图 5 分体式设备工作原理

探测装置在使用时一般布置于人员难以检修、操作的相对恶劣环境中，信号处理装置与探测装置一一匹配，与中继器为多对一通过无线自组网通信。图6为分体式设备组成，图7为各设备安装使用效果图。

图 6 分体式设备组成

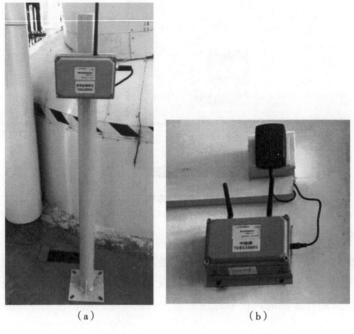

（a）　　　　　　　　　（b）

图7　信号处理装置（a)、中继器（b) 安装使用效果

4　软件设计

本系统软件设计包含放射源状态实时监测与管理、放射源信息管理、监测设备信息管理、用户及权限管理、放射源及设备出入库管理、室外移动监测与电子围栏控制、监测设备参数远程配置、历史数据查询等功能。

4.1　放射源状态实时监测与管理

放射源及监测设备信息（表面放射性强度、环境温度、监测设备电池电量等）经监测设备采集、汇总后传递给软件系统平台显示、处理与存储。放射源状态实时监测与管理应包含监测状态实时显示、实时存储与监测曲线显示等功能（图8)。

图8　放射源状态实时监测主界面

4.2 放射源信息管理

放射源信息包含放射源的编号、绑定监测设备的编号、所属企业、放射源类别、核素种类、半衰期、初始活度、当前活度、存放位置等参数。

4.3 监测设备信息管理

为完善设备管理台账，应将监测设备信息也纳入管理。

4.4 用户及权限管理

从放射源及监测设备规范管理的角度分析，系统应设置不同用户角色分别具备登录、查看、信息添加与修改、流程申请与审批等权限。

4.5 放射源及设备出入库管理

放射源及设备出入库是指单位新购放射源与监测设备入库储存、出库运输、使用、放射源与监测设备绑定与更新等工作流程性的审批管理功能，用于规范放射源的使用规程，记录放射源的操作痕迹，确保放射源合理合规使用。

4.6 室外移动监测与电子围栏控制

当放射源在室外运输、操作时，其运动轨迹、表面实时剂量率、运输/操作人员及放射源编号等信息会实时显示并存储记录，方便工作人员实时查看并追溯历史轨迹与剂量率信息，一旦发生相关异常，可作为数据分析和决策依据。

一体化监测设备具备 GPS/北斗定位功能，其随放射源在户外使用时移动轨迹被实时监测、存储并集成显示在系统的 GIS 地图上，如图 9 所示，剂量率监测值随实时轨迹点显示。

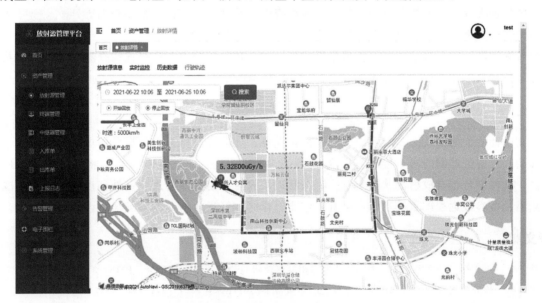

图 9 室外移动监测轨迹

放射源在户外使用时，一般应设置控制区域，即所谓的电子围栏，当放射源使用区域超过围栏区域时，立刻在系统上报警进行提示，以使监控人员及时发现放射源使用位置、区域的异常。电子围栏的设置及显示如图 10 所示。

图 10　电子围栏设置及显示

4.7　监测设备参数远程配置

监测设备的运行参数包含上下限报警阈值和上报频率等。参数值由管理人员在系统上操作配置，系统通过与监测设备的无线通信交互完成设置。

4.8　历史数据查询

历史数据查询包含监测节点历史数据的曲线查询、移动轨迹查询、报警查询等。

移动轨迹查询支持历史路径在 GIS 地图上的显示和运动回放。

报警查询默认以列表形式展示全部报警状态，并可在报警状态中选择详情查看报警位置、报警值等，报警位置也可在 GIS 地图上显示。

5　结论

本文设计的放射源动态监管系统包含一体化设备、分体式设备，可根据应用场景分别应用于固定式和移动式放射源监测需求，设备可实现 GPS/北斗实时定位，并通过 4G 网络将监测数据传递给软件平台，软件平台包含放射源状态实时监测与管理、放射源出入库管理、室外移动监测与电子围栏控制、监测设备参数远程配置等功能，可有效监测、存储、管理放射源的动态信息。

参考文献：

[1]　杜静玲，赵志祥，刘文平，等．中国核技术应用发展现状与趋势［J］．同位素，2018，31（3）：180－187.

[2]　梁建华．探究放射源安全管理现状及应对［J］．资源节约与环保，2021（9）：141－142.

[3]　冯志垒．γ探伤机的动态管控系统设计［D］．成都：成都理工大学，2020.

[4]　宋怡．高校放射源及其个人剂量数据管理系统设计［J］．核电子学与探测技术，2020，40（6）：1006－1010.

[5]　郑楚悦，赵琛，张益，等．基于 STM32 的放射源在线监控系统设计［J］．工业控制计算机，2021，34（5）：37－39.

[6]　吕胜强，王耀琦，王小鹏．放射源远程监控系统设计与实现［J］．兰州交通大学学报，2021，40（6）：75－80.

Design and application of multi-network fusion radioactive source management system

XU Yang, SHI Song-jie, OUYANG Xiao-long, LIANG Ying-chao

(Wuhan Second Institute of Ship Design , Wuhan, Hubei 430205, China)

Abstract: With the extensive application of radioactive sources in industry, considering the possible harm caused by radioactivity to human body and the impact of social panic, real-time monitoring of the dynamic situation of radioactive sources such as location, radioactivity level and whether lost has become a problem that must be solved by relevant application and storage enterprises. In this paper, a set of radiation source management system based on multi-network integration is designed. For mobile radioactive sources, especially the detection machine, integrated nuclear radiation detection, processing, display and communication equipment is designed. It has 4G communication and GPS/ Beidou positioning function, and can be effectively installed on the surface of mobile radioactive source carrier for detection source monitoring, radioactive source transportation monitoring and radioactive environment monitoring. At the same time, different structures are designed for handheld use and mobile transportation, taking into account the requirements of portable fixation and outdoor waterproof reinforcement. For fixed radioactive source, another separate device of detection device, signal processing device and repeater is designed. The detection device and signal processing device are connected by cable, the signal processing device and repeater are communicated by wireless Mesh AD hoc network, and the repeater sends data to the server through Ethernet or 4G network. One repeater can be used with multiple signal processing devices . Through this multi-network integration network architecture, the system design and configuration scheme are optimized, and the security and reliability of the system network transmission are improved. At the same time, a set of online supervision software system is designed and deployed, including real-time monitoring and management of radioactive source status, radioactive source information management, monitoring equipment information management, user and permission management, system management, radioactive source inlet and outlet management, outdoor mobile monitoring and electronic fence control, remote configuration of monitoring equipment parameters, historical data query and other functions. The whole set of software and hardware systems cover the complete monitoring capabilities and measures of the whole life cycle of radioactive sources from storage, storage, use, condition monitoring and alarm, location monitoring, parameter configuration, data query, etc. , which can effectively guarantee the safety of use, transportation and storage of radioactive sources.

Key words: Multi-network fusion; Radioactive source management; Position monitoring

浅谈工业电子加速器 X 射线的工艺特点及应用

蔚江涛，白俊青，李　奎，牛　伟，康璐瑶，李世超，穆林辉，张伟超

（杨凌核盛辐照技术有限公司，陕西　杨凌　712100）

摘　要：工业电子加速器转靶 X 射线具有穿透力强、剂量均匀性好、设备安全环保性更高的特点，兼具 Co‑60 辐射源及工业电子加速器辐射装置的优点。本研究基于 5 MeV/150 kW 高频高压型电子加速器转靶 X 射线辐照装置，开展 5 MeV‑X 射线穿透能力测试、扫描方向及传输方向的剂量分布测试和辐射场空间剂量分布测试分析。结果表明，5 MeV‑X 射线穿透 33.6 cm 水后的剂量降至表面剂量的 22.36%，该水当量厚度的产品双面辐照时不均匀度为 1.4；在传输方向中轴线的左右 40 cm 宽度范围内，距离转换靶高度 32～117 cm 范围内辐照小车不同高度的货物装载平面内 X 射线剂量不均匀度≤7.35%，剂量场整体剂量均匀性和稳定性较好；传输系统空间范围外部区域存在可利用的 X 射线，本研究对空间剂量分布进行测定分析并提出了在不影响原传输系统正常运行情况下，充分利用空间辐射剂量场来提高产能产效的工艺思路。本研究对工业电子加速器转靶 X 射线辐照装置的工业应用优化提供了参考依据，有利于合理化制定辐照工艺、拓展 X 射线辐照装置的应用场景及进一步优化设计束下传输系统。

关键词：辐照加工；电子加速器；X 射线；空间剂量分布

　　目前，辐照加工行业中被批准使用并应用最广泛的电离辐射种类是 Co‑60 放射源产生的 γ 射线、电子加速器产生的不高于 10 MeV 的高能电子束、电子加速器产生的不高于 5 MeV 的电子束转靶 X 射线[1‑2]。Co‑60 放射源辐照装置在国内外使用得最早，其产生的 γ 射线穿透性强，可适宜于较大尺寸产品辐照处理；但 Co‑60 作为一种稀缺资源及其具有长期放射性的特征，导致近年来国内外Co‑60放射源供应紧张、放射源价格上涨、新建 Co‑60 辐照装置环保审批收紧、现有 Co‑60 辐照装置大多不能按计划加源以保持活度的发展困境。目前，Co‑60 放射源装置辐照加工已不具备足够的经济性、绿色环保要求及技术先进性[3]。另外，我国对电子加速器装备先进制造的政策鼓励、先进制造电子加速器装置国产化的实现、电子加速器装置销售价格下降、电子加速器束能利用率不断提高、应用行业的产品适配性提升等一系列因素促进了各类工业辐照电子加速器的广泛应用。10 MeV 电子加速器辐照装置产生的高能电子束穿透能力相对较低，无法满足密度大、体积大的产品辐照需求。工业电子加速器 X 射线是利用中高能电子轰击高原子序数金属靶材而产生的韧致辐射光子，是一种穿透性强于 γ 射线、剂量率易精确控制、剂量均匀度好的高能光子辐射[4‑5]。大功率 5 MeV 工业电子加速器带 X 射线转靶系统的辐照装置，可以实现电子束和 X 射线两类射线的切换应用，其电子束功率大、加工产能高、经济性好，X 射线穿透能力强、可加工大尺寸产品。随着电子加速器设备可靠性的进一步提高、辐照工艺装置的优化，在未来大功率 5 MeV 工业电子加速器带 X 射线转靶系统的辐照装置是一种更为理想的工业辐照装置，可广泛应用于辐照消毒灭菌及保鲜保质、高分子材料辐照改性等广泛的工业加工领域[6‑7]。

1　材料与方法

1.1　试验材料与设备

　　X 射线辐照装置：采用杨凌核盛辐照技术有限公司的一台 5 MeV/150 kW 高频高压电子加速器系统（带 X 射线转换靶）设备开展试验，设备型号为 DD5MeV‑30 mA/1200，设备厂商为中广核达胜加速器技术有限公司。该设备在研究和生产实际中的电子束扫描宽度为一定值。

作者简介：蔚江涛（1989—），男，陕西大荔，高级工程师，博士，现主要从事核技术应用研究。

剂量计：采用重铬酸钾（银）剂量计进行剂量测定，批号为 H20210825 - 1，该批剂量计参与过 NDAS（国家计量保证服务）的重铬酸钾（银）剂量计比对校准，NDAS 校准证书编号为DLjs2021 - 12359。

1.2　试验方法

1.2.1　X 射线穿透能力测试

以密度均匀、厚度一致的 304 不锈钢板（密度为 8 g/cm³）为介质材料，测试 X 射线的穿透能力。设定 X 射线辐照装置的电子束能量为 5 MeV、束流为 21 mA、链速为 0.6 m/min、辐照圈数为 10 圈、扫描宽度为 1000 mm。不锈钢工件剂量计布置及小车装载方式如图 1 所示，分别在不锈钢工件的 1 号、2 号不锈钢盒内及 0 号不锈钢板（表层不锈钢板）上放置 3 组高量程剂量液（2 支为 1组，共 6 支），在 4 号、5 号、6 号不锈钢盒内放置 3 组低量程剂量液，在 3 号不锈钢盒内放置 4 组剂量液（2 组高量程、2 组低量程）。每一层布放剂量液的位置在垂直方向上均不重叠。

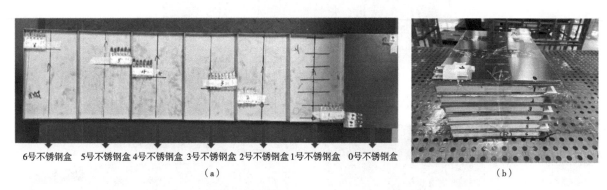

6号不锈钢盒　5号不锈钢盒　4号不锈钢盒　3号不锈钢盒　2号不锈钢盒　1号不锈钢盒　0号不锈钢盒

（a）　　　　　　　　　　　　　　　　　　　　（b）

图 1　不锈钢工件剂量计布置（a）及小车装载方式（b）

不锈钢工件装在辐照小车支撑板中间位置（传输方向中轴线上），支撑板距离转换靶下表面 35.5 cm，整套不锈钢介质材料高度为 13.7 cm（包含放置剂量计的不锈钢盒内的空间高度），0 号不锈钢板（表层不锈钢板）距离转换靶下表面 21.8 cm。将布有剂量计的不锈钢工件按照设定试验参数进行 X 射线辐照，取出所布置的剂量计进行测定并分析数据。

1.2.2　X 射线平面辐射场分布、空间区域辐射场分布测试

采用静态辐照方式测定 X 射线在电子束扫描方向（南北方向）及小车传输方向（东西方向）的剂量分布（某一高度的水平面辐射场分布、长方体空间区域内的辐射场分布）。设定 X 射线辐照装置的能量为 5 MeV、束流为 20 mA。在与地面平行且距离转换靶下表面 136.5 cm、93 cm、43 cm、6 cm（在本装置中分别对应距离地面 1.5 cm、45 cm、95 cm、132 cm）的不同高度位置的平面内分别布放不锈钢板，用转换靶中心位置（打束斑位置）正下方位置点定位高度方向的坐标轴，以电子束扫描方向和小车传输方向定位各水平面内的横向、纵向坐标轴，各水平面的剂量计按照沿横向、纵向坐标轴的"十"字交叉方式在不锈钢板上分别布放。电子束扫描方向的剂量计每组间隔为 8 cm，共 15 组；小车传输方向的剂量计每组间隔为 6 cm，共 15 组。在设定的各不同高度位置下，将布有剂量计的不锈钢板工件分别进行 X 射线辐照，取出所布置的剂量计进行测定并分析数据。传输小车与转换靶位置如图 2 所示，不锈钢板工件的剂量计布放方式如图 3 所示，不锈钢板工件的装载方式如图 4 所示。

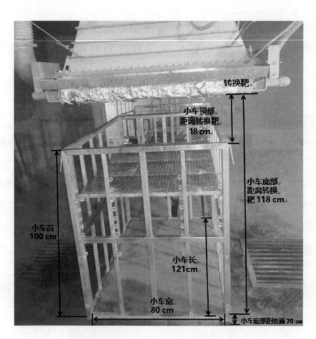

图 2　传输小车与转换靶空间位置

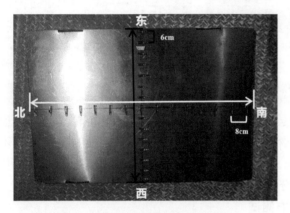

图 3　水平面辐射场分布模拟测定用
不锈钢板工件的剂量计布放方式

图 4　水平面辐射场分布模拟测定用
不锈钢板工件的装载方式

1.2.3　空载动态辐照条件下的小车空间内 X 射线剂量分布测试

在小车空载条件下，采用动态辐照方式测定 X 射线在距离转换靶下表面不同高度的空间剂量分布。设定 X 射线辐照装置的能量为 5 MeV、束流为 20 mA、链速为 0.6 m/min、辐照圈数为 1 圈。在与地面平行的平面内，在辐照容器小车内距离钽靶 21 cm、31 cm、41 cm、51 cm、62 cm、74 cm、79 cm、84 cm、89 cm、95 cm、101 cm、106 cm 不同高度位置分别布放剂量计。剂量计在辐照小车内布放方式如图 5 所示，在小车不同高度的东、西、南、北、中各个位置均布放剂量计，以"中"为中心点，"东""西"位置对称，"南""北"位置对称。在 1.2.1 的工作中，我们测定了随深度的剂量分布情况，发现本装置的 X 射线在 0 覆盖与 1 层不锈钢板覆盖情况下，剂量相差过大，应在辐照加工中对低穿透力射线予以滤除（避免产品表面剂量过大，导致辐照不均匀度过高）。因此，在开展距离转换靶下表面不同高度的辐照小车内空间剂量分布动载测试时，在小车顶端遮盖了一层不锈钢板。辐照小车内空间剂量分布动载测试不锈钢板工件剂量计布放及装载方式如图 5 所示。

图5 辐照小车内空间剂量分布动态测试不锈钢板工件剂量计布放及装载方式示意

1.2.4 转换靶周围 X 射线空间剂量分布测试

采用静态辐照方式测定转换靶南北两侧的空间剂量分布。设定 X 射线辐照装置的能量为 5 MeV、束流为 20 mA、静态辐照时间为 40 min。转换靶长度为 110 cm、下表面距离地面高度为 138 cm。利用不锈钢工件将剂量计固定于空间的不同位置。在转换靶南侧，距转换靶中心点 68 cm 处（距离钽靶南端 17.5 cm）布放 1 组不锈钢工件（南 1），南 1 位点向东 40 cm、80 cm 分别布放 1 组，共计 3 组不锈钢工件。每组在垂直地面方向距离转换靶下表面 0～140 cm 范围内，每隔 10 cm 布放一组剂量计；在转换靶北侧，距转换靶中心点 68 cm 处布放 1 组不锈钢工件（北 1），北 1 位点向西 40 cm、80 cm 分别布放 1 组，共计 3 组，每组在垂直地面方向距离转换靶 0～140 cm 范围内，每隔 10 cm 布放一组剂量计。具体布放方式如图 6 所示。

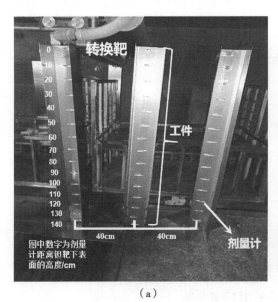

（a）

（b）

图6 转换靶两侧不锈钢工件内剂量计布放方式（a）及工件摆放方式（b）

2 实验结果与讨论

2.1 X射线穿透能力

以不锈钢板为介质材料测定X射线穿透能力，X射线在不锈钢介质材料的剂量深度分布数据及通过密度比例关系换算获得在水中（1 g/cm²）的剂量深度分布数据如表1所示，X射线在水中的剂量深度分布情况如图7所示。由图7可知，X射线穿透40.32 cm深度当量的水时，剂量降至表面剂量的20.23％。根据X射线在水中的剂量深度分布，拟合出X射线在水中的剂量分布公式为：

$$y = 0.0578x^2 - 4.2161x + 97.646。 \tag{1}$$

其中，x为水当量深度/质量厚度数值，y为该深度处相对表面处的吸收剂量％；拟合度R^2为0.9952。

在使用本型号设备的生产实践中可根据对产品表面吸收剂量的测定结果式（1），推算X射线辐照不同厚度产品时产品底部处的吸收剂量值，便于现场技术人员制定辐照工艺。《电子加速器工业应用导论》中描述，5 MeV-X射线双面辐照的最佳厚度为34 cm（水当量厚度34 g/cm²），不均匀度为1.5[8]。暂不考虑不同介质对X射线吸收能力的差别、与转换靶下表面的距离、剂量计本身的质量厚度等因素的影响，基于本次测试数据插值推算得到：在5MeV-X射线穿透33.6 cm水时剂量为表面剂量的22.36％、双面辐照时不均匀度为1.4，这一实测结果与《电子加速器工业应用导论》[8]中的描述基本符合。

表1　X射线穿透能力测试数据

剂量计放置位置	穿透不锈钢板数量/块	穿透不锈钢板厚度/cm	相当于穿透水厚度/cm	平均剂量值/kGy	相对剂量
0号不锈钢板表面	0	0	0	17.89	100.00％
1号不锈钢盒内	6	0.84	6.72	12.29	68.70％
2号不锈钢盒内	12	1.68	13.44	8.94	49.97％
3号不锈钢盒内	18	2.52	20.16	6.74	37.67％
4号不锈钢盒内	24	3.36	26.88	4.85	27.11％
5号不锈钢盒内	30	4.20	33.6	4.00	22.36％
6号不锈钢盒内	36	5.04	40.32	3.62	20.23％

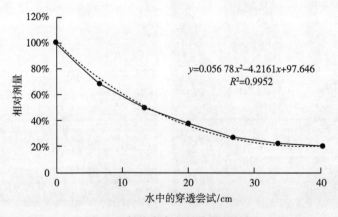

图7　X射线在水中剂量深度分布

2.2　X射线平面辐射场分布、空间区域辐射场分布

静态辐照条件下，在距离转换靶下表面 136.5 cm、93 cm、43 cm、6 cm 各高度位置处的电子束扫描方向剂量分布 [Gy/（min·mA）] 如图 8 所示。从图 8 可看出，随着与转换靶下表面的竖直距离增大，转换靶中心位置正下方处及其扫描方向上的空间剂量值逐渐减小；在扫描方向的剂量分布呈现出转换靶中心位置正下方的剂量值最高、两边逐渐对称减小的趋势；且随着与转换靶距离增大，空间剂量在扫描方向均匀性逐渐变好的趋势。

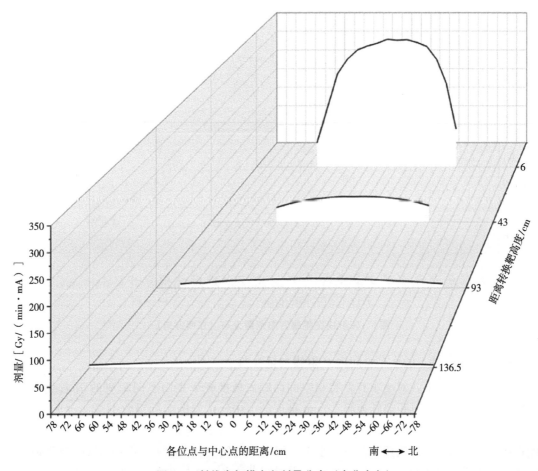

图 8　X 射线在扫描方向剂量分布（南北方向）

静态辐照条件下，在距离转换靶下表面 136.5 cm、93 cm、43 cm、6 cm 不同高度位置处的传输方向剂量分布如图 9 所示。从图 9 可看出，随着与转换靶下表面距离增大，转换靶中心位置正下方处及其传输方向上的空间剂量值逐渐减小；在传输方向的剂量分布呈现出转换靶中心位置剂量值较高、两边逐渐对称减小的趋势；随着与转换靶距离增大，在传输方向上的剂量均匀性逐渐变好的趋势。

对比扫描方向和传输方向剂量分布图，可推测出，X 射线整体剂量分布以转换靶中心位置为中心点，各圆周方向均呈现出与中心点距离增大而剂量逐渐减小的趋势。根据检测的有限数据推断，电子加速器产生的电子束经转换靶产生的韧致辐射 X 射线剂量场以转换靶中心正下方为最高值并向各方向呈类椭球形发散的相对大小分布。

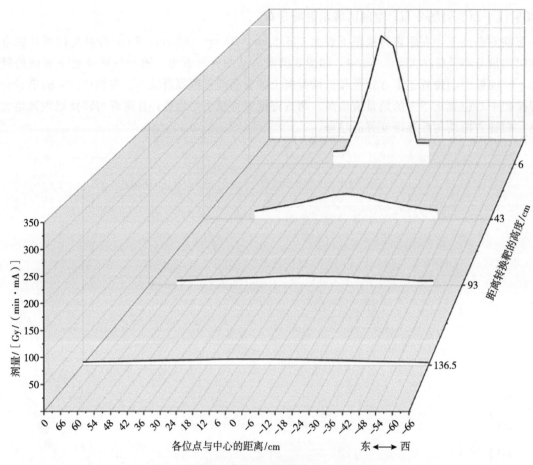

图9　X射线在传输方向剂量分布（东西方向）

2.3　空载动态辐照条件下的小车空间内 X 射线剂量分布

空载动态辐照条件下，对小车有限装载空间内距离转换靶下表面不同距离的 X 射线空间剂量分布数据进行归一化处理，以距离转换靶 32 cm 高度的"中"位置的实际吸收剂量为"归一点"，剂量分布数据如表 2 所示，剂量分布如图 10 所示。由表 2 和图 10 可知，随着与转换靶下表面距离的减小，剂量值逐渐增加。动态辐照条件下，小车空间内距离转换靶高度在 32～117 cm 范围内不同高度处的平面内剂量不均匀度均≤7.35%，且小车中间剂量较高。这与 2.2 节中扫描方向与传输方向剂量分布中转换靶中心位置对应剂量较高的结果一致，且在传输方向的对称点"东""西"位置剂量值基本相同，在扫描方向的对称点"南""北"位置剂量值基本相同。

表 2　不同高度空间剂量分布数据

距离转换靶高度/cm	相对剂量						不均匀度
	东	西	中	南	北	平均剂量	
117	37.22%	38.89%	41.11%	37.78%	38.33%	38.89%	4.97%
107	43.33%	43.33%	45.56%	42.78%	41.11%	43.33%	5.13%
97	43.89%	44.44%	48.33%	46.67%	46.11%	46.11%	4.82%
87	46.67%	48.89%	52.78%	47.78%	48.89%	48.89%	6.14%
76	52.22%	55.00%	58.33%	52.78%	55.56%	55.00%	5.53%
64	61.67%	63.89%	66.11%	57.78%	58.89%	61.67%	6.72%

距离转换靶高度/cm	相对剂量						不均匀度
	东	西	中	南	北	平均剂量	
59	60.56%	61.11%	66.67%	61.11%	61.11%	62.22%	4.80%
54	64.44%	65.56%	71.67%	64.44%	63.33%	66.11%	6.18 %
49	70.56%	70.00%	79.44%	73.89%	72.78%	73.33%	6.32%
43	76.11%	74.44%	81.11%	70.00%	72.22%	75.00%	7.35%
37	77.78%	75.56%	83.89%	78.33%	77.22%	78.89%	5.22%
32	87.78%	88.89%	100.00%	90.00%	89.44%	91.11%	6.51%

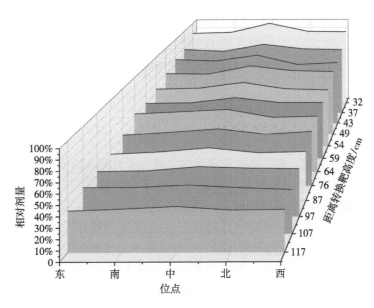

图 10　不同高度空间剂量分布

2.4　转换靶周围空间剂量分布

通过前期检测验证发现，在转换靶周围扫描方向上（南北）两侧对称位置在无遮挡的情况下剂量值相等，故选取了距离转换靶两端各一定距离点的垂直扫描方向的平面进行剂量分布测定。在转换靶南侧，距转换靶中心点 68 cm 处布放 1 组不锈钢工件（南 1），南 1 位点向东 40 cm 布放 1 组（南 2）、南 1 位点向东 80 cm 布放 1 组（南 3）；在转换靶北侧，距转换靶中心点 68 cm 处布放 1 组不锈钢工件（北 1），北 1 位点向西 40 cm 布放一组（北 2）、北 1 位点向西 80 cm 布放一组（北 3）。所测剂量分布情况如图 11 所示。从图 11 可看出，转换靶周围传输系统之外的空间剂量值也呈现出稳定的变化趋势，是有效且可利用的辐射场。南 1 和北 1、南 2 和北 2、南 3 和北 3 各对称位置布置所测剂量随高度变化的曲线整体趋势及不同高度处的剂量值基本相近，再次验证了在 X 射线剂量场内，与转换靶中心点距离相等的点上的剂量值也基本相等的推断。同时也发现，各组不同高度剂量位点的剂量值大小关系为南 3＜南 2＜南 1、北 3＜北 2＜北 1，即距离转换靶中心位置越远，剂量值越小。在生产加工实践中，可利用小车通过区域以外的空间中存在的 X 射线对合适的产品进行辐照处理。

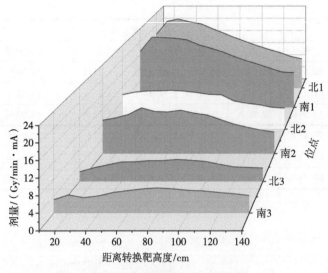

图 11　转换靶周围空间剂量分布

3　结论与建议

工业电子加速器转靶 X 射线是利用高能电子撞击高原子序数的重金属靶而转换产生的，故其能谱、剂量场分布跟电子束的能量、电子束的扫描结构、转换靶材料和转换靶结构等众多因素都有直接关系[7,9,10]。为更好地开展工业电子加速器转靶 X 射线辐照装置的应用，本文基于现有装置开展了 5 MeV - X 射线穿透及剂量分布特性的研究讨论，得出的主要结论如下：

（1）X 射线穿透力强。本文在转换靶中心位置正下方的 X 射线穿透 40.32 cm 深度当量的水时，剂量降至表面剂量的 20.23％；工业辐照常用的 10 MeV 电子加速器产生的电子束穿透约 5.2 cm 水时剂量降至表面剂量的 20％左右；5 MeV - X 射线单面辐照穿透能力是 10 MeV 电子束单面辐照穿透能力的 7.8 倍。5 MeV - X 射线穿透 33.6 cm 水时剂量为表面剂量的 22.36％、双面辐照时不均匀度约为 1.4；10 MeV 电子束双面辐照的最佳厚度为 9.8 cm，剂量不均匀度约为 1.3[8]。

（2）电子加速器产生的电子束经转换靶产生的韧致辐射 X 射线剂量场以转换靶中心正下方为最高值并向各方向呈类椭球形发散的相对剂量大小分布。通过静态辐照和动态辐照相结合的方式测定 X 射线的空间剂量分布情况，X 射线的空间剂量分布以转换靶中心位置为中心点，向圆周各方向均呈现出与中心点距离增大、剂量逐渐减小、剂量均匀性越好的趋势。在无遮挡物的条件下，剂量场中以转换靶中心点所在的垂直于地面的直线为轴线各面上对称的各位点剂量值相等。动态辐照条件下，载货小车不同高度的货物装载平面内剂量场整体剂量均匀性较好，剂量不均匀度均不大于 7.35％。

（3）X 射线剂量场中剂量均匀稳定的辐射空间范围较广，除覆盖传输系统、载货小车的空间外，转换靶周围、传输系统外的空间范围辐射剂量均匀性和稳定性也较好，可在不影响传输系统正常动态运行辐照货物的情况下，充分利用空间辐射剂量场来满足部分适合静态辐照货物的加工，提高 X 射线剂量利用率。

为更好地促进工业电子加速器转靶 X 射线辐照装置的应用，笔者基于 5 MeV/150 kW 高频高压电子加速器系统（带 X 射线转换靶）设备的相关生产运行经验提出以下建议：①根据生产工艺需求设计合适的束下自动翻面系统，提高产品辐照均匀性及生产加工效率；②生产实践中根据生产工艺需求设计适合的电子束扫描宽度，提高生产效率和射线利用率；③设计配套多类型束下系统，包括传输小车辐照容器与适合电线电缆辐照用的束下传输系统，满足多类型产品辐照需求，丰富设备使用场景；④设计辅助生产系统，利用空间辐射场的辐射剂量，提高射线利用率；⑤提高电子加速器设备的稳定性、可靠性和输出功率。

参考文献：

［1］ 花正东，王海宏，陈志军，等.7.5 MeV 电子束转轫致辐射的理论研究初探［J］.核农学报，2015（1）：113－118.

［2］ 杨斌，唐卫东，张玥，等.使用 7.5 MeV X 射线进行食品辐照的放射性安全研究［C］//中国核学会 2011 年学术年会.2011：31－36.

［3］ 崔山，杨军涛.电子束辐照加速器的选择及辐照加工技术经济分析［J］.同位素，1995（2）：117－123.

［4］ 魏熙晔，李泉凤，严慧勇.高能电子束轫致辐射特性的理论研究［J］.物理学报，2009（4）：7.

［5］ 姚馨博.X 射线能谱测量与模拟［D］.石家庄：河北科技大学，2016.

［6］ 蔡文轩，祁海波，路泽永，等.大功率转靶电子加速器辐照储运系统的创新设计与研究［J］.承德石油高等专科学校学报，2016，18（6）：6.

［7］ 张耀锋，黄建微，胡涛，等.电子直线加速器 X 射线转换靶设计［J］.强激光与粒子束，2013，25（9）：4.

［8］ 史戎坚.电子加速器工业应用导论［M］.北京：中国质检出版社，2012.

［9］ 钱文枢.大功率辐照加速器 X 射线转换靶研究［D］.北京：清华大学，2008.

［10］ 黎熠睿，王丹，湛晓蝶，等.唐菖蒲响应电子束转靶 X 射线辐照的生物学效应和辐射敏感性评价［J］.核农学报，2019（6）：1049－1058.

Discussion on the process characteristics and application of industrial electron accelerator X-ray

YU Jiang-tao，BAI Jun-qing，LI Kui，NIU Wei，KANG Lu-yao，
LI Shi-chao，MU Lin-hui，ZHANG Wei-chao

(Yangling Hesheng Irradiation Technologies Co., Ltd., Yangling, Shaanxi 712100, China)

Abstract： The industrial electron accelerator X-ray has the characteristics of strong penetration, good dose uniformity, large available radiation space dose field, and higher equipment safety and environmental protection. It combines the advantages of Co－60 radiation source and electron accelerator radiation source. Based on the 5 MeV/150 kW high-frequency high－voltage electron accelerator target X-ray irradiation device, this study carried out 5 MeV X-ray penetration test, dose distribution test in scanning direction and transmission direction, and spatial dose distribution test of radiation fields. The results showed that the dose of 5 MeV-X rays penetrating 33.6cm of water was decreased to 22.36% of the surface dose. And the unevenness is 1.4 when double sided irradiation of products with a water equivalent thickness of 33.6 cm. Within the width range of 40 cm on the left and right sides of the central axis in the transmission direction, the unevenness of X rays dose was ≤ 7.35% in different height planes for loading goods inside the irradiation container trolley within the range of 32－117 cm of distance conversion target height. And the overall dose field has the characteristics of good uniformity and stability. There are available X-rays in the external area of the transmission system space. This study measured and analyzed the spatial dose distribution and proposed a process idea of fully utilizing the spatial radiation dose field to improve production capacity and efficiency without affecting the normal operation of the original transmission system. This study provides a reference basis for optimizing the industrial application of industrial electron accelerator conversion X-rays irradiation device, which is beneficial for rationalizing the formulation of irradiation processes, expanding the application scenarios of X-ray irradiation devices, and further optimizing the design of irradiation process devices (such as transfer systems).

Key words： Irradiation processing；Electron accelerator；X-ray；Spatial dose distribution

X 射线管聚焦结构的定点仿真设计研究

李伟伟[1]，王立强[1,2] *

（1. 清华大学核能与新能源技术研究院，北京　100084；2. 北京市核检测重点实验室，北京　100084）

摘　要：X 射线管的焦点尺寸是影响成像分辨率的关键因素之一。聚焦结构作为 X 射线管聚焦电子束的关键部件，对焦点的大小起着决定性的作用。本文使用 MATLAB 和 CST STUDIO SUITE 软件进行联合仿真，基于遗传算法实现了对于给定焦点大小的聚焦结构设计。相较于传统的焦点仿真设计，该方法不需要研究聚焦结构的各个关键尺寸对焦点的影响规律，利用遗传算法的多方向和全局搜索的特点，可以直接得到给定焦点大小的聚焦结构参数解集，使得整个设计过程自动化程度更高，对于 X 射线管的结构设计和优化具有重要指导意义。

关键词：X 射线管；定点仿真；聚焦结构；遗传算法；MATLAB；CST

近几年，随着高精度 CT 系统在微电子、生命科学、新能源电池等领域的广泛应用，微焦点 X 射线管作为系统的核心部件成为研究的热点[1-3]。X 射线管的焦点尺寸是表征 X 射线源工作性能的重要指标，焦点尺寸越小，X 射线图像的分辨率越高。通常从 X 射线管阴极发射出来的电子束呈发散状。为了形成微焦点，需要在电子束轰击阳极靶之前，通过聚焦结构将其进行汇聚。因此，聚焦结构的设计对焦点大小起到决定性的作用。目前，传统的焦点仿真设计[4-6]多采用控制变量法，依次研究聚焦结构的各个关键尺寸对焦点的影响规律，然后从中选择所需焦点尺寸的聚焦结构参数进行设计。由于多参模型中的参数之间相互有影响，所以同一个焦点尺寸可能会对应多个聚焦结构设计。传统方法的解集完备性较差，受人为选取参数遍历的顺序影响，鲁棒性差，特别是在聚焦结构参数较多的情况下，其缺点更为显著。遗传算法（Genetic Algorithm）是由 J. Holland 教授在 1992 年提出的，是一种模拟自然进化过程的优化算法[7]，具有多方向和全局搜索的特点，鲁棒性强，将其应用到 X 射线管的焦点仿真设计中，能够快速完备地寻找到聚焦结构参数解集。

1　X 射线管的焦点设计

针对 X 射线管的焦点设计研究主要集中在聚焦结构优化方向，研究内容多是采用控制变量法，寻找使焦点尺寸最小的聚焦结构参数。首先该方法本身存在花费时间多、耗费精力大、未必找到最优结构的不足[8]；其次对于 X 射线管设计而言，焦点尺寸并不是越小越好。除了 X 射线管的焦点尺寸，X 射线管的输出功率也是表征 X 射线源工作性能的重要指标。通常焦点尺寸越小，输出功率越大，射线成像的质量越高。然而两个指标相互制约，焦点尺寸的减小会导致阳极靶的热负荷增加，从而限制了输出功率的增加。因此，在综合考虑系统的成像分辨率和 X 射线管的热容量后，通常 X 射线管的焦点设计是对于给定焦点大小的聚焦结构设计，并且希望获得多个可供选择的聚焦结构设计方案，对于实际零件加工和装配具有重要意义。图 1 为采用 COMSOL 软件模拟输出功率为 600 W，焦点尺寸分别为 1 mm 和 2.5 mm 的大功率 X 射线管在自然冷却条件下阳极组件的温度分布。

作者简介：李伟伟（1998—），男，博士生，现主要从事 X 射线管研究工作。

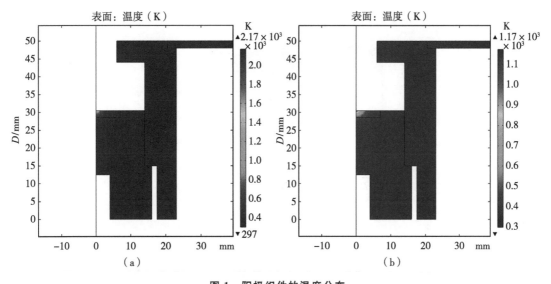

图 1 阳极组件的温度分布

(a) 焦点尺寸为 1 mm；(b) 焦点尺寸为 2.5 mm

如图 1 所示，焦点尺寸为 2.5 mm 的阳极靶最高温度为 1180 K，而焦点尺寸为 1 mm 的阳极靶最高温度则高达 2170 K。过高的温度容易使阳极靶局部过热产生裂纹影响 X 射线输出，最终导致 X 射线管寿命减少。

2 X 射线管的焦点仿真

图 2 为大功率 X 射线管的仿真基础模型。X 射线管主要由阴极组件、阳极组件和真空密封壳体组成。其中，阴极组件与金属壳体之间通过陶瓷盘绝缘，阳极组件和金属壳体直接焊接在一起。金属陶瓷 X 射线管相较于玻璃管和陶瓷管机械强度高、散热性能好，能达到较高的真空度，适合长时间连续工作的大功率工业应用[9]。

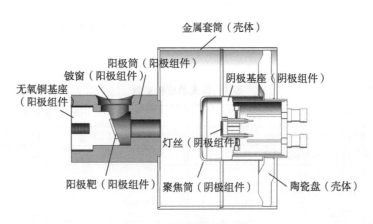

图 2 X 射线管结构示意

根据 X 射线管的耐压要求和发射电流要求，提前确定了阴极基座到阳极靶中心的距离、灯丝的结构参数及阴极基座中灯丝槽的长度和宽度。如图 3 所示，对模型中其他可调节的影响电子束聚焦的关键尺寸进行标示。其中：D_1 为阴极基座到聚焦筒的距离，D_2 和 D_3 分别为聚焦筒上椭圆孔的长轴半径和短轴半径，D_4 为灯丝的装配高度。X 射线管的焦点具有一定形状，通常使用焦点长度和宽度表示焦点尺寸，由于电子束长度方向和宽度方向的聚焦互不影响，所以本文仅选择焦点宽度作为焦点设计目标。其中，D_2 因为对电子束宽度方向的聚焦影响较小，所以不参与设计，固定为常数。

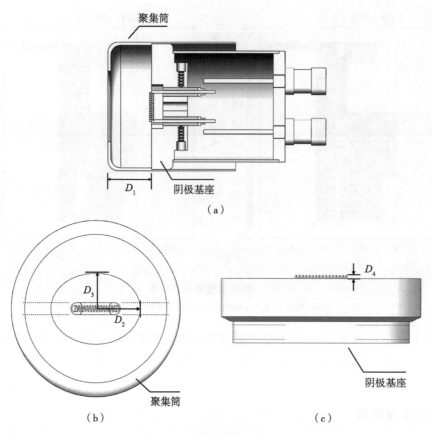

图 3 聚焦结构关键尺寸

在 CST 粒子工作室中,设置灯丝的粒子发射模型为温度限制流模型,温度为 2200 K,逸出功为 4.54 eV。设置阴极组件电势为负高压 160 kV,阳极组件和壳体为零电势。设置粒子监视器位于阳极靶面以记录电子束焦斑形状,用于计算焦点尺寸。

仿真的结构参数如表 1 所示,影响电子束聚焦的几个关键尺寸可调节范围为:D_1,15～25 mm;D_3,10～15 mm;D_4,-0.5～0.5 mm。

表 1   仿真的结构参数

结构参数	参数值
聚焦筒上椭圆孔的长轴半径/mm	12
阴极基座到阳极靶中心的距离/mm	76
灯丝槽的长度/mm	12
灯丝槽的宽度/mm	3
灯丝直径/mm	0.21
灯丝螺距/mm	0.75
灯丝绕线直径/mm	0.79
灯丝匝数/mm	15.5

3 基于遗传算法的聚焦结构设计

图 4 为基于遗传算法的聚焦结构设计程序流程。该程序主要包括 3 个模块:遗传算法模块、CST 模块和输出文件处理模块。

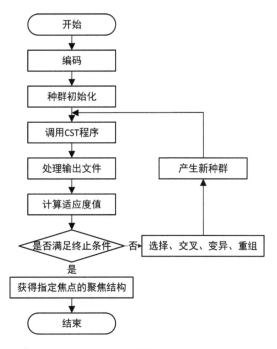

图 4 程序流程

遗传算法模块的主要功能有设置参数（变量数目、变量范围、种群规模，选择概率、交叉概率、变异概率、终止条件等），编码，种群初始化，计算适应度值和进行选择、交叉、变异、重组等操作；CST 模块的主要功能是模拟电子在电磁场中的运动轨迹，记录阳极靶面的电子束焦斑形状；输出文件处理模块的主要功能是处理 CST 程序结果文件，计算焦点尺寸。

3.1 适应度函数

遗传算法在进化搜索过程中，主要以适应度函数为依据，利用种群中个体的适应度值进行优胜劣汰。设目标值为 f，适应度值为 $Fitf$。首先通过冒泡排序对种群内的个体根据 $|d-d_{aim}|$ 从大到小进行排列，其中 d 为每个个体对应的焦点尺寸，d_{aim} 为给定的目标焦点尺寸。假设此时种群中个体数目为 N，则对排序后的个体目标值 f 从 1 到 N 进行赋值，最后通过式（1）获得个体的适应度值。

$$Fitf = 1.5^f。 \tag{1}$$

该方法使得每一代个体被选中的概率相同且呈指数分布。其中，适应度函数底数的选择和每一代个体被选中的最大概率相关，底数 1.5 保证了每一代最接近给定焦点尺寸的个体被选中的概率约为 33%。

图 5 为种群内的个体适应度值的求解流程。

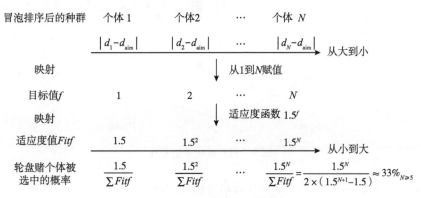

图 5 个体适应度值的求解流程

3.2 结果分析

种群大小设置为 20，最大迭代次数设置为 10，通过从随机生成的 100 个个体中选择最接近目标焦点尺寸的 20 个个体作为初始种群，提高种群质量，节省求解时间。图 6 为目标焦点尺寸分别为 2.5 mm 和 3.0 mm 的遗传算法进化过程。

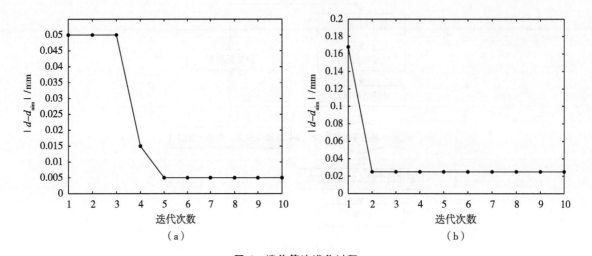

图 6 遗传算法进化过程

(a) 目标焦点尺寸 2.5 mm；(b) 目标焦点尺寸 3.0 mm

图 6 的纵坐标表示每一代最优个体对应的焦点尺寸与目标焦点尺寸的误差绝对值。得益于高质量的初始种群，使得迭代次数在 10 代以内便能实现误差绝对值小于 0.05 mm 的目标。

图 7 所示的浅点和深点集合分别表示焦点尺寸为 2.50 mm±0.05 mm 和 3.00 mm±0.05 mm 的聚焦结构参数分布。

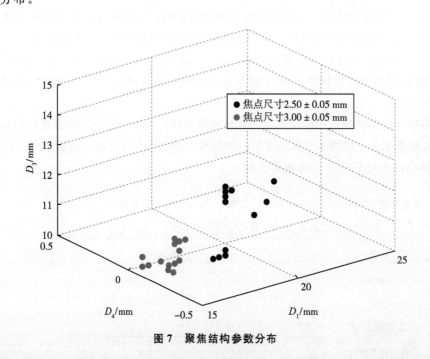

图 7 聚焦结构参数分布

表 2 为焦点尺寸为 2.50 mm±0.05 mm 的聚焦结构参数。

表 2　焦点尺寸为 2.50 mm±0.05 mm 聚焦结构参数

结构参数	第 1 组参数值	第 2 组参数值
阴极基座到聚焦筒的距离 D_1/mm	19.1935	19.1935
聚焦筒上椭圆孔的短轴半径 D_3/mm	10.0000	12.0968
装配高度 D_4/mm	− 0.1129	− 0.1129

　　图 8 为上述两组聚焦参数对应的短轴方向电子束运动轨迹及阳极靶面上焦点宽度方向的电子密度分布。

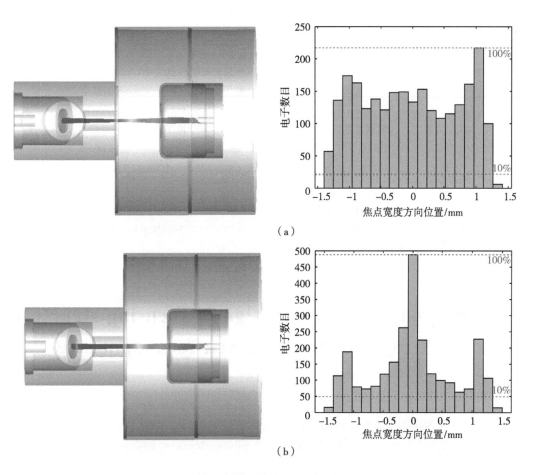

图 8　电子束运动轨迹及电子密度分布

(a) 第 1 组聚集结构；(b) 第 2 组聚集结构

　　根据工业 X 射线管焦点尺寸测量标准 EN 12543，在电子密度分布上取大于峰值 10% 的宽度作为焦点尺寸[10]。由图 8 的电子密度分布计算可得第 1 组和第 2 组聚焦参数对应的焦点尺寸分别为 2.52 mm 和 2.53 mm，验证了基于遗传算法的聚焦结构定点仿真设计的可行性。由表 1 可知，两组聚焦结构参数仅聚焦筒上椭圆孔的短轴半径不同，已知随着短轴半径的增加，短轴方向的聚焦作用会减弱，根据图 8 的电子束运动轨迹可知，两组聚焦结构参数对应的电子束分别处于过聚焦状态和欠聚焦状态，满足此变化规律。

4　总结和展望

　　本文研究了基于遗传算法的聚焦结构定点仿真设计，实现了对于给定焦点尺寸 2.5 mm 和 3.0 mm 的聚焦结构设计，得到了较为完备的可供选择的聚焦结构设计方案。若设置的目标焦点尺寸对应的聚焦结构参数解集为空，则说明已有的可调节的聚焦结构参数范围设置不合理，需要重新修正。这对于 X 射线管的设计及 X 射线管的零件加工和装配具有重要指导意义。通过 MATLAB 和 CST 的联合仿真，实现了使用 MATLAB 命令代替烦琐的图形界面操作，使得整个结构仿真设计更加智能化和高效，并且具有较强的通用性。本文提出的方法不仅可以用于聚焦结构定点仿真设计，当目标焦点尺寸 d_{aim} 设置为 0 时，也适用于聚焦结构最优化仿真设计，在有限的可调节的聚焦结构尺寸中，寻找其对应焦点尺寸最小的聚焦结构，该方法相较于传统的单变量优化法具有明显的优势。

参考文献：

[1] 胡菁雯．反射式微焦点 X 射线管的整体研发 [D]．武汉：华中科技大学，2015.

[2] 吴庆阳．碳纳米管冷阴极微焦点 X 射线管的设计与制备 [D]．成都：电子科技大学，2018.

[3] 牛耕，刘俊标，赵伟霞，等．聚焦电子束对透射式微焦点 X 射线源的影响 [J]．光学学报，2019，39（6）：416 – 422.

[4] 胡添勇．碳纳米管微焦点 X 射线管的设计与研制 [D]．成都：电子科技大学，2013.

[5] 魏纬，刘斌，张晓梅，等．300kV 超高压波纹陶瓷 X 射线管优化设计 [J]．首届 X 射线管学术会议，2015（1）：1 – 3.

[6] 聂洋洋，吕向英，龚海华．X 射线管的焦点仿真设计研究 [J]．真空电子技术，2023（1）：36 – 41.

[7] HOLLAND J H．Genetic algorithms [J]．Scientific american，1992，267（1）：66 – 73.

[8] 胡宇喆．基于遗传算法的 X 波段驻波加速结构优化与设计 [D]．中国电子科技集团公司电子科学研究院，2018.

[9] 夏海涛，李冬雪，孟庆华，等．X 射线管壳体材质及其对性能的影响 [J]．真空电子技术，2016（1）：17 – 20，23.

[10] EN 12543 – 1999 Characteristics of focal spots in industrial X – ray systems for use in nondestructive testing，Part 1：scanning method [S]．British：British Standards Institute，1999.

Research on simulation design of focusing structure for X-ray tube with a given focal spot size

LI Wei-wei[1]，WANG Li-qiang[1,2]*

(1. Institute of Nuclear and New Energy Technology, Tsinghua University, Beijing 100084，China；

2. Beijing Key Laboratory of Nuclear Detection and Measurement，Beijing 100084，China)

Abstract：The focal spot size of the X-ray tube is one of the key factors affecting the imaging resolution. As a key component of focusing electron beam in the X-ray tube, focusing structure plays a decisive role in the focal spot size. In this paper, with the help of MATLAB and CST STUDIO SUITE co-simulation, we achieved the design of focusing structure for X-ray tube with a given focal spot size based on genetic algorithm. Compared with traditional focal spot simulation design, this method does not need to study the influence law of each key size of the focusing structure, and can directly obtain the solution set of focusing structure parameters with a given focal spot size through the multi-direction and global search of genetic algorithm. In addition, this method makes the whole design process more automatic, which has important guiding significance for the focusing structure optimization design of X-ray tube.

Key words：X-ray tube；Fixed focal spot simulation；Focusing structure；Genetic algorithm；MATLAB；CST

缪子成像技术在大型古遗迹保护中的应用

刘国睿[1,2]，罗旭佳[1,2]，田　恒[1,2]，姚凯强[1,2]，牛飞云[1,2]，金　龙[3]，高金磊[3]，
荣　建[1,2]，付治强[1,2]，康有新[1,2]，傅元勇[4]，吴春[5]，高衡[5]，巩江波[6]，
张卫雄[7]，雒晓刚[7]，王玉玺[7]，刘春先[7]，曾俊杰[7]，史文全[7]，胡积球[7]，
田向盛[7]，于明海[8]，吴　锋[8]，陈京京[9]，刘军涛[1,2]，刘志毅[1,2]

（1. 教育部稀有同位素前沿研究中心，甘肃　兰州　730000；2. 兰州大学核科学与技术学院，甘肃　兰州　730000；
3. 兰州大学信息科学与工程学院，甘肃　兰州　730000；4. 中国原子能科学研究院，北京　102413；
5. 西安城墙管理委员会，陕西　西安　710001；6. 西安天穹勘测信息有限公司，陕西　西安　710001；
7. 甘肃省地质矿产勘查开发局第三地质矿产勘查院，甘肃　兰州　730050；8. 甘肃省合作早子沟金矿
有限责任公司，甘肃　甘南　747099；9. 甘肃西北黄金股份有限公司，甘肃　兰州　730300）

摘　要：宇宙射线缪子成像技术作为一种新型物探手段，在对大尺度目标物的无损勘查方面具有独特优势。大遗址是中华文化遗产的重要组成部分，然而目前仍然缺少对大遗址的深部结构勘查的有效手段。为此，本工作利用研制的一套平板型塑料闪烁体缪子成像系统对西安城墙 58 号马面进行了现场扫描。基于在 6 个测量点的实测数据，重构出了 58 号马面的内部密度分布。结果很好地重构出马面上的配电室，验证了应用宇宙射线缪子成像技术寻找大遗址中密度异常结构的可行性。同时，在马面北墙区域发现有低密度异常体，对马面的长期稳定性有潜在影响，可为后期的持续监测和修缮提供不同于常规物探手段的技术参数和支撑。本研究是国内首次宇宙射线缪子成像技术在科技考古和文物保护领域的现场应用，为该技术在大尺度文物勘查方面的应用提供了一个完备的案例，在科技考古和保护领域中具有重要意义。

关键词：缪子成像；文物保护；无损探测；地球物理勘探方法

中国拥有众多大型历史文物古迹，其中一些因长期自然和人为破坏需要进行勘查、维护和修缮。西安城墙是明洪武年间在隋唐皇城的基础上修建的，是我国现今规模最大、保存最完整的古代城垣[1]，也是第一批全国重点文物保护单位[2]。西安城墙从建造至今经历了多次破坏和修缮，虽然目前城墙整体得以修复，但因修缮过程中缺乏标准化的统一管理和专业的修复指导，修缮质量无法得到保障，为城墙的长期保护埋下隐患。自 20 世纪 50 年代起，地球物理勘探技术逐渐被应用在考古物探学领域中[3-4]。目前，西安城墙主要通过监测城墙表面的沉降和位移来判断城墙的稳定性，并采用了探地雷达[5-8]、地震法[9-10]等对城墙内部做探测。这些物探手段探测深度较浅、受环境噪声干扰大[3]，仍缺乏一种有效、直接、可靠的物探方法对城墙内部结构进行探测成像。因此，找到一种新型无损三维探测成像技术弥补常规物探技术的不足，为大型文物古迹的监测和病害诊断提供全面的技术支持是非常有必要的。

宇宙射线缪子成像技术（以下简称"缪子成像技术"）是新型、绿色的核成像技术。它利用天然射线缪子对目标物进行无损探测。天然射线缪子的能域宽、穿透性强、对目标物不会造成伤害，因此缪子成像技术在对大型目标物的成像中具有独特的优势。缪子成像技术在科技考古领域的应用最早可

作者简介：刘国睿（1999—），女，江苏南京人，硕士研究生，现主要从事宇宙射线缪子成像技术工作。

基金项目：兰州市兰州大学人才合作科研经费（561121203）；高端人才承担省级科技计划（054000029）；国家自然科学基金（11975115）；中央引导地方科技发展资金"基于宇宙射线缪子的三维探矿技术研发"（YDZX20216200001297）；兰州大学中央高校基本科研业务费专项资金（lzujbky - 2023 - ct05, lzujbky - 2023 - stlt01）。

以追溯到 1970 年，Luis W. Alvarez团队利用宇宙射线缪子扫描吉萨金字塔，验证了利用缪子对大型古建筑的结构探测成像的有效性[11]。自 2015 年起，ScanPyramids 项目组使用了多种不同类型的缪子径迹探测器对胡夫金字塔进行扫描，发现在国王墓室的斜上方和金字塔入口的上方均存在未知结构[12-14]，该成果在国际上引起了巨大关注。除此之外，缪子成像技术还被应用于火山地质学研究[15-17]、矿藏勘探[18-19]、冰川与基岩的划分[20-22]、潮汐观测[23]等诸多物探领域。

本文将缪子成像技术应用于西安城墙 58 号马面的三维密度成像实验。首先，介绍缪子成像理论和研制的平板型塑料闪烁体缪子成像系统；然后，展示利用该系统对西安城墙 58 号马面的测量结果；最后，对 58 马面密度分布的反演结果进行分析和讨论。

1 成像理论

在粒子物理标准模型中，缪子是组成物质世界的一种基本粒子。它带有一个单位电荷，静止质量为 105.6 MeV，约为电子的 207 倍[24]。高能的初级宇宙射线在地球大气层中发生核反应产生次级射线，其中包括缪子。天然缪子穿过大气层到达海平面，其垂直通量约为 $70/(\mathrm{cm}^2 \cdot \mathrm{s})$，平均能量为 $3 \sim 4\ \mathrm{GeV}$[25-26]。宇宙射线缪子的入射方向、能量是随机的，且符合一定的分布规律。许多研究根据海平面的宇宙射线缪子测量数据给出了相应的模型，如 Miyake[27]、Gaisser 等[28-29]、Tang 等[30]、Bogdanava 等[31]、Reyna[32]、Bugaev 等[31, 33]、Hebbeker 等[34] 和 Guan 等[35]。

缪子与物质相互作用时会发生散射和能量衰减。基于缪子散射的成像称为散射成像。它通过测量缪子穿过目标物前后的角度变化来重构目标物的原子序数分布，可以被应用在海关检测[36-37]、反应堆堆芯成像[38-39]等领域。

基于缪子的能量衰减的成像称为衰减成像。电离激发、轫致辐射、对产生效应及光核反应等物理过程使缪子在相互作用过程中损失能量。对于能量小于 500 GeV 的缪子，电离激发是其损失能量的最主要方式，其能量损失规律可以用 Bethe – Bloch 公式来描述[40]，

$$-\frac{\mathrm{d}E}{\mathrm{d}x} \propto \rho\, \frac{Z}{A}\, \frac{1}{\beta^2}\left[\ln\left(K\,\frac{\beta^2}{1-\beta^2}\right) + 修正项\right]. \tag{1}$$

式中，$-\dfrac{\mathrm{d}E}{\mathrm{d}x}$ 为缪子的能量损失率；ρ 为目标物材料的密度；Z 和 A 分别为物质的原子序数和原子质量；K 为原子激发能平方的倒数；β 为相对论系数。

根据 Bethe – Bloch 公式，缪子在物质中的能量损失主要与物质的密度相关。物体厚度越大、密度越大，则缪子的能量损失越大，能够透射的缪子越少。因此，通过测量剩余缪子的通量可以重构出目标物内部的密度分布。衰减成像可以被应用于大型目标物的无损探测，如山体[16-19, 41-43]、大型古遗址[12-14]和核反应堆[44]等。本文就是利用衰减成像对西安城墙 58 号马面进行了扫描成像。

2 宇宙射线缪子成像系统

本工作研制了一套专用于野外大型目标物三维成像的宇宙射线缪子成像系统（Cosmic Ray Muon Imaging System，CORMIS）。平板探测器（图 1a）置于一个可以在天顶角和水平角方向旋转的支架上，和数据采集系统一起安放在一个可以移动的小推车的箱体中。箱体中装有空调以保持车内温度和湿度稳定，外层裹有防水罩以防止进水损坏电路。

平板探测器的每层探测平板内排列着 32 根塑料闪烁体，根据缪子在不同闪烁体上沉积的能量计算缪子入射的位置。两层正交放置的探测平板组成一个 X - Y 平面，可以测量缪子在这对平板上的交点，一对相隔 30 cm 的 X - Y 平面重构出缪子的入射方向。数据采集系统包含一个主板和 4 个数据采集板（又称"从板"），如图 1 b～c 所示。每个数据采集板拥有 36 个电子学通道，其中 32 个通道分别接入探测平板内的 32 个闪烁体信号读出单元，其余 4 个通道作为备用。4 个数据采集板测得的数据

在主板进行逻辑符合，主板将数据通过以太网传入个人电脑以进行后续的分析和处理。该探测系统的有效探测面积为 48 cm×48 cm，位置分辨率为 2.3 mm，角度分辨率可达到 10 mrad。关于 CORMIS 的详细研究见文献[45]。

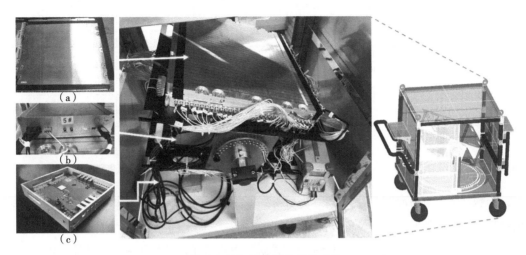

图 1　平板型塑料闪烁体缪子成像系统 CORMIS

(a) 平板探测器；(b) 数据采集板；(c) 主板

3　西安城墙实测

本工作利用 CORMIS 对西安城墙 58 号马面进行了为期 3 个月的实测。首先，根据激光测绘数据对 58 号马面进行建模（图 2a），实施可行性分析，例如，探测阵列和朝向的设计、测量时长的评估等；然后，根据可行性分析和方案设计；最终，将 CORMIS 分别置于马面周围 6 个测量点上（图 2a ①~⑥），旋转探测器使得接收角度朝向马面进行测量。宇宙射线缪子本底的空测在马面附近的空旷地点进行（图 2a 中 A、B）。表 1 记录了 6 个实测点和 2 个空测点的位置坐标、旋转角度、测量时长和总计数。图 2b~d 展示探测器放置在①号、③号测量点及空测点 B 进行实测的照片。

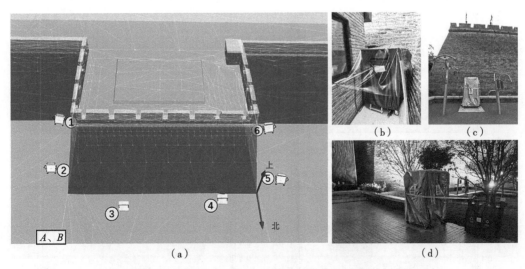

图 2　5-8 号马面建模及实测照片

(a) 58 号马面模型和不同测量点的位置；(b) 探测器放置在①号测量点的实测照片；

(c) 探测器放置在③号测量点的实测照片；(d) 探测器放置在空测点 B 的实测照片

表 1　不同测量点的位置坐标、旋转角度、测量时长和总计数

测量点	位置坐标			水平旋转角/°	绕转轴旋转角/°	测量时长/d	测量总计数
	东/m	北/m	上/m				
1	24.114	−10.082	1.033	163.10	69.70	7.8	664 708
2	24.022	−2.454	1.015	178.20	69.57	9.7	1 168 963
3	17.727	3.103	0.419	270.66	60.55	13.9	1 772 770
4	5.938	2.139	0.643	268.74	58.94	9.0	2 040 626
5	−1.588	−1.803	0.529	−9.10	69.96	8.2	1 171 220
6	−1.304	−9.439	0.573	27.60	59.47	8.8	1 761 860
A	—	—	—	≈25.00	60.00	3.0	1 175 291
B	—	—	—	≈90.00	70.00	2.8	911 615

4　结果与分析

将空间中缪子的入射角度（θ_x，θ_y）划分为栅格，统计每个栅格中的实测缪子计数。将对城墙实测的缪子计数量与空测的计数率做比值，可以得出每个栅格对应方向上的缪子透射的比率，又称为缪子的存活率。假设马面内密度均匀分布，为 1.89 g/cm³。根据马面的尺寸、密度及探测器相对于马面的方位可以推算 6 个测量点不同入射的理论缪子存活率。图 3a～f 分别展示了①～⑥号测量点的实测（色块）和理论（线条）缪子存活率。实测结果整体上与预测结果相似，说明对于马面均匀密度分布的假设合理。

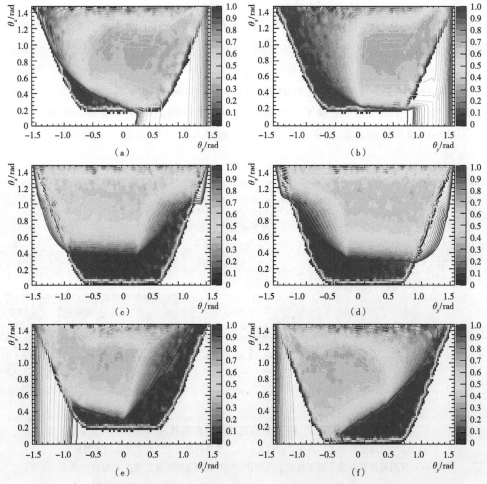

图 3　①～⑥号测量点的缪子存活率二维分布。色块为实测结果，线条为预测结果

根据①~⑥号测量点不同方向入射的实测缪子存活率，反推出58号马面的密度分布，结果如图4所示。图中3个平面分别为结果在 $Z=2$ m、6 m、10 m 的切片，长方体框为马面中密度小于 1.4 g/cm³ 的区域。该结果反映了马面北侧有一块较大的板状的低密度异常体，位置接近马面的表面，很可能对城墙的稳定性造成潜在影响。另外，在马面上方接近城墙的部分，有一个块状的低密度异常体，这与马面上 1.8 m×1.6 m×1.9 m 的配电室的位置和形状是相似的。将城墙表面形态数据中的配电室去掉后再利用实测缪子数据进行成像，结果如图5所示，配电室的周围没有再出现低密度异常体，说明这一处的测量数据很好地体现了有无配电室的差异。这个结果可以作为本次缪子成像结果可靠性和精确度的重要验证，也很好地体现出缪子成像对小至 1 m 量级异常体的重构能力。

图 4　58 号马面的三维反演结果

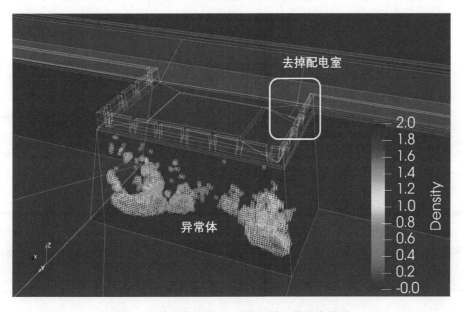

图 5　去掉配电室后 58 号马面的三维反演结果

5　总结与展望

我国是历史悠久的文明古国，很多大型历史遗迹亟待探测查明。西安城墙作为我国规模最大、保存最完好的古代城垣，缺乏一种有效的手段对其进行直接的无损探测成像，以便于文物保护人员对其进行监测和及时的修缮。缪子成像技术作为一种新型的地球物理勘探技术，适合应用在对大尺度历史遗迹的探测勘查中。本文利用平板型塑料闪烁体探测器，在西安城墙 58 号马面周围 6 个测量点对该马面进行了实地测量，并通过数据分析、处理和反演成像对马面的密度分布进行了重构。结果不仅呈现出了马面上的配电室，还表明马面北面有较大的低密度异常区域，这块异常区域很可能对马面的长期稳定造成潜在危害。本研究为缪子成像技术在大尺度文物保护方面的应用提供了一个良好的案例，在科技考古学领域中具有重要意义。另外，缪子成像技术还需进一步提高以将其推广至更多应用场景中，如系统的轻量化、小型化、重构算法的优化等，这些问题在以后的研究中值得深入探讨和解决。

参考文献：

[1] 张永禄. 明清西安词典 ［M］. 西安：陕西人民出版社，1999.

[2] 中华人民共和国中央人民政府. 国务院关于公布第一批全国重点文物保护单位名单的通知 ［Z］. 2014

[3] EL-QADY G, METWALY M, DRAHOR M G. Geophysical techniques applied in archaeology ［M］ // Archaeo-geophysics：state of the art and case studies. Cham：Springer International Publishing，2019：1 - 25.

[4] WYNN J C. A review of geophysical methods used in archaeology ［J］. Geoarchaeology，1986，1 (3)：245 - 257.

[5] ABUELADAS A-R, AKAWWI E. Ground-penetrating radar inspection of subsurface historical structures at the baptism (El-Maghtas) site, Jordan ［J］. Geoscientific Instrumentation, Methods and Data Systems, 2020, 9 (2)：491 - 497.

[6] CONYERS L B. Ground-penetrating radar for archaeology ［M］. Walnut Creek：AltaMira Press，2004.

[7] KENYON J L. Ground-penetrating radar and its application to a historical archaeological site ［J］. Historical archaeology，1977，11：48 - 55.

[8] RISTIC A, GOVEDARICA M, PAJEWSKI L, et al. Using ground penetrating radar to reveal hidden archaeology：the case study of the wurttemberg-stambol gate in Belgrade (Serbia) ［J］. Sensors，2020，20 (3)：607.

[9] LEUCCI G, GRECO F, DE GIORGI L, et al. Three-dimensional image of seismic refraction tomography and electrical resistivity tomography survey in the castle of Occhiolà (Sicily, Italy) ［J］. Journal of archaeological science，2007，34 (2)：233 - 242.

[10] CONCU G, DELIGIA M, SASSU M. Seismic analysis of historical urban walls：application to the Volterra case study ［J］. Infrastructures，2023，8 (2)：18.

[11] ALVAREZ L W, ANDERSON J A, BEDWEI F E, et al. Search for hidden chambers in the pyramids ［J］. Science，1970，167 (3919)：832 - 839.

[12] MORISHIMA K, KUNO M, NISHIO A, et al. Discovery of a big void in Khufu Pyramid by observation of cosmic-ray muons ［J］. Nature，2017，552 (7685)：386 - 390.

[13] SCANPYRAMIDS. First conclusive findings with muography on Khufu Pyramid ［Z］. 2016.

[14] PROCUREUR S, MORISHIMA K, KUNO M, et al. Precise characterization of a corridor-shaped structure in Khufu Pyramid by observation of cosmic-ray muons ［J］. Nature communications，2023，14 (1)：1144.

[15] NAGAMINE K, IWASAKI M, SHIMOMURA K, et al. Method of probing inner-structure of geophysical substance with the horizontal cosmic-ray muons and possible application to volcanic eruption prediction ［J］. Nuclear instruments and methods in physics research, section A. Accelerators, spectrometers, detectors and associated equipment，1995，356 (2/3)：585 - 595.

[16] TANAKA H K, KUSAGAYA T, SHINOHARA H. Radiographic visualization of magma dynamics in an erupting volcano ［J］. Nat commun，2014 (5)：3381.

[17] TANAKA H K M, UCHIDA T, TANAKA M, et al. Cosmic-ray muon imaging of magma in a conduit: degassing process of satsuma-iwojima volcano, Japan [J]. Geophysical research letters, 2009, 36 (1): L01304.

[18] SCHOUTEN D. Muon geotomography: selected case studies [J]. Philos Trans A Math Phys Eng Sci, 2018, 377 (2137): 20180061.

[19] BRYMAN D, BUENO J, DAVIS K, et al. Muon geotomography—bringing new physics to orebody imaging [M]. Boulder: Society of Economic Geologists, 2014.

[20] NISHIYAMA R, ARIGA A, ARIGA T, et al. Bedrock sculpting under an active alpine glacier revealed from cosmic-ray muon radiography [J]. Sci Rep, 2019, 9 (1): 6970.

[21] NISHIYAMA R, ARIGA A, ARIGA T, et al. First measurement of ice-bedrock interface of alpine glaciers by cosmic muon radiography [J]. Geophysical research letters, 2017, 44 (12): 6244 – 6251.

[22] ARIGA A, ARIGA T, EREDITATO A, et al. A nuclear emulsion detector for the muon radiography of a glacier structure [J]. Instrument, 2018, 2 (2): 7.

[23] TANAKA H K M. Muography for a dense tide monitoring network [J]. Sci Rep, 2022, 12 (1): 6725.

[24] MOHR P J, NEWELL D B, TAYLOR B N. CODATA recommended values of the fundamental physical constants: 2014 [J]. Reviews of modern physics, 2016, 88 (3): 025010.

[25] TANABASHI M, HAGIWARA K, HIKASA K, et al. Review of particle physics [J]. Physical review D, 2018, 98 (3): 083c01.

[26] GRIEDER P K F. Cosmic Rays at Earth [M]. Amsterdam: Elsevier, 2001.

[27] MIYAKE S. Rapporteur paper on muons and neutrinos [J]. Muons cosmic radiation, 1973: 3638 – 3655.

[28] GAISSER T K, ENGEL R, RESCONI E. Cosmic rays and particle physics [M]. Cambridge: Cambridge University Press, 2016.

[29] SARACINO G, AMBROSINO F, BONECHI L, et al. Applications of muon absorption radiography to the fields of archaeology and civil engineering [J]. Philos Trans A Math Phys Eng Sci, 2018, 377 (2137): 20180057.

[30] TANG A, HORTON-SMITH G, KUDRYAVTSEV V A, et al. Muon simulations for Super-Kamiokande, KamLAND, and CHOOZ [J]. Physical review D, 2006, 74 (5): 053007.

[31] BOGDANOVA L N, GAVRILOV M G, KORNOUKHOV V N, et al. Cosmic muon flux at shallow depths underground [J]. Physics of atomic nuclei, 2006, 69 (8): 1293 – 1298.

[32] REYNA D. A simple parameterization of the cosmic – ray muon momentum spectra at the surface as a function of zenith angle [J]. arXiv preprint hep-ph/0604, 2006 (6): 145.

[33] BUGAEV E V, MISAKI A, NAUMOV V A, et al. Atmospheric muon flux at sea level, underground, and underwater [J]. Physical review D, 1998, 58 (5): 054001.

[34] HEBBEKER T, TIMMERMANS C. A compilation of high energy atmospheric muon data at sea level [J]. Astroparticle physics, 2002, 18 (1): 107 – 127.

[35] GUAN M, CHU M-C, CAO J, et al. A parametrization of the cosmic-ray muon flux at sea-level [J]. arXiv: [hep-ph], 2015 (1509): 06176.

[36] BOROZDIN K N, HOGAN G E, MORRIS C, et al. Surveillance: radiographic imaging with cosmic-ray muons [J]. Nature, 2003, 422 (6929): 277.

[37] CHECCHIA P, BENETTONI M, BETTELLA G, et al. INFN muon tomography demonstrator: past and recent results with an eye to near-future activities [J]. Philos Trans A Math Phys Eng Sci, 2018, 377 (2137): 20180065.

[38] POULSON D, BACON J, DURHAM M, et al. Application of muon tomography to fuel cask monitoring [J]. Philos Trans A Math Phys Eng Sci, 2018, 377 (2137): 20180052.

[39] MIYADERA H, BOROZDIN K N, GREENE S J, et al. Imaging fukushima daiichi reactors with muons [J]. AIP advances, 2013, 3 (5): 052133.

[40] BONECHI L, D'ALESSANDRO R, GIAMMANCO A. Atmospheric muons as an imaging tool [J]. Reviews in physics, 2020 (5): 100038.

［41］FLYGARE J, BONNEVILLE A, KOUZES R, et al. Muon borehole detector design for use in 4-D density overburden monitoring ［J］. IEEE transactions on nuclear science, 65 (10): 2724 – 2731.

［42］SCHOUTEN D, LEDRU P. Muon tomography applied to a dense uranium deposit at the McArthur river mine ［J］. Journal of geophysical research solid earth, 2018 (123): 8637 – 8652.

［43］VARGA D, NYITRAI G, HAMAR G, et al. Detector developments for high performance muography applications ［J］. Nuclear instruments and methods in physics research, section A. Accelerators, spectrometers, detectors and associated equipment, 2020 (958): 162236. 1 – 162236. 4.

［44］PROCUREUR S B, DAVID ATTIÉ, GALLEGO L, et al. 3D imaging of a nuclear reactor using muography measurements ［J］. Science advances, 2023, 9 (5): eabq8431.

［45］LUO X, WANG Q, QIN K, et al. Development and commissioning of a compact cosmic ray muon imaging prototype ［J］. Nuclear instruments and methods in physics research, section A. Accelerators, spectrometers, detectors and associated equipment, 2022 (1033): 166720.

Application of muography to the protection of large-scale historical sites

LIU Guo-rui[1,2], LUO Xu-jia[1,2], TIAN Heng[1,2], YAO Kai-qiang[1,2],
NIU Fei-yun[1,2], JIN Long[3], GAO Jin-lei[3], RONG Jian[1,2],
FU Zhi-qiang[1,2], KANG You-xin[1,2], FU Yuan-yong[4], WU Chun[5],
GAO Heng[5], GONG Jiang-bo[6], ZHANG Wei-xiong[7], LUO Xiao-gang[7],
WANG Yu-xi[7], LIU Chun-xian[7], ZENG Jun-jie[7], SHI Wen-quan[7],
HU Ji-qiu[7], TIAN Xiang-sheng[7], YU Ming-hai[8], WU Feng[8],
CHEN Jing-jing[9], LIU Jun-tao[1,2], LIU Zhi-yi[1,2]

(1. Frontiers Science Center for Rare Isotopes, Lanzhou University, Lanzhou, Gansu 730000, China; 2. School of Nuclear Science and Technology, Lanzhou University, Lanzhou, Gansu 730000, China; 3. School of Information Science and Engineering, Lanzhou University, Lanzhou, Gansu 730000, China; 4. China Institute of Atomic Energy, Beijing 102413, China; 5. Xi'an City Wall Management Committee, Xi'an, Shaanxi 710001, China; 6. Xi'an Tianqiong Survey Information Co. , Ltd. , Xi'an, Shaanxi 710001, China; 7. Third Institute of Geological and Mineral Exploration of Gansu Provincial Bureau of Geology and Mineral Resources, Lanzhou, Gansu 730050, China; 8. Hezuo Zaozigou Gold Mine Co. , Ltd. of Gansu Province, Gannan, Gansu 747099, China; 9. Gansu Xibei Gold Co. , Ltd. , Lanzhou, Gansu 730300, China)

Abstract: China has hundreds of thousands of known unmovable cultural relics above- and underground. The difficulty in interior surveying often exists in large-scale historical site inspections. As a novel and rapidly-developing physical prospecting method, muography is capable of reconstructing the density distribution of the imaging targets by measuring the muon transmission rate. Cosmic ray muons are naturally existing, deep penetrating and non-destructive. Thus muography possesses unique advantages in probing deeper internal structures in civil engineering, especially for historical relics compared to conventional geophysical technology. In this work, a Cosmic Ray Muon Imaging System, CORMIS, was developed for the surveying of historical sites. We scanned the Rampart No. 58 of the Xi'an City Wall with CORMIS. Based on the measured data at six measurement points, the internal density distribution of Rampart No. 58 was reconstructed. Low-density anomalies are found in the north surface of Rampart No. 58, which potentially impact the long-term stability of it. This result presents the capability of muography of providing technical parameters and supporting for the monitoring and maintenance for historical sites. The successful implementation of this survey offered a good case study of the application of muography on large-scale historical sites and is significantly helpful for archaeologists and geophysicists.

Key words: Muography; Heritage conservation; Nondestructive detection; Geophysical exploration method

质子直线加速器低能传输线脉冲束流诊断方法研究

李　良，窦玉玲，杨京鹤，王常强，杨　誉，秦　成，

闫　洁，王修龙，朱志斌

（中国原子能科学研究院，北京　102413）

摘　要：束流诊断系统是加速器不可缺少的组成部分之一，对加速器的调束起着至关重要的作用，是检验束流脉冲化和束团压缩效果的关键部件。本文针对质子直线加速器低能传输线（LEBT）的 3 种脉冲模式束流的时间结构及强度参数，开展了脉冲束流诊断方法研究，设计搭建了一套束流诊断系统。该系统使用法拉第筒实现了宽脉冲（400 μs）束流诊断，使用快束流变压器（FCT）实现了窄脉冲（100 ns）和微脉冲（10 ns）束流诊断，为 LEBT 的设计提供了束流参数。

关键词：低能传输线；束流诊断；法拉第筒；FCT

　　质子直线加速器被广泛应用于中子散射、中子照相、核废料嬗变、航天宇航器件辐照效应模拟、抗辐射加固、核数据测量等核技术研究方面。其低能传输线（LEBT）将来自离子源的束流与 RFQ 匹配，同时根据多种应用的需求对束流时间结构进行调节，并肩负着束流诊断分析以控制束流品质的任务。束流诊断系统是任何加速器的“眼睛”，决定着加速器性能。

　　在束流诊断系统中，不同的测量元件有着各自的特点和功能，针对束流流强和时间结构的测量元件可分为拦截式和非拦截式。法拉第筒作为拦截式测量元件被广泛应用于加速器流强测量[1-3]，以及与此相关的束流截面积或面密度的测量、吸收剂量的测量等[4]，且可以针对不同的测量对象和目的，设计成不同的类型[4-5]。束流变压器是最常用的非拦截式测量元件，并且随着电子技术的发展和不同的应用需求，延伸出了不同型号的束流变压器[6]。快束流变压器（FCT）作为束流变压器的一种，被广泛用于测量短脉冲（ns 脉宽）束流强度和脉冲结构等参数监测[7-8]。

　　原子能院质子直线加速器有宽脉冲（400 μs）、窄脉冲（100 ns）和微脉冲（10 ns）3 种脉冲模式束流。为了准确测量质子直线加速器的离子源引出束流强度和 3 种脉冲模式束流时间结构等参数，检验其性能是否达到要求，本文开展了束流诊断的研究及实验工作。采用法拉第筒和 FCT 互补的方式，设计搭建了一套束流诊断系统，实现了不同脉冲束流模式的测量，掌握了微脉冲束流测试方法，为加速器调试及整体验收提供了有效依据。

1　质子直线加速器束流参数

　　质子直线加速器采用 ECR 离子源[9]产生质子束流，离子源引出束流主要参数指标如表 1 所示，束流能量为 50 kV，强度为 50 mA。由 LEBT 上的斩波器将离子源引出束流进行脉冲化，切割为重复频率为 50 Hz 脉宽为 400 μs 的宽脉冲及重复频率为 1 MHz 脉宽为 100 ns 的窄脉冲，通过聚束器将窄脉冲束团进行调制压缩到脉宽为 10 ns 的微脉冲束流，以满足物理实验终端对不同时间结构脉冲束综合性的实验需求，3 种脉冲模式束流时间结构如图 1 所示。

作者简介：李良（1995—），男，硕士生，助理工程师，现主要从事束流控制、测量等科研工作。

基金项目：国家财政部稳定支持研究项目“北方质子–强流直线加速器平台关键技术预先研究”（No. BJ19001904）。

表 1　ECR 离子源引出束流主要参数指标

参数名称	参数值
离子种类	质子
束流能量/kV	50
脉冲束流强度/mA	50

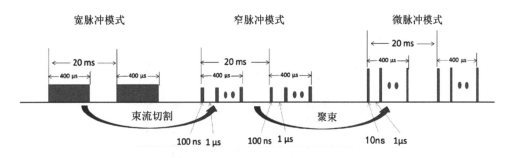

图 1　3 种脉冲模式束流时间结构

2　束流诊断系统设计

该束流诊断系统主要用于多模式脉冲束时间结构参数的测量和多模式脉冲束实验调试时束流匹配输运的诊断。对于离子源引出的束流强度的诊断工作主要在第一真空室内完成，3 种脉冲模式束流诊断工作主要在第二真空室内完成。在测量离子源参数时存在较大的干扰磁场，而对于脉冲频率为 1 MHz 的窄脉冲和微脉冲，需要测量元件对 ns 级束流有较高的灵敏度，同时为了实现脉冲束实验调试时束流匹配输运的实时诊断，需采用非拦截式的测量元件进行测量。由于法拉第筒不受磁场干扰且多用于测量束流强度绝对值，而 FCT 易受磁场干扰，主要用于测量 ns 级束流，测量 μs 级束流时信号顶降严重。故诊断系统采用法拉第筒和 FCT 互补的方式，用法拉第筒来精确测量离子源引出的束流强度和宽脉冲束流时间结构，用 FCT 测量窄脉冲和微脉冲束流时间结构。

2.1　法拉第筒设计

法拉第筒实际上是一个金属筒体，束流入射到法拉第筒收集杯上被完全阻止时产生激励电流，此电流流过取样电阻产生的压降与电流成正比，用示波器记录该电压信号，计算出筒体对地的电流大小从而得到束流强度[10]。为了准确测量束流，法拉第筒收集杯必须足够大以确保收集全部的束流，同时需要考虑次级电子逃逸出杯体而导致束流强度测量值偏大的问题[11-12]。为此，在设计法拉第筒时采用了抑制电极的方式来抑制次级电子，抑制电压为 - 400 V，此时基本没有次级电子逸出，法拉第筒具体参数如表 2 所示。

表 2　法拉第筒具体参数

参数名称	参数值
筒杯孔径/mm	80
气动驱动行程/mm	250
抑制电源/V	- 400
真空漏率/〔（mbar·L）/s〕	1E - 10

法拉第筒结构如图 2 所示，主要由筒杯部分、气动驱动部分和水冷系统等构成。筒杯部分主要由收集杯、抑制环、电极法兰等构成，抑制环与收集杯材料为 T3 紫铜，为了防止收集杯过热被击穿，设计

了螺旋水道方式进行水冷换热。采用气缸带动波纹管内的传动杆来控制法拉第筒探头的伸缩，总驱动行程为 250 mm，束流测试时驱动筒杯到下限位，当不需要测试时驱动探头至上限位远离束线，避免阻挡束流，驱动动作通过 LabVIEW 程序控制，传动装置通过波纹管隔离大气来保持真空室真空。

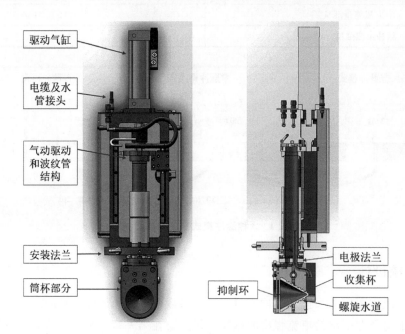

图 2   法拉第筒结构示意

2.2   FCT 设计

FCT 工作原理[13-14]如图 3 所示，束流是变压器的一个单匝"初级线圈"，它在环形高导磁率的磁芯中产生磁通，然后在由导线绕 N 匝而成的次级线圈中产生电流，通过取样电阻将电流信号转变为电压信号，其大小和波形反映了被测束流的强度和脉冲宽度。

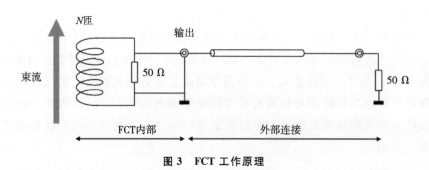

图 3   FCT 工作原理

FCT 主要由铁钴非晶合金芯和缠绕在磁芯上的线圈构成，为了满足频率为 1 MHz 脉宽为 100 ns的窄脉冲和脉宽为 10 ns 的微脉冲甚至更短脉冲的测量，测试采用了 Bergoz 公司的成品，型号为 FCT - 080 - 28 - 5.0 - SCC[14]，固定线圈数为 5 圈，灵敏度为 5 V/A，带法兰结构，FCT 具体参数如表 3 所示。同时，考虑到实际调试束流时束流能量存在波动，能量越低时磁场扩散越厉害，以及更短脉冲结构测量难度更大等问题，模拟了该型号 FCT 对脉冲束流强度为 30 mA，脉冲宽度分别为 100 ns 和 1 ns 时的响应，对应电荷量为 3 nC 和 30 pC。模拟结果如图 4 所示，FCT 对脉冲宽度为 100 ns 的脉冲束流的响应波形顶降小于 4%，脉冲上升和下降时间短，脉冲宽度为 1 ns 的脉冲束流响应结构清晰，能满足测试要求。

表 3　FCT 具体参数

参数名称	参数值
线圈匝数	5
灵敏度/（V/A)	5
上升时间/ns	0.39
顶降/（%/μs)	32
内径/mm	80
轴向长度/mm	28
截止频率上限/MHz	900
截止频率下限/kHz	＜50

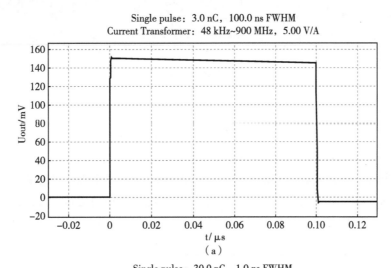

图 4　FCT 对束流能量 30 mA，脉冲宽度 100 ns (a) 和脉冲宽度 1 ns (b) 的响应

3　束流诊断实验

图 5 为 LEBT 整体布局，第一真空室和第二真空室均设计了法拉第筒的测量位置，而 FCT 最初被设计安装在第二真空室内进行测量，但由于安装位置离螺线管距离（120 mm）太近，干扰磁场影响大，为此在第二真空室后设计了一段漂移段，使 FCT 离螺线管距离增加到了 670 mm，解决了磁场干扰的问题。此外，FCT 的信号带宽较宽，能覆盖束流时间结构决定的整个频率范围，信号在真空

和室外的连接采用带宽 6.5 GHz 的 Feedthrough 真空室射频法兰馈通，馈通到示波器之间的电缆采用了带宽为 1.5 GHz 的 LMR400 电缆来减小信号的衰减幅度。

图 5　LEBT 整体布局

3.1　离子源束流强度测试

质子束流由高压极高压电源的高压引出，高压电源的高压即可代表离子源引出质子束流的能量。采用分压比为 10 000∶1 的 North star 高压探头进行分压测试，通过示波器读出引出高压为 50.7 kV。驱动法拉第筒探头至下限位，通过调试离子源微波功率、抑制极电压、高压极、离子源线圈等参数，待束流稳定后，带电粒子束打在金属靶上被收集，再经过 1000 Ω 电阻流向地电位，由示波器读取电阻两端电压值从而获得束流的强度信息，如图 6 所示，经过 10 倍衰减后的信号，测得束流强度为 50.7 mA。

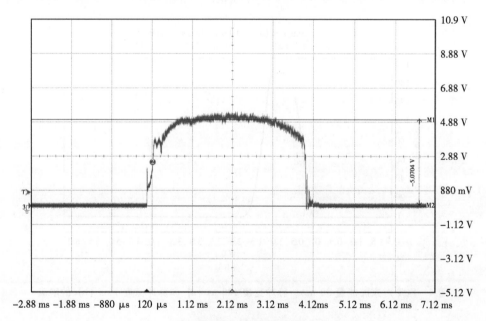

图 6　离子源引出束流强度

3.2　宽脉冲束流时间结构测试

测量宽脉冲时间时，由 FPGA 同步触发 ECR 离子源和斩波器，将斩波器调节成宽脉冲模式，待束流稳定后，将法拉第筒驱动到下限位进行测量。宽脉冲束流工作模式脉冲宽度和脉冲周期如图 7 所示，脉冲宽度为 400 μs，脉冲周期为 20 ms，由 $f=1/T$ 计算得到脉冲频率为 50 Hz。

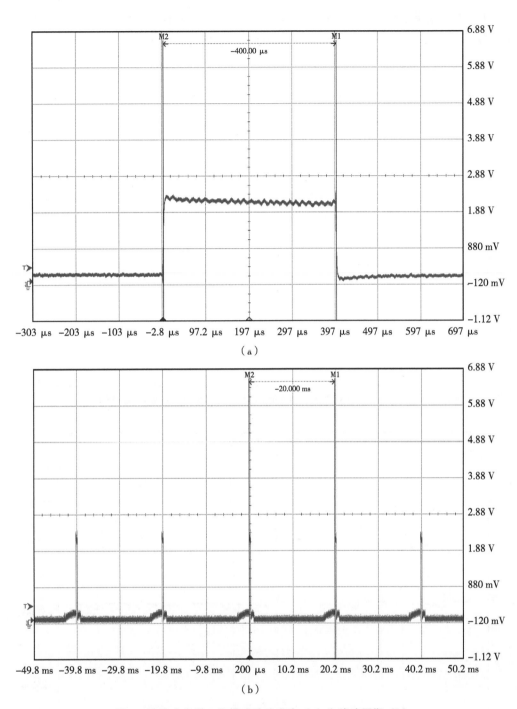

图 7 宽脉冲束流工作模式脉冲宽度（a）和脉冲周期（b）

3.3 窄、微脉冲束流时间结构测试

在测量窄脉冲束流时，驱动法拉第筒探头至上限位使其离开束线，将斩波器调节成窄脉冲模式，待束流稳定后，采用 FCT 测量束流脉冲宽度及脉冲周期，测试结果采用示波器显示。而测量微脉冲束流时，将斩波器调节到窄脉冲模式，还需开启聚束器进行聚束，再用 FCT 进行测量。

窄脉冲束流测试结果如图 8 所示。由于后端实际应用的需求更需要较为稳定的脉冲束流，因此取矩形波中 90% 脉冲幅值的平顶脉宽作为指标，得到测试脉冲宽度为 100.58 ns，脉冲周期为 1.01 μs，脉冲频率为 1 MHz。

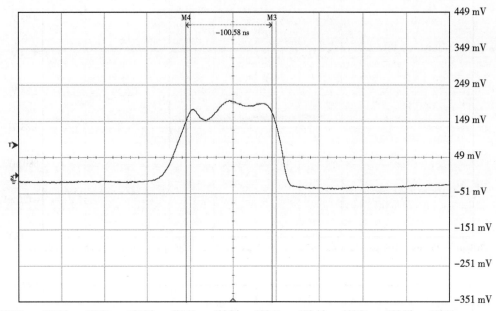

197.81 μs 197.86 μs 197.91 μs 197.96 μs 198.01 μs 198.06 μs 198.11 μs 198.16 μs 198.21 μs 198.26 μs 198.31 μs

(a)

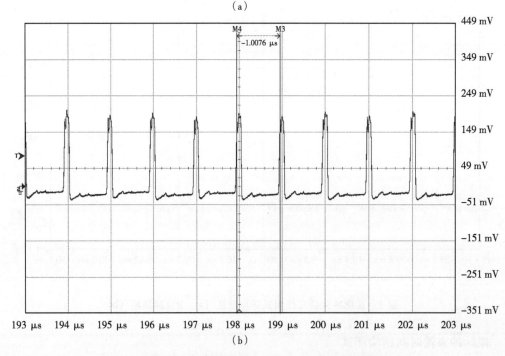

193 μs 194 μs 195 μs 196 μs 197 μs 198 μs 199 μs 200 μs 201 μs 202 μs 203 μs

(b)

图 8　窄脉冲束流工作模式脉冲宽度（a）和脉冲周期（b）

微脉冲束流测试结果如图 9 所示。取矩形波中 90% 脉冲幅值的平顶脉宽作为指标，得到测试脉冲宽度为 9.9999 ns，脉冲周期为 1.0016 μs，脉冲频率为 1 MHz。

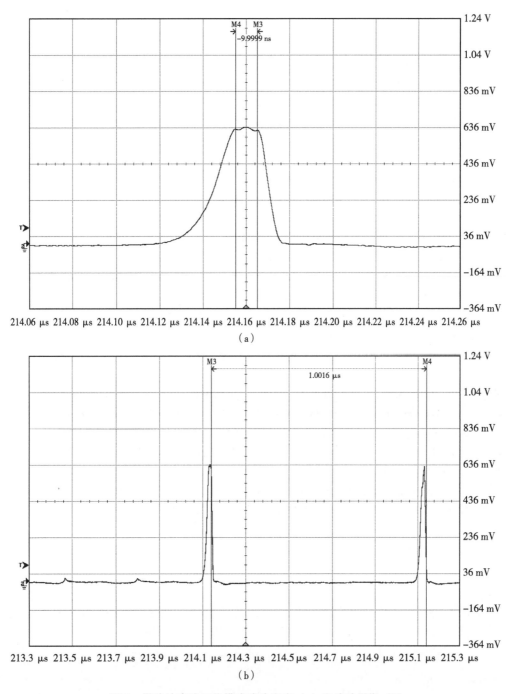

图 9 微脉冲束流工作模式脉冲宽度（a）和脉冲周期（b）

4 结论

针对质子直线加速器 LEBT 的脉冲束流参数和束流调试要求，设计并搭建了一套束流诊断系统。系统采用法拉第筒和 FCT 互补的方式，实现了离子源束流强度和 3 种脉冲模式束流时间结构参数的测量，结果表明质子加速器参数达到设计指标要求。此系统为加速器的调试和成功验收提供了有效依据，对后续的加速器束流参数诊断方法设计优化起到了一定参考作用。

考虑到 FCT 在测量过程中易受外部磁场干扰，还需通过加磁屏蔽的方法对其进一步优化，以确保束测工作准确有效。

参考文献：

[1] DONEGANI E M，CEREIJO-GARCIA J，HAGHTALAB S，et al. Design and performance of the compact DTL1 Faraday cup for the high-power ESS NCL [J]. Nuclear instruments and methods in physics research，Section A. Accelerators spectrometers detectors and associated equipment，2023 (1047)：167827.

[2] 柯建林，胡永宏，周长庚，等. 强电场中的脉冲束流强度测量方法 [J]. 强激光与粒子束，2016，28 (11)：160 - 163.

[3] 管锋平，怀东，立鹏，等. 100 MeV 束流诊断系统布局 [J]. 国原子能科学研究院年报，2012 (1)：44 - 45.

[4] 苏丹，林敏，陈义珍，等. 限口法拉第筒的研制 [J]. 核技术，2008 (10)：766 - 768.

[5] 王安鑫，孟鸣，杨涛，等. 用于中国散裂中子源调束的法拉第筒结构优化设计 [J]. 原子能科学技术，2019，53 (9)：1541 - 1546.

[6] 王建新，吴岱，林司芬，等. 束流变压器的基线漂移效应研究 [J]. 原子能科学技术，2018，52 (8)：1526 - 1529.

[7] COURTOIS C，JAMET C，COZ W L，et al. Intensity control in experimental rooms of the GANIL accelerator [J]. Nuclear instruments and methods in physics research，Section A. Accelerators spectrometers detectors and associated equipment，2014，768 (21)：112 - 119.

[8] 王晓辉. 合肥光源高亮度注入器束流测量系统的研制 [D]. 合肥：中国科学技术大学，2011.

[9] 王云，陈志，赵红卫，等. 强流 ECR 离子源引出系统研究 [J]. 原子核物理评论，2013 (2)：141 - 146.

[10] 唐影，钱航，易爱平，等. 法拉第筒用于大面积电子束均匀性诊断 [J]. 核电子学与探测技术，2008，28 (3)：667 - 670，630.

[11] JOHNSTON R，BERNAUER J，COOKE C M，et al. Realization of a large-acceptance faraday cup for 3 MeV electrons [J]. Nuclear instruments and methods in physics research，Section A. Accelerators spectrometers detectors and associated equipment，2019，922：157 - 160.

[12] 徐治国，王金川，肖国青，等. 法拉第筒阵列探测器在电子束束流均匀度测量中的应用 [J]. 核电子学与探测技术，2005，25 (4)：439 - 441，375.

[13] WADA M，et al. Nondestructive intensity monitor for cy clotron beams [C] //RIKEN Accel. Prog. Rep，2005.

[14] BERGOZ INSTRUMENTATION. bergoz FCT user's manual [EB/OL]. [2023 - 03 - 28]. https：//www.bergoz. com/products/fct/.

Study on the diagnosis method of low energy transport line pulse beam in proton linac

LI Liang, DOU Yu-ling, YANG Jing-he, WANG Chang-qiang,
YANG Yu, QIN Cheng, YAN Jie, WANG Xiu-long, ZHU Zhi-bin

(China Institute of Atomic Energy, Beijing 102413, China)

Abstract: Beam diagnosis system is one of the indispensable components of the accelerator, which plays a crucial role in the beam modulation of the accelerator, and is the key component to test the effect of beam pulsing and bunch compression. In this paper, the pulse beam diagnosis method is studied and a set of beam diagnosis system is designed for the time structure and intensity parameters of the three modes of pulse beam in the low energy transport line (LEBT) of the high current proton linac. In this system, wide pulse (400 us) beam diagnosis is realized by Faraday cup, and narrow pulse (100 ns) and micro-pulse (10 ns) beam diagnosis is realized by fast beam transformer (FCT), which provides beam parameters for the design of LEBT.

Key words: Low energy beam transport; Beam diagnostics; Faraday cup; FCT

原子能农学
Nuclear Agricultural Sciences

目　　录

氚化水气态释放后在莜麦菜中的转移规律研究

曹　俏，张　晟，贡文静

（中国辐射防护研究院，核环境模拟与评价技术重点实验室，山西　太原　030006）

摘　要： 为了研究气态氚化水（HTO）释放后在植物与环境之间的迁移转化行为，选取莜麦菜作为实验对象，分别在实验室进行短期及长期转移模拟实验，研究了莜麦菜中组织自由水氚（Tissue Free Water Tritium，TFWT）和有机氚（Organically Bound Tritium，OBT）的变化情况。结果表明：①在长期实验中，莜麦菜体内不同形式氚的累积量与氚暴露实验时间是非线性的，TFWT 的核素浓度比（Concentration Ratio，CR）值范围为 0.0897～0.2310，OBT 的核素浓度比 CR 值范围为 0.0105～0.0322。②在短期实验中，TFWT 的活度浓度夜晚明显小于白天，白天和夜晚都会产生 OBT，TFWT 的 CR 值范围为 0.1490～1.8800，OBT 的 CR 值范围为 0.0020～0.0132。③暴露实验结束后，转移至室内条件继续生长的莜麦菜中 TFWT 能快速损失掉，污染后第 1、第 2、第 3 天的残留比分比为 0.35、0.14、0.027，莜麦菜中 OBT 残留时间则较长，残留比为 0.27～0.31，至第 3 天实验结果仍无明显损失，反而有所增加。

关键词： 氚化水；气态释放；莜麦菜；核素浓度比；转移

氚具有很强的移动性，气态氚化水（HTO）可以直接进入植物，也可以通过干、湿沉积两种方式落到地面土壤并进一步被植物通过根部吸收。氚被植物吸收后一部分以组织自由水氚的形式存在，一部分通过光合作用和新陈代谢转化成有机结合氚[1-2]。植物作为食物链的基础物质，被动物和人类食用后吸收的放射性核素氚通过内照射对生物体造成损害，研究氚在环境与植物之间的转移规律对研究氚对人类的危害也具有重要意义。国际上，气态氚化水短期释放后在植物中的迁移转化过程在小麦、水稻、大豆、白菜和萝卜等作物已有报道[3-7]，国内史建君等[8]将 HTO 引入土壤中进而研究 HTO 在土壤及玉米根、茎叶及果实内的转移分布规律，申慧芳等[9]实验研究了气态氚化水在大豆不同生长阶段短期释放后大豆叶片和籽粒中的转移规律。为了充分了解气态氚长期及短期释放后在植物中的迁移转化过程，有必要开展相关实验研究。莜麦菜是我国常见叶菜，本文通过进行长期与短期氚释放转移实验，研究氚在莜麦菜与环境之间的转移规律并建立相应的动态模型，为气态氚释放后植物中氚浓度预测提供科学依据。

1. 材料与方法

1.1　实验材料与仪器

实验氚为 HTO 溶液，总活度为 3.7×10^7 Bq，购自中国同辐股份有限公司。实验植物为莜麦菜，种植方式为实验室盆栽，实验开展时莜麦菜处于收获期。

实验舱：长期实验舱，短期实验舱，实验舱设计参数如表 1 所示。

表 1　实验舱设计参数

实验舱	个数	长/m	宽/m	高/m	底面积/m²	内部空间/m³
长期实验舱	1	2.68	2.16	1.84	5.79	10.68
短期实验舱	6	1.20	0.65	1.45	0.78	1.10

作者简介：曹俏（1993—），女，辽宁大连人，助理研究员，工学硕士，现主要从事放射生态学研究工作。

1.2 分析方法及仪器设备

低本底液闪谱仪 Tri-Carb3170TR/SL：对不同介质中含氚样品进行分析测量，分析方法及探测限如表 2 所示。

冷冻脱水装置（冻干机）：型号为沪析 HX-10-50D；

催化氧化炉：2 kW/1.2 kW 催化氧化电炉；

氚采样器：GT-A 型空气氚采样器。

表 2 不同介质中氚的分析方法及探测限

核素	介质	参考标准	仪器设备	探测限
^3H	空气	《水中氚的分析方法》 （GB 12375—90）	低水平液闪谱仪 Tri-Carb3170TR/SL	7.16 Bq/m³
	水			0.25 Bq/kg
	土壤			0.44 Bq/kg
	植物 HTO			0.25 Bq/kg
	植物 OBT	《食品安全国家标准 食品中放射性物质 氢-3 的测定》（GB 14883.2—2016）		0.13 Bq/kg

1.3 实验方法

（1）实验植物预处理

实验开始前，选择长势相当的植物盆栽植物进行实验，实验开始前对其进行编号。实验开始时莜麦菜处于收获期。

（2）放射源浓度设计及投放

长期实验舱氚的投放方式采用雾化法，设计投源活度浓度为 10^4 Bq/m³，舱内总活度为 10^5 Bq；短期实验舱，氚的投放方式采用加热蒸发法，设计投源活度浓度为 10^4 Bq/m³，舱内总活度为 10^4 Bq。

（3）周期实验步骤：出于实验植物正常生长的考虑，采用周期性投源方法进行，实验植物莜麦菜处于收获期，共进行了 3 个周期的氚暴露实验，每周期实验植物实际氚暴露时间为 24 小时。每周期实验过程如下：

① 周期开始时，通过雾化器向实验舱内投放液态 HTO 源溶液，同时开启自循环通风系统，使植物在密闭实验舱内正常生长 24 h，密封期间对舱内空气进行取样分析；

② 植物生长 24 h 后，对实验舱内进行除湿、除氚和通风操作，确保空气中放射性核素低于排放限值后，开启高效通风过滤系统进行通风；

③ 待实验舱内氚活度浓度降低到环境水平后，对舱内实验植物及土壤进行取样分析。

（4）短期实验步骤：短期实验分两步完成，先做 24 h 组，再做 48 h 组。具体步骤如下：

① 将 6 个实验舱放置在阳光人工气候室内进行实验，每个舱内放置一盆实验植物，通过阳光人工气候室调控实验舱温度、光照及实验结束后的通风换气；

② 每组实验开始前在每个实验舱加热盘内加入配置好的放射源，实验开始时同时通电启动 6 个实验舱内加热盘，氚释放结束后关闭加热盘。实验过程中开启各实验舱内风扇，保证实验舱内气体均匀性。实验期间对舱内空气进行取样，每隔 4 h 对实验舱进行除氚，待实验舱内氚活度浓度降低到环境水平后，对舱内实验植物及土壤进行取样分析。

1.4 制样与测量

样品的制备和测量在中国辐射防护研究院核环境科学研究所分析测试中心进行。

（1）空气中氚的采样及分析

采用鼓泡法氚采样器捕集空气中的 HTO 将各级捕集液混合均匀作为样品溶液，用低水平液闪谱仪进行 HTO 活度测定。最后，根据取样空气体积及样品量，计算空气中 HTO 的活度浓度。

（2）植物中自由水氚的采样及分析方法

使用冻干机利用真空抽吸的方法获得冷冻生物样品中的自由水，将收集到的自由水称重、蒸馏，蒸馏后的样品按"水中 HTO 的分析测定"步骤分析测定。

（3）植物中有机氚的采样及分析方法

使用冻干机利用真空抽吸的方法除去冷冻生物样品中的自由水，将得到的样品氧化燃烧，使样品完全氧化，冷凝并收集燃烧产生的水蒸气，放入低水平液闪谱仪的样品室内闭光数小时，进行放射性测量。

（4）土壤中氚的采样分析方法

将得到的土壤样品进行水样纯化，并将纯化后的水样加入闪烁液后放入液体闪烁计数器的样品室内闭光数小时，进行放射性测量。

2. 结果与分析

2.1 周期实验结果与分析

莜麦菜体内不同形式氚的累积量并非随实验时间增长而线性增加，莜麦菜的 TFWT 在周期 1 内最大，造成这种现象的原因可能是实验时莜麦菜已处于收获期，实验初期植物的生长代谢速率要高于实验后期，初期对环境中氚的转移能力较强，分别经历了 1、2、3 个周期污染的莜麦菜对环境中氚的转移规律如图 1 所示。

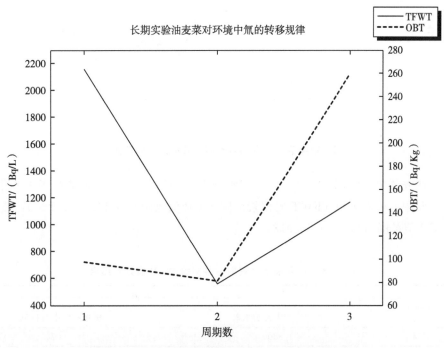

图 1　周期实验莜麦菜对不同形式的氚的转移规律

周期实验中莜麦菜中 TFWT 和 OBT 与空气水分中 HTO 的活度浓度比 CR 值列于表 3 中。周期实验中，莜麦菜中 TFWT 的核素浓度比 CR 值范围为 0.0897～0.2310，莜麦菜中 OBT 的核素浓度比 CR 值范围为 0.0105～0.0322。

表3 氚在莜麦菜植物周期污染实验的 CR 计算结果

氚形式	周期1	周期2	周期3
组织自由水氚/（Bq/L）	0.2310	0.0897	0.1450
有机氚/（Bq/kg）	0.0105	0.0130	0.0322

2.2 短期实验结果与分析

由图2可知，在以天为单位的研究中，莜麦菜内 TFWT 在实验的前 8 h 处于较高水平，且夜晚温度较低植物代谢减慢，因而夜晚自由水氚活度浓度明显小于白天。对于有机氚而言，在白天的 12 h 呈先增大后减小趋势，造成这种现象的原因为白天有机氚的形成主要依赖光合作用，而光合作用强度与光照强度呈正相关关系，白天 12 h 的光照强度即为由小到大再变小的规律。夜晚植物光合作用进入暗反应阶段，莜麦菜内有机氚浓度还有所增加，说明莜麦菜夜晚也会产生有机氚，但是夜晚有机氚的合成机制还待进一步研究。

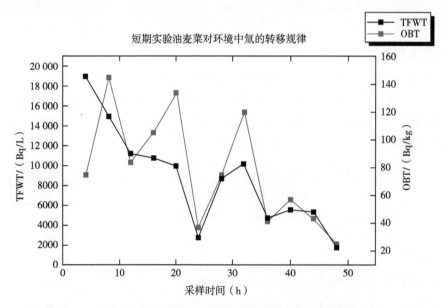

图2 短期实验莜麦菜对不同形式的氚的转移规律

短期实验中莜麦菜中 TFWT 和 OBT 与空气水分中 HTO 的浓度比 CR 值列于表4中。由表中数据可知，短期实验中，莜麦菜中 TFWT 的核素浓度比 CR 值范围为 0.1490～1.8800，莜麦菜中 OBT 的核素浓度比 CR 值范围为 0.0020～0.0132。

表4 氚在莜麦菜植物短期污染实验的 CR 值计算结果

序号	采样时间/h	CR 值	
		植物组织中自由水氚	植物组织中有机氚
1	4	1.8800	0.0074
2	8	1.3600	0.0132
3	12	0.4690	0.0035
4	16	0.5250	0.0051
5	20	0.4440	0.0060
6	24	0.1490	0.0020
7	28	0.5580	0.0048

序号	采样时间/h	CR 值	
		植物组织中自由水氚	植物组织中有机氚
8	32	0.8880	0.0104
9	36	0.4400	0.0038
10	40	0.4760	0.0049
11	44	0.3960	0.0032
12	48	0.2270	0.0033

2.3　氚化水释放后莜麦菜内 TFWT 与 OBT 滞留规律

短期暴露实验结束后,将暴露污染过的实验植物转移至阳光房正常培养,分别于第 1、第 2、第 3 天对莜麦菜进行取样分析测试,莜麦菜内 TFWT、OBT 残留情况如表 5 所示。暴露实验结束后,转移至室内条件继续生长的莜麦菜中 TFWT 能快速损失掉,污染后第 1、第 2、第 3 天的残留比分比为 0.35、0.14、0.027,莜麦菜中 OBT 残留时间则较长,残留比为 0.27~0.31,至第 3 天实验结果仍无明显损失,反而有所增加。

表 5　气态氚化水暴露污染后与莜麦菜内 TFWT、OBT 残留情况

污染后时间/d	TFWT	OBT
1	0.35	0.27
2	0.14	0.31
3	0.027	0.29

3　结论和讨论

① 在莜麦菜对氚的长期实验中,莜麦菜体内不同形式氚的累积量与氚暴露实验时间是非线性的,且 OBT 的累积量远小于 TFWT,莜麦菜中 TFWT 的 CR 值范围为 0.0897~0.2310,莜麦菜中 OBT 的 CR 值范围为 0.0105~0.0322。

② 在莜麦菜对氚的短期实验中,莜麦菜白天和夜晚对 TFWT 与 OBT 的累积趋势基本一致,但 OBT 的累积量远小于 TFWT,莜麦菜夜晚也会产生有机氚。莜麦菜中 TFWT 的 CR 值范围为 0.1490~1.8800,莜麦菜中 OBT 的 CR 值范围为 0.0020~0.0132。

③ 暴露实验结束后,转移至室内条件继续生长的莜麦菜中 TFWT 能快速损失掉,污染后第 1、第 2、第 3 天的残留比分比为 0.35、0.14、0.027,莜麦菜中 OBT 残留时间则较长,残留比为 0.27~0.31,至第 3 天实验结果仍无明显损失,反而有所增加。

为了保证氚排放设施周围环境的安全性,获得准确氚在环境中的迁移转化过程参数及模型至关重要。除实验模拟外,国内外学者针对氚在环境中迁移转移数值模拟方面也进行了很多研究,Hamby 和 Murphy 等[10-11]的研究成果表明比活度模型在氚长期释放情况下预测植物中氚浓度是有效的,申慧芳等[12]研究表明比活度模型对植物中氚浓度估算结过偏高。在后续研究中,建议关注土壤及空气水分中氚对植物中氚浓度的影响及植物有机氚累计转化过程。

参考文献:

[1] BOYER C, VICHOT L, FROMM M, et al. Tritiuminplants: a review of current knowledge [J]. Environmental and experimental botany, 2009, 67 (1): 34 - 51.

［2］ DIABATÉ S, STRACK S. Organically bound tritium ［J］. Health physics, 1993 (65): 698 – 712.

［3］ IAEA. 2005. Tritium absorption by soybean foliage ［EB/OL］. (2013 – 01 – 20) ［2023 – 10 – 01］. http://www. ns. iaea. org/projects/emras/emras-tritium-wg. htm.

［4］ IAEA. 2008. Final report of soybean scenarioe ［EB/OL］. (2013 – 01 – 20) ［2023 – 10 – 01］. http://www. ns. iaea. org/domnloads/rw/projects/emras/tritium/soybean-final. pdf.

［5］ DIABATÉ S, STRACK S. Organically bound tritium in wheat after short-term exposure to atmospheric tritium under laboratory conditions ［J］. Journal of environmental radioactivity, 1997, 36 (2/3): 157 – 175.

［6］ CHOI Y H, LIM K M, LEE W Y, et al. Tissue free water tritium and organically bound tritium in the rice plant acutely exposed to atmospheric HTO vapor under semi-outdoor conditions ［J］. Journal of environmental radioactivity, 2002, 58 (1): 67 – 85.

［7］ YONG H C, LIM K M, LEE W Y, et al. Tritium levels in Chinese cabbage and radish plants acutely exposed to HTO vapor at different growth stages ［J］. Journal of environmental radioactivity, 2005, 84 (1): 79 – 94.

［8］ 史建君，王寿祥，陈传群，等. HTO 在土壤-玉米系统中行为的动力学模型 ［J］. 核农学报，2001, 15 (2): 111 – 114.

［9］ 申慧芳，姚仁太. 氚化水 (HTO) 气态释放后在大豆中的积累和转化研究 ［J］. 环境科学学报，2013, 33 (10): 2911 – 2918.

［10］ HAMBY D M, BAUER L R. The vegetation-to-air concentration ratio in a specific activity atmospheric tritium model ［J］. Health physics, 1994, 66 (3): 339 – 342.

［11］ MURPHY C E. The relationship between tritiated water activities in air, vegetation and soil under steady-state conditions ［J］. Health physics, 1984, 47 (4): 635 – 639.

［12］ 申慧芳，姚仁太. 氚长期大气释放后小麦中氚浓度预测模型的比较研究 ［J］. 辐射防护，2009, 29 (3): 139 – 147.

Study of transformation of HTO in lettuce for atsmospheric release of tritiated water

CAO Qiao, ZHANG Sheng, GONG Wen-jing

(China Institute of Radiation Protection, Key Laboratory of Simulation and Assessment Technology for Nuclear Enviroment, Taiyuan, Shanxi 030006, China)

Abstract: In order to study the transformation of release tritiated water (HTO) in plants and environment, the lettuce pl-water tritium (TFWT) and organically bound tritium (OBT) in lettuce collected in different experiment conditions were measured. The results show that: ① in the long-term experiment, the accumulation of different forms of tritium in lettuce is nonlinear with the tritium exposure time. The concentration ratio (CR) of TFWT is 0.09~0.23, and the concentration ratio (CR) of OBT is 0.01~0.03. ② In the short-term eants were exposed to HTO vapor for Short-term and long-term. The concentration of tissue free xperiment, the activity concentration of TFWT at night is significantly lower than that in the day. OBT will be produced during the day and night. The CR value range of TFWT is 0.1490~1.8800, and the CR value range of OBT is 0.0020~0.0132. ③After the end of the exposure experiment, the lettuce in the experimental chambers were transferred to indoor conditions for continued growth. The residue ratio on the first, second, and third days after contamination is 0.35, 0.14, and 0.027. The residual time of OBT in lettuce is longer, with a residue ratio of 0.27~0.31. By the third day, the experimental results still have no significant loss.

Key words: Tritiated water (HTO); Atsmospheric release; Lettuce; Concentration ratio (CR); Transfer

三种紫外线辐照对黑腹果蝇蛹的影响

刘旭祥，仪传冬，敖国富，陈　湜*，季清娥*

（福建农林大学生物防治研究所，联合国粮农组织/国际原子能机构实蝇防控中国合作中心，教育部生物农药与化学生物学重点实验室，闽台作物有害生物生态防控国家重点实验室，福建　福州　350002）

摘　要： 本文分别利用 3 种紫外线（UVA、UVB、UVC）灯辐照黑腹果蝇蛹，研究辐照对黑腹果蝇的羽化率、性比、飞出率、死蛹率、成虫干重、蛹重及 F1 羽化率、性比、死蛹率、成虫干重的影响。结果表明：辐照后黑腹果蝇羽化率均显著降低，其中 UVB 辐照 6 h 后的黑腹果蝇蛹羽化率最低，为 10.00％；经过 UVA 辐照 9 h 组的性比平均值为 2.32，显著高于其他处理组；经过 UVB 辐照后，黑腹果蝇飞出率显著降低，其中 UVB 处理 6 h 后黑腹果蝇飞出率低至 4.00％；经过 UVB 辐照的死蛹率显著高于对照组和其他组，其中辐照 6 h 组黑腹果蝇蛹的死亡率平均值达到 89.33％，最高达 94.00％。经过紫外线辐照后各组蛹重与对照组相比都有不同程度的增加，且差异显著；经过 UVB、UVC 辐照后羽化的黑腹果蝇成虫干重显著低于对照组；经过紫外线辐照后黑腹果蝇 F1 成虫干重相比对照组均有所降低，与对照组差异显著。本研究可为昆虫的紫外线诱变和害虫生物防治提供参考。

关键词： 黑腹果蝇；紫外线；辐照

　　黑腹果蝇隶属于双翅目（Diptera）、环裂亚目（Cyclorrhapha）、果蝇科（Drosophilidae）、果蝇属（Drosophila）、水果果蝇亚属（Subgenus Sophophora）、黑腹果蝇种组（*Drosophila melanogaster* species group）[1-4]，作为一种研究最为深入的模式昆虫已被人们熟知。黑腹果蝇属于腐食性，但同属于黑腹果蝇种组的斑翅果蝇（*Drosophila suzukii* Matsumura）则是鲜食性的，为害健康新鲜的水果。斑翅果蝇又称为铃木氏果蝇、樱桃果蝇，其雌虫产卵器呈锯齿状，能割破浆果类果实的果皮并在果肉内产卵，幼虫孵化后在果实内部钻蛀为害。现阶段对于斑翅果蝇的防治主要是以化学防治为主，但化学防治易引起"3R"问题，且不能从根本上解决斑翅果蝇的危害，迫切需要采用生物防治的措施防治斑翅果蝇。

　　课题组前期研究已筛选到斑翅果蝇的蛹期寄生蜂（*Trichopria drosophilae* Perkins），但需要对其进行人工大量饲养，才能满足生产需要。黑腹果蝇作为模式昆虫，具有生活周期短、雌雄易分辨、易饲养、繁殖快等特点[5]，具备作为斑翅果蝇寄生蜂替代寄主的应用潜力；但饲养过程需要分离寄生蜂与未被寄生的寄主，如果能通过辐照使寄主发育受阻，达到自动分离的目的，将大大提高饲养效率。

　　紫外线是电磁波谱中波长从 10～400 nm 射线的总称，是一种非电离射线，根据波长可分为近紫外线（UVA）、远紫外线（UVB）和超短紫外线（UVC）。紫外线广泛应用于灭菌、保健、促进维生素产生、分解油烟、分解有机物、微生物诱变育种等方面[6-12]。已有多项研究涉及利用紫外线辐照果蝇，如 UVA 辐照对黑腹果蝇生物学特性和抗氧化反应的影响[13]、紫外线辐照对于果蝇生长发育和表型变异的影响[14]、紫外线辐照对果蝇凋亡相关基因表达的影响[15]等。

　　本研究利用不同种类的紫外线灯辐照黑腹果蝇蛹研究紫外线辐照对黑腹果蝇羽化率、性比、飞出率、死蛹率、成虫干重、蛹重、F1 蛹重、F1 性比、F1 死蛹率、F1 成虫干重等影响，为利用黑腹果蝇作为寄主饲养斑翅果蝇寄生蜂提供基础。

作者简介： 刘旭祥，男，山东潍坊人，博士研究生，研究方向为农业昆虫与害虫防治。

基金项目： 国家重点研发计划（2017YFD0202000）。

1 材料与方法

1.1 供试昆虫

黑腹果蝇：实验室饲养种群，来自田间诱捕。

1.2 仪器设备

紫外灯（UVA：350 nm；UVB：300 nm；UVC：250 nm，南京华强电子有限公司）、电子分析天平、冰箱、电磁炉、飞出率测试筒（h：20 cm；d：10 cm）、培养皿、养虫罐、养虫笼（30 cm×30 cm×30 cm）、饲料盘、海绵、脱脂棉球、毛刷、镊子、剪刀、保鲜膜、滤纸、量筒、烧杯、玻璃棒。

1.3 黑腹果蝇的饲养

黑腹果蝇饲料配置方法参考林清彩文献[16]并稍作修改。配置方法：①玉米粉 50 g、蔗糖 40 g、酵母粉 20 g，加入温水 300 mL 搅拌均匀，加入 95％酒精 7 mL、乙酸 3 mL；②琼脂 5 g 加入 500 mL 水中，加热溶解成琼脂溶液；③将步骤①中的混合溶液加入步骤②中，加水定容至 1000 mL 并搅拌均匀，加热将饲料煮熟后加入 1 g 山梨酸钾，搅拌均匀使山梨酸钾充分融化；④将饲料倒入饲料盘内、待饲料自然冷却到室温成为固体饲料后用保鲜膜将饲料盘封口，放入冰箱冷藏备用。

1.4 辐照剂量的确定

选择化蛹 48 h 内的黑腹果蝇蛹，利用专利"一种黑腹果蝇蛹的简易大量繁殖方法"[17]中所述的大量获取黑腹果蝇蛹的方法对黑腹果蝇蛹进行获取并放置于培养皿中。培养皿置于紫外灯（30 W）正前方 50 cm 处进行辐照处理。

1.5 紫外线辐照对寄主黑腹果蝇蛹的影响

取蛹化 48 h 内的黑腹果蝇蛹，将收集好的黑腹果蝇蛹放置在铺有湿润滤纸的培养皿中。分别置于紫外灯 UVA、UVB、UVC 下进行处理，辐照时间分别为 3 h、6 h、9 h，另外设置空白对照组、不进行辐照处理。辐照处理过的黑腹果蝇蛹分别放置在铺有湿润滤纸的培养皿中，每个处理取 100 只蛹，每个处理重复进行 3 次；经过辐照处理的蛹羽化出的黑腹果蝇产卵化蛹后再次收集的蛹记为 F1，F1 与亲本在相同条件下饲养且不进行辐照处理。统计每个处理供试黑腹果蝇的羽化率、性比、飞出率、死蛹率、成虫干重、F1 蛹重、F1 羽化率、F1 性比、F1 死蛹率、F1 成虫干重。

1.6 数据统计与分析

采用 SPSS 23.0 软件和 Excel 2013 软件计算羽化率、性比、飞出率，并对果蝇的羽化率、性比、飞出率、死蛹率、成虫干重、F1 蛹重、F1 羽化率、F1 性比、F1 死蛹率、F1 成虫干重进行单因素方差分析并进行差异显著性检验。

2 结果与分析

2.1 紫外线辐照对黑腹果蝇羽化率的影响

经过 UVA、UVC 辐照处理的黑腹果蝇蛹和对照组 3 组内和组间的羽化率均无显著差异，而经过 UVB 辐照处理过的黑腹果蝇蛹羽化率较之其他 3 个处理显著降低，且不同 UVB 辐照时长对羽化率有显著的影响。其中经过 UVB 处理 6 h 组的羽化率显著低于经过 UVB 处理 3 h 组和 9 h 组，但经过 UVB 处理 3 h 组和 9 h 组的羽化率之间没有显著差异。UVA、UVB 辐照对 F1 羽化率均没有显著影响，而 UVC 处理 3 h、6 h 后的 F1 羽化率显著低于其他各组（表 1）。

表 1 紫外线辐照对黑腹果蝇羽化率的影响

紫外线灯种	羽化率		
	3 h	6 h	9 h
CK	(87.33±2.91)%ab	(87.33±2.91)%ab	(87.33±2.91)%ab
UVA	(76.00±2.00)%b	(77.33±1.76)%b	(76.00±2.00)%b
UVB	(22.67±1.76)%d	(10.00±2.00)%e	(28.67±2.91)%d
UVC	(86.00±2.31)%ab	(80.00±1.16)%ab	(84.00±3.46)%ab
CK－F1	(87.33±0.01)%ab	(87.33±0.01)%ab	(87.33±0.01)%ab
UVA－F1	(88.00±0.00)%ab	(84.67±2.40)%ab	(76.67±4.37)%b
UVB－F1	(86.67±5.21)%ab	(92.67±2.40)%a	(87.33±2.91)%ab
UVC－F1	(58.67±3.71)%c	(55.33±4.06)%c	(85.33±2.40)%ab

注：数据为平均值±标准误，不同小字母表示 0.05 水平上差异显著。下同。

2.2 紫外线辐照对黑腹果蝇性比的影响

经过 UVA 辐照处理 9 h 组性比显著高于对照组；其他处理组性比和对照组均无显著差异（表 2）。

表 2 紫外线辐照对黑腹果蝇性比的影响

紫外线灯种	性比		
	3 h	6 h	9 h
CK	(1.23±0.11)bcd	(1.23±0.11)bcd	(1.23±0.11)bcd
UVA	(1.40±0.05)bcd	(1.38±0.03)bcd	(2.32±0.24)a
UVB	(1.46±0.27)abcd	(1.56±0.10)abcd	(1.36±0.06)bcd
UVC	(1.75±0.04)abcd	(0.84±0.03)d	(1.36±0.21)bcd
CK－F1	(1.13±0.05)bcd	(1.13±0.05)bcd	(1.13±0.05)bcd
UVA－F1	(1.31±0.13)bcd	(1.39±0.16)bcd	(2.00±0.56)abc
UVB－F1	(1.06±0.06)cd	(2.07±0.18)ab	(1.79±0.04)abc
UVC－F1	(1.71±0.06)abcd	(1.73±0.17)abcd	(1.65±0.19)abcd

2.3 紫外线辐照对黑腹果蝇飞出率的影响

与对照组相比，所有经过紫外线辐照处理的黑腹果蝇蛹羽化得到的成虫飞出率都显著降低。经过 UVB 处理的黑腹果蝇飞出率显著低于其他各组，且 UVB 处理的时长对飞出率没有显著影响。经过 UVA 处理 3 h 的黑腹果蝇飞出率高于 UVA 处理 6 h 和 9 h 组，后二者之间无显著差异。同样地，经 UVC 处理 3 h 的黑腹果蝇飞出率高于 UVC 处理 6 h 和 9 h 组，后二者之间无显著差异（表 3）。

表 3 紫外线辐照对黑腹果蝇飞出率的影响

紫外线灯种	飞出率		
	3 h	6 h	9 h
CK	(46.67±0.67)%a	(46.67±0.67)%a	(46.67±0.67)%a
UVA	(28.67±1.33)%c	(23.33±0.67)%d	(22.00±2.00)%d
UVB	(6.00±2.00)%e	(4.00±1.16)%e	(6.67±1.76)%e
UVC	(39.33±2.40)%b	(29.33±1.33)%c	(30.00±2.00)%c

2.4 紫外线辐照对黑腹果蝇死蛹率的影响

经过 UVB 辐照处理的亲代各试验组死蛹率显著高于对照组，且和其他试验组存在显著差异，UVC 辐照处理 3 h 和 6 h 组子代的死蛹率比其他子代处理组高且差异显著（表4）。

表 4　紫外线辐照对黑腹果蝇死蛹率的影响

紫外线灯种	死蛹率		
	3 h	6 h	9 h
CK	(8.67±1.16)% fg	(8.67±1.16)% fg	(8.67±1.16)% fg
UVA	(23.33±1.33)% d	(20.67±0.67)% def	(22.00±2.00)% de
UVB	(76.00±1.16)% b	(89.33±2.40)% a	(68.67±3.71)% b
UVC	(14.00±2.31)% defg	(18.00±0.00)% defg	(15.33±3.53)% defg
CK-F1	(9.33±1.76)% efg	(9.33±1.76)% efg	(9.33±1.76)% efg
UVA-F1	(11.33±0.67)% defg	(14.67±1.76)% defg	(22.67±3.71)% d
UVB-F1	(13.33±5.21)% defg	(6.67±2.91)% g	(10.67±2.40)% defg
UVC-F1	(38.67±4.06)% c	(44.00±4.16)% c	(14.00±2.00)% defg

2.5 紫外线辐照对黑腹果蝇雌成虫干重的影响

经过 UVA 辐照处理 6 h 后羽化的黑腹果蝇雌成虫干重相比对照组显著增加，而 UVA 辐照 3 h 和 9 h 后羽化的黑腹果蝇雌成虫干重均显著低于对照组；经过 UVB 辐照处理后羽化的黑腹果蝇雌成虫干重显著低于对照组；经过 UVC 辐照处理后羽化的黑腹果蝇雌成虫干重显著低于对照组。黑腹果蝇 F1 雌成虫干重相比对照组均显著降低，且 UVA、UVC 处理后的 F1 雌成虫干重较亲代显著降低，其中，UVA 处理 6 h 组降幅最大。UVB 处理 3 h 和 6 h 的 F1 雌成虫干重较亲代显著降低，而 9 h 组的 F1 雌成虫干重与亲代差异不显著（表5）。

表 5　紫外线辐照对黑腹果蝇雌成虫干重的影响

紫外线灯种	雌成虫干重/mg		
	3 h	6 h	9 h
CK	(2.63±0.03) b	(2.63±0.03) b	(2.63±0.03) b
UVA	(2.27±0.27) cd	(3.00±0.15) a	(2.57±0.09) bc
UVB	(1.90±0.06) def	(2.23±0.09) cd	(1.70±0.06) efg
UVC	(1.73±0.15) efg	(1.70±0.06) efg	(1.63±0.09) fg
CK-F1	(2.77±0.09) ab	(2.77±0.09) ab	(2.77±0.09) ab
UVA-F1	(1.67±0.09) fg	(1.40±0.06) g	(2.03±0.15) def
UVB-F1	(1.27±0.07) g	(1.33±0.09) g	(2.13±0.09) de
UVC-F1	(1.40±0.06) g	(1.43±0.03) g	(1.37±0.03) g

2.6 紫外线辐照对黑腹果蝇雄成虫干重的影响

经过 UVA 辐照处理 6 h 后羽化的黑腹果蝇雄成虫干重相比对照组增加明显，其他处理组性比和对照组均无显著差异（表6）。

表 6　紫外线辐照对黑腹果蝇雄成虫干重的影响

紫外线灯种	雄成虫干重/mg		
	3 h	6 h	9 h
CK	(1.40±0.06)^{bcde}	(1.40±0.06)^{bcde}	(1.40±0.06)^{bcde}
UVA	(1.10±0.06)^{de}	(2.17±0.09)^a	(1.47±0.15)^{bcde}
UVB	(1.47±0.33)^{bcde}	(1.57±0.09)^{bc}	(1.37±0.33)^{bcde}
UVC	(1.60±0.15)^b	(1.53±0.15)^{bcd}	(1.10±0.10)^{de}
CK-F1	(1.37±0.12)^{bcde}	(1.37±0.12)^{bcde}	(1.37±0.12)^{bcde}
UVA-F1	(1.33±0.12)^{bcde}	(1.13±0.09)^{cde}	(1.63±0.03)^b
UVB-F1	(1.13±0.03)^{cde}	(1.30±0.06)^{bcde}	(1.50±0.06)^{bcde}
UVC-F1	(1.30±0.06)^{bcde}	(1.07±0.03)^e	(1.33±0.07)^{bcde}

2.7　紫外线辐照对黑腹果蝇成虫干重的影响

经过 UVA 辐照处理 6 h 后羽化的黑腹果蝇成虫干重显著高于其他所有处理组，经过 UVA 辐照处理 9 h 后羽化的黑腹果蝇成虫干重和对照组无显著差异，而 UVA 辐照 3 h 后羽化的黑腹果蝇成虫干重显著低于对照组；经过 UVB 辐照处理 3 h 和 9 h 后羽化的黑腹果蝇成虫干重显著低于对照组，而 6 h 组与对照组无显著差异；经过 UVC 辐照处理后羽化的黑腹果蝇成虫干重均低于对照组。经过紫外线辐照处理的黑腹果蝇 F1 成虫干重相比对照组均显著降低。UVA 处理 3 h、9 h 和 UVC 处理 9 h 3 个组黑腹果蝇 F1 成虫干重与亲代成虫干重无显著差异，其余处理黑腹果蝇 F1 成虫干重均较亲代降低（表 7）。

表 7　紫外线辐照对黑腹果蝇成虫干重的影响

紫外线灯种	成虫干重/mg		
	3 h	6 h	9 h
CK	(4.03±0.03)^{bc}	(4.03±0.03)^{bc}	(4.03±0.03)^{bc}
UVA	(3.37±0.32)^{def}	(5.17±0.09)^a	(4.03±0.12)^{bc}
UVB	(3.37±0.03)^{def}	(3.80±.012)^{bcd}	(3.07±0.03)^{fg}
UVC	(3.33±0.07)^{def}	(3.23±0.09)^{ef}	(2.73±0.19)^{ghi}
CK-F1	(4.13±0.07)^b	(4.13±0.07)^b	(4.13±0.07)^b
UVA-F1	(3.00±0.10)^{fghi}	(2.53±0.07)^h	(3.67±0.15)^{cde}
UVB-F1	(2.40±.010)ⁱ	(2.63±0.09)^{ghi}	(3.63±0.03)^{cde}
UVC-F1	(2.70±0.00)^{ghi}	(2.50±0.06)ⁱ	(2.70±0.06)^{ghi}

2.8　紫外线辐照对黑腹果蝇 F1 蛹重的影响

经过紫外线辐照处理后各试验组蛹重相比对照组都有不同程度的显著增加。蛹重的增加可能反映了受紫外线辐照影响的黑腹果蝇对紫外线辐照的适应（表 8）。

表 8　紫外线辐照对黑腹果蝇 F1 蛹重的影响

紫外线灯种	F1 蛹重/mg		
	3 h	6 h	9 h
CK	(35.00±0.35)^f	(35.00±0.35)^f	(35.00±0.35)^f
UVA	(57.60±2.56)^a	(51.53±0.37)^c	(47.33±0.55)^d
UVB	(40.93±0.47)^e	(44.83±0.28)^d	(50.23±0.55)^c
UVC	(56.67±0.59)^a	(55.20±0.69)^{ab}	(52.63±0.90)^{bc}

3 讨论

作为一种重要的物理胁迫因子，紫外线不仅具有灭菌[18-19]和消毒作用[20]，而且可以作为一种辐照源应用于生物防治领域。3 种紫外线对黑腹果蝇蛹影响试验中，UVB 处理过的蛹，黑腹果蝇亲代的羽化率、飞出率、死蛹率显著降低，说明中波紫外线的辐照对黑腹果蝇的羽化效率、飞行能力等造成了一定程度的影响，赵贝[21]研究发现长期的 UVB 胁迫可以显著降低蚜虫存活率，长期 UVB 胁迫世代越长效果越显著，但本试验中亲代黑腹果蝇经过辐照处理后产卵再次羽化为成虫，其羽化率、死蛹率等指标有明显的回升，因此黑腹果蝇蛹对多代连续辐照的适应性有待进一步探究。桑文[22]发现 UVB 胁迫抑制赤拟谷盗末龄幼虫蜕皮激素合成，而本试验中紫外线胁迫导致黑腹果蝇子代蛹重增加，可能因为受到紫外线的胁迫导致果蝇体内发生一系列的代谢变化来适应这种降低昆虫生存力的物理胁迫，为了适应这种逆境胁迫[23]，子代化蛹时体内较亲本会积累更多的营养物质近而导致蛹重增加。

UVA 处理过的子代与亲代相同处理之间的羽化率呈上升趋势，但随处理时间的延长，子代的羽化率随之降低且子代羽化率水平与亲代相接近；UVC 处理 3 h 和 6 h 组子代羽化率显著降低，可能因为亲本受短波紫外线的影响导致所产卵的质量有所降低、顺利度过幼虫期化蛹后，部分蛹不可羽化导致对子代羽化率、死蛹率的影响显著，可以顺利羽化的成虫体型较小，相比亲代成虫干重也有明显的降低趋势。唐玉龙[24]研究发现紫外线对生物大分子 DNA 结构有一定影响，其中 UVC 对碱基基团有致命的伤害，而且可以破坏 DNA 的构象；本研究子代经过 UVC 辐照处理 3 h 和 6 h 组的黑腹果蝇 F1 羽化率显著降低，经过 UVC 辐照处理后 F1 性比和 F1 死蛹率相比对照组都有明显升高；不难看出辐照对 F1 代黑腹果蝇的影响中，UVC 效果相对显著，UVC 辐照处理可能导致果蝇体内生物大分子结构发生变化。

伴随着蓝莓、树莓、樱桃等浆果的经济价值日趋升高，如何防治浆果类果实的重要害虫——果蝇，成为一项亟待解决的难题。在传统的防治方法基础之上，结合新型技术手段与生物防治方法成为一种新趋势，本试验证明紫外线辐照能显著降低黑腹果蝇的羽化率，可以利用紫外线辐照技术[25-30]与生物防治材料相结合对果蝇进行有效防控；不同波段的紫外线对黑腹果蝇蛹的影响不同，可以筛选适合应用于果蝇生物防治的紫外线类型，应用于果蝇寄生蜂[31-34]的繁殖，并研究黑腹果蝇蛹的辐照处理对蛹期寄生蜂的影响，以期将辐照后的黑腹果蝇蛹运用于蛹寄生蜂的大量饲养中，从而省略分离未被寄生的寄主和寄生蜂蛹的步骤，提高果蝇蛹寄生蜂的繁殖效率，以更好地将果蝇寄生蜂应用于斑翅果蝇的生物防治；此举不但可以有效避免化学防治所面临的困扰，而且更加省时省力、保护环境、防治效果更加持久。

参考文献：

[1] 钱远槐，刘艳玲，李守涛，等 . 中国黑腹果蝇种组的组成与分布 [J] . 湖北大学学报（自科科学版），2006，28（4）：397 - 402.

[2] 张开春，闫国华，郭晓军，等 . 斑翅果蝇（Drosophila suzukii）研究现状 [J] . 果树学报，2014，31（4）：717 - 721.

[3] 蔡普默，向候君，仪传冬，等 . 斑翅果蝇危害健康水果机理研究进展 [J] . 江西农业大学学报，2017，39（2）：295 - 301.

[4] KANZAWA T. Studies on *Drosophila suzukii* Mats [M] . [出版社地不详]：[出版社者不详]，1939，49.

[5] 刘素宁，沈杰 . 果蝇基因组与功能基因研究进展 [J] . 应用昆虫学报，2011，48（6）：1559 - 1572.

[6] CHU F, BORTHAKUR A, SUN X, et al. The Siva - 1 putative amphipathic helical region (SAH) is sufficient to bind to BCLXL and sensitize cells to UV radiation induced apoptosis [J] . Apoptosis, 2004 (9)：83 - 95.

[7] RAVI D, MUNIYAPPA H, DAS K C. Caffeine inhibits UV mediated NF-kB activation in A2058 melanoma cells: An ATM-PKCδ-p38 MAPK-dependent mechanism [J] . Molecular and cellular biochemistry, 2008 (308)：193 - 200.

[8] 钱晓薇，吴秀毅，林国栋，等．紫外线对小白鼠免疫遗传的损伤效应 [J]．中国细胞生物学学报，2010，32（2）：277 – 280.

[9] 杨丽丽，尹宝华，侯文菊，等．芽孢杆菌诱变育种研究进展 [J]．山西农业科学，2012，40（7）：804 – 806.

[10] 谌斌．紫红曲的原生质体紫外线诱变育种 [J]．广西科学院学报，1999（2）：40 – 42.

[11] 曹恩华．UVA 的辐射效应及其分子机理 [J]．激光生物学报，1994，3（4）：529 – 534.

[12] 倪建，华周华，戴修道．长波紫外线对人皮肤成纤维细胞 DNA 的损伤 [J]．中华劳动卫生职业病杂志，2002，20（6）：471.

[13] 郑俊丽．UVA 照射对黑腹果蝇生物学特性和抗氧化反应的影响 [D]．武汉：华中农业大学，2011.

[14] 张俊贤，郭光艳，齐志广．紫外线对果蝇生长发育和表型变异的影响 [J]．河北师范大学学报，2006，30（1）：90 – 93.

[15] 应琼琼，刘婷，顾蔚．紫外线照射对果蝇凋亡相关基因 reaper、grim、hid 表达的影响 [J]．中国老年学杂志，2012，32（11）：2307 – 2309.

[16] 林清彩．铃木氏果蝇和黑腹果蝇生态学特性及化学防治研究 [D]．济南：山东农业大学，2015.

[17] 福建农林大学．一种黑腹果蝇蛹的简易大量繁殖方法：201911170485.8 [P]．2019 – 11 – 26.

[18] ILTEFAT H，ALEXIS B，INDERMEET K，et al. Ultraviolet germicidal irradiation：Possible method for respirator disinfection to facilitate reuse during the COVID – 19 pandemic [J]．Journal of the American academy of dermatology，2020，82（6）：1511 – 1512.

[19] SAHAR A. Effect of chemical，microwave irradiation，steam autoclave，ultraviolet light radiation，ozone and electrolyzed oxidizing water disinfection on properties of impression materials：a systematic review and meta-analysis study [J]．The Saudi dental journal，2020，32（4）：161 – 170.

[20] 李江．紫外线消毒技术的研究 [D]．天津：天津大学，2004.

[21] 赵贝．UV-B 长期胁迫对麦长管蚜种群参数、表皮及几丁质合成酶的影响研究 [D]．咸阳：西北农林科技大学，2019.

[22] 桑文．赤拟谷盗与四纹豆象对物理因子胁迫的响应机制研究 [D]．武汉：华中农业大学，2016.

[23] 王丹．果蝇 MBF1 通过调控代谢相关基因表达响应冷胁迫 [D]．济南：山东农业大学，2016.

[24] 唐玉龙．紫外辐射对 DNA 损伤的拉曼光谱研究 [D]．广州：华南师范大学，2005.

[25] 张昕，范立英．紫外线杀菌机理及在食品工业中应用 [J]．吉林粮食高等专科学校学报，1996（1）：23 – 25.

[26] 钟兰军．不同剂量紫外线照射对宁德晚熟龙眼水南 1 号保鲜效果的影响 [J]．福建农业科技，2019（12）：25 – 30.

[27] MUSTAFA P，MUSTAFA K. Detection of irradiated black tea（camellia sinensis）and rooibos tea（aspalathus linearis）by ESR spectroscopy [J]．Food chemistry，2007，107（2）：956 – 961.

[28] 袁伟宁，朱仰艳，孙小玲，等．紫外线胁迫对红色型豌豆蚜生物学特性的影响 [J]．植物保护，2016，42（4）：77 – 82.

[29] 张雅君，梁佳勇，曾慕衡．紫外线对雄果蝇寿命及子代生理的影响 [J]．天津农业科学，2013，19（7）：75 – 78.

[30] WEN H W，HSIEH M F，WANG Y T，et al. Application of gamma irradiation in ginseng for both photo degradation of pesticide pentachloronitrobenzene and microbial decontamination [J]．Journal of hazardous materials，2010，176（1/2/3）：280 – 287.

[31] GOWTON C M，REUT M，CARRILLO J. Peppermint essential oil inhibits drosophila suzukii emergence but reduces pachycrepoideus vindemmiae parasitism rates [J]．Scientific reports，2020，10：9090.

[32] YANG L，YANG Y，LIU M M，et al. Identification and comparative analysis of venom proteins in a pupal ectoparasitoid，pachycrepoideus vindemmiae [J]．Frontiers in physiology，2020，11：9.

[33] WANG X G，KAÇAR G，BIONDI A，et al. Life – history and host preference of Trichopria drosophilae，a pupal parasitoid of spotted wing drosophila [J]．BioControl，2016，61（4）：387 – 397.

[34] STACCONI M V R，GRASSI A，IORIATTI C，et al. Augmentative releases of trichopria drosophilae for the suppression of early season drosophila suzukii populations [J]．BioControl，2019，64（1）：9 – 19.

Effects of three kinds of ultraviolet radiation on pupae of *Drosophila melanogaster*

LIU Xu-xiang, YI Chuan-dong, AO Guo-fu, CHEN Shi*, JI Qing-e*

(Biological Control Research Institute, Fujian Agriculture and Forestry University; The Joint
FAO/IAEA Division Cooperation Center for Fruit Fly Control in China; Key Laboratory of
Biopesticide and Chemical Biology, Ministry of Education; State Key Laboratory of
Ecological Pest Control for Fujian and Taiwan Crops, Fuzhou, Fujian 350002, China)

Abstract: The pupae of *Drosophila melanogaster* were irradiated by three kinds of ultraviolet lamps (UVA, UVB and UVC), and the effects of irradiation on the eclosion rate, sex ratio, flight rate, dead pupa rate, adult dry weight, pupa weight, F1 eclosion rate, sex ratio, dead pupa rate and adult dry weight were studied. The results showed that the pupa emergence rate of *D. melanogaster* was significantly reduced after irradiation, among which the pupa emergence rate of *D. melanogaster* exposed to UVB for 6h was the lowest (10.00%). The average sex ratio of 9h group after UVA irradiation was 2.32, which was significantly higher than other treatment groups. After UVB irradiation, the flight ability of *D. melanogaster* decreased significantly, among which the flight ability of *D. melanogaster* was as low as 4.00% after 6h of UVB treatment. The death rate of pupae in the group exposed to UVB was significantly higher than that in the control group and other groups, and the average death rate of pupae in the group exposed to UVB for 6 hours reached 89.33% and the highest was 94.00%. After UV irradiation, pupa weight of each group increased significantly compared with control. After UVB and UVC irradiation, the dry weight of adult *D. melanogaster* was significantly lower than control. After UV irradiation, the dry weight of *D. melanogaster* F1 adult decreased compared with control, and the difference was significant. This study can provide reference for UV mutagenesis and biological control of insect pests.

Key words: *Drosophila melanogaster*; Ultraviolet; Irradiation

核医学
Nuclear Medicine

目　录

基于叠层 DOI 探测器的高灵敏度、亚毫米分辨率 小动物 PET 系统研发

何　　文[1,2]，赵阳洋[1]，赵　　鑫[1]，黄文杰[1]，李光明[1,4]，杨　　航[1]，牛　　明[1]，

PROUT D L[3]，CHATZIIOANNOU A F[3]，任秋实[1,2]，顾　　峥[1,2]*

（1. 深圳湾实验室生物医学工程研究所，广东　深圳　518107；2. 北京大学深圳研究生院，广东　深圳　518055；

3. 加州大学洛杉矶分校克伦普分子成像研究所，加利福尼亚州　洛杉矶　90095；

4. 北京邮电大学，北京　100876）

摘　要： 团队近期研发了一台小型化、高灵敏度、高空间分辨率的小动物 PET 原型机。本文测试了探测器的性能和初步评估了 PET 原型机的系统性能。按照桌面式设计的理念，原型机的整个尺寸大约是商用电脑台式机的 2 倍。原型机由 20 个探测器模块组合成 2 个探测器环，直径为 80 mm，轴向视野为 104.5 mm。每个探测器模块由一个两层的硅酸钇镥/锗酸铋（LYSO/BGO）像素晶体阵列、1 mm 厚度的斜切光导和两片 8×8 硅光电倍增管阵列（MPPC，滨松公司 S14161 - 3050HS）构成。所有的 MPPC 通道通过 PETsys 公司的 TOFPET2 ASIC 读出。顶层（伽马射线入射面）是 30×60 的 0.79 mm×0.79 mm×5 mm 的 LYSO 晶体阵列。底层是 20×40 的 1.22 mm×1.22 mm×7.5 mm 的 BGO 晶体阵列。整个探测器模块的尺寸是 26 mm×52 mm。使用电荷积分（QDC）和时间过阈值（ToT）来区分 LYSO 和 BGO 层。设计的特殊光导能解码所有的晶体像素。探测器模块的 LYSO 层事件和 BGO 层事件的平均能量分辨率分别为 11.5%±2.9%、26.2%+3.0%。在 350 keV～650 keV 的能窗下，LYSO - LYSO、BGO - BGO 和 LYSO - BGO 的符合时间分辨率分别为 598 ps、2.52 ns 和 1.50 ns，包含层间散射（CLCS）事件和不包含 CLCS 事件的峰值绝对灵敏度分别为 14.4% 和 11.2%。使用有序子集期望最大（OSEM）重建算法计算得平均空间分辨率为 0.76 mm。

关键词： 小动物 PET；DOI 探测器；高灵敏度；高空间分辨率；桌面式设计

为了获取等效于人体 PET 成像所能得到的图像细节，用于鼠类的 PET 成像需要更高的系统灵敏度和空间分辨率。受作用深度（depth of interaction，DOI）效应的影响，PET 成像空间分辨率将变差，尤其是在图像边缘区域[1]。具有 DOI 分辨能力的探测器是小动物 PET 成像同时达到高系统灵敏度和高空间分辨率的有效手段和必要条件[2]。

原型机的探测器设计基于我们以前的工作[3]，该工作使用 LYSO/BGO 叠层探测器。通过采用现代的 MPPCs 和先进的 ASIC 电子设备，原型机有望成为高灵敏度、高空间分辨率的桌面式系统。本工作主要介绍系统设计、探测器性能测试，包括泛场图、能量分辨率和符合时间分辨率（CTR），并初步评估原型机 PET 扫描仪的灵敏度和空间分辨率。

1　系统描述

原型机 PET 扫描仪如图 1 所示。按照桌面式设计的理念，整个扫描仪的长、宽、高分别为 52 cm，54 cm、45 cm，大约是一个商用台式电脑尺寸的 2 倍。原型机由 20 个探测器模块组合成 2 个探测器环，环的直径是 80 mm，轴向视野长度是 104.5 mm。

作者简介： 何文（1994—），男，博士，现主要从事正电子发射断层成像技术（PET）的探测器技术等科研工作。

基金项目： 国家自然科学基金（No. 12275182、No. 12205204）、广东省基础与应用基础研究基金（No. 2023A1515011293）。

每个探测器模块由两层像素化晶体阵列、1 mm 厚度石英玻璃光导和 2 片 8×8 的滨松 S14161-3050HS MPPCs 构成,如图 2 所示。两个 64 通道的 MPPCs 通过 1 个具有 2 片 TOFPET2 ASICs (PETsys Electronics) 芯片的 128 通道的前端模块(FEM128)读出。

探测器模块的顶层(伽马射线入射面)是 30×60 的 0.79 mm×0.79 mm×5 mm LYSO 晶体阵列 (0.87 mm 晶体条间距)。底层是 20×40 的 1.22 mm×1.22 mm×7.5 mm BGO 晶体阵列(1.30 mm 晶体条间距)。LYSO 和 BGO 闪烁晶体像素横截面尺寸的比例为 9:4,即 3×3 LYSO 阵列与 2×2 BGO 阵列完全耦合。LYSO 和 BGO 晶体像素的所有侧面都经过机械抛光,并用 ESR 反射膜封装。玻璃光导的边缘区域被倾斜切割,凹槽填充 ESR 反射器以改善边缘晶体的解码。探测器模块中的两个 MPPC 的间隙为 0.5 mm。完整的探测器模块的尺寸为 26 mm×52 mm。

图 1　原型机 PET 扫描仪

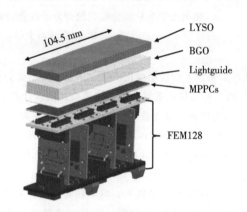

图 2　轴向排列的两个探测器模块的 3D 示意

20 个探测器模块的数据被传送到 3 个 FEB/D_v2 板,这些板还为 ASIC 和 MPPC 提供电源。系统时钟和粗略的符合逻辑由时钟触发模块提供。DAQ 板用于接收来自 FEB/D1024 的数据并将数据传输到计算机。PET 原型机读出链示意如图 3 所示。由于 ASIC 靠近 MPPC 并且是主要热源,定制的铝管通过导热硅脂耦合到 ASIC,由帕尔贴模块冷却的水连续流过铝管,达到冷却和恒温的目的。MPPCs 的温度保持在约 26 ℃,变化<1 ℃。

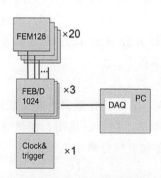

图 3　PET 原型机读出链示意

在数据采集之前,所有 ASIC 均按照 PETsys 提供的例程进行校准。有关数据处理的更多详细信息可以在文献[2]中找到。

2　系统评估

我们使用嵌入 1 cm³ 丙烯酸立方体中的尺寸为 0.3 mm 的 24 μCi Na-22 点源来采集探测器性能特征的数据。

2.1 散点图

我们使用电荷积分（QDC）和阈值时间（ToT）来区分 LYSO 层和 BGO 层[4]。采用能量加权方法计算泛场图像，如图 4 所示。特殊斜切的定制光导使得所有晶体像素（包括边缘像素）都得到了清晰解码。

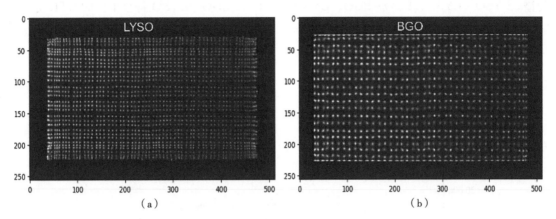

图 4 探测器 0♯ 模块中 LYSO 层事件和 BGO 层事件的散点图

(a) LYSO 层事件；(b) BGO 层事件

2.2 能量分辨率（Energy Resomtion）

首先将 LYSO 层和 BGO 层定义了晶体位置查找表（LUT），基于这些 LUT 提取能谱，每个晶体的能量分辨率等于高斯函数的半高全宽（FWHM）除以光电峰对应的能量值，如图 5 所示。探测器 0♯ 模块的 LYSO 层事件和 BGO 层事件的平均能量分辨率分别为 11.5％±2.9％、26.2％±3.0％。

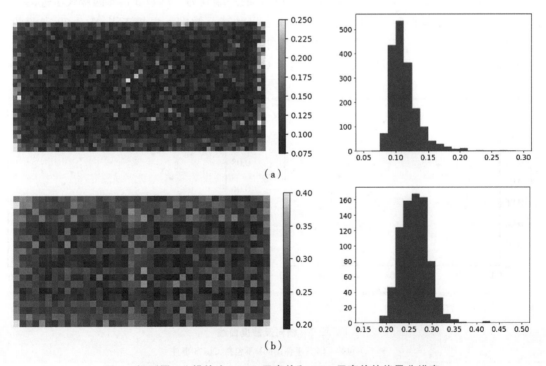

图 5 探测器 0♯ 模块中 LYSO 层事件和 BGO 层事件的能量分辨率

(a) LYSO 层事件；(b) BGO 层事件

2.3 符合时间分辨率（CTR）

对于每个 ASIC 芯片，每个通道的时间戳具有稍微不同但固定的偏移。我们采用 MPPC 像素的最快时间戳用于时间定时。采用 350 keV～650 keV 的能量窗。图 6 显示了两个探测器模块之间的符合时间谱。LYSO－LYSO、BGO－BGO、LYSO－BGO 和 BGO－LYSO 符合事件的 CTR 分别为 598 ps、2.52 ns、1.47 ns 和 1.53 ns。此外，对 ASIC 的时间偏移进行更精确的校正，以及应用能量加权时间定时算法进一步提高 CTR。

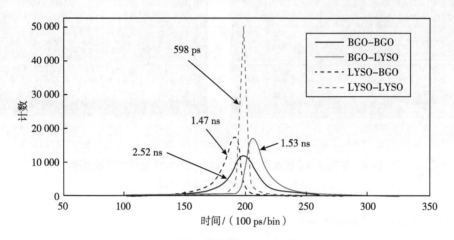

图 6　两个探测器模块之间的时间谱

2.4 灵敏度

轴向灵敏度曲线是使用 Na－22 点源从轴向 FOV 的一端到另一端以 5 mm 的步长步进测量的。随机事件率小于真实事件率的 5%，并从总事件中减去以计算灵敏度。再校正了 Na－22 点源的 0.906 分支比及使用了 350 keV～650 keV 能量窗，轴向灵敏度曲线如图 7 所示。原型机在 350 keV～650 keV能窗下的绝对峰值灵敏度为 14.4%（包括 CLCS 事件）和 11.2%（不包括 CLCS 事件）。

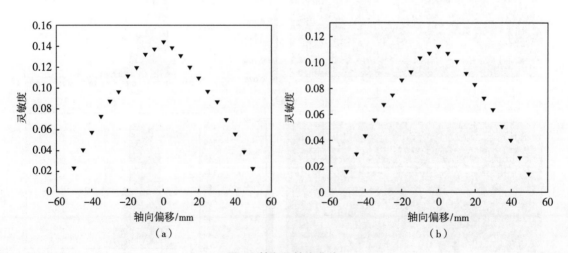

图 7　轴向灵敏度曲线

（a）包括 CLCS 事件；（b）不包括 CLCS 事件

2.5 空间分辨率

Na－22 点源位于 FOV 的轴向中心和 FOV 轴向的 1/4 处（沿轴向距中心 26.1 mm）。对于两个轴向位置，源分别被放置在距中心 5 mm、10 mm、15 mm 和 25 mm 的径向距离处。每个位置的测量时间为

1 min，确保获得超过 10^5 个总事件数。这些图像由 CASToR[5]使用具有 2 次迭代和 10 个子集的 3D 表模式 OSEM 及 PSF 建模重建。图像的体素大小为 0.2 mm×0.2 mm×0.2 mm。图 8 给出了在不同位置重建的空间分辨率。切向、径向和轴向的平均 FWHM 分辨率分别为 0.75 mm、0.85 mm 和 0.69 mm，平均 FWTM 分辨率分别为 1.59 mm、1.79 mm 和 1.42 mm。

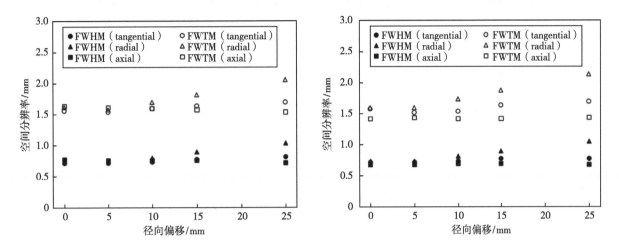

图 8 3D‐OSEM 在 FOV 的轴向中心和从轴向中心 FOV 的轴向边缘 26 mm 处以 FWHM 和
FWTM 重建图像空间分辨率

（a）FOV 的轴向中心；（b）从轴向中心到至 FOV 的轴向边缘 26 mm 处

3 结论

初步结果表明本工作所研发的小动物 PET 原型机能够实现亚毫米级空间分辨率和大于＞10％的灵敏度。未来将会对系统的性能进行全方面的评估。

参考文献：

[1] HOFFMAN E J, GUERRERO T M, GERMANO G, et al. Pet system calibrations and corrections for quantitative and spatially accurate images [J]. IEEE Trans Nucl Sci, 1989, 36 (1)：1108－1112.

[2] MOHAMMADI I, CASTRO IFC, CORREIA PMM, et al. Minimization of parallax error in positron emission tomography using depth of interaction capable detectors：methods and apparatus [J]. Biomed Phys Eng Expr 2019, 5 (6)：115－126.

[3] GU Z, TASCHEREAU R, VU N T, et al. performance evaluation of HiPET, a high sensitivity and high resolution preclinical PET tomograph. [J]. Physics in medicine & biology, 2020, 65 (4)：0405009.

[4] PROUT D L, GU Z, SHUSTEF M, et al. A digital phoswich detector using time－over－threshold for depth of interaction in PET [J]. Physics in medicine & biology, 2020, 65 (24)：245017.

[5] MERLIN T. CASToR：a generic data organization and processing code framework for multi－modal and multi－dimensional tomographic reconstruction [J]. Physics in medicine & biology, 2018, 63 (18)：185005.

Preliminary evaluation of a compact, high sensitivity and high resolution small animal PET prototype

HE Wen[1,2], ZHAO Yang-yang [1], ZHAO Xin [1], HUANG Wen-jie [1],
LI Guang-ming [1,4], YANG Hang [1], NIU Ming [1],
PROUT D L[3], CHATZIIOANNOU A F[3],
REN Qiu-shi[1,2], GU Zheng [1,2]*

(1. Shenzhen Bay Laboratory, Institute of Biomedical Engineering, Shenzhen, Guangdong 518017, China; 2. Peking University Shenzhen Graduate School, Shenzhen, Guangdong 518055, China; 3. UCLA, Crump Institute for Molecular Imaging, Los Angeles, California 90095, United States of America; 4. Beijing University of Posts and Telecommunications, Beijing, 100876, China)

Abstract: A compact, high sensitivity and high resolution small animal PET prototype was recently developed at Shenzhen Bay Laboratory (SZBL). This work aims to characterize the detector performance and preliminarily evaluate the system performance of the prototype PET scanner. Following the benchtop design idea, the overall size of the prototype was about twice the size of a commercial desktop PC case. The prototype consists of twenty detector modules arranged in two rings. The diameter is 80 mm and the axial FOV is 104.5 mm. Each detector module is comprised of a two-layer LYSO/BGO pixelated scintillator array, a 1 mm thick lightguide with oblique cuts, and two pieces of 8×8 Hamamatsu S14161 - 3050HS MPPCs. All MPPC channels were read out by PETsys TOFPET2 ASICs. The front layer (gamma ray entrance) is a 30×60 array of 0.79 mm$\times$0.79 mm$\times$5 mm LYSO crystals. The back layer is a 20×40 array of 1.22 mm$\times$1.22 mm$\times$7.5 mm BGO crystals. The complete detector module has overall dimensions of 26 mm$\times$ 52 mm.

We used charge integration (QDC) and time-over-threshold (ToT) to discriminate the LYSO and BGO layers. All crystal pixels can be resolved thanks to the customized lightguide. The average energy resolution of the detector module was 11.5%$\pm$ 2.9% for the LYSO layer events and 26.2%$\pm$ 3.0% for the BGO layer events. With an energy window of 350 k~650 keV, the coincidence timing resolution (CTR) of the LYSO-LYSO, BGO-BGO and LYSO-BGO coincidences were 598 ps, 2.52 ns and 1.50 ns respectively, and the peak absolute sensitivity was 14.4% including the cross layer crystal scatter (CLCS) events and 11.2 % excluding CLCS events. The average spatial resolution in FWHM using OSEM reconstruction was 0.76 mm.

Key words: Small animal PET; DOI detector; High sensitivity; High spatial resolution; Benchtop design

新型 HER2 靶向肽用于卵巢癌双模态成像

曹　蕊[1]，李仁达[1]，赖超权[2]，石　慧[2]，刘弘光[1]，程　震[1,2,3]

（1. 东北大学生命科学与健康学院，辽宁　沈阳　110169；2. 中国科学院上海药物研究所，上海　201203；

3. 中科环渤海（烟台）药物高等研究院，山东　烟台　264117）

摘　要：人表皮生长因子受体 2（Human epidermal growth factor receptor 2，HER2）是一种在肿瘤组织中高表达而在正常组织中很少表达的膜蛋白，可以作为卵巢癌和乳腺癌等癌症诊断的有效靶点。在可见光（400～700 nm）和近红外 I 区窗口（NIR - I，700～1000 nm）的靶向荧光探针已被开发用于 HER2 阳性肿瘤的成像。最近，近红外 II 区窗口（NIR - II，1000～1700 nm）荧光成像已经证明比可见光和 NIR - I 成像有更好的性能。此外，正电子发射断层扫描（positron emission tomography，PET）是一种强大的全身成像技术，可以实现癌症的早期检测。因此，HER2 阳性肿瘤检测非常需要具有 NIR - II 和 PET 双模态成像能力的探针。在此，设计了 3 种新型 HER2 靶向肽（ZC01、KSP 和 ZC02），并用吲哚菁绿（indocyanine，ICG）和 1，4，7，10 - 四氮杂环十二烷 - 1，4，7，10 - 四羧酸［2，2′，2″，2‴ -（1，4，7，10 - tetraazacyclododecane - 1，4，7，10 - tetrayl）tetraacetic acid，DOTA］进一步修饰，分别用于 NIR - II 直接成像和与放射性核素如 $[^{68}\text{Ga}]$ GaCl_3 螯合用于 PET 成像。在所得探针（DOTA - ZC01 - ICG、DOTA - KSP - ICG、和 DOTA - ZC02 - ICG）中，NIR - II 成像显示 DOTA - ZC02 - ICG 在 HER2 阳性 SKOV3 卵巢癌皮下荷瘤鼠中具有最佳的肿瘤成像性能和高靶向特异性。在注射 DOTA - ZC02 - ICG 后 4 h 达到最高的肿瘤/正常组织比率（T/N = 5.4）。此外，DOTA - ZC02 - ICG 用 $[^{68}\text{Ga}]$ GaCl_3 进行放射性标记以生成用于 PET 成像的探针 $[^{68}\text{Ga}]$ Ga-DOTA - ZC02 - ICG，并且它在 SKOV3 荷瘤鼠模型中在注射后 0.5 h、1 h 和 2 h 可以清楚地描绘出肿瘤位置。注射 $[^{68}\text{Ga}]$ Ga - DOTA- ZC02 - ICG 后 0.5 h 肿瘤摄取达到 1.9 ％ ID/g，阻断实验研究表明肿瘤摄取在 0.5 h、1 h 和 2 h 时受到显着抑制（$P < 0.05$）。总体而言，本研究成功开发了一种新型 HER2 靶向探针 DOTA - ZC02 - ICG，它展示了在 HER2 阳性卵巢癌可视化中的应用，为肿瘤双模态成像提供了一种有前途的技术，并为开发 HER2 靶向治疗剂提供了一种新的分子支架。

关键词：人表皮生长因子受体 2；卵巢癌；近红外 II 区成像；正电子发射断层显像；双模态

　　HER2 是癌症诊断和治疗中研究最多的肿瘤相关抗原之一。HER2 在多种人类癌症中过表达，如卵巢癌、乳腺癌、胃癌和非小细胞肺癌等[1-4]。在正常组织中相对较低的表达水平和在肿瘤组织中的过度表达使其成为肿瘤成像和治疗的有吸引力的分子靶标[5]。HER2 过表达也和侵袭性肿瘤行为和不良临床结果有关。因此，HER2 已经成为肿瘤分析和分子成像的重要预后和预测生物标志物。目前，临床上最常用的 HER2 检测技术是免疫组织化学和荧光原位杂交，但是这两种方法均有 20％ 的误诊率，缺乏对肿瘤组织进行综合评价的能力[6-8]。特别是考虑到存在肿瘤内和肿瘤间的表达差异，非常需要开发一种能够实时、完整、无创和有效地监测 HER2 表达的检测技术[9-11]。

　　生物医学光学成像已成为一种强大的工具，可用于肿瘤的临床前研究、临床诊断和术中检查[12-17]。在可见光（400～700 nm）和近红外窗口区域（700～1000 nm）中发光的 HER2 靶向荧光探针已经被开发用于 HER2 阳性肿瘤成像，并有望用于癌症检测[18]。最近，NIR - II 成像显示出许多优点。例如，和传统的可见光和 NIR - I 成像技术相比，自发荧光最小、光散射低、成像灵敏度和组织穿透深度增加，它提供了一种有前途的、非侵入性的实时成像技术，用于监测体内疾病[19]。许多 NIR - II 探针已被开发并用于对不同的生理和病理过程的成像[20-21]。其中，ICG 是使用最广泛的染

作者简介：曹蕊（1994—），女，博士生，现主要从事分子影像等科研工作。

基金项目：国家自然科学基金（50406012）线粒体膜电位在新冠病毒心肌损伤后遗症的 PET 成像研究。

料，并已获得 FDA 的临床应用批准[22]。重要的是，已经发现 ICG 能够在 NIR-Ⅱ中发出荧光，并且在临床和临床前环境中的多种疾病的 NIR-Ⅱ成像中积极探索了 ICG 及其衍生物[14, 23-26]。许多研究表明，ICG 具有较高的灵敏性，但是特异性不理想[27]。

PET 已经广泛用于临床病理检测[28-29]。它是一种强大的全身成像技术，可实现癌症早期检测。特别是，放射性标记的生物分子在临床前和临床研究中被用作 PET 的新型诊断[30-32]。考虑到 PET 和光学成像的快速发展及这两种模式结合的优势，具有 NIR-Ⅱ和 PET 双模式成像能力的探针对于 HER2 阳性肿瘤检测非常需要。这种探针可能在癌症早期检测和图像引导治疗中得到重要应用，从而改善癌症患者的预后。

我们最近的研究将 Herceptide（RSLWSDFYASASRGP）鉴定为 HER2 的新型靶向肽[33]。本研究利用分子对接技术筛选出 Herceptide 多肽的核心序列（RSLWSDFY），命名为 ZC01。本研究还选择了报道的另一种 HER2 靶向肽 KSPNPRF（简称"KSP"）用于构建双模态探针。为了增加多肽和靶标结合的数量和机会，将 ZC01 多肽和 KSP 多肽连接形成一种名为 ZC02 的新型异二聚体多肽。这 3 种多肽（ZC01、KSP、和 ZC02）进一步连接 ICG 和 DOTA，分别用于 NIR-Ⅱ直接成像和与放射性核素如［^{68}Ga］GaCl$_3$ 螯合用于 PET 成像。然后通过 NIR-Ⅱ成像和 PET/CT 成像在皮下 HER2 阳性卵巢癌 SKOV3 荷瘤鼠中评估所得探针。

1 实验部分

1.1 探针 DOTA-ZC01-ICG 合成

多肽 DOTA-ZC01 由实验室使用多肽合成仪自主合成。将 Rink Amide 树脂（0.79 mmol/g 负载）在 DMF 溶液中溶胀 30 min。用含有 20% 哌啶的 DMF 溶液去除 Fmoc 基团。在含有 0.4 mol/L HBTU 的 DMF 溶液和 0.8 mol/L DIEA 的 DMF 溶液中激活氨基酸。在裂解液［φ（TFA）：φ（TIS）：φ（EDT）：φ（H$_2$O）= 94%：2%：2%：2%］中孵育 1 h 后切割树脂。抽滤混合物，溶液中的多肽用无水乙醚沉淀。所得多肽用冰冷的无水乙醚洗涤 3 次，然后进行真空干燥。所得产物在 C18 柱上通过 HPLC 进行纯化。称取多肽 DOTA-ZC01 和近红外Ⅱ区荧光染料 ICG 以物质的量比 1：3 的投料比加入溶剂 DMSO 中，再加入 5 倍当量的碱性试剂 DIEA，在碱性条件下通过缩合反应多肽的氨基和 ICG-NHS 的羧基缩合偶联为酰胺键得到 DOTA-ZC01-ICG。反应结束后通过 HPLC 制备纯化，冻干后得到绿色固体。将其溶解后进入分析 HPLC 分析纯度，通过 HPLC 验证纯度均在 95% 以上可以直接用于实验。MS 分析合成产物 DOTA-ZC01-ICG 结构的正确性。

1.2 探针 DOTA-KSP-ICG 合成

部分保护的多肽 Ac-KSP（Lys1-Boc，Lys7-Cbz）由实验室使用多肽合成仪自主合成。将 Rink Amide 树脂（0.79 mmol/g 负载）在 DMF 溶液中溶胀 30 min。用含有 20% 哌啶的 DMF 溶液去除 Fmoc 基团。在含有 0.4 mol/L HBTU 的 DMF 溶液和 0.8 mol/L DIEA 的 DMF 溶液中激活氨基酸。多肽在含有 10% 乙酸酐（Acetic anhydride，Ac$_2$O）和 6% 哌啶的 DMF 溶液中被酰化。室温下在 φ（TFA）：φ（DCM）：φ（TIS）：φ［1, 2-乙二硫醇（Ethanedithiol，EDT）］：φ（H$_2$O）= 50%：40%：5%：2.5%：2.5% 混合物中孵育 4 h 后，化合物 1 的 Boc 基团脱保护。制备含有 100 nmol 化合物 1（10 μg/μL DMF）、300 nmol DOTA-NHS（10 μg/μL DMF）、和 0.5 μL DIEA 的溶液，并在 37 ℃ 完成 DOTA 与 Lys1 的结合。室温下在 φ（TFA）：φ（TIS）：φ（H$_2$O）= 92%：6%：2% 的混合物中孵育 4 h 后，Lys7 的 Cbz 基团脱保护。然后，使用 NHS 酯化学将 ICG-NHS 和化合物 3 的 Lys7 偶联。将多肽与 ICG-NHS 按 n（多肽）：n（ICG-NHS）= 1：3 的比例混合在 DMSO 缓冲液中，37 ℃ 避光 2 h。探针 DOTA-KSP-ICG 在 C18 柱上通过 HPLC 纯化，并通过 MALDI-TOF-MS 表征。探针在使用前于 -20 ℃ 避光保存。

1.3 探针 DOTA - ZC02 - ICG 合成

多肽 DOTA - ZC022 由实验室使用多肽合成仪自主合成。将 Rink Amide 树脂（0.79 mmol/g 负载）在 DMF 溶液中溶胀 30 min。用含有 20％哌啶的 DMF 溶液去除 Fmoc 基团。在含有 0.4 mol/L HBTU 的 DMF 溶液和 0.8 mol/L DIEA 的 DMF 溶液中激活氨基酸。在裂解液 $[\varphi(TFA)：\varphi(TIS)：\varphi(EDT)：\varphi(H_2O)=94\%：2\%：2\%：2\%]$ 中孵育 1 h 后切割树脂。抽滤混合物，溶液中的多肽用无水乙醚沉淀。所得多肽用冰冷的无水乙醚洗涤 3 次，然后进行真空干燥。所得产物在 C18 柱上通过 HPLC 进行纯化。称取多肽 DOTA - ZC01 和近红外Ⅱ区荧光染料 ICG 以物质的量比 1∶3 的投料比加入溶剂 DMSO 中，再加入 5 倍当量的碱性试剂 DIEA，在碱性条件下通过缩合反应多肽的氨基和 ICG - NHS 的羧基缩合偶联为酰胺键，得到 DOTA - ZC02 - ICG。反应结束后通过 HPLC 制备纯化，冻干后得到绿色固体。将其溶解后进入分析 HPLC 分析纯度，通过 HPLC 验证纯度均在 95％以上可以直接用于实验。MS 分析合成产物 DOTA - ZC022 - ICG 的结构正确性。

1.4 探针 NIR - Ⅱ 成像

每组取 3 只荷瘤鼠经异氟烷麻醉后，尾静脉注射 5 nmol/200 μL 探针，分别在 0、1 h、2 h、4 h、6 h、8 h、10 h、12 h 和 24 h 进行 NIR - Ⅱ 荧光成像。计算肿瘤组织和正常组织之间的肿瘤背景比。其中激光波长为 808 nm，功率密度为 8000 mW，曝光时间为 100 ms，收集的发射范围为＞900 nm。

1.5 探针 NIR - Ⅱ 生物分布

每组取 3 只荷瘤鼠经异氟烷麻醉后，尾静脉注射 5 nmol/200 μL 探针，8 h 时脱颈处死并解剖小鼠。取心脏、肝脏、脾脏、肺、肾脏、肿瘤、小肠、皮肤和血液等器官或组织，并在白光和 NIR - Ⅱ 下成像，采集器官或组织的荧光信息，进行定量结果分析。

1.6 $[^{68}Ga]$ GaCl$_3$ 放射性标记

以探针 DOTA - ZC01 - ICG 为例。取 44 μL 醋酸钠溶液加入 EP 管中，再加入 10 μg/1 μL DOTA - ZC01 - ICG，然后向混合物中加入 400 μL $[^{68}Ga]$ GaCl$_3$（～1 mCi）于 95 ℃金属浴加热 10 min，待反应结束后冷却至室温。用毛细管吸取放射性探针点样于层析纸（0.8 cm × 7 cm）的 1 cm 处，用 1 mol/L c（醋酸铵）∶c（甲醇）＝1∶1 作为展开剂。通过 Radio - TLC 检测放射性探针纯度。若纯度＞99％，则直接用于放射性成像；若纯度＜99％，则通过 C18 cartridge 小柱纯化。先用去离子水冲洗小柱（5 mL × 3 次），将放射性探针通过小柱，游离的 ^{68}Ga 不能在柱子上保留。再用去离子水冲洗小柱（5 mL×3 次），洗去游离的 ^{68}Ga。用 200 μL 乙醇洗脱结合在小柱上的放射性探针。通过 Radio - HPLC 检测放射性探针 $[^{68}Ga]$ Ga - DOTA - ZC01 - ICG 的放射化学纯度（radiochemical purity, RCP）。

1.7 探针 PET/CT 成像

以探针 $[^{68}Ga]$ Ga - DOTA - ZC01 - ICG 为例。将探针 $[^{68}Ga]$ Ga - DOTA - ZC01 - ICG 配置为 200 μCi 的生理盐水溶液，通过尾静脉给药方式注射入 SKOV3 荷瘤鼠体内。将麻醉的模型鼠置于 PET 动物仓中并通过吸入 2％异氟烷持续麻醉小鼠，并于注射后的 0.5 h、1 h 和 2 h 进行 PET/CT 成像。利用 Inveon 软件处理图像，得到 PET/CT 融合图像。通过 PET 系统自带软件对各个成像时间点中各个器官的 PET/CT 融合图像进行 ROI 勾画，再进行半定量分析。

1.8 探针放射性生物分布

以探针 $[^{68}Ga]$ Ga - DOTA - ZC01 - ICG 为例。将探针 $[^{68}Ga]$ Ga - DOTA - ZC01 - ICG 配置为 200 μCi 的生理盐水溶液，通过尾静脉给药方式注射入 SKOV3 荷瘤鼠体内。在 2 h 后脱颈处死，收集各个器官和组织（肿瘤、血液、心脏、肺、肝脏、脾脏、胰腺、胃、大脑、小肠、肾脏、皮肤、肌肉和骨头）。称取各个器官和组织的重量，通过 γ 计数仪测定放射性剂量（counts per minute, CPM）。将各个组织部分计算为每克组织的放射性计数占总注入的放射性计数的百分比（％ID/g）。

1.9 数据分析

数据用平均值 ± 标准差（X ± SD）表示。每组实验平行重复 3 次。使用 GraphPad Prism 8.0 软件对数据进行统计分析。当 $P < 0.05$ 时，证明有统计学意义。

2 结果

2.1 探针设计和合成

新型 HER2 靶向肽 Herceptide（序列：RSLWSDFYASASRGP）有 15 个氨基酸。通过减少序列中的氨基酸搜索功能片段，产生 11 个衍生多肽。我们通过计算机模拟分子对接筛选了所有的衍生多肽，短肽（序列：RSLWSDFY）的得分最高（-11.3811），并命名为 ZC01。此外，对接研究显示，一种已知的多肽 KSP（序列：KSPNPRF）被发现以高亲和力与不同的 HER2 结构域结合。在本研究中，它被选择与 ZC01 多肽偶联以形成新型异二聚体 RSLWSDFYKSPNPRF（命名为 ZC02）。进一步进行分子对接研究以计算多肽与 HER2 之间的结合能力（图 1）。ZC01、KSP 和 ZC02 与 HER2 的对接分数分别为 -11.3 kcal/mol、-7.6 kcal/mol 和 -12.6 kcal/mol。结果显示，ZC02 在 3 种多肽中对 HER2 结合亲和力最强。

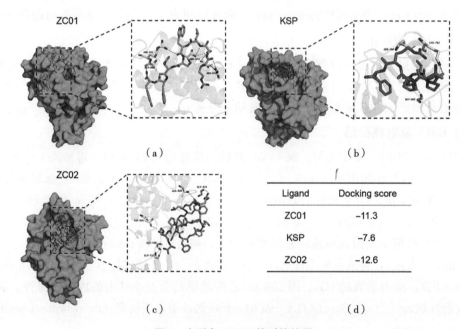

Ligand	Docking score
ZC01	-11.3
KSP	-7.6
ZC02	-12.6

图 1 多肽与 HER2 的对接结果

（a）ZC01 多肽和 HER2 的对接模式；（b）KSP 多肽和 HER2 的对接模式；

（c）ZC02 多肽和 HER2 的对接模式；（d）3 种肽的对接值

本研究中研究的所有多肽都是根据标准 Fmoc 化学通过固相合成制备的。上述多肽与 DOTA 和 ICG 偶联合成路线如图 2 所示。通过 MALDI - TOF - MS 分析验证了探针合成的成功。通过 HPLC 测试，所有探针的纯度均 > 95%。质谱结果表明，DOTA - ZC01 - ICG、DOTA - KSP - ICG、和 DOTA - ZC02 - ICG 的实测分子量分别为 2301.1、2114.1 和 3000.5，与计算分子量 2301.1、2113.9 和 3000.5 相一致，进一步证实了探针的制备成功。

探针光学特性的表征表明，DOTA - ZC01 - ICG、DOTA - KSP - ICG 和 DOTA - ZC02 - ICG 的光吸收和荧光发射与 ICG 相似［图 3a 和图 3b］。峰值吸光度为 $\lambda_{abs} = 780$ nm，发射扩展至 NIR - Ⅱ。同时，发现荧光发射强度与探针浓度的相关性在很宽的浓度范围内呈线性关系，从而可以对图像强度进行量化和比较［图 3c］。稳定性研究表明，所有探针在与血清的长时间孵育中都表现出良好的稳定

性（图 3d）。最后，在体外人卵巢癌细胞 SKOV3 中观察到多肽和探针的细胞毒性可忽略不计，如
（图 3e 和图 3f）所示。

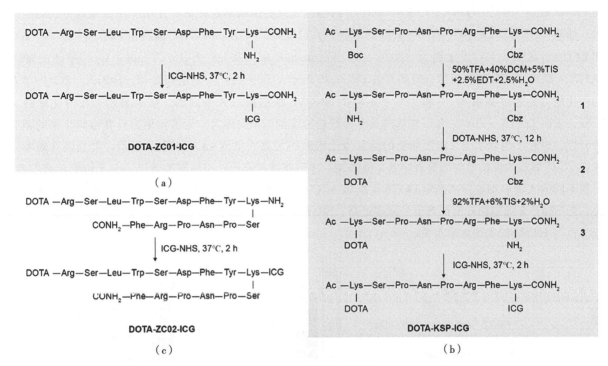

图 2 3 种探针的合成细线

（a）DOTA－ZC01－ICG 的合成路线；（b）DOTA－KSP－ICG 的合成路线；（c）DOTA－ZC02－ICG 的合成路线

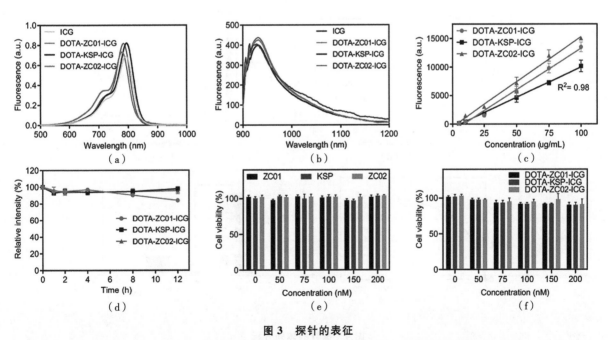

图 3 探针的表征

（a）ICG、DOTA－ZC01－ICG、DOTA－KSP－ICG 和 DOTA－ZC02－ICG 的吸收光谱；（b）ICG、DOTA－ZC01－ICG、DOTA－
KSP－ICG 和 DOTA－ZC02－ICG 的发射光谱；（c）DOTA－ZC01－ICG、DOTA－KSP－ICG 和 DOTA－ZC02－ICG 的荧光
发射；（d）DOTA－ZC01－ICG、DOTA－KSP－ICG 和 DOTA－ZC02－ICG 在血清中的稳定性；（e）ZC01 多肽、KSP
多肽和 ZC02 多肽的 SKOV3 细胞毒性测定；（f）DOTA－ZC01－ICG、DOTA－KSP－ICG 和
DOTA－ZC02－ICG 的 SKOV3 细胞毒性测定。（$X \pm SD$，$n=3$）

2.2 细胞研究

蛋白质印迹分析表明，人卵巢癌 SKOV3 细胞和人乳腺癌 MDAMB231 细胞分别具有高的和非常低的 HER2 表达（图 4a 与图 4c）。使用 SKOV3 细胞通过细胞摄取测定评估 3 种探针在细胞水平的靶向能力。如图 4d 所示，DOTA－ZC02－ICG 的 K_D 值为（10.8 ± 0.3）nmol/L，远高于 DOTA－ZC01－ICG 和 DOTA－KSP－ICG［分别为（30.9 ± 0.5）nmol/L 和（163.8 ± 10.1）nmol/L］，并且测量了 DOTA－ZC02－ICG 的表观结合时间常数 $k=$ 0.35 min^{-1}，证明探针快速结合图 4f。DOTA－ZC02－ICG 的内化能力是通过测量 37 ℃ 和 4 ℃ 下不同的 SKOV3 细胞摄取来确定的。结果显示 2 h 内化率约为 75%，表明 DOTA－ZC02－ICG 在体外具有良好的肿瘤细胞靶向能力。为了评估探针在细胞水平的靶向特异性，进行了阻断实验，未阻断组的摄取值比阻断组的高 8 倍图 4g。如图 4f 所示，荧光强度随着未标记 ZC02 多肽浓度的增加而显著降低，但添加乱序重排肽没有显示出相同的效果。对于细胞结合实验，使用不同的人类癌细胞系来确定 DOTA－ZC02－ICG 的特异性结合。结果发现，与 MDAMB231 细胞相比，与 SKOV3 细胞结合的荧光信号强度更高。SKOV3/MDAMB231 荧光比值可达 7 图 4c。探针的靶向能力也与 HER2 的表达水平有关。

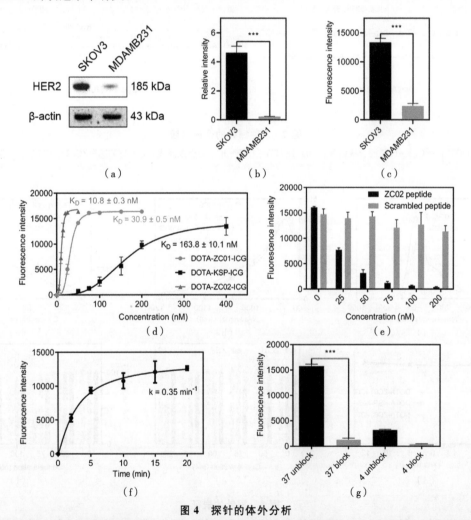

图 4　探针的体外分析

（a）用于测量 SKOV3 和 MDAMB231 细胞中 HER2 表达的蛋白质印迹分析；（b）Western blot 定量分析；（c）DOTA－ZC02－ICG 在 SKOV3 和 MDAMB231 细胞中的摄取；（d）DOTA－ZC01－ICG、DOTA－KSP－ICG 和 DOTA－ZC02－ICG 的饱和曲线；（e）不同浓度的 ZC02 或乱序肽（LRKPSFFNSPYDRSW）处理的 DOTA－ZC02－ICG 的 SKOV3 细胞摄取；（f）DOTA－ZC02－ICG 的表观结合时间常数；（g）DOTA－ZC02－ICG 在 37 ℃ 和 4 ℃ 下 1 h 有或没有 10 μmol/L 阻断多肽 ZC02 的细胞摄取。（X ± SD，$n=$ 3；$P <$ 0.001）

2.3 体内 NIR-II 成像

图 5 显示了尾静脉注射 5 nmol DOTA-ZC01-ICG、DOTA-KSP-ICG 或 DOTA-ZC02-ICG 后 SKOV3 荷瘤小鼠皮下 NIR-II 成像。如图 5a 所示，DOTA-ZC02-ICG 在 3 种探针中表现出最佳的成像性能，包括最高的肿瘤积聚和滞留。DOTA-ZC02-ICG 的肿瘤积聚和对比度在注射后 2 h 就可以清楚地观察到。相比之下，肝脏和肾脏组织以外的正常组织表现出低得多的摄取和相对快速地清除。在 4 h 达到最高 T/N 比，5.4。DOTA-ZC02-ICG 的特异性也通过封闭剂的共同注射得到证实，对于阻断组在 4~12 h 观察到显著较低的肿瘤摄取和 T/N 比 [图 5b 和图 5d]。同时，对比了 3 种探针在肝脏、肾脏和粪便中的代谢情况 [图 5e 至图 5g]。

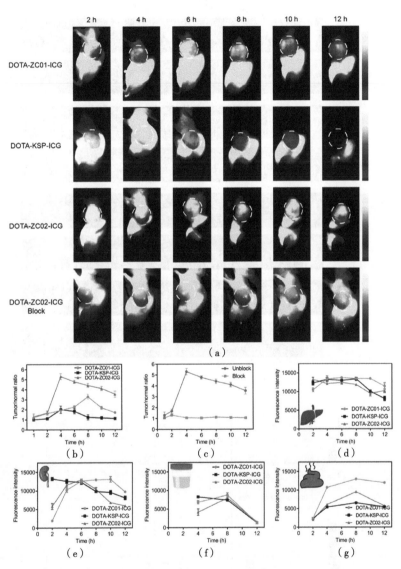

图 5　探针的体内 NIR-II 荧光成像

(a) DOTA-ZC01-ICG、DOTA-KSP-ICG、DOTA-ZC02-ICG 和 DOTA-ZC02-ICG 阻断组在 SKOV3 荷瘤鼠中的 NIR-II 成像；
(b) 定量分析封闭组和未封闭组之间的 T/N 比值；(c) DOTA-ZC01-ICG、DOTA-KSP-ICG 和 DOTA-ZC02-ICG 的 T/N 比值曲线；(d) DOTA-ZC01-ICG、DOTA-KSP-ICG 和 DOTA-ZC02-ICG 探针不同时间点在肝脏组织中的信号强度变化；
(e) DOTA-ZC01-ICG、DOTA-KSP-ICG 和 DOTA-ZC02-ICG 探针不同时间点在肾脏组织中的信号强度变化；
(f) DOTA-ZC01-ICG、DOTA-KSP-ICG 和 DOTA-ZC02-ICG 探针不同时间点在尿液中的信号强度变化；
(g) DOTA-ZC01-ICG、DOTA-KSP-ICG 和 DOTA-ZC02-ICG 探针不同时间点在粪便中的信号强度变化（$X\pm$SD，$n=3$）

2.4 体外 NIR-Ⅱ成像和生物分布

为了评估 3 种探针的生物分布，主要器官包括肿瘤、心脏、肝脏、脾脏、肺、肾脏、胰腺、肠、和皮肤在注射后 4 h 收集。主要器官的白光和 NIR-Ⅱ图像如图 6a 所示。3 种探针中，DOTA-ZC02-ICG 的肿瘤摄取最高，其次是 DOTA-ZC01-ICG 和 DOTA-KSP-ICG。DOTA-ZC02-ICG 的摄取主要在肝脏和肾脏中能观察到，表明清除途径主要通过肝脏和肾脏。阻断组的生物分布结果也很好地证明了 DOTA-ZC02-ICG 的特异性靶向能力。未阻断组 DOTA-ZC02-ICG 的平均肿瘤荧光信号比阻断组高 6 倍。描述了器官平均荧光密度的分布图，并显示在图 6b 中。生物分布结果与 NIR-Ⅱ成像研究一致。

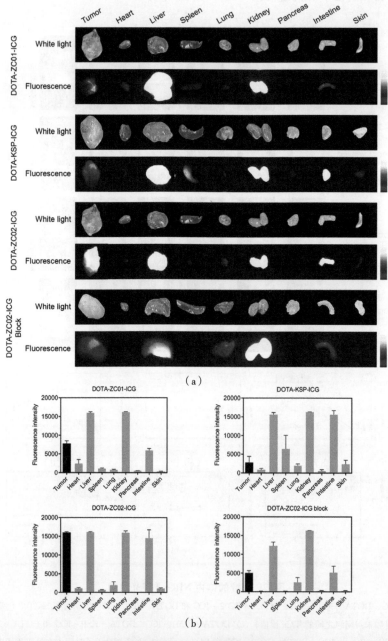

图 6 探针的 NIR-Ⅱ成像和生物分布

（a）注射 DOTA-ZC01-ICG、DOTA-KSP-ICG 和 DOTA-ZC02-ICG 的主要器官（肿瘤、心脏、肝脏、脾脏、肺、肾脏、胰腺、肠和皮肤）的离体 NIR-Ⅱ成像，或 DOTA-ZC02-ICG 加阻断多肽；（b）不同组（DOTA-ZC01-ICG、DOTA-KSP-ICG、DOTA-ZC02-ICG 和 DOTA-ZC02-ICG 阻断组）的主要器官荧光强度的量化（$X \pm SD$，$n = 3$）

2.5 [^{68}Ga] Ga – DOTA – ZC02 – ICG 的体内 PET 成像和生物分布

成功制备了 [^{68}Ga] Ga – DOTA – ZC02 – ICG，放射化学纯度＞95％，比活度约为 12 MBq/nmol。然后向 SKOV3 荷瘤鼠尾静脉注射 [^{68}Ga] Ga – DOTA – ZC02 – ICG（～ 200 μCi）用于 PET/CT 成像。如图 7a 所示，肿瘤在注射后 0.5 h、1 h 和 2 h 清晰可见，对比度良好。肿瘤摄取在 0.5 h 显示最高积累（1.9％ ID/g），在注射后 2 h 仍然保持 0.8％ ID/g。阻断研究表明，通过共注射 DOTA – ZC02 – ICG，肿瘤摄取在 0.5～2 h 时受到显著抑制，表明 [^{68}Ga] Ga – DOTA – ZC02 – ICG 在肿瘤中的特异性积累（图 7b）。

[^{68}Ga] Ga – DOTA – ZC02 – ICG 的生物分布结果如图 7c 所示。摄取量高的器官为肝脏和肾脏，说明探针主要通过肝脏和肾脏清除。重要的是，在 0.5 h、1 h 和 2 h 分别观察到 1.9％ ID/g、1.8％ ID/g 和 1.2％ ID/g 的肿瘤摄取，阻断组在 1 h 时显示 0.2％ ID/g 肿瘤摄取，表明该探针具有良好的特异性肿瘤靶向能力。此外，所有器官的放射性强度都随着时间的推移而降低。在 0.5 h、1 h 和 2 h 时，肿瘤/血液比率分别达到 5.1、6 和 3.8，肿瘤/肌肉比率分别为 1.8、38 和 23.6（图 7d）。

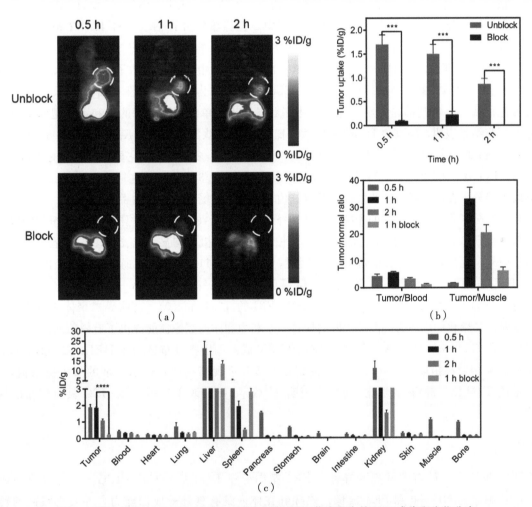

图 7 [^{68}Ga] Ga – DOTA – ZC02 – ICG 在 SKOV3 荷瘤鼠中的 PET 成像和生物分布

(a) SKOV3 荷瘤鼠 [^{68}Ga] Ga – DOTA – ZC02 – ICG 在注射后 0.5 h、1 h 和 2 h 的代表性 PET 图像；(b) 在 0.5 h、1 h 和 2 h 和 1 h 阻断组 [^{68}Ga] Ga – DOTA – ZC02 – ICG 肿瘤摄取 PET 图像的定量分析结果；(c) 注射后 0.5 h、1 h、2 h 和 1 h 阻断组 SKOV3 荷瘤鼠中 [^{68}Ga] Ga – DOTA – ZC02 – ICG 的肿瘤和器官摄取；(d) [^{68}Ga] Ga – DOTA – ZC02 – ICG 在 0.5 h、1 h、2 h 和 1 h 阻断组的肿瘤/血液和肿瘤/肌肉比值（$X \pm SD$，$n=3$；$P < 0.001$）

3 讨论

NIR-Ⅱ荧光团受血红蛋白吸收、组织散射和自发荧光影响最小，并具有最佳的组织穿透深度。NIR-Ⅱ成像是一种很有前途的工具，可以以高灵敏度和空间分辨率获取有关 HER2 表达的实时和可量化信息，并弥补了目前在体内评估 HER2 表达方面的差距[34-35]。在几项临床前和临床研究中，NIR 染料标记的曲妥珠单抗和帕妥珠单抗显示出在肿瘤中的高蓄积。然而，在合理的 T/N 比下，评估抗体成像的最佳时间通常是注射后 3~5 天，这可能不理想[36]。因此，已经研究了较小的生物分子支架，如微型抗体、纳米抗体、亲和抗体和多肽，并与荧光染料连接用于癌症成像[37-39]。降低的分子量改变了清除途径，这可能导致更好的成像性能和更短的成像时间。与抗体相比，多肽具有更短的循环半衰期、良好的肿瘤穿透能力、低免疫原性、易于化学修饰等特点，使其在临床影像学领域极具吸引力。虽然许多基于多肽的探针已经被合成并从实验室转化为临床，但是 HER2 靶向肽探针仍在积极开发中，需要更多研究才能实现广泛的临床应用[40-42]。

已经报道了几种 HER2 靶向双模态探针，包括 US/MRI、CT/MRI、SPECT/MRI、PA/MRI、荧光/MRI 和荧光/Raman[43-50]。在过去的几十年中，已经鉴定并评估了几种 HER2 靶向肽用于肿瘤抑制或药物递送，并且已经评估了一些特定探针用于 HER2 的 NIR 成像[51-52]。然而，目前还没有关于用于 NIR-Ⅱ/PET 成像的 HER2 探针的报道。在这项研究中，我们评估了 3 种 HER2 靶向肽探针，并确定了一种新型异二聚体多肽探针 DOTA-ZC02-ICG 作为 HER2 阳性肿瘤的 NIR-Ⅱ 和 PET 成像的有前途的探针。有趣的是，新型异二聚体多肽显示出比单体多肽更好的亲和力和靶向能力。

体外研究结果表明，与其他 HER2 靶向肽相比，ZC02 多肽具有较高的 K_D 值（~ 10.8 nmol/L）。与报道的 Herceptide（~ 57.5 nmol/L）和 KSP（~ 21 nmol/L）多肽相比，它显示出更好的亲和力。内化研究表明，DOTA-ZC02-ICG 在 37 ℃ 孵育后被内化到 SKOV3 细胞中，这是治疗诊断的有利特性，因为它可以改善分子在肿瘤细胞中的摄取和保留。内化可能通过受体介导的内吞作用发生。

使用活性分子作为靶向载体的先决条件是选择性地结合感兴趣的组织并限制健康组织的吸收。将探针尾静脉注射到 SKOV3 荷瘤鼠体内后，所有 3 种探针的肿瘤摄取均显示出比大多数其他正常器官和组织更高的信号。在注射后 4 h 观察到肠道中的强信号，这主要归因于探针也通过肝胆途径被清除。NIR-Ⅱ成像结果也表明 DOTA-ZC02-ICG 的肿瘤摄取高于其他探针，DOTA-ZC02-ICG 的 T/N 比值（5.4）高于 DOTA-ZC01-ICG 和 DOTA-KSP-ICG 的（3.4 和 2.0）。证明异二聚体比单体具有更好的成像性能。二聚化的优势为提高基于肽的探针的亲和力和体内成像性能提供了有效策略。

最后，[68Ga] Ga-DOTA-ZC02-ICG 的 PET 成像和生物分布显示在 HER2 阳性 SKOV3 肿瘤中快速积累和相对高摄取（1.9% ID/g）。注射后 0.5 h 可观察到放射性示踪剂的最大摄取值，0.5 h 时达到最高 T/N 比，肿瘤/血液比高达 6，表明 [68Ga] Ga-DOTA-ZC02-ICG 具有潜在的临床应用价值。

4 结论

本研究开发了一种新的肿瘤特异性 HER2 靶向分子 DOTA-ZC02-ICG。它可以成功地用于 HER2 阳性肿瘤的 NIR-Ⅱ 和 PET 成像。该探针在体内具有良好的成像能力，并具有很高的转化潜力。我们的研究为肿瘤双模成像提供了一种有前途的技术，并为开发 HER2 靶向治疗剂提供了一个新的分子支架。

参考文献：

[1] OH D Y, BANG Y J. HER2-targeted therapies：a role beyond breast cancer [J]. Nat Rev Clin Oncol, 2020, 17 (1)：33-48.

[2] LOIBL S, GIANNI L. HER2-positive breast cancer [J]. Lancet, 2017, 389 (10087): 2415 - 2429.

[3] JEBBINKM, LANGEN DE, BOELENS A J, et al. The force of HER2: a druggable target in NSCLC? [J]. Cancer Treat Rev, 2020 (86): 101996.

[4] SWANTON C, FUTREAL A, Eisen T. Her2-targeted therapies in non-small cell lung cancer [J]. Clin Cancer Res , 2006, 12 (14): 4377s - 4383s.

[5] DUCHNOWSKA R, LOIBL S, JASSEM J. Tyrosine kinase inhibitors for brain metastases in HER2-positive breast cancer [J]. Cancer Treat Rev, 2018 (67): 71 - 77.

[6] Gown A M. Current issues in ER and HER2 testing by IHC in breast cancer [J]. Mod Pathol, 2008, 21 (2): S8 - S15.

[7] CARLSON R W, MOENCH S J, HAMMOND M E, et al. HER2 testing in breast cancer: NCCN Task Force report and recommendations [J]. J Natl Compr Canc Netw, 2006, 4 (3) S1 - S23.

[8] SCHALLER G, EVERS K, PAPADOPOULOS S, et al. Current use of HER2 tests [J]. Ann Oncol, 2001, 12 (1): S97 - S100.

[9] MARCHIO C, ANNARATONE L, MARQUES A, et al. Evolving concepts in HER2 evaluation in breast cancer: Heterogeneity, HER2-low carcinomas and beyond [J]. Semin Cancer Biol, 2021 (72): 123 - 135.

[10] HAMILTON E, SHASTRY M, SHILLER S M, et al. Targeting HER2 heterogeneity in breast cancer [J]. Cancer treat rev, 2021 (100): 102286.

[11] TURNER N H, DI LEOA. HER2 discordance between primary and metastatic breast cancer: assessing the clinical impact [J]. Cancer Treat Rev, 2013, 39 (8): 947 - 957.

[12] CHEN Y, CHEN J, CHANG B J. Bioresponsive fluorescent probes active in the second near - infrared window [J]. Pnas, 2023, 113 (19): 5179 - 5184.

[13] HU Z, CHEN W H, TIAN J, et al. NIRF nanoprobes for cancer molecular imaging: approaching clinic [J]. Trends Mol Med, 2020, 26 (5): 469 - 482.

[14] CHEN H, SHOU K, CHEN S, et al. Smart self-assembly amphiphilic cyclopeptide-dye for near-infrared window-II imaging [J]. Adv Mater, 2021, 33 (16): e2006902.

[15] GUO H, HU Z, HE X, et al. Non-convex sparse regularization approach framework for high multiple-source resolution in Cerenkov luminescence tomography [J]. Opt. Express, 2017, 25 (23): 28068 - 28085.

[16] QIN C, ZHONG J, HU Z, et al. Recent advances in cerenkov luminescence and tomography imaging [J]. IEEE journal of selected topics in quantum electronics, 2012, 18 (3): 1084 - 1093.

[17] ZHANG Q, ZHAO H, CHEN D, et al. Source sparsity based primal-dual interior-point method for three-dimensional bioluminescence tomography [J]. Optics communications 2011, 284 (24), 5871 - 5876.

[18] LI C, LIN Q, HU F, et al. Based on lapatinib innovative near-infrared fluorescent probes targeting HER1/HER2 for in vivo tumors imaging [J]. Biosens Bioelectron, 2022 (214): 114503.

[19] LEI Z, ZHANG F. Molecular engineering of NIR-II fluorophores for improved biomedical detection [J]. Angew Chem Int Ed Engl, 2021, 60 (30): 16294 - 16308.

[20] SU Y, YU B, WANG S, et al. NIR-II bioimaging of small organic molecule [J]. Biomaterials, 2021 (271): 120717.

[21] LI C, CHEN G, ZHANG Y, et al. Advanced fluorescence imaging technology in the near-infrared-II window for biomedical applications [J]. J Am Chem Soc, 2020, 142 (35): 14789 - 14804.

[22] TENG C W, HUANG V, ARGUELLES G R, et al. Applications of indocyanine green in brain tumor surgery: review of clinical evidence and emerging technologies [J]. Neurosurg focus, 2021, 50 (1): E4.

[23] ANTARISA L, CHENH, DIAO S, et al. A high quantum yield molecule-protein complex fluorophore for near-infrared II imaging [J]. Nature communications, 2017 (8): 15269.

[24] HU Z, FAN G C, LI B, et al. First-in-human liver-tumour surgery guided by multispectral fluorescence imaging in the visible and near-infrared-I/II windows [J]. Nat Biomed Eng, 2020, 4 (3): 259 - 271.

[25] MI J, LIUG, LU L, et al. Case report: the second near-infrared window indocyanine green angiography in giant

mediastinal tumor resection [J] . Front Surg, 2022 (9): 852372.

[26] WU Y, SUO Y, WANG Z, et al . First clinical applications for the NIR-II imaging with ICG in microsurgery [J] . Front bioeng biotechnol, 2022 (10): 1042546.

[27] GUANY, SUN T, DING J, et al. Robust organic nanoparticles for noninvasive long-term fluorescence imaging [J] . J Mater Chem B, 2019, 7 (44): 6879 – 6889.

[28] DUNET V, POMONIA, HOTTINGER A, et al. Performance of 18F-FET versus 18F-FDG-PET for the diagnosis and grading of brain tumors: systematic review and meta-analysis [J] . Neuro Oncol, 2016, 18 (3): 426 – 434.

[29] YOUSSEFG, LEUNG E, MYLONAS I, et al . The use of 18F-FDG PET in the diagnosis of cardiac sarcoidosis: a systematic review and metaanalysis including the Ontario experience [J] . J Nucl Med, 2012, 53 (2): 241 – 248.

[30] NAKAMURA A, KANEKO N, VILLEMAGNEV L, et al. High performance plasma amyloid-beta biomarkers for Alzheimer's disease [J] . Nature, 2018, 554 (7691): 249 – 254.

[31] FANI M, NICOLAS G P, WILD D. Somatostatin receptor antagonists for imaging and therapy [J] . J Nucl Med, 2017, 58 (2): 61S – 66S.

[32] ERDMANN S, NIEDERSTADT L, KOZIOLEK E J, et al . CMKLR1-targeting peptide tracers for PET/MR imaging of breast cancer [J] . Theranostics, 2019, 9 (22): 6719 – 6733.

[33] CAO R, LI R, SHI H, et al. Novel HER2-Targeted peptide for NIR-II imaging of tumor [J] . Mol Pharm, 2023 (11): 1315 – 1227.

[34] AKBARI V, CHOU C P, ABEDI D. New insights into affinity proteins for HER2-targeted therapy: beyond trastuzumab [J] . Biochim biophys acta rev cancer, 2020, 1874 (2): 188448.

[35] METZGER-FILHO O, WINER E P, KROP I. Pertuzumab: optimizing HER2 blockade [J] . Clin Cancer Res, 2013, 19 (20): 5552 – 5556.

[36] PARAKH S, GANH K, PARSLOW A C, et al. Evolution of anti-HER2 therapies for cancer treatment [J] . Cancer Treat Rev, 2017 (59): 1 – 21.

[37] PANDIT-TASKAR N, POSTOW M A, HELLMANN M D, et al . First-in-humans imaging with (89) Zr-Df-IAB22M2C Anti-CD8 minibody in patients with solid malignancies: preliminary pharmacokinetics, biodistribution, and lesion targeting [J] . J Nucl Med, 2020, 61 (4): 512 – 519.

[38] ZETTLITZK A, TSAI W K, KNOWLESS M, et al . Dual-modality immuno-pet and near-infrared fluorescence imaging of pancreatic cancer using an anti-prostate stem cell antigen Cys-Diabody [J] . J Nucl Med, 2018, 59 (9): 1398 – 1405.

[39] STAHL S, GRASLUND T, ERIKSSON K A, et al. Affibody molecules in biotechnological and medical applications [J] . Trends biotechnol, 2017, 35 (8): 691 – 712.

[40] KIMURA R H, WANG L, SHENB, et al. Evaluation of integrin alphavbeta (6) cystine knot PET tracers to detect cancer and idiopathic pulmonary fibrosis [J] . Nature communications, 2019, 10 (1): 4673.

[41] SUN Y, MA X, ZHANG Z, et al. Preclinical study on GRPR-Targeted (68) Ga-Probes for PET imaging of prostate cancer [J] . Bioconjug chem, 2016, 27 (8): 1857 – 1864.

[42] JIANG L, TU Y, KIMURA R H, et al. 64Cu-Labeled divalent cystine knot peptide for imaging carotid atherosclerotic plaques [J] . J Nucl Med, 2015, 56 (6): 939 – 944.

[43] DONG Q, YANG H, WAN C, et al . Her2-Functionalized gold-nanoshelled magnetic hybrid nanoparticles: a theranostic agent for dual-modal imaging and photothermal therapy of breast cancer [J] . Nanoscale Res Lett, 2019, 14 (1): 235.

[44] CHOU S W, SHAU Y H, WU P C, et al. In vitro and in vivo studies of FePt nanoparticles for dual modal CT/MRI molecular imaging [J] . J Am Chem Soc, 2010, 132 (38): 13270 – 13278.

[45] ZOLATA H, AFARIDEH H, DAVANI F A. Triple therapy of HER2 (+) cancer using radiolabeled multifunctional iron oxide nanoparticles and alternating magnetic field [J] . Cancer Biother Radiopharm, 2016, 31 (9): 324 – 329.

[46] ZOLATA H, DAVANI A, AFARIDEH F H. Synthesis, characterization and theranostic evaluation of Indium-111 labeled multifunctional superparamagnetic iron oxide nanoparticles [J] . Nucl Med Biol, 2015, 42 (2): 164 – 170.

[47] ZHENG D, WAN C, YANG H, et al. Her2-Targeted multifunctional nano-theranostic platform mediates tumor microenvironment remodeling and immune activation for breast cancer treatment [J]. Int J Nanomedicine, 2020 (15): 10007 – 10028.

[48] CHEN W, BARDHAN R, BARTELS M, et al. A molecularly targeted theranostic probe for ovarian cancer [J]. Mol Cancer Ther, 2010, 9 (4): 1028 – 1038.

[49] WANG Z, WANG Y, JIA X, et al. MMP-2-controlled transforming micelles for heterogeneic targeting and programmable cancer therapy [J]. Theranostics, 2019, 9 (6): 1728 – 1740.

[50] JEONG S, KIM Y I, KANG H, et al. Fluorescence-Raman dual modal endoscopic system for multiplexed molecular diagnostics [J]. Sci Rep, 2015 (5): 9455.

[51] DU S, LUO C, YANG G, et al. Developing PEGylated reversed D-peptide as a novel HER2-targeted spect imaging probe for breast cancer detection [J]. Bioconjug Chem, 2020, 31 (8), 1971 – 1980.

[52] WU Y, LI L, WANG Z, et al. Imaging and monitoring HER2 expression in breast cancer during trastuzumab therapy with a peptide probe (99m) Tc-HYNIC-H10F [J]. Eur J Nucl Med Mol Imaging, 2020, 47 (11): 2613 – 2623.

Development of a Novel HER2-targeted Peptide Probe for Dual-modal Imaging of Tumor

CAO Rui [1], LI Ren-da[1], LAI Chao-quan[2], SHI Hui [2],
LIU Hong-guang[1], CHENG Zhen[2,3]

(1. Institute of Molecular Medicine, College of Life and Health Sciences, Northeastern University, Shenyang, Liaoning 110169, China; 2. State Key Laboratory of Drug Research, Molecular Imaging Center, Shanghai Institute of Materia Medica, Chinese Academy of Sciences, Shanghai 201203, China; 3. Shandong Laboratory of Yantai Drug Discovery, Bohai Rim Advanced Research Institute for Drug Discovery, Yantai, Shandong 264117, China)

Abstract: Human epidermal growth factor receptor 2 (HER2) is a membrane protein that is highly expressed in tumor tissues but rarely expressed in normal tissues, and it may serve as a valid target for diagnosis of cancer including ovarian cancer, breast cancer, etc. Several HER2-targeted fluorescent probes that emit light in the visible ($400 \sim 700$ nm) and near-infrared window one region (NIR -I, $700 \sim 1000$ nm) have been developed for imaging of HER2-positive tumor. Recently, near-infrared window two region (NIR-II, $1000 \sim 1700$ nm) fluorescence imaging has demonstrated much better performance than visible and NIR-I imaging. Moreover, positron emission tomography (PET) is a powerful technique for whole body imaging and may realize cancer early detection. Therefore, probes with capability for NIR-II and PET dual-modal imaging are highly desired for HER2-positive tumor detection. Herein, three novel HER2-targeted peptides (ZC01, KSP, and ZC02) were designed and further modified with indocyanine green (ICG) and 2, 2','', 2''' - (1, 4, 7, 10 - tetraazacyclodode-cane - 1, 4, 7, 10 - tetrayl) tetraacetic acid (DOTA), which were used for NIR-II imaging directly and complexation with radionuclides such as ^{68}Ga for PET, respectively. Among the resulted probes (DOTA-ZC01-ICG, DOTA-KSP-ICG, and DOTA-ZC02-ICG), NIR-II imaging revealed that DOTA-ZC02-ICG had the best tumor imaging performance and high targeting specificity in mice bearing subcutaneous HER2-positive ovarian cancer SKOV3 models ($n=3$ per group). The highest tumor/normal tissue (T/N $=$ 5.4) ratio was achieved at 4 h after DOTA-ZC02-ICG injection. Furthermore, DOTA-ZC02-ICG was radiolabeled with ^{68}Ga to generate [^{68}Ga] Ga-DOTA-ZC02-ICG for PET, and it clearly delineated SKOV3 cancer at 0.5 h, 1 h, and 2 h post-injection in mice tumor models (n$=3$ per group). The tumor uptake reached 1.9% ID/g at 0.5 h after [^{68}Ga] Ga-DOTA-ZC02-ICG injection, and the blocking study demonstrated that the tumor up-takes were significantly inhibited at 0.5 h, 1 h, and 2 h ($P < 0.05$). Overall, a novel HER2-targeted probe DOTA-ZC02-ICG has been successfully developed in this study. It demonstrates application in the visualization of HER2-positive ovarian cancer, providing a promising technique for tumor dual-modal imaging and a new molecular scaffold for developing HER2-targeted theranostic agents.

Key words: Human epidermal growth factor receptor 2; Ovarian cancer; Near-infrared II; Positron emission tomography; Dual-modal

硼中子俘获治疗照射方式研究

罗耀琦[1]，马库斯·赛德[1,2]，王　翔[1]*

（1. 哈尔滨工程大学核科学与技术学院，黑龙江　哈尔滨　150001；

2. 德国普鲁士电力有限公司，德国　汉诺威　30457）

摘　要： 硼中子俘获治疗（Boron Neutron Capture Therapy，BNCT）是一种新型的肿瘤治疗方法，它利用 ^{10}B 在中子束照射下发生俘获反应，释放出高能 α 粒子和 Li 核，从而实现肿瘤细胞的杀伤。照射方式与中子源和含硼药物不分伯仲，也是影响治疗效果的关键因素。合适的照射方式能有效降低对正常组织的伤害，并且改善肿瘤的剂量分布均匀性。本文针对不同位置的肿瘤开展照射方式研究，分别计算了单射野和多射野照射情况下不同深度的肿瘤所受到其剂量均匀性的变化，给出不同位置肿瘤的合适照射角度，并得到了快速了解肿瘤在不同照射方式下治疗效果的参考公式。

关键词： 硼中子俘获治疗；照射方式；剂量均匀性

影响 BNCT 治疗效果的因素不仅只有中子束流参数和硼浓度，合适的照射方式同样能带来更优的治疗收益。因此，有必要研究不同照射方式对于 BNCT 治疗效果的影响。照射方式可分为单射野照射和多射野照射。单射野照射指中子束流和人脑模型位置都为固定的，在一个方向上照射直至杀死肿瘤细胞。所谓多射野照射，即从不同方向添加射野照射肿瘤，以肿瘤位置为不同方向射野的交点。当肿瘤位置较深且较大时，辐射剂量无法在肿瘤内部均匀分布，利用在正常组织中剂量分散而在肿瘤中剂量集中的方式提高耐照射时间，并改善肿瘤中剂量分布，从而提高治疗效果。当采用单射野照射时，随着治疗时间的增加，正常组织接受的剂量也会增加，有可能正常组织剂量达到限值时，还未能将肿瘤杀死。而多射野照射因其几何特性能让正常组织剂量分散，是改善剂量分布的有力手段。目前，已有研究表明具有理想的角度组合的多场照射可以在治疗剂量限值下到达大脑中的任何肿瘤位置，并且能有效改善治疗效果[1-2]。

目前，BNCT 的治疗计划系统都是先根据患者 CT 数据构建模型，再用蒙特卡罗程序计算其治疗效果。蒙特卡罗程序计算速度依赖于计算资源的大小，且 BNCT 治疗需要考虑中子复杂的物理特性，这导致治疗计划系统不能快速给出治疗方案。因此，如若对剂量分布和治疗时间进行多项式拟合，就能快速让患者了解针对不同肿瘤采用不同照射方式的治疗效果，为患者选择不同的治疗方式提供参考，将更有利于 BNCT 的应用。

1　研究方法

为了评估中子束在人脑中的治疗效果，选择 Snyder 头部椭球模型模拟头部的剂量分布。Snyder 人脑模型由几个椭球组成，包括脑、颅骨、头皮 3 个部分，其数学表达式为[3]：

$$\begin{cases} \left(\dfrac{x}{6.5}\right)^2 + \left(\dfrac{y}{6}\right)^2 + \left(\dfrac{z-1}{9}\right)^2 = 1 \\ \left(\dfrac{x}{8.3}\right)^2 + \left(\dfrac{y}{6.8}\right)^2 + \left(\dfrac{z}{9.8}\right)^2 = 1 \\ \left(\dfrac{x}{8.8}\right)^2 + \left(\dfrac{y}{7.3}\right)^2 + \left(\dfrac{z}{10.3}\right)^2 = 1 \end{cases} \quad . \tag{1}$$

作者简介：罗耀琦（1997—），男，硕士，现主要从事放射治疗科研工作。

各部分的材料参照国际辐射单位与测量委员会报告设置，具体参数如表1所示[4]。肿瘤的元素和密度参考正常脑组织，正常组织硼浓度为10 ppm，肿瘤硼浓度为35 ppm。

表1　Snyder 模型的材料参数

结构	密度/（g/cm³）	元素组成
脑	1.04	H：10.7%；C：14.5%；N：2.2%；O：71.2%；Na：0.2%；P：0.4%；S：0.2%；Cl：0.3%；K：0.3%
颅骨	1.61	H：5%；C：21.2%；N：4%；O：43.5%；Na：0.1%；Mg：0.2%；P：8.1%；S：0.3%；Ca：17.6%
头皮	1.09	H：10%；C：20.4%；N：4.2%；O：64.5%；Na：0.2%；P：0.1%；S：0.2%；Cl：0.3%；K：0.1%
空气	0.001 293	C：0.01%；N：75.73%；O：23.18%；Ca：1.28%

评估治疗效果的参数包括剂量均匀性指标（Homogeneity Index，HI）和治疗时间 T，治疗时间为肿瘤最小剂量达到 20 Gy 的照射时间。

体积剂量直方图（Dose Volume Histogram，DVH）为反应受照射组织剂量随体积的分布情况示意图。横轴表示剂量水平，纵轴表示组织内剂量大于或等于横轴对应剂量的体积分数。由 DVH 图可得到 HI[5]：

$$HI = \frac{D_{1\%} - D_{99\%}}{D_{50\%}} 。 \tag{2}$$

其中，$D_{1\%}$、$D_{99\%}$ 和 $D_{50\%}$ 分别为 1%、99% 和 50% 体积分数对应的剂量值，代表在这一体积分数内的肿瘤都受到了大于或等于某一数值的剂量，其值直接从 DVH 曲线中提取。

多项式拟合采用 Python 语言中经过验证且广为使用的 Scikit - learn 库内置的线性回归模块和 PolynomialFeatures 函数构建特征[6]。多项式回归通过控制残差平方和来确定多项式系数，即让拟合函数与实际数据之间的误差最小，以相关系数 $R^2 > 0.99$ 作为收敛条件。

2　单射野照射研究

单射野照射计算中，肿瘤深度取 4 ~ 6 cm，步长为 0.4 cm，肿瘤半径大小取 0.4 ~ 2 cm，步长为 0.4 cm。在人体模型体素化的研究中，常将人体划分为毫米级网格大小，考虑到肿瘤比较小时网格尺寸划分太大计算误差较大，所以，结合数据量大小，在肿瘤半径为 2 cm 时，整个模型划分为 3 mm × 3 mm × 3 mm 网格，其余情况取 1.5 mm 大小，以网格几何中心判定该网格的组织成分。

图 1a 计算了 4.8 cm 深度下不同肿瘤大小的 DVH 变化情况，治疗时间以肿瘤最小剂量达到 20 Gy 为准，从图中可以看出，肿瘤半径越大，其剂量分布差异越大，在半径为 2 cm 时肿瘤最大剂量与

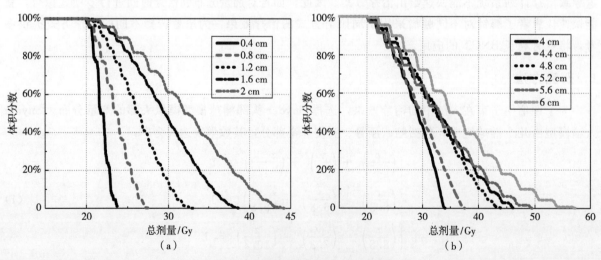

图 1　不同情况下肿瘤 DVH 对比

（a）同一深度不同大小；（b）同一大小不同深度

最小剂量的差距达到 2 倍。且由于半径越大，所需的治疗时间越长，这导致正常组织所接受的剂量也越大，因此，有必要对于半径较大的肿瘤优化照射方式。图 1b 为不同深度下 2 cm 大小的肿瘤 DVH 变化，随着深度的增大，剂量不均匀的情况逐渐显著，且随着治疗时间的增加，正常组织的剂量逐渐超过限值。

表 2 计算了不同深度下皮肤、正常脑组织和肿瘤的最大剂量，表中显示在深度为 5.6 cm 时，正常组织剂量已经超过了 12.5 Gy 的限值，已经不能满足治疗需求，因此，对于较深的肿瘤必须提高硼浓度或者采取多射野照射。

表 2　不同深度各组织最大剂量变化

深度/cm	皮肤最大剂量/Gy	脑组织最大剂量/Gy	肿瘤最大剂量/Gy
4.0	7.34	7.88	34.08
4.6	8.14	8.58	37.54
4.8	9.52	10.28	44.24
5.2	10.71	11.52	46.32
5.6	11.52	12.70	49.49
6.0	13.86	15.44	57.32

为了能快速了解不同深度下肿瘤在单射野照射下的治疗效果，以深度为 4～6 cm、半径为 0.4～2 cm 的肿瘤计算结果为数据样本，拟合剂量均匀性和治疗时间关于深度与大小的关系式。拟合结果如下：

$$HI = -0.013\,83 + 0.072\,51 \times d + 0.604\,13 \times r - 0.082\,23 \times d^2 +$$
$$0.470\,73 \times d \times r - 0.114\,56 \times r^2, R^2 = 0.997; \tag{3}$$

$$T = -1.177\,49 + 0.038\,14 \times d + 0.254\,25 \times r + 0.491\,38 \times d^2 +$$
$$0.94\,675 \times d \times r + 0.307\,49 \times r^2, R^2 = 0.994。 \tag{4}$$

以不同深度、不同大小的肿瘤作为测试点验证拟合效果，对比结果如表 3 所示，HI 和 T 都在较低的误差水平，拟合公式可以用于预测各位置的治疗效果。为保证公式两端量纲一致，将所有变量进行归一化处理转为无量纲量，其中深度和大小归一化为 [0, 1]，引入 $T = T'/T_0$。将治疗时间转换为无量纲量，$T_0 = 10$ min。

表 3　单射野照射不同测试点各参数计算值与预测值对比

测试点		参数	真实值	拟合值	相对误差
深度 4.5 cm	半径 1 cm	HI	0.329	0.331	0.608%
		T	1.559	1.540	1.219%
深度 5 cm		HI	0.401	0.393	1.995%
		T	1.756	1.760	0.228%
深度 5.5 cm		HI	0.451	0.444	1.552%
		T	2.005	2.042	1.845%
半径 0.5 cm	深度 5 cm	HI	0.213	0.205	3.755%
		T	1.551	1.521	1.934%
半径 1 cm		HI	0.401	0.393	1.995%
		T	1.756	1.760	0.228%
半径 1.5 cm		HI	0.583	0.567	2.744%
		T	2.018	2.038	0.991%

3   多射野照射研究

为提高剂量均匀性，降低正常组织受照剂量，探究了三射野下肿瘤剂量均匀性的变化及带来的治疗收益。三射野为 $0° + θ° + -θ°$ 组合的结果，$θ°$ 和 $-θ°$ 分别表示人脑顺时针和逆时针转动的角度。依次转动人体，最终计算肿瘤和正常组织在不同方向的累积剂量，评估其对治疗效果的改善情况，计数方式如图 2 所示，如深色网格对应的坐标为（1，1），则在不同方向下（1，1）坐标对应的网格为头部模型中同一组织成分，将 3 个方向下坐标为（1，1）网格的剂量相加即为这一网格在 45°多射野照射下的总剂量。

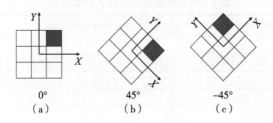

图 2   三射野计数相加方式

图 3 计算了不同照射角度下肿瘤 DVH 变化情况，很明显在照射角度达到 90°时，其剂量差异在 10 Gy 之内，极大改善了剂量分布。在单射野照射研究中发现，当肿瘤深度大于一定值时，单射野无法满足治疗需求，因此在表 4 中列出了深度为 6 cm、半径为 2 cm 的肿瘤各组织在不同角度照射下的最大剂量，从表 4 中可以看出，正常组织最大剂量随着角度增大明显减少，当照射角度增大到 40°时，正常组织最大剂量不超过限值。从各组织的剂量变化来看，对于深部肿瘤应采用多射野照射，在满足治疗需求的情况下，正常组织受到的剂量能降低近一半，可以减少没必要的辐照损伤。

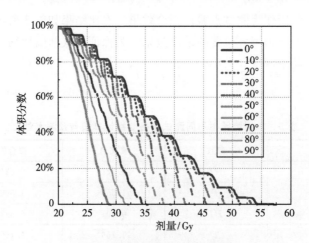

图 3   不同照射角度 DVH 变化

表 4   同一深度下不同照射角度各组织最大剂量变化

角度	皮肤最大剂量/Gy	脑组织最大剂量/Gy	肿瘤最大剂量/Gy
0°	13.86	15.44	57.32
10°	13.66	14.84	56.28
20°	12.86	14.30	54.06
30°	11.82	13.58	51.05
40°	11.01	12.32	47.46

角度	皮肤最大剂量/Gy	脑组织最大剂量/Gy	肿瘤最大剂量/Gy
50°	9.61	11.19	43.45
60°	8.54	10.14	39.31
70°	7.49	9.17	35.31
80°	6.68	8.30	31.96
90°	6.14	7.63	28.88

为了探究多射野照射对于不同深度肿瘤的治疗收益，分别计算了 4 ~ 7 cm 深度下肿瘤的 HI 和治疗时间变化情况，如表 5 所示。结果显示，多射野照射对于浅层肿瘤的治疗收益并不大，随着照射角度的增大，其治疗时间还会出现增大的情况，这是因为对于浅层肿瘤，当照射角度增大后，在大角度射野下肿瘤离人体表皮的距离要比小角度射野下的距离大，所以大角度射野下肿瘤处的中子通量更低，需要更多的治疗时间。因此，多射野照射只适用于肿瘤深度较大的情况，对于浅层肿瘤，采用多射野照射反而会增加患者摆位时间，影响治疗体验。

表 5　不同深度肿瘤在不同照射角度下 HI 与治疗时间变化

角度	4 cm		5 cm		6 cm		7 cm	
	HI	T/min	HI	T/min	HI	T/min	HI	T/min
0°	0.469	17.50	0.736	22.80	0.917	33.11	1.115	44.79
10°	0.463	17.44	0.729	22.67	0.905	32.73	1.101	44.17
20°	0.444	17.44	0.701	22.45	0.869	32.01	1.057	42.84
30°	0.418	17.41	0.658	22.10	0.814	31.11	0.984	40.81
40°	0.379	17.31	0.598	21.75	0.742	30.06	0.892	38.75
50°	0.336	17.34	0.535	21.51	0.654	28.95	0.789	36.39
60°	0.286	17.43	0.462	21.30	0.564	27.84	0.674	34.18
70°	0.238	17.63	0.385	21.18	0.477	26.73	0.565	32.26
80°	0.187	17.98	0.312	21.24	0.397	26.19	0.453	30.76
90°	0.152	19.44	0.242	21.49	0.317	25.74	0.353	29.62

为了能快速了解不同位置的肿瘤采用多射野照射的治疗效果，计算了 4 ~ 8 cm 深度肿瘤的各多射野照射结果，步长为 0.5 cm，以此为数据集拟合剂量均匀性 HI 和治疗时间 T 与深度与角度的关系，肿瘤深度为 d，角度为 θ。与单射野照射拟合设置一样，将深度和角度归一化到 $[0, 1]$，治疗时间除以 $T_0 = 10$ min。拟合表达式为：

$$
\begin{aligned}
HI = &\ 0.4517 + 1.1038 \times d + 0.1822 \times \theta + 0.0844 \times d^2 - 0.5996 \times d \times \theta - \\
&\ 0.9932 \times \theta^2 - 0.5079 \times d^3 + 0.3241 \times d^2 \times \theta - \\
&\ 0.2452 \times d \times \theta^2 + 0.5139 \times \theta^3, R^2 = 0.996;
\end{aligned} \tag{5}
$$

$$
\begin{aligned}
T = &\ 1.7495 + 1.5517 \times d + 0.6481 \times \theta + 1.7676 \times d^2 + 1.0081 \times d \times \theta - \\
&\ 2.2254 \times \theta^2 + 1.5139 \times d^3 - 3.7510 \times d^2 \times \theta - \\
&\ 0.5567 \times d \times \theta^2 + 1.7011 \times \theta^3, R^2 = 0.997。
\end{aligned} \tag{6}
$$

以不同深度、不同照射角度的肿瘤作为测试点验证拟合效果，如表 6 所示，HI 和 T 都在较低的误差水平，拟合公式可以用于预测各位置不同照射角度下的治疗效果。

表 6 多射野照射不同测试点各参数计算值与预测值对比

测试点		参数	真实值	拟合值	相对误差
深度 5.6 cm	角度 40°	HI	0.712	0.701	1.545%
		T	2.558	2.616	2.267%
深度 6.2 cm		HI	0.802	0.800	0.249%
		T	3.015	3.069	1.791%
深度 6.8 cm		HI	0.871	0.872	0.115%
		T	3.556	3.639	2.334%
角度 20°	深度 6.2 cm	HI	0.939	0.939	0
		T	3.230	3.298	2.105%
角度 40°		HI	0.802	0.800	0.249%
		T	3.015	3.069	1.791%
角度 60°		HI	0.621	0.618	0.483%
		T	2.804	2.814	0.357%

4　结论

通过计算单射野照射下不同深度、不同大小肿瘤的治疗效果,发现肿瘤剂量随着深度和大小的增加而分布不均,并发现在深度较大处的肿瘤单射野已不能满足治疗需求。多射野照射下不同深度、不同照射角度下肿瘤的治疗效果,肿瘤剂量随着照射角度的增大而分布更均匀,对于深部肿瘤,多射野照射能有效地降低正常组织受照剂量,增加耐受时间,从而改善治疗效果。给出了针对单射野和多射野下肿瘤剂量均匀性与治疗时间的参考公式,其计算误差在接受范围内,可为患者了解治疗效果提供参考。

参考文献:

[1] TORRES - SÁNCHEZ P, PORRAS I, RAMOS - CHERNENKO N, et al. Optimized beam shaping assembly for a 2.1 - MeV proton - accelerator - based neutron source for boron neutron capture therapy [J]. Scientific reports, 2021, 11 (1): 7576.

[2] YU H, TANG X, SHU D, et al. Impacts of multiple - field irradiation and boron concentration on the treatment of boron neutron capture therapy for non - small cell lung cancer [J]. International journal of radiation research, 2017, 15 (1): 1.

[3] HARLING O K, ROBERTS K A, MOULIN D J, et al. Head phantoms for neutron capture therapy [J]. Medical physics, 1995, 22 (5): 579 - 583.

[4] 鱼红亮, 郑传城, 孙亮. MCNP 计算含肿瘤 Snyder 修正头部模型的硼中子俘获治疗剂量 [J]. 原子能科学技术, 2010, 44 (1): 89.

[5] NARAYANASAMY G, FEDDOCK J, GLEASON J, et al. CBCT - based dosimetric verification and alternate planning techniques to reduce the normal tissue dose in SBRT of lung patients [J]. Image, 2015, 10: 8.

[6] PEDREGOSA F, VAROQUAUX G, GRAMFORT A, et al. Scikit - learn: machine learning in python [J]. The journal of machine learning research, 2011, 12: 2825 - 2830.

Study on the irradiation mode of boron neutron capture therapy

LUO Yao-qi[1], SEIDL Marcus[1,2], WANG Xiang[1*]

(1. College of Nuclear Science and Technology, Harbin Engineering University, Harbin, Heilongjiang 150001, China;

2. PreussenElektra GmbH, Hannover 30457, Germany)

Abstract: Boron Neutron Capture Therapy (BNCT) is a novel tumor treatment method that uses [10]B to kill tumor cells by releasing high-energy alpha particles and Li nuclei through a capture reaction under neutron beam irradiation. The irradiation mode is indistinguishable from neutron sources and boron-containing drugs and is a key factor affecting the treatment effect. The appropriate irradiation method can effectively reduce the damage to normal tissues and improve the uniformity of tumor dose distribution. In this paper, we conducted irradiation studies for tumors in different locations, and calculated the changes in dose uniformity for tumors at different depths with single-field and multiple-field irradiation, respectively. The appropriate irradiation angles for tumors in different locations are given, and reference formulas are obtained for a quick understanding of the treatment effect of tumors under different irradiation modalities.

Key words: Boron neutron capture therapy; Irradiation mode; Dose uniformity

核技术经济与管理现代化
Nuclear Technology Economics & Management Modernization

目　录

某央企集团采购绩效评价研究

潘澄雨，蒋　波，孙　蕴，焦红艳，郑美玉，戈　乔，王　凯

（中核工程咨询有限公司，北京　100037）

摘　要："十四五"期间，国家层面提出"双碳"目标，核能产业模式的调整加快促进了供应链模式升级，央企采购业务绩效目标管理提升需求从"小采购"初级阶段的"采、买、跟订单"等流程性的低价值产出，逐步迈向"大采购"进阶阶段的"采购与供应链战略管理、总成本管控、供应链能力提升"等服务性的高价值创造。基于此，本论文以某央企集团下属企业典型采购问题和风险为驱动，以建立绩效评价指标体系目标为导向，从集团下属企业采购绩效的影响因素、衡量标准及评价方法 3 个方面开展研究，运用平衡记分卡分析、关键绩效指标分析、层次分析等关键技术初步构建了采购绩效评价指标体系。该体系分为内部、外部两套指标体系，内部指标体系以"平衡计分卡绩效评价法"为方法论原型，融合企业采购管理全流程指标；外部指标体系以 MKJ 采购绩效考核方法为基础设定，辅以现阶段采购能力提升重点关注指标。同时，本论文根据集团下属企业不同供应链类型，建立了企业个性化绩效评价方法，并提出了采购绩效提升策略，以期为央企集团采购与供应链绩效管理提升提供支撑。

关键词：采购绩效；指标体系；平衡计分卡绩效评价法；央企集团；采购成熟度

1　研究背景与意义

1.1　研究背景

　　绩效评价历来是衡量业务成果、实现企业战略目标的重要手段之一。"十四五"期间，国家层面提出"双碳"目标，某央企集团（以下简称"集团"）核能产业在面临新的发展机遇期的同时，也面临更加激烈的市场竞争和市场化改革冲击：在批量化建设与群堆化运营模式下，如何更好地实现采购管理组织形式和商业模式变革，打通建设与运营周期屏障，发挥集约化优势，打造成本领先战略？在厂址开发方面，如何利用好产业链"链长"地位和"小核心、大协作"产业模式，形成战略供应商产业能力聚集与配套，改变以往集团自身产业导入"筹码"不足的困局，进一步优化"以资源换厂址"的开发模式？天然铀与核燃料产业"十四五"期间将面临外部竞争者的出现，如何进一步降低采购成本以应对产业竞争新格局？科研项目采购如何平衡合规与保供，释放科研活力？以上这些问题都是核产业链发展亟待解决的问题，也是集团控制产业链要素资源、实现降本增效、提升供应链核心竞争力的战略洼地[1-2]。

　　根据核产业发展形势要求，央企集团采购业务绩效目标已经不能简单停留在"采、买、跟订单"等完成一些流程性的低价值产出，停留在"小采购"的初级阶段，而是要将采购业务绩效目标瞄准"大采购"业务领域，强化采购与供应链战略管理，强化成本管控，强化价值创造，紧紧抓住深化国有企业改革的历史机遇，把握核工业产业链、供应链高质量发展的根本要求。

　　近两年，集团采购业务已经成为企业价值链管理中的核心内容，年采购额保持 2000 亿元左右的规模。为保证采购业务体系的有序性和系统性，集团逐步建立健全了采购业务绩效管理体系。其中，根据国资委管理对标要求，集团每年动态优化采购绩效管理目标，同时建立健全绩效指标体系，指标体系已实现由"重结果管理、重指标数据"的原管理后置模式，逐步优化为"重能力培育、重过程管理"的统筹提升模式。

作者简介：潘澄雨（1988—），男，硕士，高级工程师，现主要从事供应链研究工作。

但集团现阶段采购绩效体系在功能类型和目标导向两个方面依然存在优化空间。在功能类型方面：建立的"企业级"采购业务绩效管理体系，其功能仅限于实现集团的采购管理宏观目标，如采购管理组织体系、制度建设、集采率、电采率、公开率等，缺少针对下属企业采购业务中观、微观目标的绩效评价设置；在指标层面也仅限于"公司级"指标的设置，缺少"部门级"和"员工级"指标的设置。在目标导向方面：集团绩效目标聚焦于安全合规、阳光廉洁、树立廉政防线，缺少采购对于企业经营管理的价值创造绩效要求，忽略了采购之于企业总成本战略管控的本质要求。

1.2 研究意义

集团采购绩效评价体系的研究，可为集团采购管理工作构建衡量标准，同时，通过对采购绩效评价体系的有效利用，创造良好的管理效益和社会效益：从管理角度出发，对标国际一流企业，引导公司采购管理实现"规范、效率、质量、效益"4个方面的提升，从而推动管理创新和管理优化，助力开创集团采购与供应链管理工作新局面；从社会角度出发，通过采购绩效评价体系来推动集团在强化采购管理、节约资源、提升资源利用率等方面做出率先垂范，满足党政监管和社会监督日趋严格的要求[3-4]。

2 研究内容与目标

一是针对集团整体采购绩效研究不足，绩效影响因素定位不准确、不充分现状，开展采购绩效影响因素研究。

二是针对集团采购绩效衡量标准不清晰、不明确，无法有效衡量采购业务对企业发展的有利作用等现状，开展采购绩效衡量标准研究。梳理采购绩效衡量标准与指标，聚焦是否提高了企业管理效率（组织、人员、程序效率提升）、是否增加了企业效益（总成本降低），以及是否实现了企业特定目标效果（核产业保障、国防军工保障）。

三是针对集团采购绩效评价方法研究和实践的不充分现状，结合"采购绩效影响因素"与"采购绩效衡量标准"的研究成果，开展企业采购绩效评价方法与流程的研究。

3 研究方案与设计

3.1 研究总体方案

根据央企集团采购管理及业务关键环节，打通堵点，疏通渠道。集团当前采购存在支出大、成本高、计划与执行脱节等关键基础问题，论文以调查问卷方式了解典型下属单位采购现状，从合理性角度考虑采购行为，寻找影响采购绩效提高的关键因素，并以点及面从企业到集团层面整体分析，梳理共性问题、划分个性问题。

结合集团供应链发展目标，论文对影响因素开展多维度分析，并设定具体绩效考核指标集合；根据集团下属不同企业类型特征，对下属单位合理设定共性及个性指标，并赋予指标权重；基于平衡计分卡理论、关键绩效指标评价理论，搭建集团采购绩效分析与评价模型。

在搭建采购绩效分析与评价模型后，一是针对集团各单位采购活动情况，开展典型单位试评价工作；二是结合试评价结果，横向与评价优秀企业对标，认清差距与不足，纵向从采购相关各业务模块对比，检视业务模块有待改进的方面，总结经验；三是形成集团采购业务绩效评价相关企业标准。

3.2 问卷调研设计

问卷调查对象为集团下属84家成员单位（集团划定重点评价单位），覆盖六类企业类型。答卷人为企业采购相关重要人员，从其反馈中总结企业当前采购基本面情况，反映企业采购问题。从微观执行层面出发，统计汇总分析企业整体采购业务能力。

以往集团绩效考核重点集中于采购组织、制度、监督、合规等方面。但仅以管理结果为导向，无法聚焦企业采购业务关键环节，无法梳理采购过程堵点。通过聚焦企业内部采购效率、效益、效果等关键要素，梳理采购中关键绩效影响因子，并设计问卷题目，通过反馈评价企业采购能力。

通过对部分定性类题目选项，以定量方式赋予分值，阶梯式划分企业采购行为。将分值汇总，以加权平均数方式获得企业采购能力评定分数，并基于采购成熟度能力模型评定企业当前采购水平，对标企业采购能力。问卷设计思路如图1所示。

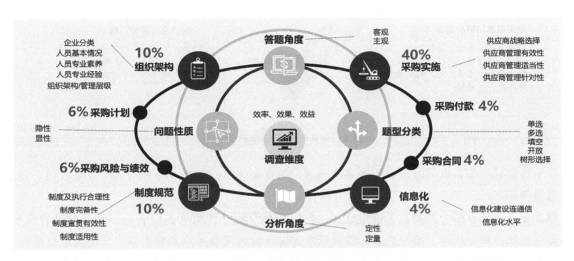

图1 问卷设计思路

3.3 绩效指标设计

3.3.1 设计因素

① 定性与定量结合。定性评价是指采用经验判断和观察了解的方法进行，可以采用案卷研究、面访、座谈会、问卷调查、实地调研和专家评审等方法进行评价；定量评价是采用数学的方法，收集和处理数据资料，对评价对象做出定量结果的价值判断[4]。

② 显性与隐性结合。采购绩效指标，可将其分为显性指标及隐性指标，显性指标以可直接获取数据及制度为判断标准，隐性指标则以内部评价、非直接获得采购数据为判断标准。

③ 平衡计分卡及集团MKJ采购绩效考核。平衡计分卡针对二级单位企业内部，从财务角度、学习与发展角度、内部流程角度、客户服务角度对企业进行评价；集团MKJ采购绩效考核则从外部监管角度提出企业关键考核指标，着力从组织架构、信息系统、运营管理等多个方面设定多维度考核要求。二者各有侧重，同时又有效补充，着力搭建起采购绩效评价闭环。

④ 三效维度。采购作为企业效益创造的底层基石，承担着支撑企业日常运营、销售生产的关键。采购业务于企业的价值和有利作用表现在是否提高了企业管理效率、是否增加了企业效益及是否实现了企业特定目标效果等方面。效率反映各单位采购职能管理能力；效益反映品类采购、采购成本、节约额考核等；效果分析是从供应安全性、质量、环保和行业地位的分析。

3.3.2 设计标准

采购绩效评价内部指标运用层次分析法，设定控制层决策目标为采购绩效评价。子准则依据平衡计分卡，设定为财务评价指标、客户服务评价指标、内部流程评价指标、学习与发展评价指标等发展指标（图2）。针对集团下属不同类型企业，依据本次问卷调查反映的企业特点，将指标设定为共性指标及个性指标。共性指标主要建立在集团MKJ采购绩效考核基础上，并适当拓展。关注企业运营发展等方面，如从财务维度考虑，以采购活动资金率作为基础，单位采购成本节约额作为采购效益提升指标，利用采购物品单位成本作为单价对比，利用人均采购成本衡量不同体量企业采购成本，考虑其适当性。

图 2　采购绩效内部指标示意

在个性指标层面，以问卷调查反馈突出问题，结合集团下六类企业特性与集团战略方向，设定个性化考核指标。

制造型企业库存多为原材料及制造成品，但因产品过时，产品大多已丧失价值，处理难度较大，造成库存积压。两金压降、清理央企无效资产作为国务院国资委重点考核内容，制造型企业库存管理能力高低是集团能否达标的关键。但问卷中，不少答卷人依旧反映高库存、低周转，突出表现公司两金压降手段不够强硬，举措落实不够到位，库存管理效果不够明显。因此，考虑以上因素，制定库存周转率作为考核指标，并设定考核标准，要求制造型企业高度重视此类问题，采用切实有效举措，压降库存，满足集团管理要求，达到国务院国资委管控目标。

科研型企业作为国产装备制造发展关键力量，给予国产化最重要的支撑。当前研发关键物料大多依赖进口，我国不具主导地位，被国外供应商扼住喉咙。加快解决"卡脖子"难题，强化科技创新和产业链供应链韧性，需要采购人员与科研人员密切沟通，提高科研型企业采购能力。在问卷调查中，答卷人反映寻源难、合格供应商不足等问题。因此综合以上问题，对科研型企业设定国产化供应商达成率作为个性化指标，考核国产化进程，要求科研型企业重视采购，重视采购在企业、供应链、国产化中的价值。

运营型企业以采购设定成本销售比、采购计划达成率等为考核重点；服务型企业以采购可选率作为考核指标；建设型企业采购周期长、紧急采购多，设定采购计划弹性、采购柔性为考核标准；管理型企业则从采购规范化角度考核，以流标废标率作为个性化考核指标。

3.3.3　指标分析与统计

横向分析从集团下属企业之间及企业内部各级单位、部门、人员之间出发。在集团层面，根据下属企业类型设定标杆企业，对企业进行对标分析，帮助企业厘清不足、找到差距、以评促改、针对性提升。在二级公司层面，将所属各级单位、部门及个人进行横向分析，寻找共性问题，发现自身不足，进而有效提高采购管理。

纵向分析是从时间角度（现有情况与历年数据）进行分析并推出未来趋势，即在集团层面、成员单位层面，将历年数据同步对比，直观显示当前采购绩效趋势，如势头增长，则加大水平，持续提升；如趋势不佳，则拉回劣势，改进不足。

3.3.4　指标统计

指标分析完成后，根据企业不同类型，本次研究借助成熟度模型，将采购内部流程维度细化，设定二级指标为需求、计划、预算、寻源、合同、交付及仓储环节，评估确定企业采购成熟度水平（图3）。

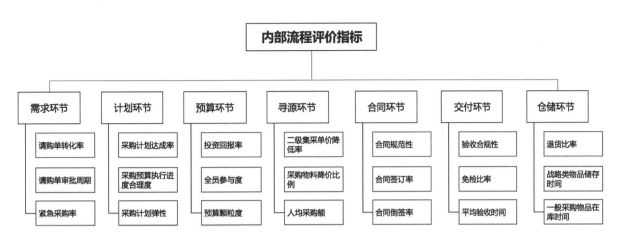

图 3　内部流程评价指标示意

（1）需求环节，利用采购成熟度模型划分标准如下（表1）。

表 1　需求环节划分标准

摸索级	规范级	控制级	优先级	整合级
订单数据或出库信息作为需求数据主要来源	订单数据可视，结合供应市场和政策环境等信息进行需求分析	公司来自一线的实际产品消耗/销售量数据实时可视	与合作伙伴协作，建立共享的需求感知信息库，主动感知并广泛收集外部用户需求	拉通生态链，主动对上下游需求进行牵引和影响

（2）计划环节，利用采购成熟度模型划分标准如下（表2）。

表 2　计划环节划分标准

	摸索级	规范级	控制级	优先级	整合级
标准	供应计划制定取决于预算和现有产品库存量	采购部门根据需求计划制定供应计划以满足生产需求	综合考虑库存、供应商的生产计划、生产能力等因素，准确制定供应计划，并定期回顾分析、闭环管理	健全供应计划的滚动机制，统筹供应链上下游资源，协调信息，促进供应计划的自动化、集成化，实现智慧决策、动态优化	细分供应场景，集成供应链资源，共享信息，自动化输出差异化的供应计划，包括资源配置、计划决策、风险防控，实现供应链的统一调度、健康运转

（3）预算环节，利用采购成熟度模型划分标准如下（表3）。

表 3　预算环节划分标准

等级	摸索级	规范级	控制级	优先级	整合级
标准	当期采购价格与历史采购价格比较	TOC整体采购成本	建立目标成本以管理采购成本	运用多种工具和供应商一起降低成本	采购对企业价值EVA

（4）寻源环节，利用采购成熟度模型划分标准如下（表4）。

表 4　寻源环节划分标准

等级	摸索级	规范级	控制级	优先级	整合级
标准	—	通过公司层面的集中采购和框架式采购选择合作供应商，确保产品价格优势和供应的稳定性	采购部门与业务部门在采购策略、产品引进等各方面进行协同，根据品类特性灵活采用多种采购方式，选择优质供应商，并与关键供应商实现在产品交付、供应计划、绿色低碳等方面的协同	公司与关键合作伙伴在新产品开发、产品设计、品类聚焦（产品标准化、配置收敛等）、技术标准、技术演进路线、绿色节能、低碳环保、产业链结构优化等方面进行深入合作，提升供应链柔性、降低供应链总成本、打造绿色供应链	以创新、需求为驱动，协同合作伙伴构建敏捷柔性、可持续发展的动态供应网络，从而对市场需求作出快速反应、共同创造价值

（5）合同环节，利用采购成熟度模型划分标准如下（表5）。

表 5　合同环节划分标准

等级	摸索级	规范级	控制级	优先级	整合级
标准	采购有合同，有订单，合同订单保证归档	建立了合同审核、审批程序，各部门职责分工明确，合同协议能得到分类、分级有效管理	合同审核、审批流程有效，保证按时按量完成，保证授权领导的审核批准，企业对合同有法律法规上的管控	合同的修改执行都得到了有效的管控，采购合同基本满意，合同纠纷完全可控；不同物料分类管理，有相应的合同，如框架合同等	战略性产品采购采用长期性的合同和协议，保障稳定供应及价格稳定；潜在断供产品采取举措，防范价格波动或短缺，并将其考虑纳入投资组合的管理中

（6）交付环节，利用采购成熟度模型划分标准如下（表6）。

表 6　交付环节划分标准

等级	摸索级	规范级	控制级	优先级	整合级
标准	企业的采购物品质量管理完全来源于验收检验，仅有采购仓储部门进行验收	按照 GB 2828 做检验设计，SPC 在来料检验（按照统计抽样的方法做预防性抽样检测）中有效运用，并且采购、仓储、需求部门共同验收	将来料检验的结果反馈给供应商，有效提升来料合格率	大部分免检，供应商提供检验合格报告	企业的质量完全不依赖来料检验，完全可把控来料质量

（7）仓储环节，利用采购成熟度模型划分标准如下（表7）。

表 7　仓储环节划分标准

等级	摸索级	规范级	控制级	优先级	整合级
标准	基本的库存数量管理和出入库管理，库存数量和实物可能存在较大差距	规范通过账务处理，等一系列操作动态保证账实相符，有规定且按照要求提供周期性库存报告等，对呆料、超龄、超需求能做到监控	实现库存的精细化管理，通过库存资金占用、周转率等指标监控总体水平符合企业战略要求，ERP 系统动态一致	能够根据生产需求，对库存进行规划，积极运用 JIT 等手段，降低库存，提高库存对生产销售的满足程度	以整个供应链库存最小化为目标，对市场、在产品、在途物资、供应商等统一规划，实现最优目标、共享库存信息，从制度上优化

4 研究结论与分析

4.1 央企集团下属企业采购绩效管理存在较大风险

（1）共性风险

① 在采购业务认知层面，一方面业务应知未知，中层、高层忽视采购业务之于企业经营的战略意义，如同一企业关于 2021 年度采购金额的反馈答案呈现多样化；另一方面工作定位不清，从业人员对采购业务缺乏价值认同，未能站在企业发展层面认清自己。集团也缺乏对采购的足够重视。② 在采购体系建设层面，部分制度适用性不足，执行与制度易脱轨；"三重一大"与企业体量不符，集体决策效果未能充分体现。③ 在采购组织人员层面，采购人员专业度不足，育才、用才未能充分体现效果；岗位兼职现象多，技术人员与专职管理人员比例失调；归口管理人员不足，企业人员精简但责任重大部门设置受限，且考核因素单一。④ 在采购业务执行层面，采购过程效率低，采购环节存在多种问题；"只寻不培"频发，供应商识别、选择及管理不充分；计划编制脱节，缺少前瞻性及动态调整。

（2）个性风险

建设型企业的问题主要集中在制度适配度较低、信息化建设不足、职责未合理分离、采购计划缺少前瞻性；管理型企业的问题主要集中在专业管理人员不足、采购监管机制网眼过大、采购过程成本高；科研型企业的问题主要集中在中层管理者对自身企业情况掌握不足、存在技术绑架采购的现象、采购难以支撑国产化、采购实际执行较弱；运营型企业的问题主要集中在制度建立更新不足、采购标的象限划分与企业战略规划未深层次结合、采购未达预期效果；制造型企业的问题主要集中在层级多而导致效率低和库存管理问题；服务型企业的问题主要集中在企业内部部门沟通不足和合同管理内控问题。

4.2 采购绩效评价指标体系的完善是央企采购管理提升的重要方法

根据"平衡计分卡绩效指标法""关键绩效指标法""层次分析法"等研究方法，结合问卷调研反馈问题及集团检查中暴露出采购业务薄弱环节，论文初步构建了央企集团采购绩效评价指标体系（图 4）。该体系适用于央企集团采购绩效监督和下属企业采购绩效自评。该体系创新点在于既融合外部指标，能够满足国务院国资委、央企集团采购管理要求，同时细化内部指标，支撑企业采购管理内部提升需求，形成企业采购绩效考核管理的完整闭环。

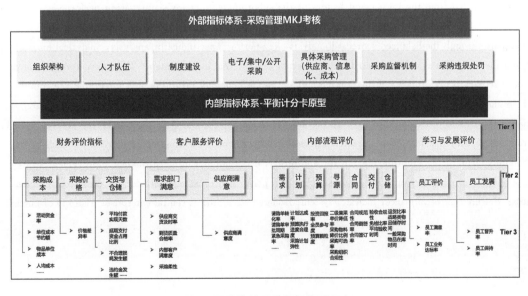

图 4 采购绩效评价指标体系示意

致谢

本论文受到某央企集团研究与管理支撑课题——采购效能监察模型深化应用研究的资助。

参考文献：

［1］ 蔡榕，程剑筠．电力企业采购绩效评价指标体系构建研究［J］．管理观察，2015（29）：107－109.
［2］ 吴浩然，程剑筠．省级电网公司采购绩效评价体系建设［J］．企业管理，2016（S2）：462－463.
［3］ 薛奇，吴龙刚，江涌，等．装备采购绩效评价问题研究［J］．企业管理，2017，38（S1）：136－139.
［4］ 薛峰．领导干部经济责任审计评价内容和策略研究［J］．经济研究导刊，2022（9）：89－91.

Research on purchasing performance evaluation of subordinate enterprises of a central enterprise

PAN Cheng-yu，JIANG Bo，SUN Yun，JIAO Hong-yan，
ZHENG Mei-yu，GE Qiao，WANG Kai

(China Nuclear Engineering Consulting Co., Ltd., Beijing 100037, China)

Abstract： During "the 14th Five-Year Plan", the central government proposed the "Carbon Peaking and Carbon Neutrality Goals". The mode adjustment of the nuclear energy industry accelerated and promoted upgrade of the supply chain mode. A central enterprise gradually transformed the performance target management from the process-type low-value output of "purchasing, buying, order follow-up" in the primary stage of "small-scale purchasing" to the service-type high value creation of "strategic management for purchasing and supply chain, total cost management and control, ability improvement of the supply chain" in the advanced stage of "large-scale purchasing". Driven by the typical purchasing problem and risk of the Group's subordinate company and oriented by the target of creating a performance evaluation index system, the paper started from the influencing factors of the subordinate company's purchasing performance, measurement standard, and evaluation method and preliminarily created the purchasing performance evaluation index system for the Group company through the balanced scorecard analysis, key performance indicator analysis, analytical hierarchy process (AHP) and the like. The system consisted of the internal and external index system. The internal index system selected the balanced scorecard performance evaluation method as the methodology prototype and integrated the complete process index of purchasing company of the company. The external index system was set based on the company's MKJ purchasing performance assessment method and focused on the indexes under the assistance of the purchasing ability improvement in the current stage. Moreover, the paper created a personalized performance evaluation method on the basis of the different types of supply chain of the subordinate company and proposed the purchasing performance improvement strategy to provide support for improving the purchasing and supply chain performance management for the central enterprise.

Key words： Procurement performance; Indicator system; Balanced scorecard; A central enterprise; Maturity of purchase

技术引领的核产业发展初步研究——以金塔核产业园为例

蔡一鸣，陈洪涛，孟春艳，田　铮，杨雪琦，吕嘉文，王　旭

（中核工程咨询有限公司，北京　100037）

摘　要：金塔核产业园是为保障重大产业建设和推动关联产业发展而建立的，但是目前产业园的招商思路和产业布局不够合理，财政税收无法保障产业园的后续建设。本文针对上述问题首先对核产业园产业发展的理论和实践进行综述，并针对其存在的问题和局限性提出"技术引领产业发展"的方法。依据该方法对金塔核心产业——核燃料循环产业的技术路线进行深入的研究和分析，梳理出核燃料循环产业的技术链条；以技术链条为基础，研究链条上附着的主工艺设备、机械设备、检测仪表、化学试剂、过滤器、辐射防护装置用品、放射性核素、耗材等各类型产品；基于各类型产品并结合金塔核产业园的实际情况对产品所属产业进行分析，初步整理出适用于金塔核产业园的具有实施性的产业布局重点及招商引资清单，协助金塔核产业园实现合理的产业发展和布局。

关键词：技术引领；产业发展；核燃料循环

　　金塔县位于甘肃省酒泉市，甘肃省金塔县中核技术产业园（简称"金塔核产业园"）的建设是为了强化基础设施配套要素供给以保障重大产业建设，同时推动核燃料循环关联产业建设，推动区域经济高质量发展。2017 年，金塔核产业园的发展规划获甘肃省人民政府的批复。金塔县已经在核产业园能源、电气、水务、交通、医疗等基础设施上累计投入超过 20 亿元，但县财政的年可支配收入不到 3 亿元，在核产业园建设过程中出现了较大的资金缺口和负债，且前期已经引入的企业税收缺口无法弥补。因此金塔县人民政府迫切需要系统地进行产业园的产业整体布局，扩大招商引资规模和外部投资项目数量，增加税收，实现良性循环发展。本文将在对目前核产业园发展和实践分析的基础上提出新的适合核产业园发展的理论方法，而后结合金塔实际情况对核产业园的产业发展给予引领和指导，制定高价值招商引资清单。

1　技术引领产业发展的方法

　　国内外在产业园区和产业规划领域已有较多的研究。在理论方面，对产业园发展客观规律进行了较为系统的总结，包括罗斯托基准、赫希曼基准[1]和筱原基准等产业选择基准，波士顿矩阵、DEA CRR 模型[2]、SSM 模型、Weaver Thomas 模型、三角白化权函数等产业发展和选择模型[3]，比较优势理论、钻石理论、产业选择要点等产业选择和发展理论，以及产业结构演进规律、工业产业选择基准[4]、主导产业评价选择方法。在产业园实际运行方面，也有学者对产业园区的物业管理与房产售价、企业办公资产分布密度、地产租金变化等模型，以及智慧化发展、云基础建设、平台合作模式[5]、多元化发展、政府、高校和市场引导等发展策略进行研究[6]。

　　但是目前学者对于产业园发展和规划的具体策略和方法，尤其是对于区别于传统工业的核产业园的发展和规划的研究较浅，提出的规划和布局可操作性不强，对金塔核产业园的实践指导价值有限。其主要原因是缺乏对技术链、产品链和产业链的深入和详细分析，没有挖掘产业园发展的内在逻辑。从实践角度来看，全国现存的山东海阳核电装备制造工业园及台山清洁能源（核电）装备产业园等核产业关联产业园也出现了产业聚集性差、无结构性产业链等问题。

　　因此本文基于金塔核产业园的发展基础和现状，以及目前理论和实践发展的局限性，提出"技术

作者简介：蔡一鸣（1993—），男，博士，工程师，现主要从事核技术应用、核燃料循环、新能源等产业研究。

引领的产业发展"方法，即首先对核心产业的技术路线、主要工艺设备、重点技术、生产设施、附属设施和附属工艺进行深入研究和分析，梳理出该产业的技术链条；其次根据技术链条的特性整理出设计的产品清单，并基于产品分析产业链条；最后根据实际情况研究产业发展和布局的方案。

2 结合核燃料循环产业链的金塔核产业园产业发展分析

"技术引领的产业发展"方法要求必须对产业的技术链条有深入的了解，因此本部分结合金塔的实际情况对核燃料循环产业的技术链条进行研究。

2.1 核燃料循环产业链技术梳理

目前唯一得到商用的乏燃料循环技术是 PUREX（Plutonium Uranium Reduction Extraction）水法处理流程[7]，主要原理是利用磷酸三丁酯（TBP）对铀、钚的高萃取性和钚的易氧化还原性，实现铀、钚的萃取分离。在实际处理中，乏燃料组件经过切割、亚沸腾溶解、多个纯化萃取循环、铀钚处理等流程得到氧化铀和二氧化钚等产品，围绕主要工艺还要进行裂变气体处理、高放废液玻璃固化、大量试剂和溶剂处理复用及废弃包装壳的处理等尾端工艺。

2.1.1 冷却过程

从反应堆卸出的核燃料需要先进行冷却，即在乏燃料水池中放置一段时间以使短寿命核素衰变，降低乏燃料的放射性水平和热功率。

2.1.2 首端处理

首端处理主要指乏燃料元件机械解体。经过冷却后的乏燃料会被传送带运输至拆卸区实现包层和燃料棒的分离，而后利用剪切机将乏燃料棒切割成小块，并在重力作用下进入旋转炉后与氧气接触进行氧化挥发处理，实现燃料中的氪-85、铯-137、锝-99 等分离。燃料继续进入溶解室，被硝酸溶解，包壳材料不溶材料等则会传送至斜槽中进入固体废物处理条线。最后利用稀硝酸、浓硝酸对溶液进行料液调节。

2.1.3 化学分离

核燃料化学分离纯化过程是核燃料循环的主要工艺过程，目的是除去裂变产物，回收铀和钚。最新的 Purex 流程包含两个循环。第一个循环通过 TBP 将水相中的铀和钚萃取到有机相中，而后通过稀硝酸还原反萃取实现铀和钚的分离；第二个循环分别是铀纯化循环和钚纯化循环，进一步通过萃取和反萃取纯化铀和钚并得到铀、钚产品。

2.1.4 尾端处理

尾端处理是指对铀或钚的中间品进行补充净化、浓缩，使其转化为最终产品形态。钚的尾端处理首先在沉淀反应器草酸环境下实现钚的沉淀和结晶陈化；其次在真空过滤机中过滤和洗涤；最后在空气或惰性气体环境下焙烧转化为二氧化钚。铀的尾端处理视最终产品需求（二氧化铀、三氧化铀或铀金属）流程有所不同。以法国 Areva 公司 Comurhex-2 设施为例[9]，铀的硝酸溶液在蒸发器浓缩后进入脱硝器加热脱硝，生成三氧化铀；然后进入回转窑制粒；最后在 LC 炉中被加入的氨气和氟化氢还原得到四氟化铀最终产品。

2.1.5 放射性废物的处理和处置

核燃料循环厂在运行过程中会产生各种形态的放射性废物，必须进行妥善处理，严防对环境可能造成的污染。放射性废气来源于乏燃料剪切、溶解、硝酸回收、工艺溶液蒸发、煅烧等工艺的尾气及放射性工艺设备的排气，可通过工艺气体净化系统进行处理。放射性废液中的高放废液主要来源于共去污过程的萃余液，暂时贮存在大型液体储罐中；中低放射性废液主要来源于萃余液、废酸和废碱、蒸汽冷凝液、设备去污废液、TBP-煤油、厂房冲洗水等，先通过蒸发、沉淀、离子交换树脂过滤等方式实现减容，而后通过水泥、沥青等固化后贮存[10]。固体废物的来源最为广泛，有工艺过程中的固体废物、更换的污染设备及防护用品和包装材料，主要采用压缩和焚烧的方式进行处理。

2.2 核燃料循环产业链的产品梳理

基于 2.1 对技术的梳理，可进一步总结得出核燃料循环产业链涉及的设备及可获得的产品。

2.2.1 工艺设备

首端处理工艺的主要设备有乏燃料剪切机、连续溶解器、沉降离心机；化学处理工艺的主要设备有混合澄清槽、脉冲萃取柱、离心萃取器；尾端处理的主要设备有串联逆流流化床、立式氟化反应器、冷凝器、电解槽、回转炉、LC 炉、火焰炉等设备；放射性废物处理的主要设备有冷坩埚、回转煅烧炉、陶瓷熔炉等设备；通用设备有换热器、加热器。

2.2.2 机械设备

核燃料循环工艺流程涉及诸多机械设备，包括转运乏燃料的吊车、转运车、龙门架小车、传输及传输设备、机械操作手、热室吊车和热室内其他智能机械设备等，还包括各种旋塞和阀门。

2.2.3 贮存和运输设备

乏燃料从核电站转运至核燃料循环厂需要运输桶/多用途罐，需配置中子和 γ 射线屏蔽材料；处理后压缩后的高放固体废物均需要置入高屏蔽性和完整性的贮存容器中，并需用水泥、沥青高分子材料等基质进行处理，以提升机械性能和隔离能力。

2.2.4 检测仪表

核燃料循环厂与其他化工企业一样，需要检测温度、压力、流量、物位等参数。常用的检测仪表有热电偶温度计、质量流量控制器、斥斗流量计、无维修部件吹气液位计、超声波脉冲振幅仪等。

2.2.5 化学试剂

核燃料循环的核心是一系列复杂的化学反应过程，因此涉及繁多的化学试剂，包括且不限于硝酸、TBP-NO$_2$、煤油或正十二烷、氧化氮（NO$_x$）气体、氨基磺酸亚铁或其他无盐还原剂、支持还原剂肼、硝酸羟胺、ADU、AUC、草酸、氨水、碳酸铵、氟化氢、硅胶，以及固化高放废液的玻璃料。

2.2.6 过滤器

在整个工艺流程中需要布置诸多多孔或纤维桩介质的排风过滤器、真空过滤器和采用玻璃丝绵作为过滤材料的有机溶剂过滤器在内的过滤设备，其对空气和液体进行过滤。

2.2.7 辐射防护装置用品

辐射防护装置包括各种类型、量程的辐射剂量检测仪，人员核辐射污染监测设备、义务核辐射污染监测分拣设备、受阻辐射污染检测设备、车辆辐射污染监测设备、防护服、手套、口罩、鞋等，检修和实验所用的手套箱、射线辐射防护、屏蔽装置、防护通风橱、手动防护门、铅防护屏风。

2.2.8 放射性核素

在核燃料循环的过程中除了实现铀和钚的分离回收外，还能产生镎、镅、锔、锫、锶、锝、钷等超铀元素和次锕系元素附属放射性同位素。

2.2.9 其他耗材

离子交换树脂等。

3 金塔核产业园产业发展分析

根据"技术引领的产业发展"方法，先对技术的深入了解和产品梳理的基础上需进行产品分析，而后进行产业园功能定位和区位的分析，最后开展产业的分析。

3.1 产品分析

主要工艺设备技术含量极高、制造难度大、设备寿命较长且需求量较低。

机械设备需求量极大，对设备材料的耐辐射性能要求较高，但是在安装调试完成后极少有新的需求。运行期间主要设备的维护和维修、设备更换等需求不大。

在乏燃料循环流程中会产生大量的放射性废物，按照国家规定，放射性废物经过处理后放入专用容器中进行最终贮存，因此对储存容器的需求极大。

检测仪表的技术难度较高，且各个主要工艺设备上均需要放置检测仪表以供操作人员远程了解生产运行信息进而指导生产。但是在进行冷试和热试后，检测仪表种类、数量将被固化，在运行期间主要进行维护和维修，更换的数量较少。

在核燃料循环工艺中对包括萃取剂在内的各类化学试剂的消耗量极大。

对于辐射防护装置和设备，各类剂量检测仪涉及闪烁体/半导体晶体的制备具有一定难度，且使用寿命较长，更换频率低；但是个人防护用品在整个工厂运行期间有持续性需求。

在工厂运行过程中将会定期更换在排架、箱室和净化装置上安装的各种类型的过滤器滤芯。

从核燃料循环流程中分离提取的放射性核素可作为优质的 α 放射源、γ 放射源和中子源，同时可以作为制造其他种类放射性同位素的前体，在核医疗诊断和同位素药物方面有广阔的应用前景。

3.2　功能定位及区位分析

获得甘肃省人民政府批复建设的金塔核产业园主要有两个功能定位：一是保障重大产业建设，强化基础设施配套要素供给；二是推动核燃料循环关联产业建设，推动区域经济高质量发展。目前来看，产业园已经引进混凝土、机制砂等建材项目，多家商贸市场等生活保障组团，因此金塔核产业园后续应紧密围绕核燃料循环产业链及相关配套要素进行产业布局。从区位角度来看，金塔核产业园位于甘肃省酒泉市金塔县境内，其距离嘉峪关市、酒泉市、玉门市等石化、冶金工业重镇均不超过 100 公里，周边也配套有嘉鹰公路、嘉核公路、嘉策铁路等，交通较为便利，较难凭借靠近核燃料循环厂的区位优势吸引大型装备制造企业落地。

3.3　产业分析

金塔核产业园处于产业发展前期，没有形成产业集聚效应，工业基础相对薄弱，发展资金相对匮乏，人才吸引力不高，同时部分相关产业（如三废处理）已经集成在核燃料循环厂内，因此在进行产业发展研究和产业布局时一定需要考虑金塔核产业园现实情况。基于 3.1 对产品的分析，综合考虑技术、经济两项指标，可筛选出 3 种可操作性较强的适用于金塔核产业园发展的产业，如表 1 所示。

表 1　适用于金塔核产业园发展的产业

编号	具体产业
1	放射性废物贮存容器、外包装、运输容器、格架、中子屏蔽材料
2	特种物流
3	化学试剂（硝酸、TBP 等）
4	放射性核素提取和生产
5	过滤器滤芯、防护服、口罩手套等消耗品

金塔县可以联合国内主要机构（中核工程有限公司、中国原子能研究院）逐步完善各类型放射性废物容器标准，利用放射性废物集中处理和贮存的优势，在金塔核产业园内建造放射性容器制造基地，并进行运输容器、外包装、乏燃料储存容器内部格架，以及中子屏蔽材料等相关产业布局。

乏燃料和放射性废物运输通常采用"海铁联运"的总体运输方式，运输乏燃料及部分放射性废物容器体积和重量较大，需要特殊运载，金塔核产业园可以引进或培育具备核技术运输资质的龙头公司，提供一体化的物流服务。

随着龙瑞和龙安的陆续建成和投入使用，以及未来其他类型反应堆（高温气冷堆、快堆、熔盐堆等）乏燃料处理所衍生的新型核燃料循环设施的规划，区域对于各类化学试剂的需求愈加旺盛，部分强酸强碱类试剂在运输中有着固有的安全隐患，因此，在金塔核产业园内扶持相关化工企业是必要的。

目前国内医疗领域的放射性同位素供应主要依靠进口，仅有中国核动力研究设计院的几座实验堆和生产堆、山东秦山核电设备制造有限公司的重水堆和中国原子能研究院的回旋质子加速器实现部分同位素的自主供应，远不能满足日益增长的市场需求。随着从高放射性废液中提取有用放射性同位素的技术日趋成熟，金塔核产业园可依托核燃料循环厂大量的高放废液，提前布局医用同位素和放射性药物制备基地。

最后核相关设施对消耗性辐射防护用品（防护服、口罩、手套、防护鞋、过滤器滤芯）等有极大需求，就地设厂满足各实施的需求是十分有必要且有经济价值的。

3.4 招商引资企业清单

根据上文对核燃料循环产业链产品和产业的分析和初步的商业调研，可整理出与产业对应的可实施性较强的初步招商引资企业清单，如表2所示。

表 2 可实施性较强的初步招商引资企业清单

编号	企业名称	相关业务
1	安徽应流机电股份有限公司	支撑件、泵壳、爆破阀、中子吸收材料等
2	浙江久立特材科技股份有限公司	核燃料、乏燃料包壳管、耐高温耐腐蚀合金
3	甘肃酒钢集团宏光钢铁股份有限公司	危险货物运输、货物运输站经营、专用化学产品销售
4	中国辐射防护研究院/中国同辐股份有限公司	放射性废物焚烧、离子交换树脂、放射性废液浓缩、伴生放射性废物处理和有用核素提取、α放射源和靶向载体制备、同位素制备
5	中国宝原投资有限公司	放射性药物生产
6	中核工程有限公司	乏燃料贮存容器、核燃料循环大厂设计
7	中国原子能科学研究院	放射性废物容器、快堆乏燃料处理研究

4 总结

本文基于核产业园发展的理论和实践中存在的问题和局限性，提出"技术引领的产业发展"方法，即通过对相关产业处理工艺路线、工艺过程、重点技术、工艺设备与生产设施、放射性废物处理、辐射安全防护等技术的深入研究和了解，梳理出产业技术链；以技术链为基础，研究技术链涉及产品；最后通过产品链接到产业，完善产业布局。该方法紧紧围绕技术进行产业研究，实现了本领域的理论创新，解决了产业规划"难以落地"的问题，也可为其他核产业园的发展提供参考。

参考文献：

[1] 赫希曼，曹征海，潘照东．经济发展战略［M］．北京：经济科学出版社，1991.
[2] 李俊林，蒋立杰，付朝霞．基于DEA模型的区域主导产业选择方法研究［J］．河北工业大学学报，2011，40（3）：4.
[3] 杨洁．甘肃服务业主导产业选择研究［D］．兰州：西北师范大学，2016.
[4] 吴铭，李守波．我国现阶段主导产业的选择与实施对策［J］．经济论坛，2005（15）：37-40.
[5] 郑胜华，陈觉，梅红玲，等．基于核心企业合作能力的科创型特色小镇发展研究［J］．科研管理，2020，41（11）：10.
[6] 庞静，郭欢欢，吴涛．我国区域主导产业选择研究综述［J］．资源开发与市场，2017，33（2）：194-198.

[7] 刘海军，陈晓丽．国内外乏燃料后处理技术研究现状 [J]．节能技术，2021，39（4）：5.

[8] 张生栋，严叔衡．乏燃料后处理湿法工艺技术基础研究发展现状 [J]．核化学与放射化学，2015，37（5）：10.

[9] CAPUS G，COMTE D，田霖．高杰马在核燃料循环前端的策略 [C]．国际核工业展览暨学术交流会：21 世纪辐射研究展望研讨会，2000.

[10] AGENCY I. Operation and maintenance of spent fuel storage and transportation casks/containers [I]．2007.

Preliminary research on the technology-led method for nuclear industry development—A case study of Jin Ta nuclear industrial estate

CAI Yi-ming, CHEN Hong-tao, MENG Chun-yan, TIAN Zheng,
YANG Xue-qi, LV Jia-wen, WANG Xu

(China Nuclear Engineering Consulting Co., Ltd., Beijing 100037, China)

Abstract：Jinta nuclear industry park is established to ensure the construction of major industries and promote the development of related industries. However, the investment strategy and industrial layout are not reaso nable enough, fiscal and taxation cannot guarantee the follow-up construction of the industrial park The paper first summarizes the theory and practice of the industrial development of the nuclear industrial estate, and puts forward "technology-led industrial development" method. According to this method, the paper carries on in-depth research and analysis on the process routes, key technologies，equipment，head-end treatment, chemical separation, tail-end treatment and radioactive waste treatment. Then, the technical chain of the post-processing industry is sorted out. Based on the technical chain, the main process equipment, mechanical equipment, testing instruments, chemical reagents, filters, radiation protection devices, radionuclide，consumables and other types of products are thoroughly studied. Finally, on account of the analysis of various types of products and the actual situation of Jinta Nuclear Industrial estitate, the implementing industrial layout priorities and investment attraction list suitable for Jinta Nuclear Industrial estitate are preliminarily provided.

Key words：Technology-led；Industrial development；Nuclear fuel recycle

我国核电站乏燃料离堆贮存路线研究

石　磊，陈　定，王一涵，胡　健

（中核战略规划研究总院，北京　100048）

摘　要： 乏燃料离堆贮存是从核电厂址运离后，进行最终处理处置前的"中间贮存"。乏燃料离堆贮存既能保障核电站安全运行，又可为乏燃料后处理或深地质处置提供缓冲。它在世界各核电国家被认为是乏燃料管理的一个重要环节。在"双碳"目标背景下，我国核能发展空间广阔，将继续保持稳步较快发展节奏，乏燃料年产生量也将随之逐年增大，离堆贮存需求量将越来越大。然而，我国压水堆核电机组堆型多样，不同堆型所采用的燃料类型及特征相互不同，产生的乏燃料管理需求不同，对离堆贮存设施的建设运行需求也将不同。因此，必须加强顶层设计，考虑安全性、技术成熟性、经济性等诸多因素，结合我国核电发展规模需求预测，制订与我国核电和后处理发展有效衔接、科学匹配的离堆贮存能力建设计划。本研究认为需要坚持"集中为主、少量分散"的原则，尽快启动我国乏燃料离堆贮存能力建设。

关键词： 乏燃料管理；离堆贮存；能力建设

1　国外经验启示

国际经验表明，乏燃料离堆贮存策略与最终去向的处置路线紧密相关。总体看，无论采取一次通过还是闭式循环的乏燃料管理政策，主要核电国家均建立了一定规模的乏燃料离堆贮存能力（表1）。

表 1　世界主要核电国家乏燃料贮存情况

国家	政策	核电装机/GW	乏燃料存量/tHM	在堆贮存/tHM		离堆贮存/tHM	
				湿法	干法	湿法	干法
美国	一次通过	100.8	84 272	83 503	39 207	674	95
法国	闭式循环	64.0	14 168	4096	无	10 017	55
俄罗斯	闭式循环	30.5	24 616	12 661	无	5500	约 6400
英国	闭式循环	7.8	6100	1800	少量	4300	无
日本	闭式循环	33.0	19 183	15 715	约 500	2968	尚未装料

数据来源：核电装机容量来自 IAEA 的 PRIS 系统最新数据；乏燃料相关数据来自 2020 年世界主要核电国家乏燃料履约报告。

1.1　美国采取集中干法贮存策略

奥巴马政府时期，美国能源部颁布了《乏燃料及高放废物管理的处置战略》，提出了建造集中贮存设施（CISF），计划于 2021 年建成一座中试规模的乏燃料集中贮存设施并投运，2025 年更大规模集中贮存设施投运，到 2048 年最终处置库投运。受政府换届导致的策略变更影响，CISF 建设计划被终止。目前拜登政府恢复了该乏燃料管理策略，已批准了位于德州的集中贮存设施的建设许可，该设施可存储约 5000 tHM 乏燃料，并且可扩大至 40 000 tHM。此外，另一座位于新墨西哥州的集中贮存设施已通过环评。根据美国电力研究院（EPRI）的预测，在没有新增核电机组的情境下，到 2060 年，美国核电站产生的乏燃料将全部使用干法贮存设施（图1），届时美国乏燃料累积总量预计将达到 130 000 多 t。

作者简介： 石磊（1989—），男，副研究员，现主要从事核燃料产业政策研究、战略规划。

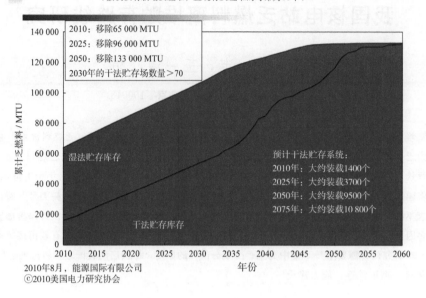

图 1　美国乏燃料贮存计划

1.2　法国采取靠近后处理厂的集中湿法贮存策略

法国每年新产生乏燃料约 1150 tHM，现阶段阿格后处理厂共有 1700 tHM 后处理能力和近 18 000 t贮存能力，能够满足法国离堆乏燃料的后处理和贮存需求，无须另建干法贮存设施。法国 Orano 集团认为，规模化的干法贮存游离于核燃料闭式循环体系之外，对于核燃料循环后端整体经济性的影响是负面的，因此不会进行干法贮存，且长期干法贮存高燃耗乏燃料的技术问题仍需充分研究和长期验证。尽管如此，法国深耕其他国家特别是"一次通过"国家的干法贮存市场，Orano TN 公司研发设计的 NUHOMS 乏燃料干法贮存系统占美国乏燃料干法贮存市场的 40%。

1.3　俄罗斯采取靠近后处理厂、集中、干湿结合的策略

当前俄罗斯已运行两座离堆湿法和一座离堆干法贮存设施，分别位于 PA Mayak 与 MCC。其中，MCC 拥有 8400 tHM 的湿法贮存能力和 36 000 tHM 的干法贮存能力，MCC 干法贮存设施主要贮存 RBMK－1000 和 VVER－1000 类型乏燃料组件。截至 2020 年 1 月，MCC 已接受并贮存乏燃料共 11 300 tHM，PA Mayak 离堆贮存共 616 t。

1.4　英国采取干湿结合的策略

英国最大的乏燃料离堆贮存设施位于塞拉菲尔德（Sellafield）厂址的 Thorp 后处理厂，其乏燃料水池的总容量为 7600 tHM。此外，早在 1971 年曾于威尔法（Wylfa）核电站建有一座 Magnox 乏燃料离堆模式式地下干法（CO_2 冷却）贮存设施，贮存能力为 700 tHM。2013 年英国塞兹韦尔 B 核电站开始动工建设首座乏燃料干法贮存设施，并于 2016 年第一季度开始接收乏燃料。

1.5　日本采取靠近后处理厂、集中、干湿结合的策略

对于核电厂址内的乏燃料，大部分贮存在核反应堆水池内，只有东海 2 号与福岛 1 号核电机组在厂址内建设了一定能力的干法贮存设施。对于核电厂址外的乏燃料，6 个所后处理厂乏燃料水池拥有 3000 tHM 贮存能力，现已接近满容。此外，日本东京电力与原子能电力公司合资在 6 个所后处理厂附近的陆奥市建造了一座集中干法贮存设施，容量为 3000 tHM，主要用于贮存沸水堆与压水堆乏燃料，预计 2023 年投运。日本计划到 2030 年将离堆贮存能力再增加 6000 tHM。

1.6 小结

一是离堆贮存能力建设是乏燃料管理的重要环节。乏燃料的终点包括后处理或深地质处置，目前绝大部分国家面临乏燃料产生速度与最终管理能力不匹配的问题，建设离堆贮存能力正在成为越来越多的核电国家管理乏燃料的现实选择。对于"一次通过"的国家，由于深地质处置技术限制、公众接受度与建设周期存在不确定性等因素，在最终处置乏燃料前，需要离堆贮存能力解决核电站水池满容问题。对于闭式循环的国家，需要在乏燃料后处理厂内建设一定能力的离堆湿法贮存设施，临时贮存等待后处理的乏燃料，并且可以反复使用，保障后处理的稳定供料需求。

二是根据乏燃料管理政策与现实需求选择贮存技术路线。对于离堆贮存技术路线，湿法与干法贮存是相互补充的，很大程度上取决于各国对乏燃料管理政策和现实需求，综合而言，"一次通过"的国家普遍选择干法为主的路线，闭式循环的国家普遍选择干湿结合的路线。对于"一次通过"的国家，如美国，由于高放废物处置库建设的滞后，便采取了经济性较好的干法贮存路线。对于闭式循环的国家，只有法国具备乏燃料后处理能力大于乏燃料产生速度的条件，无须考虑补充建设干法贮存设施，其他国家如俄罗斯、日本，由于后处理能力小于乏燃料产生速度，需要通过建设离堆干法贮存设施，满足乏燃料管理需求。

三是建设集中的乏燃料离堆贮存设施是主要发展方向。无论是"一次通过"还是闭式循环，采取的是干法还是湿法贮存技术，集中模式是主要核电国家乏燃料离堆贮存能力建设的势，旨在实现对乏燃料的统筹管理和运行。以美国为例，由于其乏燃料最终处置能力的滞后，导致不得不在核电厂址内建设临时贮存能力解决核电水池满容问题，缺乏对乏燃管理资源的统筹和优化利用。目前美国政府正在积极推动在德州与新墨西哥州的集中离堆贮存能力建设。

2 技术路线对比分析

乏燃料离堆贮存方法有干法与湿法两种，选择哪种技术路线需要结合实际需求与管理策略制定。湿法贮存技术发展较早，以水作为冷却剂和辐射屏障，具有冷却能力高、贮存密度高、易于乏燃料操作等特点；干法贮存普遍采用自然循环冷却，无须电力，运行和维护成本相对较低，具有良好的经济性和可拓展性，但针对贮存乏燃料的转运、检查和相关操作不方便。

2.1 安全可靠性

干法与湿法贮存设施系统都可满足次临界、衰变热导出和放射性物质屏蔽要求，都是安全可靠的，可保障乏燃料长期安全贮存。其中，湿法贮存通常可以接受较高衰变热的乏燃料，利用池水的主动冷却系统可以使乏燃料包壳保持在低温状态下，持续导出乏燃料产生的衰变热，保证乏燃料的安全；干法贮存无法接收从反应堆直接卸除的较高衰变热的乏燃料，使用前需先在湿法水池中存放一段时间。干法贮存采取的非能动空气冷却，不需要外部电源，依靠自然循环冷却，从设计上能实现非能动固有安全性。

国外实践表明，干法贮存40年是安全的。美国等的研究指出，乏燃料干法贮存100年不会对公众环境造成不可接受的后果。另外，日本福岛核事故过程中，在核电站遭受超设计基准事故过程中，干法贮存容器经过事故后检查分析，仍处于可用状态。

2.2 技术可行性

干法与湿法贮存都是可行的技术方案。湿法贮存的冷却需要配置主要设备、构筑物都属于核安全重要物项，系统（冷却、电气、监测等）冗余性、多样性和可靠性高，为连续导出衰变热，需连续监测水池水位、水温、腐蚀离子浓度等。干法贮存由于采用了非能动冷却，以及在线放射性剂量与温度监测，系统较为简单，施工、设备与工艺成熟便利，若考虑与后处理厂接驳，则需要额外增加操作工序（热室）。乏燃料干法贮存及湿法贮存技术简单比较如表2所示。

表 2 乏燃料干法和湿法贮存技术简单对比

项目	湿法贮存	干法贮存
贮存密度	大	小
适应范围	广泛	有针对性
运行经验/年	60	40
运行环境	无特殊要求	无特殊要求
燃料棒包壳温度/℃	低于 60	低于 400
与燃耗的关系	无	密切
冷却时间	立即	较长时间
装卸料的灵活性	灵活	相对固定
贮存密度	较高	较低
总废物量（含退役）	相对较少	较多
运行期产生废物量	少量	几乎没有
可扩展性	较弱	较强

2.3 经济性

根据美国与日本燃料循环专家编写的 *Interim storage of spent fuel* 资料，以在日本集中建设 40 年寿期、5000 tHM 能力的离堆贮存设施进行计算，干法与湿法的经济性比较如表 3 所示。①干法贮存总成本约为湿法贮存的 53%；②除容器成本高于湿法贮存外，干法贮存建造成本、运行成本、退役和处置成本分别约为湿法贮存的 8%、17%、7%；③从启动建设到完成退役，湿法贮存单位成本是 257 万元/tHM，干法贮存单位成本是 155 万元/tHM。

表 3 经济性比较

成本	湿法储存	干法储存
建造成本/亿元	66	5
容器成本/亿元	5	60
退役和处置成本/亿元	7	0.5
运行成本/亿元	70	12
运输成本/亿元	2	3
合计/亿元	150	80
单位成本/（万元/tHM）	257	155

注：1. 按照美元兑人民币 1∶6.5 折算；

2. 单位成本计算考虑了从启动建设到完成退役共 54 年期间的 5% 贴现率。

此外，该报告还针对 3000 tHM 与 10 000 tHM 的贮存能力进行了比较分析（图 2）：①干法贮存的单位成本随着规模扩大略有降低，规模效益不明显；②湿法贮存的规模效益明显，但是经济性始终不如干法。

2.4 小结

干法与湿法贮存在安全与技术上都是可行的，两者各有优势，在很多情况下是相互补充的。干法具有非能动固有安全性，依靠自然循环冷却系统导出衰变热，可安全使用 40 年甚至更长；湿法贮存与后处理设施接驳的技术更加成熟，也更加便利，更适合作为后处理设施的配套。在经济性方面，干法贮存单位成本更低，湿法贮存设施的规模效益更加明显。

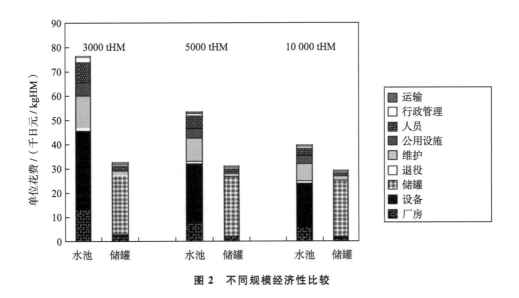

图 2　不同规模经济性比较

因此,综合考虑安全可靠性、技术可行性、经济性,在部分乏燃料无法进行后处理的情况下,采取干湿结合的离堆贮存技术路线具有重要现实意义,即可后处理的乏燃料采取湿法贮存,暂无法后处理的乏燃料采取干法贮存。通过干湿结合,不仅能为核电站的安全稳定运行提供多元化保障,避免核电站停堆的风险,还能带动相关技术及装备自主化,并为后处理厂的建设和快堆发展提供缓冲空间。

3　启示建议

3.1　我国现状简述

我国建立了湿式贮存为主、干式贮存为补充的乏燃料离堆贮存能力体系。截至 2021 年底,已经形成 2500 tHM 的湿式贮存能力,550 tHM 干式贮存能力。2021 年,秦山核电厂干式贮存设施获批复并开工建设。通过引进、消化、吸收、再创新,初步实现干式贮存设备的国产化和自主化,并在秦山干式贮存设施项目中得到应用。

在"双碳"背景下,我国核能发展空间广,且将继续保持稳步较快发展节奏,乏燃料年产生量也将随之逐年增大。可以预见未来 20～30 年,乏燃料年产生量将保持较快的增长态势,更大规模的离堆贮存能力需求将越来越紧迫。

3.2　有关建议

在乏燃料管理体系中,把握好离堆贮存对保核电运行安全的核心作用与对后处理发展的缓冲作用,统筹考虑当前运行、在建和计划建造的核电站所卸出乏燃料量及长远需求,发挥干法与湿法贮存的互补优势,有效应对乏燃料管理安全风险,实现与闭式循环政策有效协调,促进核电安全高效发展。

一是集中为主,少量分散。优先选择将离堆贮存设施集中建在后处理大厂厂址内或附近,尽可能减少二次废物和未来到后处理厂的转运成本,发挥规模经济效益优势,降低运营管理及维护费用。对于规模经济效益不明显的干法贮存,可选择少量分散建设作为备选方案。

二是干湿结合,相互补充。对具备后处理条件的核电站乏燃料,应尽量采用后处理厂址内的离堆湿法贮存,便于向后处理设施稳定供料。对由于技术限制、提交核保障监督、无时间窗口期或后处理能力不足等因素影响,可预见长时间无法后处理的乏燃料,建议采用干法贮存。

三是加紧布局,充分保障。离堆贮存能力建设需要考虑选址、建设等时间上的不确定性,干法贮存设施建设周期通常为 2～3 年,湿法贮存设施为 4～5 年,项目前期和建成后特定的接收条件配置还需一定的时间。因此,为避免造成核电站停堆风险,必须提前规划建设离堆贮存设施,并从贮存能力上留有一定的裕量。

致谢

感谢中核战略规划研究总院对研究工作给予的资金支持。此外，部分调研资料来自中核战略规划总院信息所同志的分享，在此一并表示感谢！

参考文献：

[1] 刘群，张红林，石磊．日本核电站乏燃料管理实践 [J]．高科技与产业化，2022，28 (8)：64-67.

[2] 秦永泉，史惠杰，董文杰，等．乏燃料湿法大容量贮存池水冷却方案选型和设计 [J]．广东化工，2022，49 (9)：177-179，176.

[3] 陆燕，陈亚君，单琳．全球乏燃料与高放废物管理现状 [J]．国外核新闻，2022 (3)：26-28.

[4] 伍浩松，李晨曦．IAEA 发布乏燃料与放射性废物管理报告 [J]．国外核新闻，2022 (2)：14.

[5] 史惠杰，宋晓鹏，陈勇等．我国乏燃料离堆贮存需求分析及技术路线选择 [J]．产业与科技论坛，2022，21 (3)：31-33.

[6] 徐健，王伟，黄庆勇，等．国外核电厂乏燃料贮存方式对比研究 [J]．中国核电，2021，14 (6)：901-909.

[7] 刘群，张红林，石磊．法国乏燃料后处理产业化发展脉络 [J]．环境经济，2021 (20)：56-59.

[8] 石磊，张红林，邓学华，等．国际乏燃料管理政策与法规体系的经验与启示 [C]．中国核科学技术进展报告 (第七卷)：中国核学会 2021 年学术年会论文集第 9 册（核技术经济与管理现代化分卷），2021：55-68.

[9] 邓玉敏．我国乏燃料离堆贮存管理办法研究 [J]．现代盐化工，2021，48 (3)：115-116.

[10] 李奇伟．乏燃料和放射性废物安全管理完善之路 [J]．中华环境，2020 (11)：69-73.

[11] 刘敏，石安琪，李志华等．走近核电站乏燃料 [J]．环境经济，2020 (6)：38-39.

[12] 刘存兄，何辉，叶国安，等．核燃料循环"一次通过"情景分析研究 [J]．中国核电，2020，13 (1)：91-97.

[13] 沈洁锋．浅谈我国乏燃料管理现状 [J]．科技视界，2019 (24)：237-238.

[14] 刘群，张红林，石磊，等．加强我国核电站乏燃料安全管理研究 [J]．环境工程，2020，38 (增刊)：666-670.

[15] 刘敏，白云生．主要核电国家乏燃料贮存现状分析 [J]．中国核工业，2015 (12)：31-35.

[16] 郭志锋．韩国的放射性废物管理 [J]．国外核新闻，2004 (3)：24-28.

Study on the development path of interim storage for PWR spent fuel in China

SHI Lei, CHEN Ding, WANG Yi-han, HU Jian

(China Institute of Nuclear Industry Strategy, Beijing 100048, China)

Abstract: Interim storage of spent fuel is the "intermediate storage" after transported from a nuclear power plant site before final treatment and disposal. Interim storage not only ensures the safe operation of nuclear power plants, but also provides a buffer for spent fuel reprocessing or geological disposal. It is considered an important industry sector in spent fuel management in various nuclear power countries around the world. Under the background of the "carbon peak and carbon neutrality" goal, China nuclear energy develop ment space is Vast, and it will maintain a steady and rapid pace of development. The annual production of spent fuel will also increase year by year, and the demand for interim storage will become increasingly large. However, there are various types of pressurized water reactor nuclear power units in China, resulting in different requirements for spent fuel management. Therefore, it is necessary to strengthen top-level design, taking into account many factors such as safety, technological maturity, and economy, and combine with the demand forecast of China's nuclear power development to develop an interim storage capacity construction plan. This study shows that it is necessary to adhere to the principle of "more concentration and less dispersion", and start the construction of China's spent fuel interim storage capacity as soon as possible.

Key words: Spent fuel management; Interim storage; Capacity construction

核燃料产业特点研究

石　磊[1]，王一涵[1]，刘洪军[1]，陈　晨[2]

（1. 中核战略规划研究总院，北京　100048；2. 中国原子能工业有限公司，北京　100032）

摘　要： 核燃料产业关系能源安全，是核能发展的重要技术与物质基础，是高科技战略产业。在新时期，面对新的外部环境，为更好推动我国核燃料产业高质量发展，需要通过总结历史经验，进一步弄清发展的来龙去脉，认真研究与深刻把握产业自身特点，提炼发展实践的规律性成果，并在此基础上，为我国核燃料产业发展提供正确指引，对加强我国核燃料产业管理能力与水平，具有重要意义。本研究通过总结主要核电国家核燃料产业发展经验，围绕国家、技术、企业、市场等多个方面，客观分析核燃料产业自身特点。研究表明，核燃料具有"金字塔"和产业特点，其中最顶层的特点是核威慑与国际核保障监督。

关键词： 核燃料；产业发展；特点规律

核燃料产业关系能源安全，是核能发展的重要技术与物质基础，是高科技战略产业。新形势下，为支撑"双碳"目标积极安全有序地发展核电，核燃料产业发展潜力与空间更加广阔，必须统筹安排使我国核燃料产业发展壮大，确保产业发展绝对安全可靠与自主可控。

善于总结经验、把握规律，是中国共产党人的历史自觉，也是我们党推动工作的制胜法宝。为更好推动我国核燃料产业高质量发展，需要认真研究与深刻把握产业自身特点，提炼发展实践的规律性成果，并在此基础上，为我国核燃料产业发展提供正确指引。本文梳理总结的主要核电国家核燃料产业发展经验，围绕国家、技术、企业、市场等多个方面客观分析的核燃料产业自身特点，将对我国加强核燃料产业管理能力与水平具有指导作用。

1　主要核电国家经验总结

1.1　俄罗斯

俄罗斯国家原子能公司（ROSATOM）是俄罗斯唯一的核工业企业，是俄罗斯核燃料产业主体。ROSATOM 下属合资公司 Atomredmetzoloto 负责天然铀勘探、采冶与储备；下属控股公司 TVEL 负责铀转化、铀浓缩与燃料元件研发及生产；下属控股公司 TENEX 负责核燃料产品及服务的全球市场销售。

1.1.1　高层级"政企合一"的管理模式

决策层级高并且"政企合一"的管理体制是俄罗斯核燃料产业的显著特点。ROSATOM 最高治理机构是由 8 位联邦政府代表与 1 位公司总裁组成的监事会，代表总统和政府负责公司发展战略。监事会成员由俄罗斯总统委任，公司现任监事会主席是曾任俄罗斯总理的谢尔盖·基里延科（Sergey Kirienko），目前其还兼任俄罗斯总统办公厅第一副主任。同时，公司总裁可根据实际工作需要不定期地向俄总统和总理汇报工作，并于当年年底向俄罗斯政府提交企业年报。高层级"政企合一"的管理模式在资源调控上具有鲜明的优势，ROSATOM 作为俄罗斯唯一一家经营核燃料的企业，负责统筹核燃料产品及服务的产供销。时至今日，诸多成绩证明了俄罗斯"政企合一"的管理模式是加强对国有资产控制、稳步扩大对外开放、积极融入世界经济一体化进程的有益尝试，避免内耗与无序竞争，提高海外开发效率与成功率，保障俄罗斯核工业强健发展。

作者简介： 石磊（1989—），男，副研究员，现主要从事核燃料产业政策研究、战略规划。

1.1.2 多措并举开发全球市场

俄罗斯大力推动本国核燃料产业为全球提供产品与服务。一方面，俄罗斯采取"核电、核燃料"一体化出口策略，坚持为中国、乌克兰、保加利亚、埃及、白俄罗斯等核电出口国供应核燃料；另一方面，俄罗斯利用产业规模大、成本低的优势，向欧盟、美国等高度市场化国家出售核燃料产品，并占据较大市场份额。此外，俄罗斯为其出口核燃料提供回收服务，为一些不具备乏燃料后处理、高放废物处置技术与能力的国家解决了后顾之忧，同时促进俄罗斯核燃料产业链的整体发展。截至2021年底，俄罗斯拥有35台海外发电机组，排名世界第一；铀浓缩能力排名世界第一，占全球市场的38%；拥有全球燃料元件市场约17%的份额，核燃料循环10年海外订单总额达340亿美元。

1.2 法国

2018年初，在法国政府主导下，本国核燃料产业调整重组，前阿海珐集团（AREVA）更名为欧安诺（ORANO），原反应堆与燃料元件业务被法国电力公司（EDF）收购，并成立为新的法马通公司（Framatome）。目前法国核燃料服务产业主体是ORANO和Framatome。其中，ORANO负责天然铀，铀转化，铀浓缩，乏燃料运输、贮存与后处理服务等，Framatome负责燃料元件生产与销售。

1.2.1 集中统一的国内产业布局

法国核燃料产业高度集中，法国ORANO是本国唯一的天然铀，铀浓缩，乏燃料运输、贮存与后处理服务的供应商，Framatome是本国唯一的燃料元件供应商。ORANO与Framatome彼此不竞争，互相支撑，共同为法国本土与全球核电机组提供核燃料产品及服务。

1.2.2 政府主导建立发展命运共同体

为保障法国本土核燃料产业健康发展，法国政府主导法国电力公司（EDF）与欧安诺（ORA-NO）发展，政府直接任命了两家集团的最高决策层（董事会）近半数人选。自2019年7月起，法国政府任命了一位曾拥有外交政治背景的官员Francois Delattre同时兼任两家集团的董事与战略委员会委员，参与并协调EDF与ORANO对核燃料供应的战略决策。其中，核燃料商业政策便是2020年ORANO战略委员会的重要议题之一。

此外，在政府直接任命的ORANO董事中，还有一位兼任法国原子能委员会（CEA）最高领导层的主席。CEA是法国重要的核燃料科研单位，是ORANO创新链的上游单位。可以看出，法国政府通过选派官员兼任合作单位最高领导层的方式，避免内部矛盾与利益纠纷，形成发展的命运共同体。

1.2.3 立足国内、面向国际

法国采取保护本国核燃料产业发展的政策，坚持以本国供应为主，推动海外市场开发。Framatome作为法国核燃料元件制造产业主体，也是法国核电站的主要燃料供应商。截至目前，Framatome持有法国56座压水堆至少80%的燃料制造合同。

法国积极推动核燃料产业海外布局。Framatome在德国与美国建造燃料元件制造厂，为比利时、德国、荷兰、西班牙、瑞典、英国、美国、日本等国家共10座压水堆供应核燃料，为德国、瑞典、美国和中国台湾共17座沸水堆提供核燃料，占据全球核燃料元件市场约24%的份额。其中，美国里奇兰（Richland）元件厂为美国本土核电机组生产供应燃料，保障全美约5%的电力供应。通过承担美国能源部耐事故燃料研发技术任务，Richland元件制造技术得到提升，现已成功生产出第一批耐事故燃料先导试验组件，并于2019年春季装入美国压水堆核电机组进行辐照测试。此外，法国建有全球最大的乏燃料商用后处理系统，拥有世界领先技术与丰富的运行经验，通过后处理制造的MOX燃料除供应本国压水堆核电站外，还供应荷兰、瑞士、德国、比利时、日本等国。

1.3 美国

美国核燃料产业分散且高度市场化，由于受生产效率低、本土劳动力成本高等原因影响，美国核燃料产业呈现"空心化"发展趋势，燃料供应基本由本土合资企业、外资企业及进口保障。目前美国铀浓缩本土供应由贸易中间商森图思公司（Centrus）与欧洲铀浓缩公司（Urenco）的尤尼斯浓缩厂（Eunice）承担，美国燃料元件制造由环球核燃料公司（GNF）、西屋公司（Westinghouse）及法国Framatome承担。其中，GNF是通用电气（GE）、日立（Hitachi）和东芝（Toshiba）的合资企业，其中GE占股51％；西屋公司2018年实现破产重组，被加拿大公司Brookfield收购。美国政府对核燃料循环技术路线选择保持观望态度，因此尚不具备乏燃料商业后处理能力。

1.3.1 国家统筹开展核燃料基础与前瞻性研究

美国采取自下而上的自主研发政策推动核能科技创新，统筹开展核燃料基础与前瞻性研究。美国能源部国家实验室结合自身科研基础与需求，向能源部申请科研项目经费，能源部负责统筹核科学技术军民两用技术发展。能源部高度重视先进核燃料技术研发及商业应用，2019年17个涉核国家实验室共获得能源部拨款152亿美元，其中关于核燃料循环技术研发经费拨款为17.3亿美元（核能办公室2.63亿美元，爱达荷国家实验室14.67亿美元）。目前美国在耐事故燃料技术孵化领域处于全球领先地位，在美国能源部专项资金支持下，在核能相关大学、国家实验室及核电运营商协助下，GNF、Westinghouse等本土核燃料元件制造企业成功生产出全球第一批耐事故先导试验组件，并已装入商用核反应堆测试。

1.3.2 控制进口比例，计划恢复本土核燃料产业

因普遍不具备核燃料本国一次供应能力，美国铀转化、铀浓缩等核燃料产品供应以进口为主，然而美国始终控制核燃料供应的进口比例，保障燃料产品及服务供应安全。例如，铀浓缩服务供应，一方面，美国通过将铀浓缩原生产商转化为贸易中间商（指代森图思公司），面向全球购买核燃料产品及服务，鼓励签订长期合同，有效满足本土核电需求，且本土供应近五年呈上升趋势，2017年占比为43％，创历史新高；另一方面，美国针对海外第一供应来源的俄罗斯采取了配额限制，进口比例长年控制在20％上下。此外，美国特朗普政府大力推动振兴本国核燃料行动计划，一方面扩大核燃料产品采购范围，加大燃料供应储备量；另一方面鼓励核电客户购买本土产品及服务。

新形势下，美国高度重视本土核燃料的产业链、供应链安全。2020年，美国能源部发布《恢复美国核能竞争优势——确保美国国家安全的战略》，提出利用政策手段恢复本土天然铀及核燃料加工能力。2022年，美国能源部发布《核供应链深度评估报告》，提出其存在本土天然铀产量低、铀转化与铀浓缩依赖进口、核燃料循环体系尚不完整等风险。

2 核燃料产业特点分析

铀浓缩是核燃料产业的重要组成部分，本文以铀浓缩为例，围绕国家、技术、产业、市场等层面，结合国际主要核电国家发展经验，总结形成了"金字塔"形铀浓缩产业特点（图1）。

图1 "金字塔"形铀浓缩产业特点示意

2.1 国家层面

核威慑力量重要组成部分。铀浓缩是核武器、核潜艇、核动力航母等国家战略核威慑力量建设的重要组成部分，其产业实力关乎大国地位、国家安全和政治外交底牌。

受国际核保障监督。基于铀浓缩的军工属性，铀浓缩技术与产品在世界各国均受严格管控，对外交流合作必须严格遵守《不扩散核武器条约》等系列国际公约、条约和框架协议。《不扩散核武器条约》规定，每个缔约国要承诺不将原料或特殊裂变物质或特别为处理，使用或生产特殊裂变物质而设计或配备的设备或材料，提供给无核武器国家。同时，对于铀资源的加工与使用，如澳大利亚、加拿大等国家产生的天然铀，需要全过程接受 IAEA 核保障监督。

2.2 技术层面

军民两用性。铀浓缩是典型的军民两用技术，利用同样的技术设备，通过改变铀浓缩的富集度，便可实现技术军民双向流动。

技术高度敏感。与核燃料其他环节不同，铀浓缩技术高度敏感、保密性强，在世界范围内没有交流。铀浓缩科研单位、专用设备企业的涉密等级高、安保要求强、核不扩散要求严。

技术门槛高。相比于煤、石油、铁矿等其他矿产资源加工，铀浓缩技术掌握难度较大、系统性强。气体离心技术涉及转子动力学、气体动力学、材料学、分离过程物理学、机械制造等多个学科，对抗腐蚀等高性能材料要求高，对关键仪器设备精密度要求高，具有极高的技术门槛。同时，铀浓缩离心机技术需要持续开展技术创新投入、长周期的研发，才能实现技术迭代升级。

技术路线较统一。全球各核燃料供应商使用的技术差别不大。目前全球铀浓缩供应商 Urenco、ORANO、Rosatom 均使用气体离心技术，唯一的不同是 URENCO、ORANO 采取超临界，而 Rosatom 采取亚临界，但经济性都比上一代的气体扩散法好，预计短时间内也不会有新的革新技术在市场出现。同时，基于离心技术特点，一旦运行便不会停，导致各供应商产能无法弹性调整产量，几乎年年都必须维持在满产能运行状态。

2.3 产业层面

发展受政府控制。基于铀浓缩技术军民两用与高度敏感性，Urenco、Orano、Rosatom 都是由政府控制的企业，政府决策对产业发展影响大。在新形势下，美国作为传统的核大国，开始高度重视本土核燃料产业发展，在 2020 年发布的《恢复美国核能竞争优势——确保美国国家安全的战略》中，提出利用政策手段恢复本土天然铀及核燃料加工能力，正在推动森图斯建设铀浓缩示范工程。

发展计划性强。铀浓缩应用范围窄，其能力建设需求依赖于核能发展，同时铀浓缩产能项目建设周期稳定（4～5 年），因此其产业发展具有一定的可预测性，产业能力建设节奏与规模的计划性较强。

重资产投资。相比核燃料加工其他环节（如铀转化、燃料元件等），铀浓缩是重资产投资项目，特别是专用设备的资本、技术投入较大，新增一个产能项目将占用较大资金，资产折旧率占成本比重较高，这也导致铀浓缩产业的发展规模效应较明显。

呈链式结构。铀浓缩研发设计、离心机制造、工程建设、工厂运行等各环节相互匹配，专有性强、缺一不可、关联度极高，促使铀浓缩产业呈链式结构，产业链各环节需要同步协调发展。

2.4 市场层面

受国家政策调控。欧美等西方核电国家均利用政策手段调控本土核燃料市场。美国长期将俄罗斯铀浓缩供应比例限制在 20％以内，在俄乌局势影响下，美国正在编制国家铀战略，意图逐渐摆脱对俄罗斯铀产品的依赖。欧盟建立了欧洲原子能共同体（Euratom），统一管理欧洲核燃料供应市场，为保障本土企业（Urenco 与 Orano）发展，常年将俄罗斯铀浓缩供应比例限制在 30％以内。我国核燃料交易必须经过行业主管部门的审批。

市场无须求弹性。铀浓缩是核能发展的必需品且无法被替代，市场需求量的变动主要受核电市场规模大小的影响，不会受市场价格波动影响。因此，不论市场价格如何变动，在没有新增核电项目的情况下，该市场对铀浓缩的需求量几乎不变，市场需求弹性几乎为零。

市场空间有限。民用铀浓缩是核电的配套产业，其技术应用范围比较窄，可向核电外的市场转化的产品不多。根据 IAEA 等国际组织预测，在"双碳"目标背景下，全球核电市场空间也是有"天花板"的，对铀浓缩产业经济的拉动力有限，因此该市场空间是有限的。

价格竞争优势。用于核能领域的铀浓缩被认为是"货架产品"，全球各铀浓缩供应商服务与产品完全相同，导致该市场的竞争便是价格竞争，一直以来俄罗斯依靠绝对的成本优势，为全球铀浓缩市场的主要供应商。

市场寡头垄断。全球具有商业铀浓缩规模的供应商仅有四家，厂商之间相互依存，任何一家的行为和决定在一定程度上都会影响到对手，乃至整个市场，是一个典型的寡头垄断市场。例如，2022年的俄乌局势，导致 Rosatom 铀浓缩服务与产品在国际市场上的交易被限制，影响了原本供需比较平衡的市场，促使国际铀浓缩价格上涨。

长期协议为主。全球铀浓缩市场交易绝大多数都是长期协议。例如，美国市场仅有不到 10％ 是现货交易，剩余约 90％ 的均是长期协议。

致谢

感谢中核战略规划研究总院对研究工作的资金支持。此外，部分调研资料来自中核战略规划总院信息所同志的分享，在此一并表示感谢！

参考文献：

[1] 石磊，张红林，刘洪军，等．国际核燃料市场分析 [C] //中国核科学技术进展报告（第七卷）：中国核学会 2021 年学术年会论文集第 8 册（核情报分卷），北京：中国原子能出版社，2021：66－76.
[2] 张红林，赵军，石磊．理性看待国际铀浓缩市场价格 [J] ．国防科技工业，2021（4）：49－51.
[3] 石磊，刘敏，刘洪军，等．国际铀浓缩市场供需形势分析 [C] //中国核科学技术进展报告（第六卷）：中国核学会 2019 年学术年会论文集第 9 册（核科技情报研究分卷），2019：413－419.
[4] 李广长，张红林．打造新时期我国核电、核燃料产业命运共同体 [J] ．中国核电，2019，12（3）：243－246.
[5] 罗长森．原子能公司：缔造世界级先进核燃料产业集群 [J] ．中国核工业，2017（12）：18－20.
[6] 李森．我国核燃料市场化国际化运作研究 [J] ．中国核工业，2017（9）：26－27.
[7] 任德曦，胡泊．全球核燃料产业与市场发展导向 [J] ．南华大学学报（社会科学版），2012，13（1）：1－7.
[8] 王晨香．核燃料产业 要具有国际竞争力 [J] ．中国核工业，2011（1）：27.

Study on the characteristics of nuclear fuel industry

SHI Lei[1] , WANG Yi-han[1] , LIU Hong-jun[1] , CHEN Chen[2]

(1. China Institute of Nuclear Industry Strategy, Beijing 100048, China; 2. China Nuclear Energy
Industry Corporation, Beijing 100032, China)

Abstract: The nuclear fuel industry is related to national strategy and energy security. It is an important technical and material foundation for China's nuclear power development. In the new era, in order to better promote the high-quality development of China's nuclear fuel industry, it is necessary to summarize historical experience, further clarify the path of development, carefully study and deeply grasp the characteristics of the industry itself, and on this basis, provide correct guidance for the development of China's nuclear fuel industry. This study summarizes the development experience of the nuclear fuel industry in major countries, and objectively analyzes the characteristics of the nuclear fuel industry from multiple aspects such as country, technology, enterprise, and market. Study has shown that nuclear fuel has the characteristics of a "pyramid" structure, with the top-level features of nuclear deterrence and international nuclear safeguards.

Key words: Nuclear fuel; Industry development; Characteristic study

对企业集团优化规划管理的思考

汪顺覃，张文娟，安　岩

（中核战略规划研究总院，北京　100048）

摘　要：编制五年及中长期规划，是党治国理政的重要方式，也是世界一流企业现代化管理的显著标志。当前正处于"十四五"规划中期评估阶段，回顾企业规划在编制前开展专题研究、规划编制时内部广泛参与、国家级规划发布后积极承接部署、实施阶段"挂图作战"，效果显著的同时在制度、组织、流程、模型、信息化等方面仍存在一定问题。因此，本研究梳理分析企业集团规划管理的现况及问题，广泛调研典型央企的规划落实与管理情况，在规划体系建设、完善组织结构、加强人才培训、聚焦规划评估、明确考核要求、数字化技术保障等方面提出对企业集团优化规划管理的几点建议，希望以管理能力提升为手段，助推规划落地，使企业集团新时代战略规划蓝图转变为经济发展和科技创新的实效，不断做强做优做大国有企业。

关键词：管理创新；战略规划；现代国有企业制度

战略规划引领经济社会发展，是党治国理政的重要方式，也是世界一流企业管理的显著标志。当前各企业集团发展战略和"十四五"各类规划均已发布，回顾战略规划编制及实施过程，在制度、组织、流程、模型、信息化等方面有待进一步加强。因此，梳理企业集团规划管理的现况，分析其中存在的问题，广泛调研典型央企的规划落实与管理情况，提出对企业集团优化规划管理的几点建议，希望增强机制活力，夯实管理基础，促进重大任务落实落地，使企业集团新时代战略规划蓝图转变为经济发展和科技创新的实效，不断做强做优做大国有企业。

1　当前企业集团规划管理的现况及存在的问题

国有企业的规划管理基本上与国民经济和社会发展五年规划保持同步，每五年编制一次，编制前要开展重大问题研究，编制发布后要逐步宣贯，进行上下级规划的对接，五年中间要开展规划评估，根据重点任务落实情况和形势政策的变化进行调整，末期进行总结并为下一轮规划编制做准备。对于企业集团而言，从集团总部到成员单位，均设立了相应的管理部门，同时随着国家对战略规划的越发重视，大部分企业集团还设立了专门开展战略规划研究的智库单位和专家团队，以保障规划编制及管理工作的开展。

由于规划上接战略、下接执行，时间跨度长、涉及部门多，关乎企业集团中长期发展的方向与年度经营目标和重点任务的执行，规划的管理与落实意义重大。当前企业集团在规划管理中普遍存在规划与计划有待进一步衔接贯通、规划体系中各类规划的逻辑性与自洽性有待论证、规划评估方式有待研究并固化、规划管理人才队伍建设有待完善、考核"指挥棒"效果发挥不突出、信息化手段运用不够、促进规划刚性执行的有力措施不足等问题[1]，体系建设及组织管理还需不断完善。

2　央企规划管理对标分析

为了进一步提升企业集团规划管理能力，采用对标分析方法，对军工类企业 A、企业 B、企业 C、企业 D、企业 E，能源类企业 F、企业 G、企业 H、企业 I 等 9 家央企规划管理中的规划体系、制定、审批、实施、考核、评估与调整各个环节开展调研，分析其中值得借鉴的管理经验。

作者简介：汪顺覃（1996—），女，硕士，助理研究员，现主要从事战略规划、产业研究等工作。

2.1 在规划体系设计中厘清各类规划的关系（表1）

表1 典型央企在规划体系中的经验做法

对标央企	经验做法
企业C	建立三级三类战略规划体系，即按层级可划分为集团公司总体战略规划、各产业方向和各专项领域的战略规划、各成员单位的战略规划三级，按时间周期可划分为中长期发展战略、五年发展规划、三年滚动规划（三年行动计划）三类。各级各类战略规划之间相互衔接、相互协调、相互支撑，共同构成集团公司战略规划体系
企业I	集团公司发展规划分为三类，即总体规划、产业规划和职能规划。总体规划用于描述集团公司的总体发展方案，是其他战略规划的指导性文件；产业规划是在发展战略指引下，与总体规划相协调，各业务板块为获得市场竞争优势而制定的战略规划；职能规划是为支撑总体规划和产业规划实现而在特定管理领域所制定的专门规划

各集团均在规划管理办法中明确了不同规划间"指导、支撑、补充"的功能定位，建立了层级合理、衔接有序的规划体系，有助于整体规划目标在规划体系中"一贯到底"。此外，企业A在设计"十四五"规划体系时，进一步压缩规划数量，除国家特殊要求外，不单独编制职能规划；弱化部门与板块色彩，不再按照部门职能分工制定规划，而是根据业务设计规划体系，有利于推进业务进展，进一步提高规划的实用性。

2.2 强调规划队伍及组织建设对规划管理的重要性（表2）

表2 典型央企在规划队伍和组织建设中的经验做法

对标央企	经验做法
企业B	规划专项工作领导小组是战略规划过程审议机构和管理工作组织推动领导机构；领导小组下设办公室，是战略规划管理的具体实施组织机构，挂靠在集团公司发展计划部
企业E	集团公司总部和成员单位应加强战略规划组织保障，建立战略规划管理制度，明确战略规划管理责任部门，配备相应数量的专职管理人员，注重素质能力培养和提升，保证管理工作有效开展 集团公司总部和成员单位应加强战略规划资源保障，在年度预算中安排专门工作经费，保障规划研究、论证、研讨等工作开展及组织人员业务培训与交流，鼓励与优秀战略咨询企业形成长期稳定的合作关系
企业G	公司总部不定期召开公司规划研讨会或组织培训，对公司规划进行交流学习

在调研的9家央企中，6家央企设置了规划专项领导小组，作为推进规划编制及审查工作的总体领导及过程协调。规划专项领导小组的设置，有利于规划编制及实施过程中的跨部门协作，解决规划中综合性数据难以协调整合的问题，确保各二级规划全面承接总体规划思路，便于主管部门间共同开展规划年度经营目标及重点任务分解等，提高规划的严肃性、权威性，确保规划的可落地、可实施、可考核。此外，企业E及企业G等集团还提出成员单位应配备专职规划人员、开展业务培训等规划队伍建设及组织管理的保障措施，为企业集团战略规划引领提供人才保障。

2.3 细化规划编制及审批的时间节点要求（表3）

表3 典型央企在规划编制及审批时间节点设置中的经验做法

对标央企	经验做法
企业A	集团公司下一期综合规划的制定从本期规划中期开始，总计30个月。制定程序包括准备（第1至第12个月）、启动（第9至第15个月）、编制（第16至第27个月）、修改与审定（第28至第30个月）4个阶段

对标央企	经验做法
企业 B	规划纲要主要解决方向问题，即重点明确总体目标、发展方向，以及支撑总体目标所开展的主要任务实施思路和保障措施。规划草案主要解决路径问题，即在规划纲要基础上进一步分解目标、明确方向、完善并细化各项重点任务的实施途径和为支撑总体目标需要达到的程度，以及保障各项任务顺利开展的具体措施。正式规划是在规划草案基础上，研究确定规划目标、思路、任务和措施

调研的大部分集团直接管理规定中明确了规划编制及审批过程的时间点及"几上几下"的具体成果要求，以时间任务图表的形式避免了工作中的盲目性、反复性，提高了工作效率与质量。企业集团应总结自身管理经验，以管理规定的形式在制度中固化。

2.4 以规划评估工作推动规划落实落地（表4）

表4 典型央企在规划评估工作中的经验做法

对标央企	经验做法
企业 E	集团公司规划综合评估主要结合三年滚动规划制定工作方案，集团公司每年选取一定比例（1/5左右）的成员单位进行三年滚动规划评审，由发展计划部组织总部有关部门进行审核，成员单位按照审核意见修改完善后的战略规划，经本单位战略规划最终决策机构审定后上报集团公司发展计划部备案
企业 H	对二级单位执行集团公司规划情况进行不定期抽查，并根据实施效果和抽查情况提出加强和改进意见，对影响发展战略规划实施的重大风险及时提出预警

规划评估是确保企业集团使命责任与发展改革始终与中央决策部署和国家战略要求同向推进、担当作为的关键保障，是企业集团根据形势和环境变化，对发展规划进行评价考量、修订完善的重要举措。各集团规划评估通常结合三年滚动规划制定工作方案，同时通过各单位定期报送的各类信息报表、经营活动分析会、预算工作会及每年的公司年度工作总结会等方式对各类规划实施过程进行监控，基本形成了"年度跟踪—中期评估—末期总结"的规划评估机制。其中企业 E 每年选取一定比例（1/5左右）的成员单位进行三年滚动规划评审，此项做法既能较为准确地跟踪规划的实施进度，也会为成员单位减轻一定的工作量，值得参考借鉴。

2.5 结合企业特色实施促进规划落地的举措（表5）

表5 典型央企在促进规划落地中的经验做法

对标央企	经验做法
企业 F	管理办法中明确要求，规划中应包括：发展目标（包括经营效益类、产销规模类和管理控制类指标，定量与定性相结合）、规划部署的重点任务（包括各关键指标在规划周期内的实施方案、开工和投产的时间、规模和发展策略，明确重点工程、重大项目和重大政策等）、规划期资金平衡和经营预测
企业 B	对于符合战略规划方向并列入年度计划和预算的项目，在审批环节可进入绿色通道，并在年度经费开支中优先考虑
企业 G	公司总部适时组织对公司各单位公司规划编制、上报、执行分析、滚动调整等工作完成的时间、质量进行考评，并纳入公司各单位发展工作考评
企业 E	集团公司发展计划部会同有关部门负责建立战略规划监控体系，完善各类数据信息报送制度，构建资源共享平台，形成快速反应机制，完善战略规划监控手段，强化战略监控能力

多家集团为促进列入规划中的重点项目顺利开展，强调及时对规划的主要目标和任务进行分解的重要性，采取多种配套措施，如只有明确的资金测算和实施方案的重点任务才能列入规划中

（企业 F）、设置项目审批绿色通道（A）、重点任务指定各级责任人并建立完善的尽职免责机制（企业 G）、建立战略规划监控体系（企业 E）等，此类创新管理手段有待结合各企业集团特色进一步探索。

3. 对企业集团优化规划管理的几点建议

3.1 利用系统工程理论优化完善规划体系

整理企业集团规划体系内容清单，查明其中是否有重复项、冗余项，厘清各类规划间逻辑关系，利用系统工程理论，建立定位准确、边界清晰、功能互补、统一衔接的规划体系。此外，要尽快梳理企业集团现有与规划工作相关的规章制度，理顺关系、明确接口、细化规划编制"几上几下"时间节点和各阶段成果要求，规定各部门在规划编制、实施、研究、审查、考核等各环节的职责分工及操作流程，将行之有效的经验和做法以管理办法形式固化下来。

3.2 从组织结构和人才培养上保障规划管理质量

不断健全企业集团规划管理组织体系，在集团层面设置规划编制领导小组，在成员单位设立规划管理机构与专职人员，形成"集团公司领导-战略规划部-相关部门单位"共同参与、层次分明的模式，畅通战略规划体系中各环节接口，促进集团公司各项工作质量与效率的进一步提高。增设战略规划荣誉体系，对创新规划管理方法与模式、高效高质量完成组织管理工作、积极承担并超额完成规划目标的管理人员给予表彰，激发员工干事创业热情。加强战略规划人才队伍培养，企业集团总部应采取交流会、学习班等形式，每年组织召开各成员单位战略规划部门人员的培训，搭建各级战略规划人员经验交流、资源共享的平台，为企业集团战略规划引领发展提供人才保障。

3.3 以规划评估促进重点任务落地

固化规划评估模式，根据国家规划评估要求，完善企业集团"年度跟踪—中期评估—末期总结"的规划评估模式，确保既各有侧重又互为补充，同时不徒增工作量。年度跟踪抽查 1/5 左右成员单位，分析并督促规划执行的进度与风险；中期评估全面覆盖重点任务及规划指标的完成情况，为中期调整夯实基础；末期总结要回顾规划编制、目标任务设置、执行推进方式的存在的不足，为下一轮划期提供参考。

3.4 明确规划落实的考核责任要求

在规划编制前期项目论证工作扎实充分的基础上，进一步强化规划的刚性约束。在规划编制工作组对项目立项论证充分的基础上，通过调整审批事项办理阶段、合并部分审批环节、跨部门联合审评的方式，推进"多审合一"，探索设立规划代立项的管理方式，直接纳入年度投资计划、纳入年度考核，后续按程序审批可行性研究报告（代初步设计），加快实施进度，提高集团各部门服务效能；需要进步论证的项目，按照审批程序一事一议[2]。此外，规划作为"一把手工程"，在考核奖惩制度中要与企业负责人绩效挂钩，与干部任用、问责相结合。

3.5 建立统一的规划信息管理平台

信息化建设是企业发展到一定阶段的必然选择。企业集团的规划与经营管理有着密切的联系，要依托现有的信息基础，打通规划、计划、财务的信息壁垒，避免成员单位信息的重复上报与口径不一，统筹各部门需求打造统一的综合信息管理平台，完善各类数据信息报送制度，加强与相关部门之间的联结与信息共享，构建资源共享平台，将各类规划与年度计划、三年滚动计划、经济运行分析、预算执行情况等统一管理，跟踪规划实施情况，提高管理效能，推动规划指标及任务基础信息互联互通和归集共享。

3.6 探索规划弹性调整机制

探索规划调整"指标刚性、项目弹性"的创新模式。在规划期内保持约束性目标不变的前提下，允许在项目上进行规定幅度以内的弹性调整，以增强规划应对国家对项目审批节点不确定、国家战略方针变化的弹性应对能力。在规划编制阶段对各成员单位讨论设置规划项目备选方案，作为规划实施过程中进行项目弹性调整时的"第二选择"，既保证了规划的权威性，又避免调整由弹性走向随意性[3]。由于国家项目未批原因导致未完成经济目标的情况，可以适当调整相关任务国标，要有替代业务和措施保证经济目标完成。

致谢

在相关研究工作的进行中，得到了中核集团总部及其他调研央企的大力支持，并提供了很多有益的管理经验，在此表示衷心的感谢。

参考文献：

[1] 江健凡. 国企战略规划有效落地的若干思考 [J]. 中国有色金属，2020，678（18）：64－65.

[2] 赵迎兰. 企业战略规划的组织实施及绩效评价管理 [J]. 现代企业，2023，452（5）：104－106.

[3] 陆文兰，董天波. 大型国有企业中长期发展规划全过程管理机制建设研究 [J]. 企业改革与管理，2023，441（4）：3－5.

Research on optimizing on planning management of enterprise groups

WANG Shun-tan，ZHANG Wen-juan，AN Yan

(China Institute of Nuclear Industry Strategy，Beijing 100048，China)

Abstract：Compiling five-year and medium to long-term plans is an important way for the Party to govern the country and is also a significant symbol of modern management for world-class enterprises. At present, we are in the mid-term evaluation stage of the 14th Five Year Plan. Looking back at the special research conducted before the preparation of the enterprise plan, extensive internal participation in the planning process, active deployment undertaken after the release of the national level plan, and clear milestones in the implementation stage, although the results are significant, there are still certain problems in terms of system, organization, process, model, information technology, and other aspects. Therefore, this study analyzes the current situation and problems of enterprise group planning and management, extensively investigates the implementation and management of typical central enterprises, and proposes several suggestions for optimizing enterprise group planning and management in terms of planning system construction, improving organizational structure, strengthening talent training, focusing on planning evaluation, clarifying assessment requirements, and digital technology support. It is hoped that the improvement of management ability can be used as a means to promote the implementation of planning, Transforming the strategic planning blueprint of enterprise groups in the new era into practical results of economic development and technological innovation, continuously strengthening, optimizing, and expanding state-owned enterprises.

Key words：Management innovation；Strategic planning；Modern state-owned enterprise system

我国核产业链协同发展研究

王一涵，宿吉强，安　岩，石　磊

（中核战略规划研究总院，北京　100048）

摘　要：核产业是典型的链式产业，产业链各环节之间耦合度深、关联度高，理顺核产业链构成及协同关系、推进产业链协同对建设现代化的核产业链具有重要意义。基于核产业链与协同理论，研究了我国核产业链构成及协同发展问题，围绕实现能力协同、技术协同、产业组织协同、价值利益协同目标，从推动产业链链长建设、确保关键环节能力匹配、优化利益协同机制、完善创新协同机制等方面提出了推进我国核产业链协同发展的有关建议。

关键词：核产业链；协同发展；建议

低碳发展已成为全球共识，核能作为清洁、低碳、高效的优质能源，在全球能源系统绿色低碳转型中发挥重要作用。积极安全有序发展核电是我国优化能源结构、实现"双碳"目标、应对气候变化的重要手段[1-2]，我国核能产业发展迎来重要机遇期。核产业链是核能发展的基础和支撑，推动核产业链高效协同，对优化资源配置、提高效率效益、促进核产业的高质量发展意义重大。

1　核产业链与协同理论

1.1　核产业链构成

核产业是高科技战略产业，主要涉及核动力技术和非动力核技术应用两大领域，本文所述核产业主要指核动力技术应用，是典型的链式产业。核产业链主要以核材料/核燃料的循环利用为核心，关键构成环节[1]包括核燃料生产、核反应堆设计与装备制造、核电站建设与运营、乏燃料后处理、放射性废物处理处置，以及相关的技术研发、服务等。其中核燃料生产环节包括铀矿勘查采冶、铀纯化转化、铀浓缩、核燃料元件制造等；核电站建设与运营环节涵盖核电全生命周期，包括建设、调试、运营、维护和退役等各个阶段；乏燃料后处理环节涉及乏燃料运输、中间贮存和管理、后处理等。核产业链各环节之间耦合度深、关联度高，既相互联系又相互制约，任一环节的短板都会影响整体的发展，各环节之间的协同作用和协同效率也会影响产业链的高效运作和产业的高质量发展。

1.2　协同理论

协同（学）是管理学理论中的一个重要概念，是由德国科学家哈肯于 1972 年创立[3]。哈肯将协同定义为系统各部分（子系统）之间相互作用、相互协作，使整个系统形成一种整体效应或促使系统整体具备微观个体层次不存在的新的有序状态。协同（学）以系统论、控制论、信息论等现代科学理论[4]为基础，后来发展成为一个跨学科的交叉研究领域。协同的核心目的是通过协作和资源整合，提升效率和整体竞争力，创造更大效益和价值。

之前研究表明，产业链协同涉及环节协同、要素协同、利益协同。环节协同指产业链上各环节与其他环节基于整个产业链系统发展过程中的能力而相互协调与合作，包括上下游协同、研发与生产协同及外部环境的支撑等，其中上下游协同要求构建稳定畅通的供应链，确保原材料、零部件等的及时供应和产品、信息的顺畅流通，研发与生产协同是推动科技创新和生产效率提升的关键。从要素协同视角，重要资源要素包括人才、资金、信息、技术、数据等，产业链各环节之间资源共享和整合是要

作者简介：王一涵（1994—），女，助理研究员，主要从事核能与核燃料相关研究。

素协同的关键。利益协同强调产业链的共同利益最大化,包括利益共享、风险共担、价值链优化等。此外,产业链协同还涉及组织协同、政策协调等。

2 核产业链协同要求与问题

2.1 核产业链协同目标要求

基于上述产业链协同理论,结合核产业链发展现状,推进核产业链协同应满足的目标要求包括但不限于以下4个方面。

一是应满足能力协同。要同步推进与核电发展相适应的核燃料循环产业能力建设,核燃料加工(铀纯化转化、铀浓缩、元件制造)、乏燃料后处理、放射性废物处理处置等能力满足核电发展需求;稳步提升核电装备国产化和自主化能力,确保原材料、技术服务等供应稳定,实现产业链上下游各环节能力匹配。

二是应满足技术协同。要推进核电、装备制造及核燃料循环相关技术创新协同发展。目前,我国核电技术已实现由二代向自主三代的全面跨越,先进四代堆研发示范取得重要突破;核电装备国产化率达到较高水平;核燃料加工关键环节技术水平显著提升,新一代专用设备达到国际先进水平,燃料元件步入自主化、型谱化阶段。整体上,我国形成了较高水平的核创新链。要进一步完善核产业链创新体系,协同攻关技术短板,提升核产业链整体技术水平和竞争力。

三是应满足价值利益协同。核产业链各环节附加值存在差异,要积极构建面向价值链全过程的协同机制,在关注高价值、高盈利产业链环节的同时,对附加值低的有关关键环节(如铀纯化转化)予以包容和重视,促进产业链整体附加值提升;积极推动建立公平合理的利益分配机制,减少利益冲突,实现核产业链可持续发展。

四是应满足产业组织协同。要优化产业链组织分工,完善领军企业带动、大中小企业协作的产业组织形式,并推进协同发展。核产业链上领军企业基于自身核心技术、优势资源、市场影响力等优势,通过搭建可发挥人、财、物枢纽作用的平台,发挥引领带动作用,推动产业链上企业间资源共享,中小企业(如装备制造企业)借由平台和支持政策,深耕自身特色,提高技术创新能力,提升产品和服务质量,发展成为"专精特新",推进核产业链整体优化和提升。

2.2 我国核产业链协同有关问题

研究发现,当前我国核产业链在产业链协同方面存在的突出问题如下。

一是核电堆型研发设计与核电运行经济性要求脱节。与美国核电用户要求文件(URD)和欧洲核电用户要求文件(EUR)由电力部门或用户提出情况不同,我国核电研发设计要求或标准由研发单位提出,在研发设计阶段,重视技术的创新性和先进性,而较少考量经济性,这与市场要求存在一定程度的错位。此外,产业链部分环节降本的驱动力不强,如通过降低核电非标设备数量可实现造价降低。

二是后处理配套未能伴随核电发展及时跟进。我国尚未形成与我国核电项目建设进度相匹配的后处理产业能力,后处理成了核燃料循环产业、核产业链的最薄弱环节。商用后处理大厂是一项多学科、高精尖的复杂系统工程,我国缺乏大型乏燃料后处理厂建设和运行经验,距离具备商业后处理能力相差较远。另外,现阶段所征收的乏燃料基金可能不足以匹配后处理大厂建设资金需求。

三是核产业链协同整体谋划有待进一步加强。国内主要的3家核电集团积极推动构建各自配套的核产业链,在一定程度上忽视了核产业链的整体协同,可能会造成重复投资和资源浪费;核产业链关键环节上人才、资金、技术等重要资源要素的分散可能会导致产业链的抗风险能力下降,影响产业链的稳定性。

3 推进核产业链协同发展有关建议

围绕实现核产业链协同目标要求,结合我国核产业链发展问题,提出了推进核产业链协同发展的有关建议。

一是推进产业链链长建设。通过构建恰当的治理机制，促进核产业链协同，实现总体最优化。链长制是市场机制和行政机制之外的实现产业链协同的第3种治理机制。链长企业通过实施强基补短工程、攻关"卡脖子"关键技术、组建产业联盟、加强产业链开放合作、推动产业链转型等，提升基础固链、技术补链、融合强链、优化塑链能力，实现产业链治理，增强核产业链安全性、稳定性和竞争力。

二是完善创新协同，优化利益协同，在确保安全的前提下，强化核电经济性考量。在核电堆型研发设计阶段，开展全面的经济性评估，并优化设计方案；通过技术创新、经验反馈应用等，降低建设和运营成本。通过进一步优化利益协同机制等，增强核产业链各环节降本的驱动力和积极性，如在确保安全的前提下，通过减少核电非标产品数量，使得部分产品融入国家工业体系，成为货架商品，降低成本。

三是加快补齐后处理能力短板。落实国家核燃料闭式循环战略，加快推进乏燃料后处理研发平台建设和后处理科研专项，突破关键核心技术；加快推进设计、建设和运行大型乏燃料后处理厂能力建设，适时启动商用后处理厂建设，使得后处理产业能力与核电项目建设或核电规模相匹配，助推核能可持续发展。

参考文献：

[1] TANG YU C Y，GAO Y，et al. Deep learning in nuclear industry：a survey [J] . In big data mining and analytics，2022，5（2）：140-160.

[2] ZHU F H，WANG Y S，XU Z，et al. Research on the development path of carbon peak and carbon neutrality in China's power industry，（in Chinese）[J] . Electric power technol. environ. prot.，2021，37（3）：9-16.

[3] FCCC. Report of the conference of the parties to the United Nations framework convention on climate Change （21st Session，2015：Paris）[C] . Geneva，Switzerland，2015.

[4] ［德］HAKEN H. 协同学引论-物理学、化学和生物学中的非平衡相变和自组织 [M] . 徐锡申 等，译. 北京：原子能出版社，1989.

[5] 钱学森. 论系统工程 [M] . 北京：科学出版社，1995.

Study on the coordinated development of nuclear industry chain

WANG Yi-han，SU Ji-qiang，AN Yan，SHI Lei

（China Institute of Nuclear Industry Strategy，Beijing 100048，China）

Abstract：The nuclear industry is a typical chain industry, with deep coupling and high correlation among the various links in the industrial chain. Based on the nuclear industry chain and the theory of synergy, the key links of nuclear industry chain and collaborative development issues are studied. Focusing on the realization of the goals of ability synergy, technical synergy, industrial organization synergy, and value benefit synergy, suggestions on promoting the coordination of nuclear industry chain are put forward, including promoting the construction of industrial chain mechanism, making sure the capacity matching of key links, optimizing the mechanism for synergizing interests, improving the innovation synergy.

Key words：Nuclear industry chain；Coordinated development；Suggestions

核电企业安全隐患排查的创新与应用

忻　盛，李　技，衣同义，高　伟

（中核核电运行管理有限公司，浙江　嘉兴　314300）

摘　要： 本文针对核电运行中复杂的工作环境，现场存在的各种高风险设备和管理对象，主要介绍秦山核电主动审视安全检查的不足，聚焦现场本质安全风险和人员风险辨识能力不足等重点问题，融合国家标准、行业要求与现场特点，开发出与核电运行现场实际高度匹配的，适合风险管控、隐患排查及整改验收的企业安全衡量标准（即安全小白卡）。在业务组织中，秦山核电创建以业务实现为核心，策划、执行与支持围绕核心运作的业务管理新模式；在风险量化上，实现方法创新，通过创新开发单点风险（F）风险值公式，对开发目标风险进行"分点量化"，规范开发标准形式；在场景应用上，安全小白卡从 2020 年在秦山核电的试用到 2021 年中核集团的推广，现场安全隐患治理效果显著，隐患数量明显下降。实践证明，秦山核电对安全隐患排查的模式创新及应用，对于提高企业全员的安全素养，提升企业的安全美誉度和安全绩效，提供了生动的"秦山方案"，获得中核集团、国防科工、中电联的高度认可与推广。

关键词： 安全小白卡；隐患排查；风险管控

安全生产的重要性不言而喻，习近平总书记曾做出重要指示：安全生产，要坚持防患于未然，要继续开展安全生产大检查，做到"全覆盖、零容忍、严执法、重实效"。要采用不发通知、不打招呼、不听汇报、不用陪同和接待。

目前，多数企业在具体落实安全检查时，往往临时组织，并且组织起来的检查人员，主要根据个人专业背景，现场检查时往往凭经验、靠感觉，导致重点不突出、安全标准不统一，每次检查下来，检查人员很累，但现场仍留下不少隐患，形式大于实效。缺乏行之长效的检查组织和标准，是当前安全检查的主要痛点。

针对以上工作痛点，并结合核电现场风险较高、环境复杂的特点，秦山核电聚焦现场本质安全风险和人员风险辨识能力不足等重点问题，从风险管控入手，组织开发出适合隐患排查及整改验收的一系列企业安全标准（即安全小白卡）。

1　工作模式

1.1　工作对象

2020 年，秦山核电通过对隐患类型和数量的梳理分析，工业气瓶、集装箱、物项存放、钢格栅、安全工器具等发生异常偏差较多，对人身伤害、设备损伤风险较高，潜在的安全隐患不易被识别和判别，现场缺乏统一的检查标准等突出问题，因此作为首批安全小白卡开发对象（表 1）。

表 1　首批安全小白卡开发对象

序号	编号	开发对象
1	JCD-IS－001	吊装工具
2	JCD-IS－002	特种持证
3	JCD-IS－003	厂房门
4	JCD-IS－004	集装箱
5	JCD-IS－005	物项存放

作者简介： 忻盛（1973—），男，工程硕士，注册安全工程师，现主要从事核电站综合安全监督管理。

序号	编号	开发对象
6	JCD-IS－006	洗眼器
7	JCD-IS－007	危化品标识
8	JCD-IS－008	防坠工器具
9	JCD-IS－009	静电释放器
10	JCD-IS－010	工业气瓶
11	JCD-IS－011	绝缘工器具
12	JCD-IS－012	手持式电动工器具
13	JCD-IS－013	爬梯护笼
14	JCD-IS－014	钢格栅
15	JCD-IS－015	厂房周界

1.2 工作目标

坚持目标导向和问题导向，聚焦关键问题和环节推进精细管理，从源头处制定检查标准，既可在隐患出现苗头时介入处理，也为后端的整改、跟踪和复查提供理论依据，秦山核电要求将国家标准、行业结合现场实际，深入浅出，创新企业安全标准，在风险防控精准上做加法，在检查人员负担上做减法，在安全检查结果上收实效。锚定"整合标准、明确要求、简单操作"的目标，做到规范化，无论"谁来查"，严细有深度；达到标准化，解决"查什么"，有重点依据；提供指导性，确定"怎么查"，成指南抓手。

1.3 工作流程

以业务流向为核心，按照顶层设计，实现分层管理，创建以业务实现为核心，业务策划、业务执行与业务支持围绕核心运作的新模式，强调业务层之间相互协同和并行同步，做大做强业务前端，加快业务功能实现，缩短业务开发周期。

因此，在人员组成上，设项目组长、执行督导员 A、执行督导员 N 和协调员。根据不同的功能实现，设置若干个业务执行小组（图 1）。

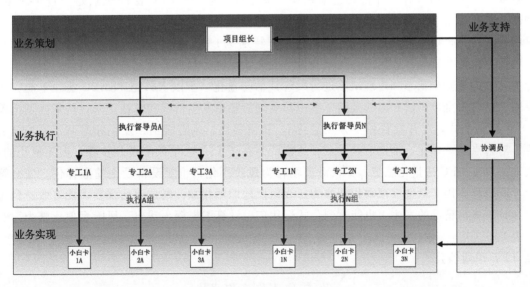

图 1 安全小白卡业务组

项目组长作为专家型管理者，负责组织策划总体工作，制订和决策工作各阶段目标与计划；执行督导员作为标准审查专家，负责审查和评价开发出的标准与规范；执行专门工作为执行专家，负责具体的开发应用工作；协调员负责计划跟踪及内外部事务性接口工作。

1.4 工作实例

在业务开发中，会涉及梳理规定、量化风险、筛选标准、场景应用和优化提升等多个环节，下面结合首批次安全小白卡及气瓶开发实例，对整个业务模式进行介绍。

1.4.1 梳理规定

梳理规定是创新开发的第一步，据统计，在第一批首创的安全小白卡中，涉及的国家标准/法令、行业标准/规定和管理程序等规定，共计 109 份，分布情况如图 2 所示，其中 21 份相关规定涉及气瓶。

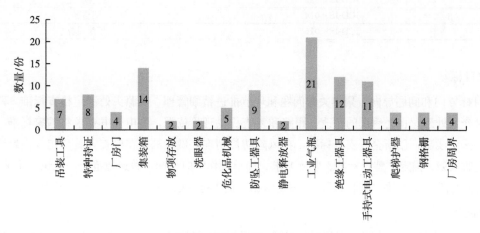

图 2　首创变体小白卡涉及的规定分布

1.4.2 量化风险

（1）单点风险（F）风险值公式

在风险评估上，秦山核电以往主要采用工作安全分析 JSA 法和 LEC 法。JSA 法的优势是将作业任务分解成几个关键的步骤，并将其记录在作业安全分析表中；LEC 法的优点是通过事故可能性、频繁程度和事故后果 3 个维度，能够对作业的危险程度进行量化评价。但这两种方法主要针对现场某项具体的作业行为，可对其起到风险评估的作用，特别是 LEC 法，更能达到量化的效果。而对现场的安全管控不仅涉及现场作业行为，还涉及设备安全状况优劣和标准规范落实与否等，即聚焦人的不安全行为、物的不安全状态和管理缺陷进行风险评估与量化，所以 JSA 法和 LEC 法并不能完全满足以上要求。结合安全分析法和以往经验，秦山核电剖析隐患发生情况和数据记录，创新开发出单点风险（F）风险值公式，对开发目标"分点量化"，从重要性、风险级别、发生频率和潜在危害性等 4 个维度，对各点逐一量化，确定检查重点。这样既弥补了 JSA 法中风险虽分步骤，但无量化的不足；也极大地拓展了 LEC 法量化思想，不仅对现场行为风险量化，也对设备设施精准评估，安全管理精确评价，同时将多因子筛选三项乘积转换为三级对照的四项相加，增加评估维度，能有效避免风险范围缩小和计算失误情况的发生，也能达到公式适用广、计算逻辑深入浅出、风险量值化繁为简的工作成效（表 2）。

点（F）风险值公式：

$$\sum q_n = q_1 + q_2 + q_3 + q_4 \text{。} \tag{1}$$

式中，q_1 为重要性因子，q_2 为风险级别因子，q_3 为发生频率因子，q_4 为潜在危害性因子。结合现场实际，按照高（0.5）、中（0.2）、低（0.1）情况赋分，进行单点风险（F）辨识：

① F 点风险值 $\sum q_n \geqslant 1$，则为必检项，列入安全小白卡检查项；

② 根据 $\sum q_n$ 值大小，排列 F 点优先级和确定重点检查内容；

表 2　风险评估

风险点 F	重要性（q_1）	风险级别（q_2）	发生频率（q_3）	潜在危害性（q_4）
风险点 F_1	低	低	高	低
风险点 F_2	中	低	高	中
...	...	...	...	...
风险点 F_n	高	中	低	高

$$风险点\ F_1：\sum q_n = q_1 + q_2 + q_3 + q_4 = 0.1 + 0.1 + 0.5 + 0.1 = 0.8 < 1；$$

$$风险点\ F_2：\sum q_n = q_1 + q_2 + q_3 + q_4 = 0.2 + 0.1 + 0.5 + 0.2 = 1；$$

$$风险点\ F_n：\sum q_n = q_1 + q_2 + q_3 + q_4 = 0.5 + 0.2 + 0.1 + 0.5 = 1.3 > 1。$$

因此根据 $\sum q_n$ 大小，确定 F 点优先级排列，$F_n > F_2 > F_1$，其中 F_n 和 F_2 是必检项。

（2）气瓶风险值量化

根据对气瓶隐患数据的统计和分析，问题常见于使用、运输、存放等风险点上，因此对现场风险点进行辨识，并量化风险值（表3）。

表 3　气瓶风险辨识

风险点 F	重要性（q_1）	风险级别（q_2）	发生频率（q_3）	潜在危害性（q_4）
气瓶工艺结构不一（F_1）	低	中	中	低
识别不清（F_2）	高	中	中	中
外观缺陷（F_3）	低	中	高	中
现场存放不当（F_4）	中	高	高	中
运输装卸不规范（F_5）	高	高	中	高
现场使用不合规（F_6）	高	高	低	高

根据 $\sum q_n$ 大小，确定 F 点优先级排列，$F_5 > F_6 > F_4 > F_3 > F_2 > F_1$，其中 F_2 至 F_6 是必检项。

1.4.3　筛选标准

根据风险点辨识结果、风险值量化作为确定安全小白卡内的标准检查项和内容依据。仍以气瓶为例，涉及检查项繁杂，检查人员是主导，检查项中哪些是重点，完全依赖于检查人员的专业知识和能力，因此重点不突出，即使反复检查仍有遗漏，很难做到全面覆盖。一般工作人员对气瓶的知识往往是略懂一二，不清楚气瓶关键的安全标准，隐患可能造成的危害后果，因此现场工作人员对隐患的重视程度和整改力度不够，因此气瓶检查开发出 5 类 12 项安全管理与技术标准项目（表 4 和图 3）。

表 4　气瓶检查标准项目

类别	标准项目
气瓶标识	检验标识、安全标签
气瓶外观	本体、附属配件
气瓶存放	环境要求
	安全警示
	分类存放

类别	标准项目
气瓶使用	用前检查
	管线保护
	安全距离
气瓶运输	同车气瓶要求
	放置要求
	装车堆垛高度
	搬运要求

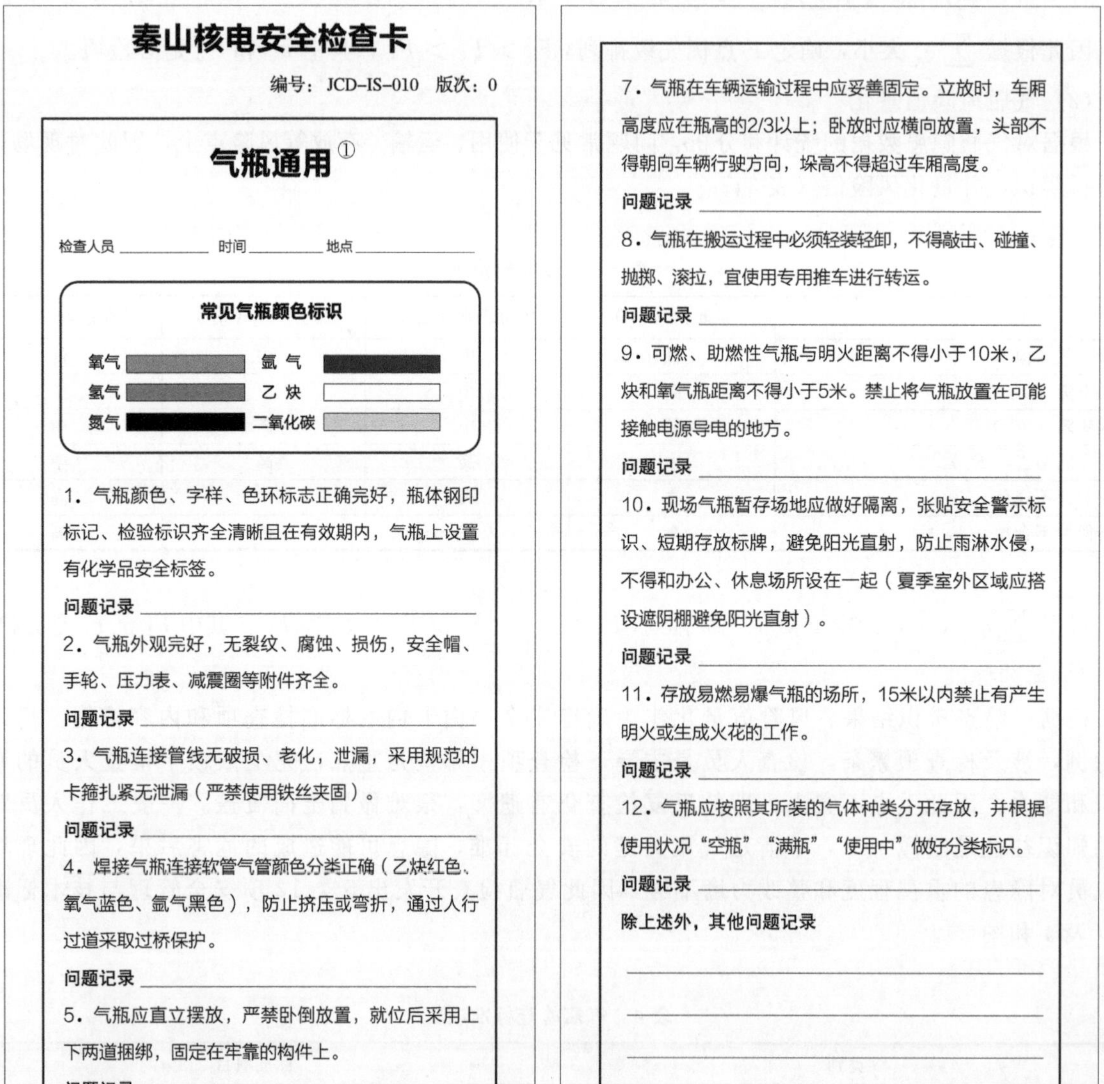

秦山核电安全检查卡

编号：JCD-IS-010　版次：0

气瓶通用①

检查人员 _____　时间 _____　地点 _____

常见气瓶颜色标识

氧气	▬▬	氩气	▬▬
氢气	▬▬	乙炔	▬▬
氮气	▬▬	二氧化碳	▬▬

1. 气瓶颜色、字样、色环标志正确完好，瓶体钢印标记、检验标识齐全清晰且在有效期内，气瓶上设置有化学品安全标签。

问题记录 _____

2. 气瓶外观完好，无裂纹、腐蚀、损伤，安全帽、手轮、压力表、减震圈等附件齐全。

问题记录 _____

3. 气瓶连接管线无破损、老化，泄漏，采用规范的卡箍扎紧无泄漏（严禁使用铁丝夹固）。

问题记录 _____

4. 焊接气瓶连接软管气管颜色分类正确（乙炔红色、氧气蓝色、氩气黑色），防止挤压或弯折，通过人行过道采取过桥保护。

问题记录 _____

5. 气瓶应直立摆放，严禁卧倒放置，就位后采用上下两道捆绑，固定在牢靠的构件上。

问题记录 _____

6. 有毒、易燃易爆、混合后能引起燃爆的气瓶严禁混放，并不得同车运输。

问题记录 _____

7. 气瓶在车辆运输过程中应妥善固定。立放时，车厢高度应在瓶高的2/3以上；卧放时应横向放置，头部不得朝向车辆行驶方向，垛高不得超过车厢高度。

问题记录 _____

8. 气瓶在搬运过程中必须轻装轻卸，不得敲击、碰撞、抛掷、滚拉，宜使用专用推车进行转运。

问题记录 _____

9. 可燃、助燃性气瓶与明火距离不得小于10米，乙炔和氧气瓶距离不得小于5米。禁止将气瓶放置在可能接触电源导电的地方。

问题记录 _____

10. 现场气瓶暂存场地应做好隔离，张贴安全警示标识、短期存放标牌，避免阳光直射，防止雨淋水侵，不得和办公、休息场所设在一起（夏季室外区域应搭设遮阴棚避免阳光直射）。

问题记录 _____

11. 存放易燃易爆气瓶的场所，15米以内禁止有产生明火或生成火花的工作。

问题记录 _____

12. 气瓶应按照其所装的气体种类分开存放，并根据使用状况"空瓶""满瓶""使用中"做好分类标识。

问题记录 _____

除上述外，其他问题记录

_____
_____
_____
_____

备注： 本卡作为现场检查指导用，请自我保存。

图3　气瓶安全小白卡

① 氧气瓶淡蓝色，氢气瓶淡绿色，氮气瓶黑色，氩气瓶淡灰色，乙炔瓶白色，二氧化碳瓶铅白色。

1.5　场景应用

通过业务实现后，安全小白卡提高了检查效率，安全期望和要求传递给现场各类人员，并转换为现场执行力，现场安全风险防控更加科学规范，现场的安全状况得到系统的提升。例如，人员在气瓶的检查细节上，更加清楚标准。

安全小白卡处于隐患排查的前端和治理验证的后端，实现了隐患处理 PDCA 循环的闭环管理，同时也将安全检查标准推广到全员，可以是"任何人员"做检查，增加了问题发现和复查标准的透明度。

1.6　工作优化

从 2020 年到 2022 年，秦山核电已融合提炼国家标准、行业标准、企业标准共计 253 份，完成六大类 37 种安全小白卡的开发与应用，内容涉及现场作业行为、安全设备、厂房设施、危化品管理、人员管理等方面。同时，通过对技术要点与管理重点进一步提炼和固化，并不断优化更新，安全小白卡已成为企业安全检查的重要衡量标准。

2　创新成效

2.1　本质安全提升

通过首创、推广和应用安全小白卡，提质增效，统一现场排查标准，加强隐患专项难点问题处理，从初期试用到广泛应用，秦山核电现场隐患总数明显下降：2020 年 11 863 项，2021 年 10 817 项，2022 年 10 534 项，部分主要隐患呈现波动下降情况。经调查，以往有些主要隐患，标准不明确、不易辨识、问题不暴露，而当标准简便易掌握，随着人员范围扩大，由专业人士变为现场所有人后，现场参与度显著提高，隐患暴露量增长，数据会有短期波动，之后下降，从隐患数据统计结果也印证了这一情况的存在。同时从初试到推广的 3 年隐患整体趋势分析，隐患总体下降 11%，物项存放隐患下降 44%，作业环境隐患下降 39%，不文明作业隐患下降 23%（图 4）。由此证明，应用安全小白卡会凸显中长期安全效率与效益，提升现场本质安全。

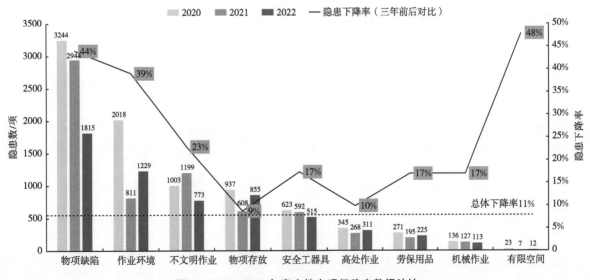

图 4　2020—2022 年秦山核电现场隐患数据统计

2.2　创新成果

安全小白卡的业务模式及应用实践对风险管控进行分级分类，坚持理论联系实际。对于不同层级的风险类型、不同类别的对象主体分别制定工作目标和任务，提供了生动的"秦山方案"（图 5）。

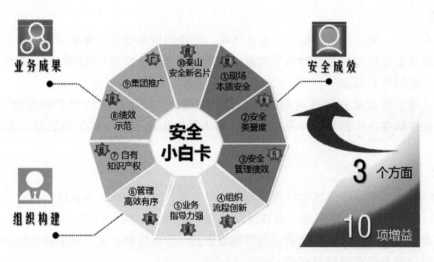

图 5 安全小白卡绩效

在向中核集团内外推广中，安全小白卡具有鲜明安全特色的优秀实践和先进经验，体现出"专业强、含金量高"的特点，同时以此构建的"安全隐患排查指导体系"管理成果，荣获中电联 2022 年度电力科技创新一等奖和国防科工 2021 年度中国国防科技工业企业管理创新成果二等奖。

3 结论

针对安全检查流于形式，成效低的问题，安全小白卡从隐患排查源头起，做到规范性与创新性相结合，规范检查组织、项目和标准，采取一套科学严谨的量化方法评估风险，是对企业安全管理思维、方法和制度的一种创新和尝试。通过内外交流，安全小白卡不但得到中核集团高度认可，也拓展到国防和电力等行业，取得卓越的管理绩效。

参考文献：

[1] 王德敏. 企业内控精细化管理全案［M］. 北京：人民邮电出版社，2017.
[2] 陈劲. 管理的未来［M］. 北京：企业管理出版社，2019.

Innovation and application of safety hazards investigation in nuclear power enterprises

XIN Sheng, LI Ji, YI Tong-yi, GAO Wei

(CNNP Nuclear Power Operation Management Co., Ltd., Jiaxing, Zhejiang 314300, China)

Abstract: This article focuses on the complex working environment in nuclear power operation, various high-risk equipment and management objects present on site, and mainly introduces the shortcomings of Qinshan Nuclear Power's proactive safety inspection, focusing on key issues such as on-site intrinsic safety risks and insufficient personnel risk identification ability, and integrating national standards Industry requirements and on-site characteristics have led to the development of enterprise safety measurement standards (safety small white cards) that are highly compatible with the actual situation of nuclear power operation sites and suitable for risk control, hazard investigation, and rectification acceptance. In the business organization, Qinshan Nuclear Power has created a new business management model centered around business implementation, planning, executing, and supporting core operations; In terms of risk quantification, innovative methods are implemented, and the risk value formula for single point risk (F) is innovatively developed to "quantify" the development target risk points and standardize the development standard form; In terms of scenario application, the safety small white card has achieved significant results in on-site safety hazard management and a significant decrease in the number of hazards, from its trial at Qinshan Nuclear Power Plant in 2020 to its promotion by China Nuclear Power Group in 2021. Practice has proven that the innovation and application of Qinshan Nuclear Power's model for identifying safety hazards has provided a vivid "Qinshan Plan" for improving the safety literacy of all employees, enhancing the safety reputation and performance of the enterprise, and has been highly recognized and promoted by China National Nuclear Corporation, National Defense Industrial Association, and China Electricity Council.

Key words: Safety small white card; Hidden danger investigation; Risk control

浮动计价规则下核电示范项目非标设计计费问题及基于价值系数的非标设计计费模型优化方法研究

孙登成

（中广核研究院有限公司，广东　深圳　513081）

摘　要：在现行浮动计价规则下，核电示范项目非标设备设计计费缺少有效规则及参考，在示范项目设计价格博弈中造成大量的摩擦成本。在分析核电示范项目非标设计计费问题的复杂性成因基础上，研究了政府指导价格机制下原定价标准存在的问题。基于定价一般原理及价值工程原理提出了非标设计定价模型的创新优化机制。结合核电非标设备特点研究了非标设计功能系数、成本系数的定义方法，建立价值系数并进行敏感性分析。提出了基于价值系数的非标设计计费优化模型，通过对新的计价模型应用测试与传统计价方法的对比研究，验证了新模型对于示范项目非标设计计价的改进及调节作用，揭示了在工程实践中指导非标设计计费关联经济活动的重要意义。总结新计价模型对于核电示范项目非标设计质量优化及产业发展的促进作用，并提出应用展望。

关键词：核能；示范项目；非标设计；计价优化；价值系数

核电示范项目的工程设计中，压力容器等核主设备通常采用非标设计，核主设备的非标设计是示范项目技术含量高、重要度高、知识密集的关键环节，也是工程设计价格的重要组成部分。受制于核技术监管及设计资质要求，国内核级主设备设计是典型的寡头市场，因而核主设备非标设计的价格形成难于引入竞争性，主要通过建设单位与设计单位的议价谈判形成价格。

小型堆作为市场新生事物具有迥异于大堆的技术特征及成本结构，其非标设计难于参考大堆翻版设计的经验形成价格，也难于参考一些引、消、吸堆型的一揽子价格方法形成价格。在国家发展改革委 2015 年发布了《国家发展改革委关于进一步放开建设项目专业服务价格的通知（其他费市场化）》指出，全面放开核电工程设计计费价格指导后，小堆示范项目非标设计实行市场调节价。当示范项目建设单位和设计方属于不同的利益主体时，围绕市场调节价的价格博弈剧烈且耗时过长，经常难于调和。因缺乏可以共同参照的标准，从设计院方面，新堆型专有技术的形成往往经历过较长的时间，产生过不少沉没成本；同时设计资源稀缺所形成的寡头特征导致设计单位在进行非标设计报价时倾向于过高核算成本并报高价。从建设单位方面，示范项目投资经济性指标的控制是项目管理的重点，过高的非标设计费用显然抬升了造价水平对示范项目经济性不利，因此建设单位必须采取方法严格控制非标设计的价格水平。

因此，小堆示范项目建设中如何建立合理的非标设计定价机制并为示范项目非标设计服务合理定价成为建设单位和设计院都必须认真对待的敏感问题。

1　行业标准计价方法及问题

尽管示范项目根据建造合同模式 DB、EPC 的不同，在具体的非标设计谈判中主体不尽不同，但从根本上讲，主要是在作为最终买方建设单位和提供设计服务的设计院之间展开的。在国内的工程实践中，无论是依据设计院的设计成本加酬金定价，还是依据建设单位的概算指标定价，由于利益主体

作者简介：孙登成（1982—），男，管理学硕士，正研级高级工程师，现主要从事新能源领域小型堆技术开发、综合能源技术应用等科研及项目管理工作。

的分割，双方在技术及信息方面的高度不对称性，双方在进行价格核算或报价时均有较大的灵活性。即使约定了采用了同一种计费方法，也常存在一方难于核算并判断对方报价的合理性问题，交易环节的公平性和效率性不佳。

正因为设计成本法及概算指标法在实践中表现出来的主观性过强问题难于调和，而原行业计价标准《工程勘察设计收费管理规定》中关于非标设计计费方法采用了比较客观的指标，具有较强的公允性，在实践中逐渐重新获得设计院和建设单位的重视，仍作为非标设计计费方法的重要价格参考。

该标准规定：非标准设备设计费＝非标准设备计费额×非标准设备设计费率×首台（套）调整系数。

非标准设备计费额为非标准设备的初步设计概算，一般采用设备采购合同价格。非标准设备设计费率按不同设备设计的复杂程度分三级：一般取10％～13％，较复杂取13％～16％，复杂取16％～20％。首台（套）调整系数是针对新研制并首次投入工业化生产的非标准设备统一取1.3。

该计费方法因为指标的选取具有客观性，有关分级指标在行业内认可度高，体现了对于创新的鼓励，因而作为一项计价标准受市场主体认可并在设计计价方面曾经发挥着很好的作用。但随着时代变迁及市场的变化，在国内以翻版设计为主流的核电项目产业化开发过程中，该计价方法造成的计费值与设计成本之间的过大价格偏离逐渐显现，并最终被市场弃用。

尤为重要的是，该方法采用设备费作为设计费的计价基础存在一定的因果倒置问题，造成设备价格越高则设计费用越高。这样，设计院因制造侧经验缺乏过度冗余设计、或者过于追求完美设计等因素形成较差的设计方案，会因产品制造价格高昂给设计院带来更高的设计费，从而形成了设计的逆向淘汰，严重阻碍设计质量及技术的进步。同时从产业链角度，在非标设计价格有关的建设单位、设计院、制造厂三元博弈中，设计院和制造厂从各自利益出发利用所掌握的绝对技术信息优势极易形成价格联盟，形成对双方均有利的更高的非标设计价格和非标设备价格，造成设计院与制造厂联合"坑"建设单位的情况出现。这种联盟或者价值导向一旦形成，势必会陷入恶性循环，严重不利于示范项目的成本控制，进而阻碍新技术推广和科技进步，给社会经济发展带来隐患。

因此有理由认为原计费方法公式中固有的内在逻辑缺陷是造成该方法被行业弃用的根本原因。那么如何建立一种计价方法既能具有原行业计价标准方法的客观性的同时，还能够对其内在逻辑的不适应进行调整和改进？价值系数方法的引入为该问题提供了一种有益的思路。

2 非标设计计费价值系数分析方法模型的构建

按照经典价格理论，价格围绕价值上下波动，因此非标设计价格的锚是非标设计的价值。而非标设计的价值可以引用价值工程来定义，价值工程的基本原理为价值＝功能/成本。从示范项目全厂系统设计角度而言，一项设备非标设计的价值根本取决于该设备在系统中所发挥的功能及其在项目全寿期的使用成本的比值决定。

2.1 设备功能系数定义

核工业经过近百年的发展构建了完备的系统级设备分级体系，因此某个设备的功能分级可以依据ASME、RCCM、GB等标准进行分析。以RCCM标准为例，机械设备压力容器的分级包括机械安全分级，ESPN分级、质量分级、抗震分级等。因此在衡量设备功能分级时可以选择几项设备的分级指标加权获得其功能系数。在进行设备功能系数定义时，可以选用单一的指标，也可以选用综合指标。计算公式如下：

$$FV_i = \sum_{i=1}^{n} \frac{C_i \times R_i}{\max\{C_i\}} \text{。} \tag{1}$$

式中，FV_i为设备功能系数；C_i为设备在分级指标i中的取值；R_i为分级指标i对应的权重。

如采用 RCCM 标准，对压力容器、低压安注泵及储硼箱 3 个机械设备选择机械安全分级、质量分级及抗震分级指标进行分析，对应分级如表 1 所示。

表 1 设备分级

设备	机械安全分级	质量分级	抗震分级
压力容器	M1	Q1	1
低压安注泵	M2	Q2	1
储硼箱	M3	Q2	2

引入专家系统对以上 3 个设备的对应分级进行赋值处理，首先对各分级指标对应的级别进行赋值如表 2 所示。

表 2 分级表赋值

分级	机械安全分级			质量分级			抗震分级		
级别	M1	M2	M3	Q1	Q2	Q3	1	2	NC
对应值	5	3	1	5	3	1	5	3	1

再结合设计阶段机械安全分级、质量分级、抗零分级指标对设备功能的影响力分别赋予 0.4、0.3、0.3 的权重，对选出的指标之间的相对重要性进行评分，然后按照加权系数进行归一化处理，得出各设备功能系数如表 3 所示。

表 3 功能系数表

设备	机械安全分级权重 0.4	质量分级权重 0.3	抗震分级权重 0.3	功能系数 FV_i
压力容器	5	5	5	1.00
低压安注泵	3	3	5	0.72
储硼箱	1	3	3	0.44

2.2 设备成本系数定义

研究表明核设备的设计决定了设备 80% 以上的成本。在衡量设备成本时如仅从项目造价控制角度根据设备购置费进行设计方案决策，可能会给运营业主带来很高的设备后期维修及保养费用。因此，设计方案对应的设备成本应以示范项目全寿期该设备使用成本作为评估对象。在具体计算时，需要将设备预防性维修大纲规定的电站全寿期设备年维修费折现后与设备购置费相加获得设备全寿期使用成本现值。即设备全寿期成本＝设备购置费＋全寿期维修费用折现值，计算公式为：

$$C = CF + \sum_{t=0}^{n} Q_t (1+k)^{-t}。 \tag{2}$$

式中，C 为设备全寿期成本期初折现值；CF 为设备购置费；Q_t 为设备年维护费；n 为计算期期数，取 60 年；k 为设定折现率，取值 5%。

为计算方便使用设备购置费作为除数对全周期成本进行归一化处理，得到设备的成本系数：

$$CV = C/CF。 \tag{3}$$

由于设备全寿期成本考虑了设备在项目全寿命周期内的全部使用费用，不仅包括设备的一次购置费，也包括设备在寿期内各年维护费用的净现金流量，因此反映了设备的全部质量与成本特征，在假定制造环节零瑕疵的情况下，设备的全寿期成本是设备设计质量的集中体现。

2.3 价值系数定义

按照价值工程基础公式定义非标设计价值系数，价值系数＝功能系数/成本系数。计算各设备的价值系数将功能分级与价格联系起来。通过对评价系统熟知的归一化处理。价值系数为：

$$VE = FV_i/CV。 \tag{4}$$

根据式（2）至式（4）对价值系数进行敏感性分析，当设备购置费一定时，价值系数随着年均维护成本的增加而降低；当年均维护成本一定时，价值系数随着设备购置费的增加而增加，但增加的幅度越来越小。图1为价值系数随年维护费变化曲线，图2为价值系数随设备购置费变化曲线。

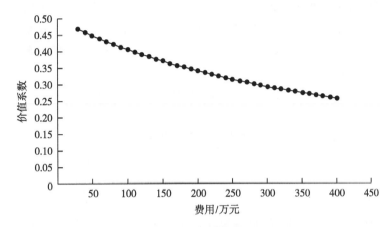

图1 价值系数随年维护费变化曲线

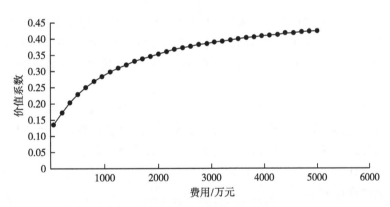

图2 价值系数随设备购置费变化曲线

因此，价值系数对于非标设计价格的调节意义在于，当设计方案的购置费相同时，年均维护成本越低的设计价值越高，设计价值系数越高，设计院可以获得更高的回报。同时，当年均维护成本相同时，设计价值随着购置费的增高而增高，但增高的幅度却逐渐降低，从而改变了原行业标准设计费用简单随设备价格线性增高的问题，对设计费与设备价格解耦起到了调节作用。

3 非标设计计费模型优化设计以及应用测试

3.1 非标设计费优化模型设计

应用价值系数对非标设计计费模型进行优化，在新的定价体系下，非标准设备设计费＝非标准设备计费额（概算中设备购置费）×非标准设备设计费率×首台套调整系数×价值系数，即：

$$PE = CF \times DC \times FC \times VE。 \tag{5}$$

式（5）在乘数因子中保留行业内对不同非标设备设计难度方面形成的共识，保留了鼓励设计单位科技创新的首台套设计调整系数，并在此基础上增加了衡量设计方案价值的价值系数。价值系数的设定对首台套不同设计方案的质量和价值进行了有效的区分。同时因价值系数中建立的负反馈，也对原计费模型中设计费与设备价格的线性关系进行了纠正。

3.2 非标设计费新模型应用测试

（1）给定设备不同设计方案的比较

以压力容器的 3 种非标设计方案为例，因同一个设备故功能系数均为 1。3 种设计方案中对应的设备购置费和年均维修费用分别为：方案 1 6000 万元、200 万元；方案 2 5500 万元、100 万元；方案 3 4500 万元、300 万元。计算周期均为 60 年，折现利率为 5%。

在传统的设计采购招标条件下，如果按照千瓦造价作为评估标准，那么方案 3 因设备采购费用最低而最容易中标。其次是方案 2，再次是方案 1。但对项目运营业主而言，考量的是设备全生命周期内的使用成本，因此若以全寿期成本为评价标准，则应选择价值系数最高的方案 2 中标，其次依次是方案 1、方案 3。

应用非标设计费优化后的计费公式，3 种方案对应的数据如表 4 所示。

表 4 设计方案对比

设计方案	设备购置费/万元	全部成本折现/万元	成本系数	功能系数	价值系数	难度系数	非标设计费/万元
方案 1	6000.00	9785.86	1.63	1.00	0.61	0.20	956.48
方案 2	5500.00	7392.93	1.34	1.00	0.74	0.20	1063.85
方案 3	4500.00	10 178.79	2.26	1.00	0.44	0.20	517.25

对比可知，设计方案 2 虽然购置费最高，但因年维护成本低而导致全寿命期成本最低，价值系数最高，对应其非标设计取费 1063.85 万元，也是 3 个方案中的最高值，体现了价值系数对于非标设计价值的正向激励作用，非标设计费鼓励那些虽然购置费较贵，但经久耐用且维护费用低的设计方案。

需要指出的是，在项目经济性评价指标中如果按照造价思路，那么方案 3 因设备购置费低、非标设计费也低，容易成为优选方案。但按照项目全寿期设备使用经济性评估，该设计方案虽购置费低但后续年维护成本较高导致其成为全周期成本最高的方案，且价值系数较低，是最差的设计方案，因此只能获得较低的非标设计费。从而使得设计院在进行设计方案内测时自觉地淘汰掉对项目全寿期经济性及对自身得利不利的设计方案。

方案 1 设备购置费及年维护费用均高于方案 2，这种情况符合设计的一般规律，因此其价值系数低于方案 2，非标设计费也低于方案 2。体现了价值系数对调节设备价格的负反馈效应，从而对设计方为了追求高的设计费而与制造厂商形成价格联盟起到了限制作用。

（2）不同设备的非标设计费

以低压安注泵、储硼箱为例检测优化模型下的非标设计费，假定两种设备的设备购置费和年维护成本相同（表 5）。

表 5 不同设备对比

设备	设备购置费/万元	年维护费/万元	成本系数	功能系数	价值系数	难度系数	非标设计费/万元
低压安注泵	800.00	50.00	2.18	0.72	0.33	0.15	51.45
储硼箱	800.00	50.00	2.18	0.44	0.20	0.15	31.44

从 5 表对比可见，当两种设备的购置费及维护费相同时，不同设备的成本系数取值相当时，低压安注泵因功能系数高于储硼箱，使其价值系数高于储硼箱。因此，在难度系数取值相等时，安注泵的非标设计费仍高于储硼箱。体现了价值系数对于调节不同设备非标设计费用仍具有适用性。

（3）与传统计价方法的对比

以压力容器、低压安注泵为例，分别采用原行业非标设计费方法，优化后的计费方法进行非标设计费计算，对比情况如表 6 所示。

表 6　传统方法对比

设计方案	设备购置费/万元	年维护费/万元	价值系数/万元	难度系数	首台（套）系数	传统方法/万元	改进方法/万元
压力容器	5000.00	100.00	0.74	0.20	1.30	1430.00	1063.85
低压安注泵	800.00	50.00	0.33	0.20	1.30	156.00	51.45

从 6 表对比可见，优化后的非标设计计费方法，在保留了难度系数、首台（套）调节系数的基础上，通过增加价值系数对非标设计费进行了进一步的调节。在体现难度区分及鼓励创新的基础上对创新设计的价值进行了微观调节，纠正了传统计费法完全忽略了创新设计中非标设计价值与质量区分度的问题。国内工程实践中关于非标设计费存在着双方经过谈判最后在计费基础上打折形成交易价格的惯例。因此，经过价值系数的调节非标设计费用虽有一定的降低，但符合示范项目成本控制原则，对示范项目有利。同时价值系数也可以为最终交易价格的"打折力度"提供经济学上的参考。

3.3　公式应用测试结果评估

以上分析表明，价值系数的引入在保留了原计费模型中难度系数、首台（套）系数合理性设置的同时，通过价值系数的定义和设计，从根本上改变了原计费模型中设计费与设备价格完全线性变化造成的计费不合理问题，铲除了设计与制造形成价格联盟的基础。新的计价公式通过引入价值系数在鼓励首台（套）非标设计创新性的同时对创新设计的价值差异性做了对比，从而为设计院和建设单位提供了更为公平的计费方法。同时因为价值系数定义所内涵的价格反馈效应，对非标设计活动对应的非标设计价格及非标设备价格进行了解耦，有利于促进设计侧在实施设计活动时，能以设计价值为导向，追求更高的设计质量，在为示范项目提供全周期使用成本最佳的设计方案的同时实现自身利益最大化。价值系数的引入在原计费方法基础上降低了设计费用，符合行业实践一般情况，不仅有利于示范项目成本控制，也能为议价双方最终价格的达成提供科学指导。

4. 结论及应用展望

核电示范项目是验证新型号设计、制造、建造和运行技术的关键环节，核电示范项目具有技术复杂、系统庞大、参与方众多等特点，其工程项目管理同样面临诸多新问题、新情况亟待解决。非标设备设计作为工程设计的核心对于示范项目具有至关重要的影响，在市场调节计价规则下，建立一套市场主体能够普遍认可的非标设计计费方法是产业利益主体共同待解决的当务之急。

基于价值系数的新计费模型从根本上对非标设计活动及不同的设计方案所具有的价值进行了有效的区分。从原理上改变了原计费模型设计费由设备价格决定的不合理问题，消除了价格博弈中设计侧与制造侧形成联盟的理论基础。价值系数函数在设计费与设备费间引入了负反馈特性，从而对设计院的创新性设计活动提供了一种新的正向价值导向，有利于促进设计侧设计水平的提升。在小型堆示范项目工程实践中应用新计费模型开展非标设计费计费谈判实践表明，应用新计费模型内涵的激励机制有利于降低非标设备的全周期使用成本，对于示范项目经济性提升具有促进作用。新的计价模型将建设单位利益、设计院长期利益与示范项目社会经济利益有机地统一于设计阶段追求具有更高价值系数的设计价值导向上，而这种设计价值导向的建立正是创新技术通过示范项目的检验获得市场认可并进而实现产业化开发的关键，也是推动硬科技进步及技术迭代不竭的动力源泉。

在工程实践中使用非标设计计费优化方法时，需要相关方妥善沟通并设计出配套的合同模式方能使方法行之有效。同时，该创新计费方法的原理在衡量新的设计方案计费方面具有一般性，可以结合其他行业示范项目特点选取指标建立针对性的计费模型，发挥创新方法在推动技术进步中的促进作用。

参考文献：

［1］ 国家发展改革委. 国家发展改革委关于进一步放开建设项目专业服务价格的通知［Z/OL］．（2015 - 02 - 11）［2023 -08 - 21］. https：//zfxxgk. ndrc. gov. cn/web/iteminfo. jsp? id＝19970.

［2］ 孙登成. 基于 AHP 分析的小型堆示范项目非标设计综合评价方法研究［M］//中国核科学技术进展报告（第六卷）．北京：中国原子能出版社，2016.

［3］ CASTRO A F. Value engineering：an optimization tool for public works organizations［M］. Saarbrücken ：LAP Lambert Academic Publishing，2014.

Research on the non-standard design billing problem of nuclear power demonstration projects under the floating pricing rule and the optimization method of non-standard design billing model based on value coefficient

SUN Deng-cheng

(China nuclear power technology research Co. , Ltd, Shenzhen, Guangdong 513081, China)

Abstract：Under the current floating pricing rules，the non-standard equipment design billing of nuclear power demonstration projects lacks effective rules and references，resulting in a large amount of friction costs. Based on the analysis of the complex causes of the non-standard design billing problem of nuclear power demonstration projects，the problems of the original pricing standard under the government guidance pricing mechanism are studied. Based on the general principle of pricing and the principle of value engineering，an innovative optimization mechanism of non-standard design pricing model is proposed. Combined with the characteristics of non-standard nuclear power equipment，the definition method of functional coefficient and cost coefficient of non-standard design is studied，and the value coefficient is established and the sensitivity analysis is carried out. This paper proposes a non-standard design billing optimization model based on value coefficient，and through the application test of the new pricing model and the comparative study with the traditional pricing method，the improvement and adjustment effect of the new model on the non-standard design pricing of the demonstration project is verified，and the significance of guiding the economic activities associated with non-standard design billing in engineering practice is revealed. Summarize the role of the new pricing model in promoting the optimization of non-standard design quality and industrial development of nuclear power demonstration projects，and put forward the application prospect.

Key words：Nuclear energy；Demonstration project；Non-standard design；Valuation optimization；Value coefficient

大型钠冷快堆堆容器及堆内构件成本核算系统开发

陈颢然，刘兆阳

（中国原子能科学研究院反应堆工程技术研究部，北京　102413）

摘　要： 本文介绍了一种大型钠冷快堆的堆容器及堆内构件成本测算系统的结构、特点和功能及其开发过程。它通过 Python 软件进行开发，输入大型钠冷快堆堆容器内构件的原材料规格、尺寸等数据来测算快堆堆容器的初步设计成本。并在进行结构优化后直观观测堆容器成本的变化，通过测试得出，相较于用经验法堆容器成本，利用成本核算系统计算出的堆容器成本更接近于实际合同签订的价格。

关键词： Python；大型钠冷快堆；成本核算系统

新式的钠冷快堆核能系统在原有的快堆结构上进行了创新，其将钠冷却剂的回路限制在压力容器内，不再需要外部厂房来容纳外部循环的钠液。同时厂房内部也包括对核燃料的后处理和循环，这使得核岛和常规岛整体的占地面积人人缩小，提升了钠冷堆的经济性以便未来钠冷快堆的大规模商业化使用[1]。在改变钠冷堆结构的基础上需要对其堆容器及其堆内构件的成本进行核算以确保新式大型钠冷堆的经济性。利用成本核算系统能简化对于堆容器的成本核算流程，也使得对结构进行优化时能更直观地观察堆容器成本的改变。

1　系统框架与软件开发

该系统使用简洁高效的 Python 作为开发语言，以 PyCharm 作为开发平台，系统框架为 Django。该框架应用广泛，可用于不同类型程序，能利用模块化组件的结构体系来降低开发成本，同时方便后续功能的改进。

2　系统功能与实现

成本核算系统能够依托快堆部件原材料的相关数据与部件的加工与技术要求对快堆各部件的重量、加工价格及厂家报价进行初步估算，同时对属于不同系统的部件进行分类，最终得到该设计下的快堆总体报价（不包括燃料费、技术服务费等与直接成本无关费用）。

各模块功能如下。

2.1　基础模块

按钮模块，定义界面上不同按钮所显示的名称、按钮所对应的区域及对点击相关按钮对于程序的反馈，包括数据在不同模块之间的传递与计算及在为满足条件的情况下弹出的对缺少输入数据的提示。也包括对各个不同数据的定义和传递导向，以及在管理员界面对部分材料参数进行更改后可以在数据库更新后反馈到用户使用的原材料及零部件成本计算界面中。

菜单模块，定义在选择零件尺寸规格、材料牌号和材料分类选项中的选择分支。

界面模块，使得用户能够类似浏览器一样新建新界面，能在点选之后选择或删除界面。同时也能在数据无法输入服务器时弹出相应的提示按钮。

分类模块，定义用户界面不同位置的名称显示。

作者简介：陈颢然（1998—），男，重庆，硕士研究生，现主要从事反应堆堆内构件成本计算及应用校核工作。

登录模块，创建登录界面，响应用户输入的密码和用户名并跳转至相应界面。

用户模块，记录用户的用户名、密码、创建时间、登录时间、头像图片、个人信息、用户权限等，同时能修改个人账户信息并将其传递至数据库中。

2.2 成本核算模块

2.2.1 原材料录入模块

录入零件原材料的尺寸、材料种类和数量。

2.2.2 原材料尺寸与成本计算模块

通过录入的数据确定原材料的重量和成本（根据市场价计算）。

2.2.3 零件成本计算模块

根据零件的加工方式，使用的原材料成本来计算该零件的成本价格。

2.2.4 成本统计模块

将前4个模块的计算数据通过一定的计算方式得出部件的总体成本和总体重量。

2.2.5 数据库模块

包括各原材料的密度、价格和不同尺寸的原材料体积的计算方法，还包括不同原材料的零件加工方式相对应的加工成本计算方法。

2.3 系统界面

用户能够使用计算模块，可以通过输入原材料尺寸和数量来初步计算出相关零件的成本价格。

管理员可以在使用者基础上编辑、增减账号，同时还可以对数据库模块的原材料的密度、价格等属性进行设定。也可以修改不同规格原材料的价格计算方式。

下面给出了原材料质量、原材料价格和零部件价格的计算公式：

原材料质量＝原材料体积（根据输入数据计算得出）×材料密度；

原材料价格＝原材料质量×材料单价；

零部件价格＝原材料价格×加工系数。

3 系统开发的环境与设计思路

3.1 系统服务器

系统服务器使用百度云服务器，该服务器是一种简单高效、安全可靠、处理能力可弹性伸缩的计算服务器。其管理方式比物理服务器更简单高效。无须提前购买硬件，即可迅速创建或释放任意多个云服务器。同时云服务器也让用户登录程序变得更加方便快捷，相较于使用局域网的服务器也更加普适化。

3.2 模块化编程[2]

系统功能的每一部分都是由单独程序实现，不同程序之间的数据传递通过数据库文件实现，在调试和Debug时能更容易找出出问题的模块，这一方面降低了程序开发所需的时间；另一方面也使得后续对程序的修改及新功能的增加变得更简洁。通过模块化编程也可以在程序基础上快速添加较为成熟和完整的用户登录、数据库管理等通用模块。

3.3 公共程序设计[3]

系统整体框架采用了目前较为成熟的公用界面和用户登录系统，对每一个步骤都具有一定的通用性。同时系统框架也额外设计了部分冗余空间以便在后续加入新的功能或是在界面上添加新的按钮或者图片。

4 应用效果

本系统相较于常规的反应堆设备的估价方法其精确度更高，往常的反应堆设备估价通过统计其原材料大致消耗进而估算设备的整体成本，该方法依赖于工程人员自己的经验，同时忽视了不同零部件加工费用的不同，总体而言相较于最后的合同价格有着较大误差。

该系统能够将价格细化到每一个零件，同时也能够明细不同材料零件的价格。通过程序计算，实验快堆程序计算的主容器价格为7526.6万元，实际合同价格为7060万元（不包括间接费用）误差为6.61%，而通过原材料估价法的价格为7874.7万元，误差为11.5%。根据后续分析，原材料估价法产生的误差大多来源于对设备制造费用的估计较高，部分体积较小、制造难度较低（如内外法兰、测量接管等）的部件报价较低，而大型部件（如主容器的围板）则报价较高。将不同部件使用统一的材料价格的1.5倍制造费用会造成较大误差。但主容器的主要构成部件是筒节、扇形块、支撑环、下封头瓣等大而重的部件，其中扇形块、筒节、下封头瓣均为板件，实际加工价格并不到材料价格的1.5倍，同时考虑到不同加工工厂使用的加工工艺和加工机器的不同。同一部件不同加工工厂的报价也有不小差异，这些所有的因素最终导致了使用原材料估价法所得结果误差较大（表1和图1）。

与此同时，程序法也产生了一定的误差。通过和合同价进行对比可以得出，对于部分部件的价格估算，特别是对于一些接管、法兰、过渡环等部件的预估价格有较大误差，其中一部分原因是这些部件采用了外购件的形式，使得材料分类和材料牌号与其余相同类型的部件不同，而程序统计则是采用相同的材料分类和材料牌号进行统计导致误差出现，同时原材料价格的设定和实际厂商的报价也存在一定差距。

表1　某型反应堆主容器设备价格

序号	项目	价格/万元	备注
1	设备设计费（如有）	0	0
2	设备费用		
2.1	材料费（母材、焊材）	2708.5	钢板448 t，锻件93 t，焊材0.8 t
2.2	外购件（分包/外购件配套）	0	
2.3	制造费（含人工及机具费）	4062.8	1.5（制造费用系数）
2.4	检验、试验费	20	
	安装费（如有）	406.3	6%（安装费系数）
3	利润	677.1	10%（利润系数）

总价：序号1＋序号2＋序号3所涉及项目费用的加和为7874.7万元。

材料分类	材料牌号	原材料计算公式	原材料价格	部件价格	数量	体积/mm	添加时间	操作
板材	316H	8594×34×14=4090...	3917.29	3917.29	4	4090744	2023-05-05 09:37:04	删除
板材	316H	8594×2578×10=22...	212159.45	212159.45	4	221553320	2023-05-05 09:36:45	删除
板材	316H	8420×2578×10=21...	207863.93	207863.93	4	217067600	2023-05-05 09:36:39	删除
蛇纹石混...	F316H	30000=30000	10.77	10.77	1	30000	2023-04-26 16:26:24	删除
锻件	F316H	((1310²-1065²)/4)×...	81685.33	81685.33	1	227472393.75	2023-04-26 16:16:45	删除
棒材	F316H	(510²/4)×3.14×900...	659884.49	659884.49	1	1837606500	2023-04-26 16:15:09	删除
扇形板	F316H	5600×3.14×352×8...	48898.82	48898.82	1	136170496	2023-04-26 16:13:46	删除
管材	316H	(15610²-(15610-2×...	119871.8	119871.8	1	3004305889.728	2023-04-26 16:04:04	删除
板材	316H	17876×818×65=95...	37923.63	37923.63	1	950466920	2023-04-26 16:00:15	删除

Thinkphp5材料询价系统

图1　程序部分截图

5 后续改进需求

5.1 二次接口开发

当前大部分的工程成本统计软件都是与生产线紧密连接，通过物联网或是传感器自动采集的数据作为依据进行相应的成本核算，或是能够通过 Excel 表格自动导入部件相关输入数据，以此保证快速且准确地完成系统功能。例如，韶钢三炼钢成本核算系统中以 MES 自动采集的物料消耗作为依据[4]，而江苏省电力营销核算智能化系统则以数据装在管理模块完成对用户档案和用电信息采集作为电费计算的输入数据进行处理[5]。

本系统后续计划开发额外的系统接口与现存的反应堆零部件统计程序进行数据之间的交互，使之能获得更方便快捷的部件成本核算的输入数据。例如，与设备组价表进行的交互需要程序自动识别 Excel 表格中的各项数据等。该方面工作将采用后端的函数指针和数据封装在管理模块实现。通过统一格式的 Excel 表格，利用指针识别并记录数据，将其作为原材料录入模块输入数据。

5.2 焊接与安装成本统计

大型钠冷快堆大部分零件的连接方式是焊接，少部分是通过螺栓螺母连接，所以对焊接成本的计算方式会极大影响成本估算的精度。当前系统计算焊接成本的方式是通过统计每一条焊缝长度及深度并计算其焊材消耗量，再将消耗量乘以单位耗材成本（包括原材料成本及人工成本）后续可以通过输入零件连接位置尺寸和焊缝样式来自动统计焊缝尺寸和焊接成本，以此降低输入数据的统计时间。同时增设对快堆机组堆内构件安装成本的统计，通过确认构件安装所需的安装工艺流程，对安装工艺所需的堆内构件吊具和上部下部堆内构件支架等装用工具的使用价格进行估算，再加上安装所需的人工工时对应的人工成本，以此达成对反应堆制造成本更为精确的估算。

在此基础上，可以加入对零件的分类系统，可以按照所属部件（如主容器、保护容器、径向热屏蔽）或所属类型（锻件、管件等）进行分类，方便后续对大型钠冷快堆结构进行优化是直观反映成本的变化。

6 结论

当前国内大型快堆的发电成本相较于压水堆而言并未有太多优势，但随着采用了新式结构的大型快堆的进一步研发与相应设计与制造工艺的优化，快堆核能系统的发电成本在未来有望逐步降低，在当前铀浓缩资源有限的条件下，快堆核能系统因资源的高效利用、闭式循环等优点使得其具有广阔的市场前景。通过成本核算系统来辅助新式大型钠冷快堆的结构优化能准确地预估结构修改后反应堆的成本。

致谢

本文是在导师刘兆阳教授的精心指导下完成的，感谢刘教授在我撰写该文章时提供的所有支持，包括提供各工厂进行询价的原材料价格及相应的对反应堆部件进行估算的方法，通过刘教授的悉心指导，本文才得以完成。

参考文献：

[1] 连培生. 原子能工业 [M]. 北京：原子能出版社，2002.

[2] 周栋祥，吴进鲁. ASP·NET 案例精编 [M]. 北京：清华大学出版社，2009.

[3] 邵良杉，刘好增. ASP·NET3 C♯实践教程 [M]. 北京：清华大学出版社，2009.

[4] 张军涛，国兴水. 韶钢三炼钢成本核算系统的开发设计及应用 [J]. 自动化技术与应用，2012，31（3）：69-72.

[5] 黄旭. 电力营销核算智能化系统的研究 [D]. 北京：华北电力大学，2016.

Development of large sodium cooled fast reactor cost accounting system

CHEN Hao-ran, LIU Zhao-yang

(Reactor Engineering Technology Research Department of China Institute of Atomic Energy, Beijing 102413, China)

Abstract: This article introduces the structure, characteristics, functions, and development process of a cost calculation system for the reactor vessel and internal components of the large closed sodium cooled fast reactor. It is developed through python software, and the preliminary design cost of the fast reactor is calculated by inputting data such as specifications and dimensions of raw materials for the internal components of the fast reactor. After structural optimization, the changes in the cost of the reactor container are visually observed. Through testing, it is found that compared to estimating the cost of the reactor container using empirical methods, the cost of the reactor container calculated using the cost accounting system is closer to the actual contract price.

Key words: Python; Sodium cooled fast reactor; Cost accounting system

核电设备供应商关系差异化管理在供应链治理中的研究与应用

顾观宝，李晓菊

（中广核工程有限公司，广东　深圳　518000）

摘　要：供应商关系差异化管理作为现代企业精益管理手段之一，强调管理效能投入，通过构建层次结构关系、优化治理结构、挖掘企业关系效益潜能，来充分调动企业主观能动性，形成关系-资源-效益的协同，以实现关系协同管理与资源有效分配的联动效应。最终通过精准定位、分类管理、消除浪费、共享资源、高度互信、联合增值，实现供应链治理效益最大化目标。

关键字：关系管理；差异化；定位；博弈力；治理效益

在传统采购中，采购方与供应商的管理主要集中于价格、供货周期、质量、合同条款的管理，买卖双方在价格诉求上呈现尖锐矛盾，零和博弈生态关系比比皆是。在现代营商环境下，这种模式已逐步不适应买卖双方多变的需求，企业不再把价格作为核心关注点，服务良好、高度互信、坦诚沟通、长期关系构建逐渐成为新的关注焦点。因此对于采购方来说，在有限的资源下，提倡供应商关系差异化管理能推动企业社会人际关系的发展，有利于打破买卖双方相互博弈局面，实现采购与供应的合作共赢。

1　供应商关系差异化管理的研究

1.1　供应商关系管理行业现状和存在问题

供应商关系管理是企业社会人际关系学的升华，有利于打破买卖双方相互博弈局面，实现采购与供应的双赢。现阶段我国绝大部分企业对于供应链的关系管理仍处于靠采购订单支持、价格博弈的浅层次阶段，行业主要现状如下。

① 缺乏科学有效的供应商关系管理体系；

② 供应商关系管理理念欠缺，未能充分认识供应商关系管理的价值与重要性；

③ 供应商分类管理普遍存在"分而不管"或"管而不分"或"分管不清"等现状；

④ 供应商关系管理流程模糊，管理措施欠缺，行业能采用方法较少；

⑤ 供应商关系管理层次较低，关于维护主要靠采购订单支持，关系管理水平普遍处于初级阶段。

1.2　供应商关系管理影响要素分析模型

核电设备新型市场供应商关系是指为互利共赢、提高竞争力或共同抵御风险结成的更紧密的利益共同体，以便共同开展更有效的技术创新、质量改善、精益生产等供应链价值提升活动。

在采购包（物项）分类的基础上，为识别合适的供应商以建立适应的关系，通过建立供应商的偏好模型，在供应商视角下探析购买方的吸引力，并以采购方业务价值和采购组织的吸引力将所有采购方列为噪扰型、盘剥型、开发型、核心型（图1）。

作者简介：顾观宝，现任中广核工程公司设备采购与成套中心供应链管理组主管，拥有 8 年供应链管理专业经验；目前担任中广核集团供应商管理课程授课教员，所编课程入选中广核工程公司年度优秀课程、在供应链管理领域曾先后获得中电联全国电力创新奖二等奖、中广核集团优秀采购团队等多种称号。

① 核心型：采购方的采购量在供应量业务中占比大，供应量和采购方业务上存在很强的互相依存性，双方文化契合、制度体系相近，愿意建立长期互利的合作关系。供应量视采购方为优质客户。

② 开发型：采购方的采购量在供应量业务中占比小，但供应量看好采购方的市场潜力，双方文化契合、制度体系相近，供应量愿意主动投入资源，视采购方为潜在优质客户。

③ 盘剥型：采购方的采购量在供应量业务中占比大，但业务执行难度大，采购方业务对于供应量没有吸引力，供产量有提高利润的诉求，如利润降低可能会放弃合作。

④ 噪扰型：采购方的采购量在供应量业务中占比小，且业务执行难度大，采购方业务对供应量没有吸引力，属于供应量可能随时舍弃的业务。

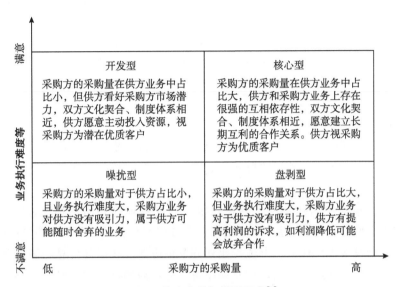

图1 供应商偏好模型示意[1]

以供应商偏好模型作为理论基础，站位供应商视角，充分分析影响供应商关系发展因素，从采购方吸引力和采购业务价值出发，找出与供应商合作过程中促进供应商关系发展或者阻碍供应商关系发展的关键因素，建立供应商关系评估曲线模型如图2所示。

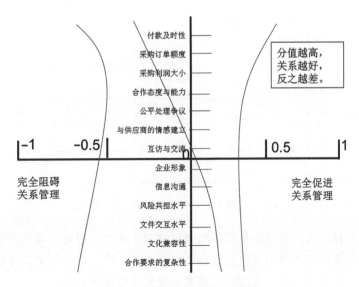

图2 供应商关系评估曲线模型

注：曲线在右边，表示供应商关系管理分值为正，促进供应商关系管理；曲线在左边，
表示供应商关系管理分值为负，阻碍供应商关系管理

结合上述曲线模型，梳理促进供应商关系管理因素（正向因子）及阻碍供应商关系管理因素（负向因子），计算供应商关系得分情况，结合得分情况，评估当下关系管理水平；结合业务需要，确定供应商关系维护迫切度；根据迫切度大小，提出关系维护改进建议，推动供应商关系维护活动开展。关系维护策略（示例）如表1所示。

表1　模型示例

供应商名称	促进供应商关系管理因素	正向得分	阻碍供应商关系管理因素	负向得分	供应商关系评价总得分	改进建议
×××有限公司	公平处理争议	0.3	延迟付款	-0.4	-0.1	保证及时付款
×××有限公司	文化兼容性	0.4	信息沟通	-0.2	0.2	完善信息沟通渠道
...	...	...	...	...	...	...

1.3　供应商关系差异化管理的理论研究

供应商关系差异化管理的基本策略是针对特定的供应资源类别，根据组织对该类供应资源的需求和管理目标，合理统筹安排组织内外部的投入，瞄准焦点问题或机会，高效地缩小供应资源现状与目标的差距，或实现供应资源增值。

中广核工程有限公司参考国际上供应链管理领域的成熟理论和通用模型，如"卡拉捷克矩阵""供应偏好模型""供求博弈理论""迈克尔·波特竞争战略与价值链理论""科尔尼棋盘博弈采购法"等，结合国内核电非标设备供应环境、市场专业划分及供应商现状，分析总结国内核电工程建设过程中非标设备供应的主要风险和经验教训，对非标设备供应资源进行分类，对相应供应链管理与市场培育目标进行聚焦，创造性地提出"核电非标设备供应资源定位模型"（图3）。

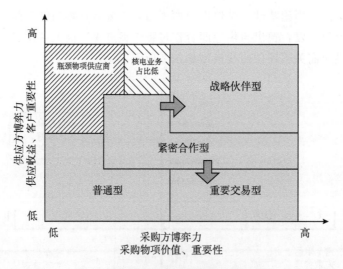

图3　核电非标设备供应资源定位示意

如表2所示，中广核工程有限公司从所采购物项相对于核电工程建设项目的价值占比、重要性出发，同时审视供应方视角对相关物项供应业务的收益评价客户重要性的定位，综合识别采购方与供应方博弈力的对比分区；在此基础上，将与供应资源的关系进行定位分类。

表 2　供应资源关系定位管理

定位类别	特征	管理目标	管理活动切入点
战略伙伴型	采购/供应物项价值高，对于项目建设及运营目标的达成起关键/重要作用； 采购/供应双方博弈力相当，具有较深厚的合作基础，文化兼容良好	联合增值	联合研发，提升技术优势，支持发展战略； 联合降本，减少浪费； 联合开发增值空间、市场机会； 协同战略资源等
紧密合作型	物项供应水平与项目需求存在有必要改善的差距； 采购方博弈力相对弱势，或能够通过集中性的提升活动替代、改善弱势资源状态	提升采购方博弈力	增强互信，发展能力，提升供应与承诺水平
重要交易型	采购/供应物项价值较高，总体对于项目成本有重要影响； 供应资源相对充裕且供货水平相对成熟、稳定	降本	以采购活动的组织和标准引导竞争降本
普通型	物项价值低、重要性弱，可替代性强	保持现状	最小努力

上述对于供应商关系的定位和分类，凸显了非标设备供应链管理的焦点领域，为管理资源的投入提供了方向；对于统一管理方向，避免供应市场管理领域的多投目标与重复浪费，精准定位投入区间，提高供应链管理活动的边际效益，有重要的策略引领作用。

2　供应商关系差异化管理在供应链治理中的应用

基于供应商关系管理影响要素分析及供应商关系的定位和分类，结合资源的可用性和精益化管理理念，创建系列精细化供应商关系差异化管理措施，并利用供应商偏好模型，从供应商感知出发，研究影响供应商关系管理要素，建立一套深层次的关系管理策略。供应商差异化管理主要策略如下。

（1）建立标准化供应商关系差异化管理模型，树立管理—改进—再提高的可持续关系管理理念

建立标准化供应商关系差异化管理模型是一种有力的方法，它可以帮助企业更好地理解和应对不同类型的供应商。这一模型旨在根据供应链中供应商的特征和关系类型，采取不同的管理策略，使供应链的效益和竞争力最大化。

首先，企业需要建立一个标准化的管理模型，以便识别、分类和管理供应商。这个模型可以根据供应商的关键特征和价值来划分不同的关系类型，如供应商的战略重要性、交付能力、技术能力和可持续性等。这一模型还应定义每种关系类型的管理方法和策略。

管理—改进—再提高的可持续关系管理理念强调了连续改进和协同合作的重要性。在标准化供应商关系管理模型中，企业与供应商之间的关系应该是动态的，并且应该进行不断的管理、改进和提高。这可以通过定期的绩效评估、问题解决和共同的目标设定来实现。企业和供应商应该共同致力于提高效率、质量、可靠性和可持续性，以满足市场需求并实现成本效益。

在标准化供应商关系管理模型中，每种关系类型都应该有相应的管理策略。例如，对于战略合作伙伴，管理策略可能涉及共享关键信息、联合研发、共同市场推广等。而对于标准供应商，策略可能更侧重于质量管理、成本控制和交付的准时性。这些策略应该根据具体的供应商情况进行定制化设计，以确保最佳的绩效和价值。

在标准化供应商关系管理模型中，数据分析和绩效指标监控是关键的。企业应该收集和分析有关供应商表现的数据，以便及时识别问题和机会，数据包括供应商的交付准时性、质量评分、成本效益等。基于这些数据，企业可以制订具体的改进计划，并跟踪其实施效果。

准化供应商关系管理模型应该强调共同的目标和可持续性。企业和供应商之间的合作应该是双赢的，有助于双方的共同发展。这包括共同探讨创新机会、降低成本、提高质量和可持续性等方面。可持续性也应该成为关系管理的一个重要方面，包括环境和社会责任。

标准化供应商关系差异化管理模型是一种强大的工具，可以帮助企业实现供应链的卓越管理。通过建立明确的管理框架，持续改进和协同合作，使企业更好地理解和管理不同类型的供应商关系，从而提高供应链的效益、可持续性和竞争力。这一理念有助于实现供应链的灵活性、高效性和效益。

（2）建立精细化供应商关系差异化管理操作细则，对不同关系类别供应商实现分而治之，治之成效的目标

在建立操作细则时，首要任务是将供应商根据其特征和重要性进行细致的分类。这些分类应该基于多个因素，如供应商的战略地位、质量可靠性、交付能力、技术水平、合作历史及对企业目标的关键性。每个分类应该明确定义，以确保企业能够在实际操作中识别和处理不同类型的供应商。

针对每种供应商分类，企业应该制定详细的管理操作细则。这些细则应该包括具体的管理活动、责任分配、时间表、预算等方面的信息。例如，对于战略合作伙伴，细则可能包括定期战略会议、共同研发项目、风险共担机制等；而对于标准供应商，细则可能更加侧重于交付计划、质量控制和成本分析。

操作细则应该明确各种关系类型的目标和绩效评估标准。这些目标可以是定量的，如降低成本、提高质量、准时交付率，也可以是定性的，如合作伙伴关系的强化、创新项目的数量等。重要的是确保这些目标与企业的战略一致，并且能够量化和可衡量。

根据供应商关系的分类和管理细则，企业需要合理分配资源，以确保不同类型的供应商得到适当的关注。这包括人力资源、资金、技术支持等。资源分配应该与供应商关系的重要性和价值相匹配，以确保管理效能最大化。

精细化供应商关系差异化管理操作细则要求企业建立系统性的绩效监控机制，包括定期的绩效评估、问题识别和改进计划的制定。如果供应商未能达到预定目标，细则还应明确采取的纠正措施。

操作细则应该强调透明的沟通和合作。企业和供应商之间的信息共享、问题解决和协同合作应该得到鼓励和有效促进。这有助于建立互信，加强合作关系。

精细化供应商关系差异化管理操作细则是将供应商关系管理理念付诸实践的关键步骤。通过将关系分类、制定明确的细则、设定目标和绩效标准、分配资源、进行绩效监控和建立透明沟通，企业能够更好地管理不同类型的供应商，以实现供应链的卓越治理和高效运作。这种方法有助于提高供应链的灵活性和竞争力，促进业务增长和可持续发展。

（3）创建战略、瓶颈供应商选型模型，重点维护战略、瓶颈供应链关系

企业需要建立一个战略供应商选型模型，以确定哪些供应商在战略上对企业重要。这个模型可以基于多个因素，如供应商的战略重要性、供应链的关键节点、供应商的技术能力、创新潜力、质量可靠性等。通过权衡这些因素，企业可以识别出对实现业务战略至关重要的供应商。

除了战略供应商，企业还需要建立瓶颈供应商选型模型，以确定哪些供应商可能成为供应链的瓶颈、可能导致生产中断或其他问题。这一模型通常依赖于供应商的交付能力、供应链稳定性、地理位置等因素。识别潜在的瓶颈供应商有助于提前采取措施来降低潜在的风险。

基于战略和瓶颈供应商的选型模型，企业应该对供应商进行评估和分类。这可以包括定期的供应商绩效评估，以确保它们持续满足企业的需求和标准。通过分类供应商，企业可以分配资源，确保战略和瓶颈供应商得到更多的关注和支持。

对于战略供应商，企业应该重点维护这些关系，包括与供应商建立战略合作伙伴关系、共同研发新产品、共享信息和技术及共同应对市场挑战。这些合作关系可以帮助企业保持竞争优势和占据市场领先地位。对于瓶颈供应商而言，企业需要建立风险管理计划，以降低潜在的风险包括备用供应商的策略、供应链中断的预警系统及应对措施，在发生问题时，快速应对和恢复是至关重要的。

供应商选型模型不应该是静态的，而应该需要定期审查和更新。市场和供应链环境可能会发生变化，因此企业需要确保模型仍然能反映实际情况，并做出相应的调整。

创建战略和瓶颈供应商选型模型，企业可以更有针对性地管理供应商关系，将有限的资源投入最关键的供应商合作中，提高供应链的稳定性、灵活性和竞争力。这有助于企业更好地实现其业务战略，并降低与供应链管理相关的风险。

（4）将供应商关系管理融入企业采购战略目标，实现供应商关系定位与企业战略的总体协同

企业需要明确其采购和供应链的战略目标。这些目标通常包括成本降低、质量提高、供应链稳定性增强、市场竞争力提升等方面。这些目标应与企业的总体战略和业务愿景相一致。基于战略目标，企业需要定义供应商关系在实现这些目标中的角色，包括确定供应商是战略性的、瓶颈性的或者只是一般性的。这一角色定义可以根据供应商的重要性、贡献度和关键性进行划分。

企业需要制定供应商关系管理策略，明确如何与不同类型的供应商互动，以支持实现战略目标。例如，对于战略性供应商，可能需要建立更加紧密的合作伙伴关系，共同创新和共享风险。对于一般性供应商，可能更多侧重于成本控制和交付准时性。

确定供应商关系的角色后，企业需要建立度量和绩效管理体系，以监测供应商关系的实际表现。这可以包括定期的供应商绩效评估、关键绩效指标（KPI）的追踪和报告。通过这种方式，企业可以确保供应商关系的管理与战略目标的实现密切相关。

供应商关系管理需要与企业的战略协同。这意味着不同部门之间的协调和信息共享，以确保所有利益相关方了解供应商关系的重要性和角色。供应商关系管理策略需要具有灵活性，以应对市场和业务环境的变化。企业可能需要根据新的市场机会或威胁来重新评估供应商关系的定位和策略。

将供应商关系管理融入企业采购战略目标，企业可以更好地利用供应商的资源和能力，以支持其业务战略的实现。这种协同性方法有助于确保供应商关系不仅仅是一项采购活动，而是企业实现长期成功的关键要素。

（5）以企业文化、愿景、期望为引导，并作为关系维护的基本方针，建立深层次关系维护策略

企业文化是塑造组织核心价值观和行为的基石。将企业文化作为供应商关系管理的引导原则意味着能确保供应商的价值观和行为与企业文化保持一致。这有助于建立共鸣，使供应商成为企业文化的延伸。

企业的愿景和期望是指企业对供应商关系的期望和目标。这可以包括合作伙伴关系的深度、创新的推动、可持续性实践、质量标准等。明确这些期望有助于供应商理解他在合作关系中的角色和目标。建立深层次关系维护策略意味着建立基于信任和互惠的合作伙伴关系。这要求供应商和企业之间建立开放和诚实的沟通、分享信息、相互支持和合作解决问题。信任是深层次供应商关系的基础。

深层次供应商关系强调长期合作和共同成长。这不仅包括互相帮助解决问题，还包括共同创新、共享市场机及共同应对市场挑战。供应商的成功也被视为企业成功的一部分。供应商关系维护策略强调绩效和价值创造，合作双方以提供更高的效率、质量和创新，进而实现共同业务目标。度量和评估绩效是确保这一目标实现的关键。深层次关系维护策略还需要考虑风险管理和危机应对。供应商可能会面临各种挑战，如供应链中断、质量问题或法规变化。在这种情况下，共同应对危机并找到解决方案是至关重要的。

企业文化、愿景和期望还应包括社会责任方面，如环保实践、社会支持和道德经营。供应商应与企业一起履行社会责任，将企业文化、愿景、期望视为关系维护的基本方针有助于建立更深层次、有价值的供应商关系，这些关系不仅在经济上有益，而且有助于塑造企业的声誉，增强企业的社会责任；这些关系不仅在供应链中产生了积极的影响，而且有助于企业实现更广泛的可持续的成功。

在现代企业供应链治理中，基于上述的供应商差异化管理策略，对不同关系类型的供应商采用不同的管理方法，以实现供应链治理效益最大化（表3）。

表 3 供应商关系差异化管理

管理方法	战略伙伴型	紧密合作型	重要交易型	普通型
设置供应商关系管理专员	√	√		
根据需要召开供需对接会,安排交流走访	√	√		
鼓励开展供应商的替代开发和相关品类的寻源工作		√		
组织集采或专项研究,扩大采购范围,增加议价权,培养长期合作关系	√	√	√	
对供应商进行价值投资、战略投资、战略合作,收购、控股参与决策	√	√		
建立定期互访,深入技术交流,促进持续改进,建立高层互访机制	√	√		
建立互相认可的企业文化和价值观	√	√		
建立持续优化的绩效合约计划,双方携手创造增值	√			
建立可靠短名单制,择优选择,培育短名单供应商,这些供应商企业文化、价值观、质量目标、管理水平、可持续性都与待采购项目相适应			√	√
适当设计准入门槛,防止过度竞争、恶性竞争影响供应链生态环境健康发展			√	√
关注供应商重大战略变化或者调整		√		
强化商务审查,弱化技术、质保审查		√		
有"备胎"计划,防中断风险		√	√	√
长期订单模式,保稳定合作				√
寻找风险点,做好风险控制措施			√	√
及时指导培训,保质量稳定			√	√

供应商关系差异化管理的应用,让不同关系类型的供应商在其各自业务领域实现适应性管理,现代企业通过差异化管理手段促进供应链治理活动凝聚有效资源、释放管理效能、聚集增值服务,以实现灵活、高效、效益化供应链管理活动。

3 结语

中广核工程有限公司通过供应商关系差异化管理,以少量的人力投入,承担了大量的供应资源管理与维护任务。其中,对于采购过程中重点供应资源(战略伙伴型、紧密合作型),相应的评估与信息交互深度、双方资源保障力度等均有明显的提升。在国际市场开发过程中,通过与战略伙伴型、紧密合作型供应资源的密切合作,显著拓展了国际客户侧对中国设备供应链的认知,部分中国供应商通过此类国际推介渠道已成功进入国外核电项目供应链,供应链治理水平得到稳步提升。

参考文献:

[1] CIPS. 供应源搜寻[M]. 北京交协物流人力资源培训中心,译. 北京:机械工业出版社,2018.

Research and application of supplier relationship differentiation management in supply chain governance

GU Guan-bao, LI Xiao-ju

(China Nuclear Power Engineering Co. Ltd, Shenzhen, Guangdong 518000, China)

Abstract: As one of the lean management methods of modern enterprises, the differentiated management of supplier relationship emphasizes the investment in management efficiency, and fully mobilizes the subjective initiative of the enterprise and forms a relationship-resource-benefit synergy to achieve the linkage effect of relationship collaborative management and resource allocation. Finally, through precise positioning, classified management, elimination of waste, sharing of resources, high mutual trust, and joint value-added, the goal of maximizing the benefits of supply chain governance is achieved.

Key words: Relationship Management; Differentiation; Positioning; Game power; Governance benefits

基于财务数据中台的智慧合同数据应用实践

周旦云，马昕媛，陆心遥

（中核核电运行管理有限公司，浙江　嘉兴　314300）

摘　要：中国核电会计共享中心以集约化和数字化为发展方向，创新实施数智化财务数据中台项目，夯实财务数据标准，全面建设财务数据资产管理体系和数据质量闭环管理机制，激活财务数据资产价值创造；探索财务大数据管理中心和风险预警中心应用，为支撑中国核电战略财务开展数字化财务分析、价值洞察及合规风控提供支撑。依托财务数据中台项目，中国核电会计共享中心重点夯实合同模块数据资产建设，推动合同多源数据可视化，挖掘客商数据价值，促进智慧合同数据应用向智能决策与风险管控转型。

关键词：财务数据中台；财务数字化转型；合同数据应用

伴随着大数据、云计算、人工智能等信息技术的相继出现，财务核算、管理、控制和决策等多方面受到影响，企业数字化转型成为大势所趋。数字经济时代，共享服务要体现价值就必须进行数字化转型。作为企业天然的数据中心，共享中心通过提供数据服务包括数据采集、治理、建模、应用等数据体系化处理，形成有针对性的数据服务来支撑各个业务场景中的应用。在此背景下，基于财务共享的数智化分析平台构建与应用在企业数字化转型中发挥着越来越重要的作用。

2018 年 9 月，中国核电依托秦山核电会计处成立了中国核电会计处，并作为中国核电会计共享中心的组织机构。自成立以来，中国核电会计共享中心（以下简称"会计共享中心"）积极贯彻集团共享发展规划，统筹推进共享六大职能建设，以标准化、信息化为抓手，建成了具有核电特色的共享中心，实现中国核电会计共享中心业务全域覆盖，截至 2023 年 4 月成功复制推广核电板块单位累计达 260 家。在持续提升核算效率与质量的基础上，会计共享中心顺应新兴技术发展趋势，进一步推进业财融合与数据驱动，不断发掘共享服务的新价值，创新实施数智化财务数据中台项目，推动共享财务数智化转型。

1　合同数据应用存在的难点

共享财务数智化转型的核心理念是围绕数据资产进行财务数据价值的持续积累和释放，形成数据共享服务能力（张庆龙，2020）。在合同数据应用方面以下难点制约着数据价值的发挥。一是合同数据散落在各个系统模块中，业财数据融合不够。财务人员获取合同业务数据全貌需要在 ERP 等不同系统模块中多次查询，信息获取成本高昂。大量业务数据需要财务人员手工分类汇总，数据的准确性、及时性和一致性难以保证。二是客户/供应商数据价值挖掘不足，缺乏风险预警机制。仅依靠财务核算数据的分析，对客商价值贡献与风险识别所得的数据价值不高，难以延伸至业务前端。三是合同业务数据标准不统一、不全面，会影响主数据、数据质量、数据应用等多个方面，阻碍了数据价值的发挥。

为解决上述业务难点问题，会计共享中心依托财务信息化系统的不断升级改造，深化业商财融合的深度与广度，在数据集成的基础上通过财务数据中台项目探索了数智化分析平台构建与应用，推动合同数据的统一管控与智能应用，通过合同数据模型化、标准化实现信息高效获取，推动合同数据可视化与智能风控的应用。

作者简介：周旦云（1981—），中核核电运行管理有限公司高级会计师，现主要从事核电财务管理。

2　合同数据基础底座搭建

中国核电会计共享中心创新实施数智化财务数据中台项目，整体架构详见图1。全面建设财务数据资产管理体系，探索财务大数据管理中心，推动共享财务数智化转型。数智化财务数据中台项目建设的总体思路是：基于会计共享中心积累的数据资源，全面建设财务数据资产管理体系，以数据治理为重点，统筹规划实现数据资产权属界定清晰且全生命周期可控，通过共享数据挖掘与分析，对企业价值关键驱动因素指标进行一站式自助式分析，为战略财务管理决策提供有力支持。

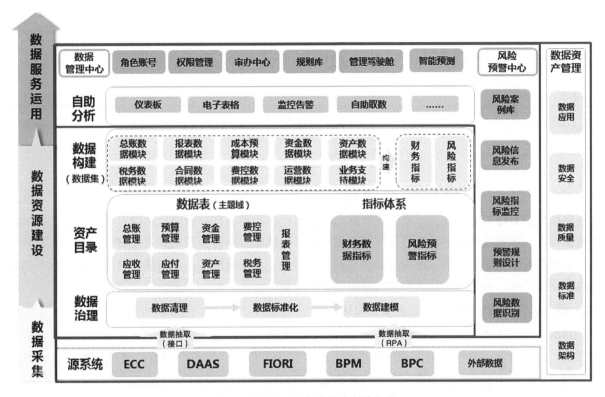

图 1　数智化财务数据中台整体架构

2.1　构筑财务数据标准，夯实支撑决策的数据资产基础

建设数据资产管理体系要求明确数据资产全貌，以数据链贯通、共享应用为建设重点，加强数据治理，统筹规划数据资产管理工作，将数据价值与业务价值目标对齐，推动财务运行机制从流程驱动向数据驱动转变。

会计共享中心依托财务数据中台项目，全面建设数据资产管理体系，深挖数据标准和指标标准治理，确保数据资源从产生、传输、引用过程都遵从统一标准；明确数据采集范围和频率、数据清洗规则，规范财务数据模型搭建；并根据核电行业特点将财务数据域划分为总账、费控、成本预算、资金、应收、应付、资产、税务9个财务数据资产主题，实现对财务数据资产统一运营管理。财务数据资产目录示例详见图2。

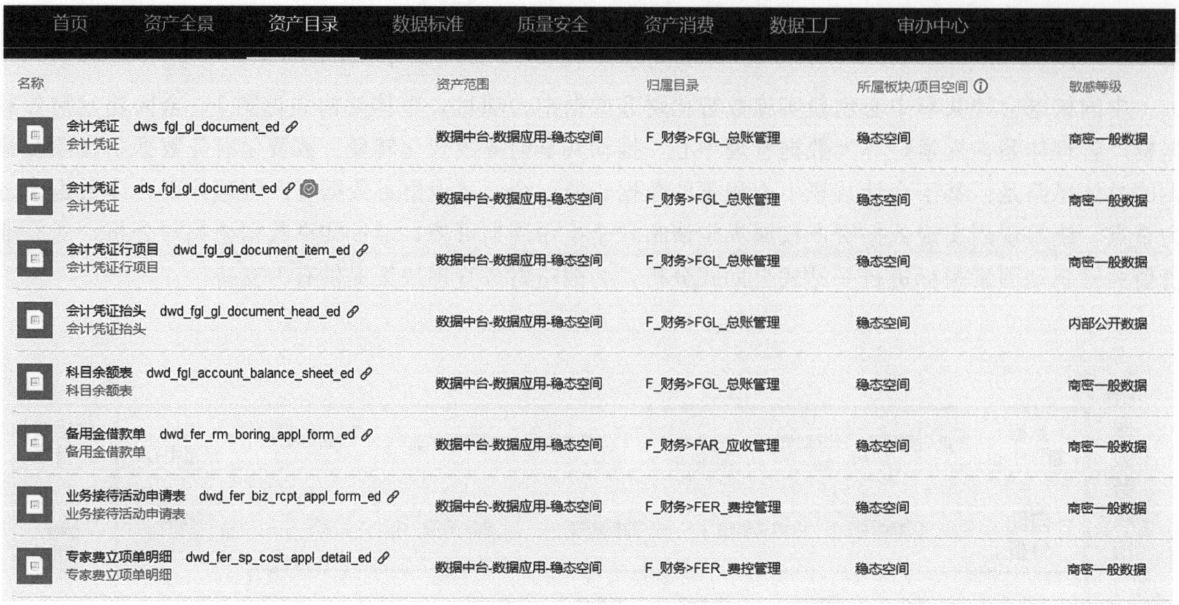

名称	资产范围	归属目录	所属板块/项目空间 ①	敏感等级
会计凭证 dws_fgl_gl_document_ed 🔗 会计凭证	数据中台-数据应用-稳态空间	F_财务>FGL_总账管理	稳态空间	商密一般数据
会计凭证 ads_fgl_gl_document_ed 🔗⚙ 会计凭证	数据中台-数据应用-稳态空间	F_财务>FGL_总账管理	稳态空间	商密一般数据
会计凭证行项目 dwd_fgl_gl_document_item_ed 🔗 会计凭证行项目	数据中台-数据应用-稳态空间	F_财务>FGL_总账管理	稳态空间	商密一般数据
会计凭证抬头 dwd_fgl_gl_document_head_ed 🔗 会计凭证抬头	数据中台-数据应用-稳态空间	F_财务>FGL_总账管理	稳态空间	内部公开数据
科目余额表 dwd_fgl_account_balance_sheet_ed 🔗 科目余额表	数据中台-数据应用-稳态空间	F_财务>FGL_总账管理	稳态空间	商密一般数据
备用金借款单 dwd_fer_rm_boring_appl_form_ed 🔗 备用金借款单	数据中台-数据应用-稳态空间	F_财务>FAR_应收管理	稳态空间	商密一般数据
业务接待活动申请表 dwd_fer_biz_rcpt_appl_form_ed 🔗 业务接待活动申请表	数据中台-数据应用-稳态空间	F_财务>FER_费控管理	稳态空间	商密一般数据
专家费立项单明细 dwd_fer_sp_cost_appl_detail_ed 🔗 专家费立项单明细	数据中台-数据应用-稳态空间	F_财务>FER_费控管理	稳态空间	商密一般数据

图2　财务数据资产目录示例

　　财务数据资产标准管理是数据资产管理的基础性工作,为数据中台提供统一的数据标准定义和平台逻辑模型。数据资产标准分为基础类数据标准和指标类数据标准。财务数据中台项目基于统一的财务数据标准,根据业务使用场景梳理的标准指标定义、标准指标计算逻辑,建立财务各模块指标业务口径与技术口径的映射关系,完善指标标准的管理属性、业务属性和技术属性。统一的财务数据指标和风险预警指标,具备指标数据血缘关系追溯、指标数据交叉验证、偏差预警等功能。

2.2　强化以价值为导向的财务数据质量闭环管理

　　对财务数据从产生、获取、存储、共享、维护、应用、消亡等生命周期的每个阶段可能引发的质量问题,通过有效的财务数据质量控制手段,进行识别、度量、监控、预警、整改等数据管理和控制,有效提升数据质量,进而提升企业数据的变现能力。

　　在财务数据中台项目实施过程中,建立财务数据质量问题控制机制,及时发现数据问题,不断改善数据质量,提升财务数据可用性。数据质量问题主要体现在数据的准确性、唯一性、完整性、一致性、有效性、及时性等几个方面。采用数据质量问题闭环管理的方法逐步提升数据质量,主要包括:一是从业务需求出发整理业务规则、发现数据质量问题,提炼数据质量稽核规则;二是开展财务数据问题日常监控,配置质量监控任务实时监控、出具质量稽核报告;三是制定数据问题解决方案,跟踪问题数据处理;四是数据问题回归验证,对完成整改的数据问题进行结果验证。财务数据中台将数据质量管理融入项目建设全过程,通过数据质量等级评估及数据质量治理状态追踪体系,实现了数据质量治理闭环管理。

2.3　大数据分析平台构建,提供一站式数据共享服务

　　数智化财务数据中台立足于会计共享中心财务系统和业务系统数据的深度挖掘,完成数据采集、数据存储、数据集成等工作,依托多维分析主题提供财务数据分类汇总下的多指标、多场景自助分析数据服务,借助简单拖拽式的可视化方式呈现出来,最大化满足决策支持需求。借助财务数据中台分析工具,共享中心为战略层、经营层及业务层提供数据服务,支撑财务数据处理和可视化分析,激活数据价值,提升财务决策支持能力,推动共享财务数智化转型。

　　基于战略层视角,为公司战略规划提供有力的量化支撑,提供自定义编制的财务战略地图,如一利五率、两金压控、利润预测、银行账户画像、存贷比、材料备件变动情况等,可支持中国核电汇总及穿透至各成员单位。

基于经营层视角，满足经营层对企业经营现状的掌握需求，监控经营目标达成进度，考核各项业务活动效益等，可提供处室月度经营分析报告，如总体预算、立项、预算执行情况、成本管控分析、外委情况分析等。

基于业务层视角，满足业务数据的"一站式"获取与自助分析需求，日常工作一键出图、一键出表，提升工作效率，可提供自定义个性化日常报表、专题分析报告，如资金运行状态、分机租成本利润情况、供应商画像等。

3 智慧合同数据场景应用

基于标准化的共享服务与数据基础，中国核电会计共享中心依托财务数据中台项目，重点夯实多源合同业务数据采集治理工作，建立合同数据标准，维护合同数据资产，深化智慧合同数据应用场景建立。在数据采集环节，整合 ERP 多系统数据，多源汇聚合同数据资源；在数据资产建设环节，通过数据清理、数据标准、数据建模完成数据治理，统一合同数据标准和指标体系，生成智慧合同数据资产目录；在数据服务运用环节，通过自助式分析完成仪表板、电子表格、自助取数、监控告警等具体智慧合同场景应用，激活合同数据价值发挥，促进智慧合同数据应用向智能决策与风险管控转型。

3.1 建立合同数据标准，沉淀合同模块数据资产

财务数据中台的建立，将 ERP 等多系统合同业务数据源统一在数据中台，逐步打通合同领域数据孤岛，并规范合同数据标准，建立合同数据分析模型，形成合同模块数据资产供用户自定义使用，分析维度得到扩展、分析深度得到延伸，实现了合同数据模块资产的统一运营管理。

3.2 深化合同数据应用，推动采购业务可视化

在合同数据资产的基础上，财务用户可依托财务数据中台自助分析工具，以简单拖拉拽方式编制自定义分析报表，实现合同数据可视化呈现。以物资采购业务场景为例，通过数据中台统一维护的数据资产，用户可"一站式"获取合同、订单、发票与物资采购的明细数据，实现多源数据统一汇聚。

利用共享中心核算的板块内数据，可实现物资采购数据成员单位之间的横向比较。财务用户可自定义新建"物资入库提前期（实际交货时间与合同预计交货时间差）"和"接受发票时长（物资入库时间和接收供应商发票时间差）"字段，实现对合同执行情况的有效跟踪。

3.3 搭建客商画像模型，探索智能风险识别

依托于财务数据中台项目，共享中心从 ERP 系统内部数据和天眼查外部数据获取客户、供应商信息，多维分析客商画像，对合作伙伴为企业创造价值的能力和潜力进行挖掘，利用集成信息对交易风险实行识别评估，有效应对潜在风险。例如，通过客户应收账款回收期的红绿灯状态监控，并通过客户名称获取天眼查风险信息，为客户历史经济业务是否需要提取坏账提供辅助决策。利用共享中心核算的板块内数据，可实现中国核电板块内各电网售电收入回款效率的比较。

4 实施效果

4.1 实现合同数据资产集成，辅助支持经营决策

基于财务数据中台汇聚的合同数据范围涵盖财务数据、爬取数据、业务数据等，夯实多源合同业务数据采集治理，建立合同数据标准，维护合同数据资产。善用共享中心的"数据中心"特性，汇总中国核电全板块财务数据，推动会计共享数据管理中心落地，建立了涵盖财务数据生成、采集、清洗、整合、分析和应用的全生命周期治理体系，构建中国核电会计共享全域范围的数据资产。

4.2 加强合同数据应用，提升价值创造能力

结合业务需求变化不断迭代升级，实现灵活自定义分析，为战略层、管理层、业务层经营决策提供及时、高效的分析报告，推进经营决策由经验主导向数据和模型驱动转变。在此基础上，未来智慧

合同数据的应用，可进一步深化至企业成本计算与分析，客商信用度评价，以及更深层次的合同风险管控分析报告等领域。加强合同数据模块重点应用，推动财务数据建模与应用，建立风险规则库和指标预警值，加强事前、事中监测能力，预期为各成员单位提供可靠的数据服务。

4.3 建设复合型人才队伍，推进财务数字化转型

财务数据中台的建设及广泛应用，帮助员工培养数据分析思维，依托基础核算技能，巧用大数据发掘、运用的创新提效能力，以提升财务人员理论素养、技能水平与综合能力，健全扎实、全面的人才培养体系。

参考文献：

[1] 汤谷良. 财务管理如何赋能企业数字化转型：基于国家电网财务部推出的十大数字化应用场景案例的思考 [J]. 财务与会计，2021，644 (20)：7-12.

[2] 张庆龙. 数据中台：让财务数据用起来 [J]. 财务与会计，2022，657 (9)：15-19.

[3] 冯文芳，田文中，杨雯琪. 基于微服务与中台理念的财务共享管理平台设计 [J]. 财会通讯，2022，890 (6)：167-171.

[4] 万忆泉. 能源企业数据中台建设与成本管理运营探析 [J]. 财会学习，2022，319 (2)：102-104.

Application practies of smart contract data based on financical data platform

ZHOU Dan-yun, MA Xin-yuan, LU Xin-yao

(China National Nuclear Power Operation Management Co., Ltd., Jiaxing, Zhejiang 314300, China)

Abstract: China national nuclear power corporation accounting shared center focuses on intensification and digitization as its development direction. It innovatively implements the smart finance data middleware project, solidifying financial data standards, comprehensively constructing a financial data asset management system, and establishing a closed-loop management mechanism for data quality. This activates the value creation of financial data assets. It explores the application of the financial big Data management center and the risk warning center to support the digitized financial analysis, value insights, and compliance risk control of China national nuclear power corporation's strategic finance. Relying on the finance data middleware project, China national nuclear power corporation accounting shared center prioritizes the consolidation of data assets in the contract module, promotes the visualization of multi-source contract data, explores the value of customer data, and facilitates the transformation of smart contract data application towards intelligent decision-making and risk management.

Key words: Finance data middleware project; Financial digital transformation; Contract data application

基于平准化度电成本的核能经济分析方法初步研究

沈　迪，郭娟娟，何　昉，王恺祺

（中核战略规划研究总院，北京　100048）

摘　要： 我国核能事业发展迅速，商用核电项目已建立成熟的经济评价体系，但随着核能技术的发展，以及快堆、小堆、高温堆等新反应堆机型的不断出现，核能未来发展面临多种技术路线选择。另外，核燃料循环前段、后段经济评价尚无具体标准，经济性评价存在一定不足。平准化度电成本可用于不同方案比较，对核燃料循环体系整体经济性进行串联，实现综合经济性评价的效果。本研究结合国内实际，对平准化度电成本进行适应性分析，初步建立方法体系，并给出模块化计算流程，可为核能技术路线选择的经济性评价提供参考。

关键词： 核能经济；平准化；方法体系

当前，在国内大力加快推动核能多种技术方案发展战略背景下，经济评价是重大战略谋划的重要内容。全面纳入核电全产业链各环节技术经济规律，构建科学的经济评价方法，建立合理的边界条件和参数体系，对支撑未来核电技术路线战略选择至关重要。当前我国核能行业经济性分析方法主要针对新建项目采用财务评价法支撑投资决策，同时核电、核燃料各环节项目均独立开展评价，缺少互动与信息交流，未能考虑核能产业链上各技术经济参数之间存在复杂的相互关联，无法从全系统角度全面分析核能全产业链的整体经济性，不能充分满足核电技术路线战略选择与规划的要求。

20 世纪 70 年代，国际发供电联盟专家组最先提出平准化发电成本的概念，随后平准化发电成本评价方法在国际上广泛推广应用。从国际核能行业实践看，平准化度电成本方法可以用于测算核能系统的电力、小型堆、非电力产品等经济性，可以实现"核能-核能""核能-其他能源"比较，可方便地与国际组织、研究机构的研究结果进行对比验证，相对于国内业界常用的财务评价方法更有助于支撑核能技术路线的战略决策。但由于种种历史原因，平准化发电成本方法在我国的应用并不普及，现有研究中，对平准化成本计算涉及的参数、边界等条件的研究不够充分，也没有将核能产业链中各环节的技术经济参数及参数之间的相互作用关系纳入建模。

综上，为核能技术发展战略选择，有必要基于国际通用的平准化成本方法，梳理影响核能产业链整体经济性的关键因素，明确相关因素对经济性的影响路径并建立量化关系，将产业链主要环节进行细化建模，确定主要边界条件与参数的科学设置方法，构建核能全产业链经济性分析方法与模型，为实施核能技术路线具体场景的全产业链经济性评价奠定方法论基础。

1　核能全产业链概览

核能全产业链主要包括前段（纯化转化、铀浓缩、燃料元件制造等）、核能发电、后段（乏燃料后处理、MOX 燃料元件制造、高放废物处置等），各环节的技术选择（如生产选择、燃耗水平及换料周期等）均对经济性产生影响。总体看核燃料循环有两种方式：一种是"一次通过"循环方式，即将乏燃料经过储存和适当包装后，直接进行最终地质处置；另一种是"闭式"循环方式，将乏燃料经过后处理分离出铀和钚等有用的核材料，回到热中子或快中子反应堆循环使用，后处理产生的高放废液经过玻璃固化之后，再进行最终地质处置。

作者简介： 沈迪（1989—），男，经济师，现主要从事核能经济、核能工程管理等科研工作。

20 世纪 80 年代末，我国明确要采取核燃料"闭式"循环技术路线。闭式燃料循环包括从反应堆中卸出的乏燃料中间储存、乏燃料后处理、回收燃料再循环、放射性废物处理与最终处置，主要分为部分闭合燃料循环和完全闭式燃料循环。部分闭合燃料循环要对乏燃料进行后处理，回收未使用的铀和钚，制备成后处理的氧化铀（REPUOX）和钚铀混合物燃料（MOX）在轻水堆中进行再循环，辐照后的 MOX 和 REPUOX 可以贮存或包装后处置。闭式燃料循环要对乏燃料进行后处理，回收铀、钚和其他主要的锕系元素，并进行复用。完全闭式循环是指从压水堆卸出的乏燃料经后处理提取出钚制造成快堆 MOX，在快堆中使用，从快堆中卸出的乏 MOX 理论上可再次后处理实现多次循环。乏燃料后处理工艺分湿法和干法，用于回收铀、钚及次锕系元素的循环利用，湿法后处理可制成快堆 MOX 元件，干法后处理可制成金属元件。在国际上已实现湿法工艺工业应用，我国的后处理厂也基于湿法工艺建设。

2 重点影响因素

本研究方法所称核能系统，是指核能发电与核燃料循环整体；文章所述核能系统装机仅考虑核电装机，暂不考虑非电能产品装机，核燃料循环项目产能按照生产能力考虑。影响核能经济性综合因素有很多，为了提高研究效率，本次选择若干对重点影响因素进行分析。重点影响因素指核能产业链上涉及的关键技术和经济要素或指标，这些要素或指标同时对燃料前段、后段和供能成本产生影响，其具体实现对综合经济性的决定有关键作用。

2.1 技术因素

从技术角度看，影响核能系统综合经济性的关键因素包括：本阶段研究主要关注核能装机总规模和卸料燃耗（燃料策略）。

（1）核能装机总规模

选取原因：核能系统成本与核能装机规模总量密切相关。在技术参数不变的条件下，核能系统的核能装机总规模决定了核电站规模及核燃料循环各环节物质量。由于规模和学习效应的存在，不同规模核能系统中燃料循环各类设施的投资、运行、退役成本都存在差异。

（2）卸料燃耗

选取原因：卸料燃耗与核燃料循环物质流量密切相关，从而影响综合经济性。卸料燃耗增大，在忽略换料周期的影响下，一定程度上能节约核燃料循环前段费用，但后处理费用与燃耗相关，处理的乏燃料燃耗越深，后处理单位成本越高。因此，综合经济性与燃耗并不是线性相关关系，应统筹考虑前段与后段，考虑整体度电成本。

2.2 经济因素

（1）折现率

选取原因：折现率是平准化度电成本计算中一个关键的经济参数。折现率是对未来成本和收入进行折算，直接影响成本和收入流的价值。折现率的选择在不同的市场环境中不同，需要综合考虑无风险利率、投资回报率、资产的收益风险等，国际组织的研究中折现率均是一个重要因素。折现率是否科学合理，直接决定经济性测算结果的准确性。

（2）比投资

选取原因：比投资是指单位发电量对应的投资数值，直接反映投资效能。根据平准化度电成本公式，在其他因素不改变的条件下，固定资产投资与发电量的比值即可反映比投资情况，若比投资成本下降，则会直接降低平准化度电成本，因此示范项目比投资往往较大，度电成本较高，批量化建设后比投资及度电成本都将出现一定程度的上升或下降。

3 核能综合技术经济评价方法框架

3.1 平准化发电成本

平准化发电成本假设，在电厂计算寿期内，以此成本作为价格出售电力的收入贴现总额，刚好平衡电厂计算首期内的支出费用贴现总额。该成本在电厂整个寿期内是个常数，考虑了贴现，不包括税收、利润等政策与环境影响因素，可理解为含利成本。考虑到部分新堆型尚未有实际工程项目及项目拥有资源的限制，平准化方法以第四代核能系统国际论坛（GIF）指南（2007）为基础，对成本估算视资料完整程度和成熟度合理使用自上而下（top-dowf）、自下而上（bottom-up）的成本估算法。

3.2 系统定义要素

3.2.1 核电装机规模

为方便分析规模效应，研究方法可以设定 3 种不同的装机规模，如首堆、群堆、批量化等装机规模。

3.2.2 系统状态

核能系统（包括核电站、核燃料循环相关设施等）均已建立，不考虑不同设施的建设时序等。暂不考虑首炉和过渡期，燃料为平衡周期。所有设施都在运行，物料进行了年化。

3.3 成本要素

从全生命周期视角看，一个完整的核能系统涉及的成本要素有核电设施的投资成本、核燃料成本、运维成本和退役成本。其中，核燃料成本又是系统中核燃料前段和后段各环节设施的投资成本、材料成本、运维成本和退役成本的加总。增值税、企业所得税、教育费附加等所有国家相关税费均不需考虑，故也没有考虑相应的税收优惠。

3.3.1 计算方法

根据 GIF 指南（2007），平准化度电成本（Levelized Unit of Energy Cost，LUEC）的计算公式如下：

$$LUEC = \frac{\left(\sum \left[(I_t + FUEL_t + O\&M_t)(1+r)^{-t} \right] \right)}{\sum \left[E_t(1+r)^{-t} \right]}。 \tag{1}$$

式中，E_t 为第 t 年的销售电量；r 为折现率；I_t 为第 t 年的投资；$O\&M_t$ 为第 t 年的运维成本；$FUEL_t$ 为第 t 年的燃料成本。

进一步假定年度销售电量稳定不变，同时将退役拆除成本（$D\&D$）从投资中摘出处理，计算公式转变为：

$$LUEC = LCC + \frac{\left(\sum \left[(FUEL + O\&M_t + D\&D)(1+r)^{-t} \right] \right)}{\sum \left[E(1+r)^{-t} \right]}。 \tag{2}$$

式中，LCC 为平准化资本成本；$D\&D$ 为退役拆除成本。

进一步假定年支出不变，则计算公式转变为：

$$LUEC = LCC + \frac{(O\&M + FUEL + D\&D)}{E}。 \tag{3}$$

GIF 指南（2007）提出折现率，一般为 5％或 10％。

本项研究中 E 为固定值，按照研究初步确定的 3 种不同的装机规模，根据利用小时数、复合因子测算发电规模。

3.3.2 投资成本

OECD（2013）投资成本一般采用隔夜投资成本（overnight cost），类似我国的基础价/静态投资成本。GIF 指南（2007）给出了估算可以采用的两条路径：自上而下或自下而上，具体取决于方案的成熟度、设计或估算团队可用的财务资源及系统开发团队中科学工程人员的类型。自下而上，是更常见的估算方法，适用于临近施工的项目；自上而下，对于处于生命周期早期的项目，可以使用自上而下的估算方法。

因核能经济性分析涉及核燃料前段（纯化转化、浓缩、元件制造项目）、供能段（压水堆、快堆核电建设项目）、后段（乏燃料后处理、MOX 燃料元件制造项目）等，项目种类多，项目投资数据时间存在差异，为确保历史或测算数据可以相对准确的组合，投资成本按以下原则确定。

① 有实际工程的，采用实际工程投资数据。根据国内 GDP 平减指数调整为基准日人民币不变价投资成本。

② 无实际工程，采用自上而下进行项目固定资产投资估算。

核电项目各设施工程费用投资成本包括前期准备工程、核岛工程、常规岛工程、国际服务贸易（BOP）工程。工程其他费包括建设场地征用及清理费、前期工作费、项目建设管理费等。基本预备费以建筑工程费、安装工程费、设备购置费、工程其他费用之和为基数，人民币部分按 5% 的费率计取，外币部分按 2% 的费率计取。研究方法暂不含 2/3 首炉燃料投资〔（GIF 指南（2007）首炉全部费用涵盖资本投资（TCIC）〕，不包含建设期利息。

3.3.3 核燃料循环成本

（1）核燃料前段

天然铀：考虑到我国核电用天然铀目前以国际市场贸易为主要来源，本环节采用国际天然铀市场历史成本，并调整至基准日人民币水平。

转化、铀浓缩及组件加工：基准日不变价的平准化成本。

（2）核燃料后段

压水堆后段：执行《核电站乏燃料处理处置基金征收使用管理暂行办法》的要求，对于 2010 年 10 月 1 日起投入商运满 5 年的压水堆核电机组按实际上网电量 0.026 元/时（kW·h）收取并上交乏燃料处理处置基金。

投资数据均折算为基准日不变价的平准化成本。

3.3.4 运维成本

运营维护成本指除了投资成本、年核燃料成本、退役费用外的运营期间产生的费用，包括工资及福利、材料费、用水费、核应急费、大修理费、工资及福利费、保险费和其他费用等，本次方法研究建议使用实际调研数据，目前调研数据中含有折旧、还本付息等成本内容，按照平准化运维成本 O&M 定义，扣除调研数据中折旧、还本付息成本作为用于模型计算的平准化运维成本。

核电项目运营期资本性支出：特定年份会有资本升级或更新，为便于进行平准化计算，GIF 指南（2007）推荐将资本性支出平摊到所有运行年份，表示为一类固定的运行费用，根据实际情况，每个机组按 1 亿元/年平摊。

核电项目运营期保险费：核物质损失险、核第三者责任险等，对应能标中的保险费。该费按固定资产原值为基数：

$$年保险费＝固定资产原值×保险费率。$$

式中，保险费率一般取 0.1%。（费率还需结合实际确定。）

核电项目核应急费：《核电厂核事故应急准备专项收入管理规定》明确，场内核应急准备资金由核电企业承担，并作为核电企业的成本开支项目。基建期在工程基建费中列支；运行期在企业的管理费中列支。核电企业承担上缴的场外核应急专项收入，在基建期和运行期分别按以下标准缴纳：基建期按设计额定容量 5 元/千瓦的标准缴纳；运行期按年度上网销售电量每千瓦时 0.000 2 元的标准缴纳。

核电项目中低放废物处理处置费：按相关规定计取。

3.3.5 退役成本

目前核电退役成本相关文件资料均采用以建设成本为基数取一定比例计算退役成本，具体比例数值有 10％、13％、15％，相关文件如下。

OECD/NEA 出版的 *Projected Costs of Generating Electricity 2020 Edition* 指出，退役成本在电厂寿期末实际发生，核能发电厂的退役成本在寿期结束电厂关闭 5 年后开始，持续进行 10 年。退役费用作为平准化发电成本的组成之一，如果没有本国退役费用相关的数据或规定，可参照此方式进行，即核电退役费用可按基础价的 15％计列为退役费用终值，并考虑贴现。

国际原子能机构（IAEA）发布的 DEEP5.1（Desalination Economic Evaluation Program 5.1）软件及相关用户手册建议：退役总成本按照建设成本的 15％考虑。

国际电站生产者与分配者联合会（UNIPEDE）在 20 世纪 90 年代的一项研究中得出的结论是：退役费用占该项核设施建造费用的 10％～20％。

2011 版能标在经济评价期 30 年基础上退役基金运营期内累计提取率为 10％。综合考虑评价年限因素、延寿及环保新要求等方面的投入所产生的固定资产增值实际情况，此比例偏低。

综上所述，本次研究方法建议反应堆退役成本拟按隔夜投资的 15％。每年的退役成本在整体成本计算中单列为 $D\&D$。

3.3.6 再循环收益

考虑到铀钚价值计算与氧化铀燃料价格密切相关且容易波动，本研究方法参考 OECD（2013）模型将燃料再循环的收益主要体现在核能系统对天然铀产品，以及纯化转化、铀浓缩、组件加工等核燃料前段环节需求的等效节约。

3.3.7 财务费用

OECD 隔夜价（2013）并未明确表示包含财务费用，GIF 指南（2007）包含建设期利息资本化（IDC）、运行期财务费用。考虑到建设期利息与项目固定资产投资的资本金比例、不同时期的贷款利率等高度相关；另外不同类型如压水堆、快堆项目，不同阶段［如首堆工程（FOAK）、批量化工程（NOAK）］等均会对财务费用产生影响，本次研究方法建议扣除财务费用对于平准化度电成本的影响，保留建设期利息（IDC）科目，用于后续作为变量考虑。

3.4 技术参数

3.4.1 能力因子

机组能力因子为某段时间内可用发电量与按铭牌满发发电量计算的比值，能力因子均按照核能系统中各设施批复初步设计的设计值设定。

3.4.2 核电厂用电率

设计输入：三代核电机组厂用电率取 6.2％。

实际：根据上市公司年报，厂用电率为 6.74％。

3.5 经济评价参数

3.5.1 折现率

折现率的选取受到通货膨胀和物价上涨的综合影响，根据相关文献，有 0、3％、5％ 3 种折现率可供选择。OECD（2013）模型提出在大多数情况下，平准化成本的计算采用 0～3％的实际折现率，长期公共利益项目首选低折现率，所有后端设施建造和运行相关的现金流贴现使用相同的折现率。平准化应用了 0 和 3％的真实折现率计算核燃料平准化成本，其认为低折现率对于长期的公共项目更加现实。GIF 指南提出折现率一般为 5％或 10％；5％的实际折现率适用于受监管的公用事业运营电厂。

国家发展和改革委员会、建设部发布的《中国部分行业建设项目全部投资税前财务基准收益率取值表（2006年版）》指出，核能发电财务基准收益率为7%。结合我国实际，在项目评价阶段折现率与基准收益率关联程度较弱。

综上所述，为确保各阶段平准化成本计算结果的一致性，建议各阶段项目基准折现率统一取5%，同时把0、3%、10%作为敏感性分析选项。

3.5.2 设施运行期

根据设备、技术运行期确定设施运行期。

3.5.3 价格基准

参考OECD（2013）和GIF指南（2007）成本通常采用某个基准日期的不变价形式表示。考虑我国GDP平减指数的发布最新情况，设定基准日。采用静态价格体系，所有成本数据根据年份和GDP平减指数调整至基准日期。不考虑通货膨胀，故未来价格皆以基准日不变价格表示。

4 方法总览与案例验证

4.1 计算流程

本研究方法具体计算过程：从明确场景开始进入输入模块设定技术参数、经济参数，选择适用的参考厂方案，并依据参考厂技术方案和燃料循环工艺进行物料分析，得出物质流量，并根据调研价格、折算价格、市场价格等进行成本计算，得出不同场景下各燃料环节的度电成本，按照经过适应性调整过的方法对各环节度电成本进行综合加总，得出对应场景下的平准化度电成本。具体计算流程如图1所示。

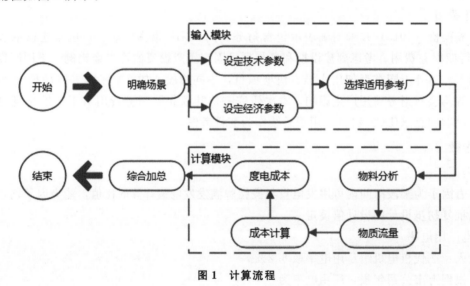

图1　计算流程

4.2 与现行方法对比分析

为进一步展示本文论述核电项目经济评价的研究方法与现行方法，从计算基础、判据指标、覆盖范围、适用场景等方面将本文研究方法与现行方法进行对比分析，如表1所示。

表1　本文研究方法与现行方法对比表

	现行方法	本文方法
计算基础	《核电厂建设项目经济评价方法》（NB/T 20048—2011）	基于GIF指南（2007）平准化度电成本

续表

	现行方法	本文方法
判据指标	项目资本金财务内部收益率	平准化度电成本
覆盖范围	仅压水堆核燃料循环供能段	覆盖核燃料循环前段、供能段、后段（含压水堆、快堆闭式循环技术路线）
适用场景	仅适用单个项目财务评价，用于项目决策	在建立核能系统场景下，适用单个或多个项目平准化度电成本技术分析对比，用于技术路线决策

4.3 场景计算结果

热堆技术路线是基于 MOX 燃料元件的单次循环，从压水堆卸出的乏燃料经湿法后处理提取出工业钚，辅以贫铀制造成压水堆 MOX 燃料元件进入压水堆使用，从压水堆卸出的乏 MOX 燃料暂不考虑处理或处置方式。

压水堆数量为 32 台的核能系统发电规模约为 3700 万 kW，此时该系统的平准化度电成本结果略低于国内成本价格，考虑到未考虑建设期利息，建设投资、运行维护、核燃料循环及退役 4 个环节的度电发电成本占比分别为 45.21%、24.64%、27.24%、2.91%。最后对经济性影响因素作敏感性分析，结果显示天然铀价格、贴现率 2 个因素对平准化发电成本的影响较为明显。

参考文献：

[1] OECD. The economics of the back end of the nuclear fuel cycle [R]. Paris OECD：nuclear development，2013.

[2] INTERNATIONAL ATOMIC ENERGY AGENCY. Energy and nuclear power planning study for pakistan (Covering the Period 1993－2023) [R]. IAEA－TECDOC－1030，IAEA，Vienna，1998.

[3] INTERNATIONAL ATOMIC ENERGY AGENCY. Comparative studies of energy supply options in poland for 1997－2020 [R]. IAEA－TECDOC－1304，IAEA，Vienna，2002.

[4] NEA/IAEA. Uranium 2020：resources，production and demand [M]. Paris：OECD Publishing，2021.

[5] NEA/IEA. Projected costs of generating electricity 2020 [M]. Paris：OECD Publishing，2020.

[6] 中核集团财务部，中核战略规划研究总院. 国外主要核工业企业经营财务业绩概览 [M]. 北京. 中国原子能出版社，2021.

[7] GIF. Cost estimating guidelines for generation IV nuclear energy systems [M]. Paris：OECD Printed，2007.

[8] 曲珺，石楠，朱国正，等. 我国乏燃料后处理项目资金筹措方案研究 [J]. 产业与科技论坛，2019，18（1）：198－199.

Research on the Method of Nuclear Energy Economic Analysis Based on LCOE

SHEN Di, GUO Juan-juan, HE Fang, WANG Kai-qi

(China Institute of Nuclear Industry Strategy, Beijing 100048, China)

Abstract: China's nuclear power industry has developed rapidly, and commercial nuclear power projects have established a mature economic evaluation system. However, with the development of nuclear technology, and new reactor types such as fast reactors, small reactors, and high-temperature reactors continue to appear, and the future development of nuclear power faces the choice of multiple Technology roadmap. In addition, there is no specific standard for the economic evaluation of the front and rear sections of the Nuclear fuel cycle, and there are some deficiencies in the economic evaluation. The levelized cost per kilowatt hour can be used for comparison of different schemes, and the overall economy of the Nuclear fuel cycle system can be connected in series to achieve the effect of comprehensive economic evaluation. Based on the domestic practice, this study analyzes the adaptability of levelized power cost per kilowatt hour, initially establishes the method system, and gives the modular calculation process, which can provide a reference for the economic evaluation of nuclear energy Technology roadmap selection.

Key words: Nuclear energy economy; LCOE; Methodology system

核电子学与核探测技术
Nuclear Electronic & Detection Technology

目　录

中子/伽马双模探测用 $Cs_2LiLaBr_6$ 晶体制备研究进展

张香港，蔡卓辰，康　哲，殷子昂，王　涛*

（西北工业大学凝固技术国家重点实验室，辐射探测材料与器件工信部重点实验室，陕西　西安　710072）

摘　要： 中子/伽马探测在国土安全、核能发展等领域占据着重要地位。$Cs_2LiLaBr_6$（CLLB）晶体同时具备中子/伽马双模探测能力及优异的闪烁性能。然而，高质量 CLLB 晶体的制备掌握在国外少数单位手中，对其具体生长过程鲜有报道。本文通过对合成多晶料的 XRD 和热分析（DSC）测试，绘制了晶体生长所需的 Cs_2LaBr_5 – LiBr 相图。不同 LiBr 浓度配比的 CLLB 晶体生长结果验证了相图的准确性。发现：过包晶［$50\% < x(LiBr)^① < 61\%$］的起始配比有利于维持生长界面稳定；CLLB 单晶锭中靠近包晶点位置存在包晶反应和枝晶生长现象，结合相图分析认为成分过冷是枝晶生长的主要原因，但是并不影响后续单晶的生长。基于所制备相图和工艺参数优化，使用低的 LiBr 浓度成功生长了 1.5 英寸的 CLLB 晶体。对 CLLB 晶锭中的 $x(Ce^{3+})$ 进行了测定，拟合发现 Ce^{3+} 的有效分凝系数为 1.59。当实际 $x(Ce^{3+})$ 高于 2% 后，CLLB 晶体的能量分辨率稳定在 3.5% @662 keV 左右。FoM 值为 1.73，体现出良好的中子、伽马甄别能力。

关键词： 中子/伽马双模探测；晶体生长；CLLB；相图

中子探测技术在国土安全、核能开发、石油测井等领域具有广阔的应用前景[1]。^{6}Li 基钾冰晶石族闪烁体如 Cs_2LiYCl_6、$Cs_2LiLaBr_6$ 等，兼具脉冲形状甄别（PHD）或脉冲时间甄别（PSD）的中子/伽马甄别能力，误判率小于 $1×10^{-7}$，是最有可能取代 ^{3}He 的中子探测材料[2-3]。钾冰晶石晶体还具备优秀的伽马分辨率，尤其是 $Cs_2LiLaBr_6$（CLLB）晶体，表现出极高的光产率[4]，并能有效降低便携式能谱仪等设备的空间利用率，引起了人们极大的兴趣。

然而，高质量 CLLB 晶体的制备主要掌握在国外少数单位手中，国内 CLLB 晶体生长技术仍需提升。高质量 CLLB 晶体生长需要系统性地理解其晶体生长过程、优化晶体生长工艺及控制晶体闪烁性能。缺乏对 CLLB 晶体相图的研究是阻碍高质量 CLLB 晶体生长的重要原因，目前国内外尚未报道。基于相图可以明确晶体生长过程中的物相析出和相变过程，深度设计并优化晶体生长工艺、降低晶体缺陷及提升晶体尺寸。此外，Ce^{3+} 作为 CLLB 晶体中的发光中心，其物质的量分数变化会显著影响 CLLB 晶体的闪烁性能[5-6]，如能量分辨率及中子/伽马甄别能力。晶体生长过程中 Ce^{3+} 分凝会导致发光不均匀分布[7]，恶化晶体性能。有必要研究 Ce^{3+} 在 CLLB 中的偏析行为，并根据 Ce^{3+} 的实际浓度优化晶体性能。

本研究通过粉末 X 射线衍射（XRD）和惰性气体保护的差示扫描量热（DSC）测试，解决了 CLLB 晶体易潮解导致的热分析精确测试难题，绘制了 Cs_2LaBr_5 – LiBr 相图，分析了 CLLB 的相变过程。在此基础上，设计优化了 CLLB 的晶体生长工艺。并研究了 Ce^{3+} 在 CLLB 晶体中的偏析行为，讨论了 Ce^{3+} 的实际浓度对 CLLB 晶体中闪烁性能和中子/伽马甄别能力的影响。成功生长出结晶质量好、性能优异的 1.5 英寸 CLLB 晶体。

作者简介： 王涛（1981—），男，安徽萧县人，教授，博士；国家百千万人才工程人选，有突出贡献中青年专家，教育部高层次人才青年项目人选；现主要从事辐射探测材料设计与制备等科研工作。

基金项目： 深圳市科技计划（2022 – 47）、陕西省重点研发计划（2022GY – 354）、国家自然科学基金（52072300）、凝固技术国家重点实验室研究基金（2022 – QZ – 01）、国家重点研发计划国合重点专项（2023YFE0108500）。

① 为 LiBr 的摩尔分数。

1 实验

将原料以 $n(Cs_2LaBr_5)$∶$n(LiBr)$ 为 9∶1、8∶2 直到 1∶9 的比例配置，分别在高温下混合均匀制备多晶料，通过 XRD 和惰性气体保护的 DSC 测试了多晶料的组分结构和相变温度。采用垂直布里奇曼法（VB）生长不同 LiBr 摩尔分数（55%～65%）及不同 Ce^{3+} 摩尔分数（1%～6%）掺杂的 CLLB 晶体。使用显微镜透过模式观察枝晶区域。采用电感耦合等离子体质谱法（ICP-MS）测定了 CLLB 晶体内的精确元素浓度。采用滨松光电倍增管 R10755 测试了晶体在 [137]Cs 源下的能谱，用 CEAN DT-5720 高速数字分析仪和滨松光电倍增管 CR173-C 评估了晶体在 AmBe 源下使用波形甄别（PSD）的中子/伽马甄别能力。

2 结果和讨论

2.1 Cs_2LaBr_5-LiBr 相图

图 1a 为不同 LiBr 摩尔分数合成多晶料的粉末 XRD 谱图。当 LiBr 摩尔分数为 10% 和 20% 时，只观察到 Cs_2LaBr_5 相。当 LiBr 摩尔分数增加到 30% 时，Cs_2LaBr_5 主峰（$2\theta=28°$）的展宽表明 CLLB 相出现。当 LiBr 摩尔分数为 40%～50% 时，CLLB 和 Cs_2LaBr_5 相均出现，峰强的相对变化表明 CLLB 的比例逐渐增大。当 LiBr 摩尔分数增加到 60% 时，只检测到 CLLB 相的峰。CLLB 与 LiBr 相共存，当 LiBr 摩尔分数为 70%～90% 时，CLLB 摩尔分数有降低的趋势。当 LiBr 摩尔分数为 60% 时，CLLB 相所占比例最大。

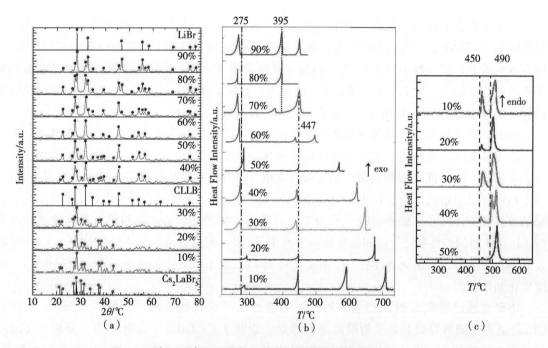

图 1　10%～90% LiBr 摩尔分数合成多晶料的基本表征

（a）粉末 XRD 谱图；（b）DSC 冷却曲线；（c）10%～50% 摩尔分数 LiBr 多晶料的 DSC 加热曲线

10%～90% LiBr 摩尔分数合成多晶料 DSC 冷却曲线如图 1b 所示，10%～50% LiBr 摩尔分数合成多晶料 DSC 加热曲线如图 1c 所示。在冷却曲线中，LiBr 摩尔分数在 70%～90% 时在 395 ℃ 左右均出现连续的一组峰；在 10%～70% LiBr 摩尔分数、447 ℃ 左右出现了等温连续峰。加热曲线中，450 ℃ 附近的连续等温峰与冷却曲线中的一致，而在 500 ℃ 附近检测到一组冷却曲线中不存在的等温峰。

由合成多晶材料的 DSC 曲线和粉末 XRD 结果绘制了可用于指导 CLLB 晶体生长的 Cs_2LaBr_5-LiBr 精细相图，如图 2a 所示。相图左侧存在两个包晶反应，一个是 497 ℃ 时的 $L_1+Cs_3LaBr_6 \to$

Cs_2LaBr_5；另一个是（447 ℃时）$L_2 + Cs_2LaBr_5 \rightarrow$ CLLB，包晶线下方为 Cs_2LaBr_5 和 CLLB 相。相图右侧类似二元共晶相图，共晶点（395 ℃）位于摩尔分数 80％ LiBr 处。共晶点左侧上方至 61％ LiBr 处为 CLLB 与液相共存区，共晶点右侧为 LiBr 与液相区域。CLLB 和 LiBr 相在共晶线以下。符合化学计量的 CLLB 晶体不一致熔融，当 $x(Cs_2LaBr_5)$：$x(LiBr)$ 的比例为 39％：61％～20％：80％时，CLLB 可以直接从熔体中析出。

图 2b 是在相图指导下生长的不同 LiBr 摩尔分数的 CLLB 晶体 x 为 55％、60％、62％、65％。其中 55％ LiBr 摩尔分数下生长的晶体没有发现明显的夹杂缺陷。随着 LiBr 摩尔分数从 60％到 62％的变化，钢锭尾部夹杂物逐渐增加。当 LiBr 摩尔分数增加到 65％时，缺陷的数量和尺寸显著增加。因此在低浓度的 LiBr 浓度下生长的晶体具有较高的透明度，良好的晶体质量。而随着熔体中 LiBr 含量的增加，生长晶体中的缺陷增加，闪烁性能下降，这表明较低的 LiBr 浓度是有利的。

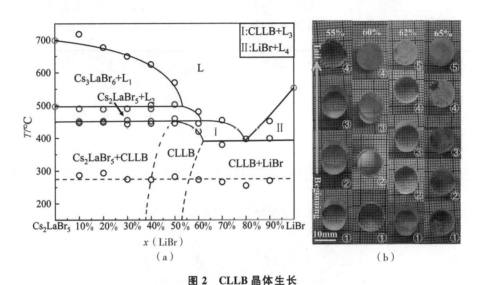

图 2　CLLB 晶体生长

（a）Cs_2LaBr_5 – LiBr 区段的 CLLB 相图；（b）不同 LiBr 浓度生长的 CLLB

2.2　CLLB 晶体生长分析

在使用较低 LiBr 浓度生长 CLLB 时，单晶锭包晶点附近发现了枝晶生长和包晶反应。图 3a 显示了较低 LiBr 初始浓度的生长 1 英寸直径 CLLB 锭的典型图片，两个不透明的部分被边界清晰透明的晶体隔开。这三部分沿生长方向依次为 Cs_2LaBr_5 ＋ CLLB、CLLB 和 LiBr ＋ CLLB 相。图 3b 为 Cs_2LaBr_5 相至 CLLB 相的过渡区域切片的显微透过模式图片，过渡区域内部存在不透明枝晶。测试表明枝晶下方和枝晶本身为 Cs_2LaBr_5 相，而枝晶外侧及上方的透明区域为 CLLB 晶体。

根据 Cs_2LaBr_5 – LiBr 相图，在使用较低 LiBr 浓度生长 CLLB 时，Cs_2LaBr_5 首先从熔体中析出结晶，LiBr 在凝固界面边界层富集。残余熔体的熔点在包晶点附近下降较快。这导致界面上方熔体的成分过冷现象严重。因此，平面凝固界面容易失稳，界面处一直存在的凸起开始浸入过冷熔体中。在此期间，树枝状生长开始占主导地位。同时在枝晶表面上 Cs_2LaBr_5 与熔体缓慢反应形成薄的 CLLB 相。CLLB 在凝固后的 Cs_2LaBr_5 界面上以类外延的方式生长。最后，随着 Cs_2LaBr_5 的逐渐消耗，熔体组分超过包晶点。溶质边界层的成分过冷减弱，Cs_2LaBr_5 枝晶生长结束，CLLB 晶体以平界面继续生长。因此枝晶区域对后续的单晶生长过程不产生宏观影响。

通过厘清 CLLB 晶体生长过程中的相变过程，我们生长了高结晶质量的 CLLB 单晶体，最大尺寸为直径 1.5 英寸，并基于 CLLB 相图综合研究了其他钾冰晶石类晶体，成功生长出直径 1.5 英寸的 CLYC（Cs_2LiYCl_6）晶体和 CLLBC（$Cs_2LiLaBr_{6-x}Cl_x$）晶体，如图 4 所示。

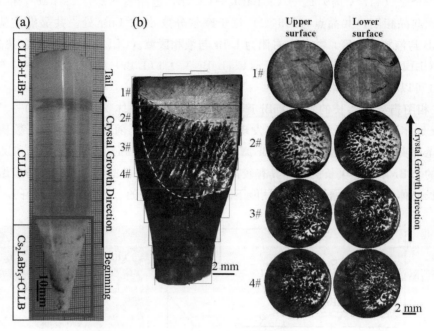

图 3　CLLB 晶体枝晶特征

（a）在低 LiBr 浓度下生长的 1 英寸 CLLB 晶锭，其中从 Cs_2LaBr_5 到
CLLB 的过渡区域用矩形划出；（b）CLLB 铸锭中过渡区域的轴向（左）和径向（右）透射模式显微图像

图 4　1.5 英寸 CLYC、1.5 英寸 CLLB 和 1 英寸 CLLBC 晶体图片

2.3　Ce^{3+} 分凝对 CLLB 晶体性能影响

　　CLLB 晶体中 Ce^{3+} 的分凝现象如图 5 所示，在 Ce^{3+} 名义掺杂浓度为 2% 的 CLLB 晶锭中，实际掺杂浓度从开始时的 2.87% 下降到尾部的 0.82%，CLLB 晶体中 Ce^{3+} 掺杂元素分布不均匀，大部分集中在晶锭的前半部分。计算得到 CLLB 晶体中 Ce^{3+} 的有效分凝系数为 1.59。

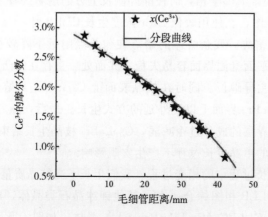

图 5　CLLB 晶体中 Ce^{3+} 的分凝现象

测量了具有不同 Ce³⁺ 摩尔分数的 CLLB 晶体在 ¹³⁷Cs 源下的能谱。Ce³⁺ 实际摩尔分数为 2.96％ 的 CLLB 晶体的能谱如图 6a 内图所示，通过高斯拟合计算出能量分辨率为 3.11％。图 6a 展示了不同 Ce³⁺ 摩尔分数下 CLLB 晶体的能量分辨率（@662 keV），随着 Ce³⁺ 实际摩尔分数从 0.6％ 增加到 2％，能量分辨率从 6.5％ 迅速优化到 3.5％，然后在 Ce³⁺ 超过 2％ 后保持在 3.5％ 左右。考虑到 Ce 的偏析，为确保整根 CLLB 晶锭具有较高的能量分辨率，名义 Ce³⁺ 掺杂摩尔分数需要达到 3％。相对光输出随不同 Ce 摩尔分数变化如图 6b 所示。随着实际 Ce³⁺ 摩尔分数从 0.6％ 变为 9％，662 keV 峰道址从 1100 上升到 1600（提升约 45％）。

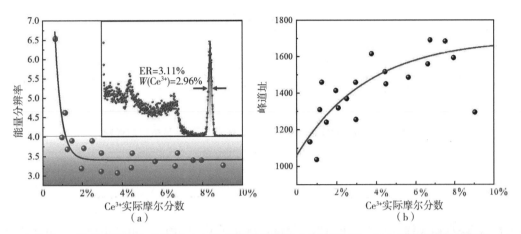

图 6 Ce³⁺ 的实际摩尔分数对（a）伽马能量分辨率（@662 keV），（b）相对光产额的影响

图 7 为 Ce³⁺ 摩尔分数为 3.76％ 的 CLLB 晶体在 AmBe 源激发下的典型 PSD 散点图，放大图显示中子和伽马峰明显分离，FoM 等于 1.73。CLLB 晶体的中子伽马 PSD 甄别 FoM 值随不同 Ce³⁺ 摩尔分数的变化如图 8a 所示，FoM 在 Ce³⁺ 摩尔分数达到 3％ 前逐渐升高，之后维持稳定。因此，Ce³⁺ 名义掺杂量应达到 4％ 以上，才能保证 CLLB 整根晶锭具有良好的 n/γ 甄别能力。图 8b 展示了 Ce³⁺ 摩尔分数对于中子峰在 PSD 轴上投影道址的影响，可以看到随着 Ce³⁺ 摩尔分数的增加，中子峰的 PSD 值逐渐降低，这与 Ce³⁺ 摩尔分数增加导致的晶体衰减时间缩短有关。因此晶体中 Ce³⁺ 的不均匀分布会导致中子峰展宽，且会显著恶化 CLLB 晶体的中子/伽马甄别能力，应尽可能提高 CLLB 晶体中 Ce³⁺ 分布的均匀性。

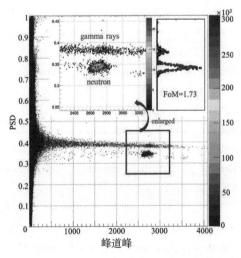

图 7 AmBe 源激发下 CLLB 晶体的典型 PSD 散点图

（注：FoM 计算为 1.73，Ce³⁺ 摩尔分数为 3.76％）

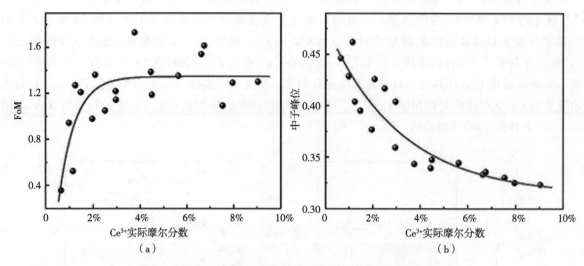

图 8 Ce³⁺ 的实际摩尔分数对 CLLB 晶体中子/伽马甄别的影响

(a) FoM 值；(b) PSD 轴上的中子峰位随 Ce 浓度而变化

3 结论

通过粉末 XRD 和惰性气体保护的 DSC 分析，建立了 Cs_2LaBr_5 - LiBr 相图，并用于指导 CLLB 晶体生长。揭示了 CLLB 单晶生长过程，理解包晶点附近的相变和枝晶演化规律，生长出缺陷含量低的高质量 CLLB 晶体。

研究了掺杂元素 Ce^{3+} 在晶体中的分凝行为，其有效分凝系数为 1.59。CLLB 晶体在 Ce^{3+} 摩尔分数超过 2% 后，能量分辨率保持在 3.5% 左右，PSD 中子/伽马甄别的 FoM 值可达到 1.73。

Cs_2LaBr_5 - LiBr 相图和 CLLB 晶体生长的详细过程不仅可以更好地指导 CLLB 晶体的制备，也可以推广到类似结构的钾冰晶石晶体，如 CLYC 和 CLLBC 晶体，以帮助指导相关晶体的制备过程。已成功制备出结晶质量好、性能优异的 1.5 英寸 CLLB、1.5 英寸 CLYC 晶体和 1 英寸的 CLLBC 晶体。

参考文献

[1] 汲长松. 中子探测实验方法 [M]. 北京：原子能出版社，1998.

[2] GLODO J, HAWRAMI R, EDGAR V L, et al. Pulse shape discrimination with selected elpasolite crystals [J]. IEEE transactions on nuclear science, 2012, 59 (5)：2328 - 2333.

[3] GRIM G P, BARBER H B, GUSS P, et al. Dual gamma/neutron directional elpasolite detector [C]. Conference on penetrating radiation systems and applications XIV, San Diego, CA：SPIE, 2013.

[4] GLODO J, VAN L E, HAWRAMI R, et al. Selected properties of Cs_2LiYCl_6, $Cs_2LiLaCl_6$, and $Cs_2LiLaBr_6$ scintillators [J]. IEEE transactions on nuclear science, 2011, 58 (1)：333 - 338.

[5] MENGE R, JULIEW L, VLDIMIRO. Design and performance of a compact $Cs_2LiLaBr_6$ (Ce) neutron/gamma detector using silicon photomultipliers [C]. 2015 IEEE nuclear science symposium and medical imaging conference (NSS/MIC), San Diego, CA, USA, 2015, 1 - 5.

[6] SHIRWADLAR U, GLODOL E VV L, et al. Scintillation properties of $Cs_2LiLaBr_6$ (CLLB) crystals with varying Ce^{3+} concentration [J]. Nuclear instruments and methods in physics research, 2011, 652 (1)：268 - 270.

[7] ZHANG X, KANG Z, CAI Z, et al. Study on the segregation behavior of Ce in CLYC crystals [J]. Journal of crystal growth, 2021 (573)：126308.

Research progress in crystal preparation of $Cs_2LiLaBr_6$ for neutron/gamma dual mode detection

ZHANG Xiang-gang, CAI Zhuo-chen,
KANG Zhe, YIN Zi-ang, WANG Tao*

(State Key Laboratory of Solidification Processing, and Key Laboratory of Radiation Detection Materials and Devices, Ministry of Industry and Information Technology, Northwestern Polytechnical University, Xi'an, Shaanxi 710072, China)

Abstract: Neutron and gamma detections has occupied significant territory in the field of homeland security and nuclear energy development. $Cs_2LiLaBr_6$ (CLLB) crystal has shown both neutron/gamma dual-mode detection capability and excellent scintillation properties. However, the preparation of high quality CLLB crystals was monopolized by a few units abroad, and the specific growth process of CLLB crystals was rarely reported. Herein, The Cs_2LaBr_5-LiBr phase diagram was constructed through XRD and differential scanning calorimetry (DSC) tests of synthesized polycrystalline materials. The results of CLLB crystals grown from different LiBr concentrations verified this phase diagram. The initial melt with hyper-peritectic ratios [$50\% < x(LiBr) < 61\%$] was found beneficial to maintain the stability of growth interface. The dendrite growth and peritectic reaction near the peritectic point were discovered in CLLB single crystal ingots. The constitutional supercooling was responsible for the dendrite growth. Fortunately, the following single crystal growth was not affected by the dendrites. CLLB crystals with size up to 1.5 inch were grown successfully with low LiBr concentration. The Ce^{3+} concentrations (mol/%) along the CLLB ingots were measured. The effective segregation coefficient of Ce^{3+} in CLLB crystals was 1.59. The energy resolution (@662 keV) of CLLB crystals stabilized around 3.5% as the actual concentration of Ce^{3+} excessed 2%. The CLLB shown good neutron/gamma discrimination ability with the FoM equal to 1.73.

Key words: Neutron/Gamma dual detection; Crystal growth; CLLB; Phase diagram

基于FPGA的简单易用皮秒级多通道事件计时器设计

刘金鑫[1,2]，邓佩佩[1,2]，刘娟[1,2]，王颖[1,2]

(1. 中国工程物理研究院微系统与太赫兹研究中心，四川　成都　610200；

2. 中国工程物理研究院电子工程研究所，四川　绵阳　621999)

摘　要：高精度时间-数字转换（TDC）技术，在粒子物理实验、核医学成像、激光测距及卫星授时等领域广泛应用，并取得了较大成果。同时，基于现场可编程逻辑门阵列（FPGA）的高精度时间数字化技术得到了广泛的应用。然而，此技术测量精度随着FPGA温度及供电电压的影响可能变差。在本研究提出了一种在FPGA内自动实现TDC非线性标定和修正的方法。此方法能够消除工艺、电压、温度（PVT）对TDC非线性的影响。最终减小了正式使用场景所处的不同PVT环境下TDC非线性标定误差，从而提高了TDC的测量精度和易用性。基于此方法，本研究设计了一种简单的皮秒级多通道事件计时器，并采用"延时线法"进行测试。测试结果表明，典型通道的时间测量分辨为 5.72 ps，单通道时间测量精度优于 5 ps。

关键词：事件计时器；高精度时间测量；FPGA；TDC；时间戳；自动标定

时间-数字转换（TDC）技术广泛应用于时频测量、卫星导航、雷达定位、激光测距、核物理和粒子物理探测等领域[1]。在高精度授时领域，皮秒级 16 通道精密事件计时器也保证了实际工程项目的应用[2]。基于现场可编程逻辑门阵列（FPGA）内部一些特殊结构，可以实现优于 5 ps 的时间测量精度[3]，同时设计灵活、开发周期短、容易集成周边逻辑与外围接口电路。因此，基于FPGA的高精度时间数字化技术也得到了广泛的应用。

然而，采用FPGA实现皮秒级的时间-数字转换，通常结构复杂、标定繁杂，其测量精度会因FPGA温度及供电电压的影响可能变差[4]。本论文提出了一种在FPGA内自动实现TDC非线性标定和修正的方法。此方法下，繁杂的标定过程由FPGA自动完成，操作简单、标定快捷。而且，TDC自动标定时的原理结构、布局布线、FPGA温度、FPGA供电电压与TDC正式工作时相同，因此能够消除工艺、电压、温度（PVT）变化对TDC非线性的影响。最终，减小了正式使用场景所处的不同PVT环境下的TDC非线性标定误差，从而提高了TDC的测量精度和易用性。基于此方法，本研究设计了一种简单的皮秒级多通道事件计时器，其采用双链内插的方式保证了高时钟分辨和低测量抖动，采用次级链的译码方式消除了温度计码"气泡"的影响[5]，采用时间戳的方式保证使用的灵活性。

1　事件计时器架构设计

皮秒级多通道事件计时器架构如图 1 所示。事件处理器主要包含时钟电路、事件计时逻辑模块、自动修正逻辑模块、主控逻辑模块和通信接口逻辑模块等。得益于FPGA的设计灵活性，事件计时逻辑模块、自动修正逻辑模块、主控逻辑模块和通信接口逻辑模块均在一片FPGA芯片内完成。

作者简介：刘金鑫（1991—），男，四川凉山人，助理研究员，博士，现主要从事太赫兹通信等科研工作。

基金项目：国家自然科学基金（12105260）。

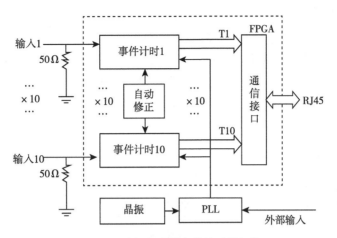

图1 皮秒级多通道事件计时器架构

本文所述事件计时器由板上晶振或外部输入提供 10 MHz 的参考时钟信号,由时钟电路自动识别是否有可靠的外部时钟参考,若无则采用板上晶振。PLL 在实现对参考时钟信号锁定的同时,还能减少时钟抖动,保证输出高质量的 367.875 MHz 时钟信号,为 FPGA 内所有的事件计时逻辑模块提供相同频率的系统时钟信号。事件计时器设计有 10 个事件输入通道,分别对应于 FPGA 内部的 10 个独立的事件计时逻辑模块,每个事件计时逻辑模块以时间戳的方式对各通道输入的事件进行计时。同时,每个事件计时逻辑模块包含独立的自动校准逻辑模块,可并行化地对每次的测量值进行校准。

2 逻辑模块设计

2.1 事件计时逻辑模块基本结构

皮秒级多通道事件计时器的高测量精度主要是由事件计时逻辑模块保证的。在本设计中,事件计时逻辑模块采用基于进位链的延时链 TDC 方案,其基本结构如图 2 所示。其中,延时链的锁存时钟与计数器的工作时钟均为 367.875 MHz,则可以实现"粗细结合"的时间测量功能,同时保证了皮秒级的高测量精度和极大的测量范围。同时,在本设计中包含两条延时链,并采用双链内插的方式提高了延时分辨,从而提高了 TDC 的测量精度。

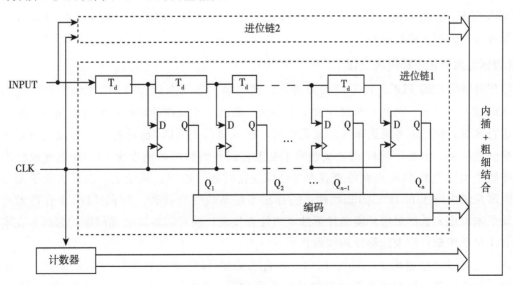

图2 事件计时模块基本结构

2.2　事件计时模块编码逻辑设计

对于基于延时链的 TDC 方案，D 触发器的输出理想状态下应为"……11110000……"的形式，此码型称为"温度计码"，需要被编码成二进制码。然而，由于全局时钟到达各个 D 触发器非严格同步，因此寻找 0—1 跳变沿进行编码会出现"气泡"问题[6]。而本设计中采用多链内插的方式，会使得"气泡"问题更加严重。为消除"气泡"，在本设计中采用了次级链（图 3）。

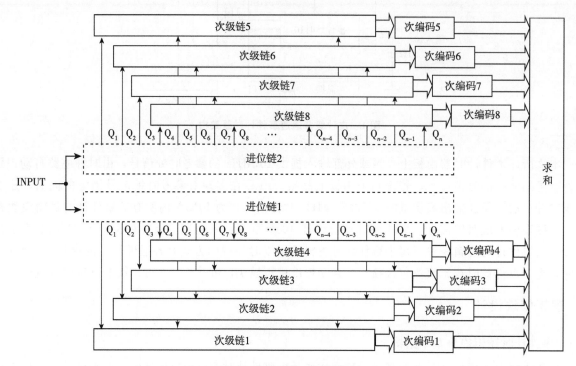

图 3　次级链编码逻辑模块

次级链方式进行编码，实际上就是进位链输出的温度计码按照一定的间隔抽取，如图 3 每 4 个温度计码抽取。抽取之后的次级温度计码将不再含气泡，因此可以寻找 0—1 跳变沿进行次编码，根据次编码的结果求和即可得到温度计码编码值。此方法无须耗费查找表资源对温度计码进行预处理，节约了 FPGA 资源。同时，由于采用了寻找 0—1 跳变沿进行编码，相对于"数 1 法"，对窄于 1 个时钟周期的脉冲也能进行正确的编码。

2.3　自动标定及修正逻辑模块设计

采用延时链结构的 TDC，由于结构原理、工艺误差、布局布线等 TDC 的码宽很难做到绝对一致，存在码宽上的差异。因此，非线性就一定存在。而对于非线性的影响，通常采用码密度法来对延迟单元进行测试，标定出各延迟单元的延迟时间，以获得每个 TDC 通道各自的非线性查找表，进而实时校准测量结果。但是，TDC 的非线性除了受工艺误差的影响，还会受 FPGA 温度及供电电压的影响，导致手动标定的 TDC 非线性查找表在环境变化时并不适用。理论上，通过大量手动标定所有 FPGA 温度及供电电压下 TDC 的非线性，制作出多组非线性查找表，并在 TDC 工作时监控 FPGA 的温度及供电电压，选择对应环境条件下的非线性查找表，便可以解决上述问题。然而，在实际操作中，此方法过于繁杂，还未能够成功实现。

因此，在本设计中提出了一种在 FPGA 内自动实现 TDC 非线性标定和修正的方法，如图 4 所示。首先，硬件电路上存在两个不同源的晶振芯片 OSC1 及 OSC2。利用 OSC1 的 10 MHz，时钟信号 CLK1 倍频及分频产生 TDC 工作时钟 367.875 MHz，时钟信号 CLK_SYS；利用 OSC2 的

33.3333 MHz 时钟信号 CLK2 倍频及分频产生 TDC 标定时钟的 5.8824 MHz，标定信号 CLK＿CAL。由于 OSC1 和 OSC2 为不同的时钟芯片，因此 CLK＿CAL 均匀分布在 TDC 的测量范围内。

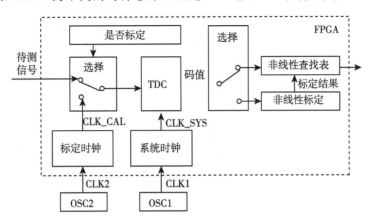

图 4　自动标定及修正逻辑模块框

在 FPGA 内自动实现 TDC 非线性标定和修正方法流程图如图 5 所示。

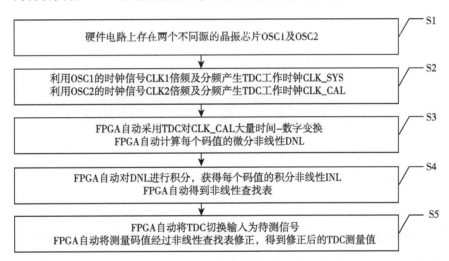

图 5　TDC 非线性标定及修正方法流程

在标定过程中，首先 FPGA 自动采用 TDC 对 CLK＿CAL 大量时间-数字转换，并统计每个量化码值出现的次数（n_i）及量化总次数（N），比值即为每个码值的微分非线性 DNL。

$$DNL(i) = \frac{M \times n_i}{N}。 \tag{1}$$

接着，FPGA 自动对 DNL 进行积分，以获得每个码值的积分非线性 INL，从而得到非线性查找表，完成 TDC 非线性自动标定功能。

$$INL(i) = \sum_{j=0}^{i} DNL(j) = \sum_{j=0}^{i} (\frac{M \times n_j}{N})。 \tag{2}$$

最后，FPGA 自动将 TDC 切换输入为待测信号，其量化码值（i）经过非线性查找表后即为修正后的 TDC 测量值。

$$OUT(i) = INL(i)。 \tag{3}$$

此方法下，繁杂的标定过程由 FPGA 自动完成，操作简单、标定快捷。而且，TDC 自动标定时的原理结构、布局布线、FPGA 温度、FPGA 供电电压与 TDC 正式工作时相同，因此能够消除工艺、电压、温度（PVT）变化对 TDC 非线性的影响。最终，减小了正式使用场景所处的不同 PVT 环境下 TDC 非线性标定误差，从而提高了 TDC 测量的精度和易用性。除此之外，本设计中 TDC 非线性标定和修正功能均在一片 FPGA 芯片内完成，该方法硬件电路简单可靠，集成度高，容易实现多通道。

3 测试及数据分析

3.1 码宽测试

TDC 的码宽代表了对时间分辨的能力，其将会影响到对于事件计时的精度。在本设计中，码宽存在自动修正逻辑模块的非线性查找表中。因此，选择任一通道的非线性查找表读出，即可获得典型通道的码宽值，通道 1 的非线性码宽测试结果如图 6 所示。从测试结果可以看出，得益于次级链的编码逻辑模块，此 TDC 不存在失码的现象。367.875 MHz 的时钟信号被量化为 475 个码值，因此平均每个码宽度为 5.72 ps。

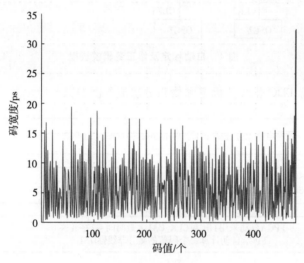

图 6　码宽测试结果

3.2 测量标准差测试

当我们谈论 TDC 测量精度时，除了其时间分辨能力外，还需要考虑其时间测量的标准差。通常，可以采用"延时线法"对事件测量的标准差进行测试。这里，我们选择 10 号通道为参考通道，并测量同一信号到达 10 号通道和另一通道的时间差，统计其标准差并除以 $\sqrt{2}$，即可视为这一通道的测量标准差，测量结果如图 7 所示。从测试结果可以看出，各通道的测量标准差优于 5 ps。

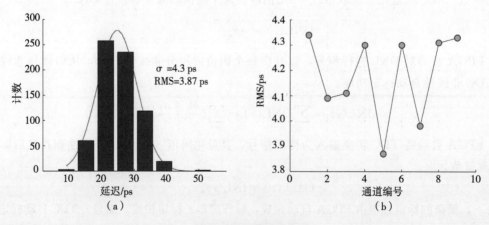

图 7　标准差测试结果

（a）通道 5 测试结果直方图；（b）通道 1～9 测试结果折线

4 结论

本文介绍了一个基于 FPGA 的简单易用皮秒级多通道事件计时器。其采用时间戳方式进行时间测量，实现了通道间的无死区测量，并可以灵活测量统计各个通道间或者本通道内的触发信号的时间间隔；采用双链内插的高精度 TDC 方式，其平均时间测量分辨率可精确至 5.72 ps。本文提出了一种在 FPGA 内自动实现 TDC 非线性标定和修正的方法，可提高测量精度和易用性，且测量结果表明各通道的测量标准差均优于 5 ps。并且，各主要功能模块在一片 FPGA 芯片内实现，保证了此事件计时器的小型化、灵活性和可扩展性。

参考文献：

[1] 张敏. 皮秒分辨率的 FPGA - TDC 技术研究 [D]. 西安：西安电子科技大学，2013.

[2] 陈法喜，孔维成，赵侃，等. 皮秒级 16 通道精密事件计时器研制 [J]. 时间频率学报，2020，43（2）：9.

[3] QIN X，ZHU M D，ZHANG W Z，et al. A high resolution time - to - digital - convertor based on a carry - chain and DSP48E1 adders in a 28 - nm field - programmable - gate - array [J]. Review of scientific instruments，2020，91（2）：024708.

[4] 鲁佳明. CEE 中飞行时间探测器原型电子学研究 [D]. 合肥：中国科学技术大学，2022.

[5] CHEN H，DAVID L. Multichannel, low nonlinearity time - to - digital converters based on 20 and 28 nm FPGAs [J]. IEEE transactions on industrial electronics，2019，66（4）：3265 - 3274.

[6] WANG Y G，LIU C. A 3.9 ps time - interval RMS precision time - to - digital converter using a dual - sampling method in an ultrascale FPGA [J]. IEEE transactions on nuclear science，2016，63（5b）：2617 - 2621.

Design of a simple FPGA – based picosecond multichannel event timer

LIU Jin-xin[1,2] , DENG Pei-pei[1,2] , LIU Juan[1,2] , WANG Ying[1,2]

(1. Microsystem and Terahertz Research Center, Chengdu, Sichuan 610200, China;

2. Institute of Electronic Engineering, China Academy of Engineering Physics, Mianyang, Sichuan 621999, China)

Abstract: High precision Time – to – Digital Conversion (TDC) technology has been widely used in particle physics experiment, nuclear medicine imaging, laser ranging and satellite timing, and it has made great achievements. At present, due to the low cost and high flexibility of field programmable logic gate array (FPGA), the high precision TDC technology based on FPGA has been widely used. However, the measurement accuracy of this technology may decrease with the influence of FPGA temperature and supply voltage, which makes high – precision FPGATDC complicated and difficult to use. In this study, a simple FPGA – based picosecond multichannel time digitizing logic is designed. It uses double chain interleave to ensure high resolution and low jitter, uses sub Time Delay Line (sub – TDL) decoding to eliminate the "bubble", and uses time stamp to ensure flexibility of use. Furthermore, an automatic TDC nonlinear calibration method is proposed. Based on these method, a 10 – channel event timer was designed. The test results show that the time resolution of typical channels is 5.72 ps, and the RMS precision is better than 5 ps.

Key words: Event timer; High precision time measurement; FPGA; TDC; Time stamp; Automatic calibration

三代压水堆堆芯中子探测器响应计算方法验证和实验研究

周　遥[1]，曹良志[1*]，王立鹏[2]，张好雨[1,2]，吴宏春[1]

(1. 西安交通大学核科学与技术学院，陕西　西安　710049；

2. 西北核技术研究所强脉冲辐射环境模拟与效应国家重点实验室，陕西　西安　710024)

摘　要： 作为广泛应用于第三代核电技术的堆芯中子注量率监测仪器，自给能探测器的高精度数值研究和国产化研制具有重要意义。本研究针对自给能探测器的响应机制，利用蒙特卡罗方法建立了一种更全面的探测器响应一步计算模型，其具备灵敏度组分分析和空间电荷效应评估等主要功能。为了进一步确认数值工具的有效性，西安交通大学核工程计算物理实验室进行了针对国产化探测器样品的相关实验研究。在基础性能和形式鉴定实验方面，发现探测器绝缘电阻在堆芯 350 ℃时下降了 5 个量级，并通过一系列结构测试、材料检验、电气性能测试、浸没测试、渗透检验、振动测试和射线检查等实验，证明了样品符合堆上实验的技术要求。基于西安脉冲堆稳态运行工况的辐照测试，考核了探测器在 $1 \times 10^{10} \sim 1 \times 10^{13}$ n/（cm^2·s）中子注量率范围内响应电流的线性化特征，测得 2 MW 辐照腔环境的热中子灵敏度为 1.62×10^{-22} n/（cm^2·s）。通过堆内孔道的辐照实验，重点研究了功率台阶的探测器电流曲线和停堆后的响应衰减特性。对实测电流信号中 β 衰变效应的分析表明：钒自给能探测器的堆芯伽马响应贡献为负电流，且在压水堆的实际测量不能忽略伽马效应。此外，依托 ^{60}Co 伽马射线源对探测器的伽马灵敏度进行了标定实验。实验测量与理论计算的结果表明：所提出的探测器数值计算方法能够有效适用于多种实际场景，并支持对实验现象的机理分析。同时，本研究证明了国产化钒自给能探测器堆上实验的可行性，为传感器灵敏度模型的开发和验证提供了实验数据。

关键词： 反应堆在线监测；辐照实验；响应电流特性；高温绝缘电阻；^{60}Co 伽马射线源

为了取消压力容器底部开孔，降低事故工况下堆芯熔融物的泄漏概率，华龙一号、CAP1400 等第三代核电均采用自给能探测器（SPND）进行堆芯中子注量率在线监测[1-2]。由于探测器响应机制的复杂性，国内外针对自给能探测器在辐射场的响应开展了一系列理论分析和实验研究。近年来，韩国蔚山科技大学、德国卡尔斯鲁厄理工学院和法国原子能委员会相继开发了基于蒙特卡罗模型的自给能探测器模拟计算工具[3-5]。然而以上探测器数值模型的普适性和全面性受到限制，无法支持对反应堆环境下探测器响应机制的深入分析；并且大多数数值模型和方法的验证直接采用了早期研究者的实验值，受限于辐射场环境和探测器参数的缺失，数值验证环节的不确定度显著增加[6]。此外，为满足核电装备国产化需求，近年来国内在自给能探测器材料及元件的自主研发方面取得了一定进展，为探测器核性能的堆上试验提供了研究基础[7]。

针对三代压水堆堆芯中子探测器的实际应用需求，本文基于脉冲研究堆进行了国产化钒探测器样品的辐照实验，以测量探测器的响应特性并验证数值计算模型。实验结果与数值结果的对比表明：本文提出的探测器数值计算方法能适用于多种实际辐射场问题，并具有良好的动态特性和计算精度。

1　实验介绍

本章主要介绍钒自给能探测器辐照实验的准备工作，包括探测器工作原理、探测器基础性能试验、伽马射线源实验和脉冲研究堆辐照实验。

作者简介： 周遥（1998—），男，陕西宝鸡人，博士研究生，现主要从事压水堆堆芯监测相关研究。

1.1　钒自给能探测器

辐照实验采用了压水堆内低燃耗率的钒 SPND，钒发射体俘获中子后将产生放射性核素^{52}V，其释放的 β 衰变电子克服绝缘体材料的电场势垒到达收集体，从而形成辐射感应电流。除此之外，中子俘获、裂变瞬发产生的 γ 射线对钒 SPND 的电流也有一定贡献。测试用钒 SPND 如图 1 所示，主要包括发射体、绝缘体、收集体和信号电缆。

图 1　测试用钒 SPND

1.2　基础性能试验

入堆前，探测器经过了一系列基础性能试验和型式鉴定试验以确保满足反应堆实验的技术要求。在出厂检验的基础上，开展了实验室级别的测试，主要包括结构测试、材料检验、电气性能测试、浸没试验、液体渗透试验、振动试验和 X 射线检测。其中，绝缘电阻测量是自给能探测器堆外测试的核心，过小的绝缘电阻将导致漏电流，引起探测器失效[8]。测得室温绝缘电阻为 1.755×10^{13} Ω，350℃的高温绝缘电阻为 1.786×10^{8} Ω，绝缘电阻符合电气性能要求，并随温度升高而显著降低，表明了探测器长度段的连续性。

1.3　^{60}Co 源实验

西北核技术研究所的^{60}Co 射线装置被用于钒 SPND 的伽马灵敏度标定。实验在室温下进行，探测器距离放射源约 0.45 m，现场剂量率由电离室测量。探测器周围放置了一个铝盒，主要用于平衡电子。探测器的数据采集系统如图 2 所示，采样频率设置为 500 mm。

图 2　SPND 数据采集系统的主要组成

1.4　研究堆辐照实验

考虑到低灵敏度的特性，SPND 辐照实验通常需要反应堆量级的中子注量率，因此堆上实验在西北核技术研究所的西安脉冲堆（XAPR）稳态运行模式下进行[9]。图 3 展示了 XAPR 堆芯的径向模型，其中辐照腔和中央垂直孔道两处辐照装置被用于这项实验。一根较长的探测器 V01 - SPND 被直接放置在辐照腔样品架的靠近堆芯处，并通过屏蔽体小孔将探测器信号线引出；另一根较短的探测器 V02 - SPND 被置于中央垂直孔道内，沿堆芯活性区的轴向放置，探测器的信号电缆处于堆芯非活性区。

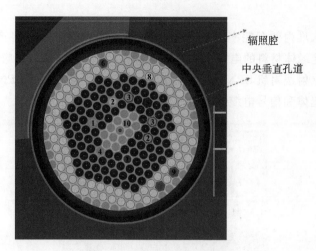

图 3　XAPR 堆芯的径向模型

1—全插控制棒；2—全提控制棒；3—吸收体元件；4—稳态控制棒；5—脉冲控制棒；

6—中子源元件；7—燃料元件；8—石墨元件；9—跑兔辐照管；10—水腔

2　数值模型

2.1　探测器响应分析工具

为了建立更直接和全面的自给能探测器数值计算模型，基于 Geant 4 蒙特卡罗计算框架构建了探测器响应模拟工具 GEANT4 - SPND，其具有探测器灵敏度计算、电流信号分离、绝缘体电子计数和空间电荷效应处理等主要功能[10]。探测器几何采用 CSG 方法建模，通量统计采用径迹长度计数法。对于不稳定核素，添加了衰变物理模型，用以描述原子核的 β 衰变、γ 衰变和退激过程。GEANT4 - SPND 通过模拟粒子输运过程来计算绝缘体材料本身对电子的阻止作用，并使用 Warren 模型来考虑处理空间电荷效应对电子输运的影响[11]。

2.2　多步蒙特卡罗耦合方法

针对反应堆尺度的探测器模拟问题，多步蒙特卡罗计算模型是一种国际上广泛采用且高效的数值方法，其主要用于解决探测器微小尺度和堆芯巨大空间模拟的耦合问题[12]。由于精确的电子输运存在大量子步的径迹历史，探测器尺度的模拟需要相当高的精度代价，因此堆芯量级的电子输运通常无法兼顾效率和精度。本研究提出了堆芯-探测器的耦合计算流程，如图 4 所示。

图 4 的计算流程中，首先进行堆芯层级的特征值计算，通过蒙特卡罗中子-光子耦合输运程序 NECP - MCX 得到 SPND 收集体表面的粒子信息，以概率密度分布函数的形式作为后续探测器层级计算的抽样粒子源[13]。其中，能谱被作为典型的能量分布特征，粒子的方向性由角通量的空间分布提供。基于堆芯计算提供的中子和光子场，GEANT4 - SPND 完成后续的探测器物理过程模拟和电流信号处理。

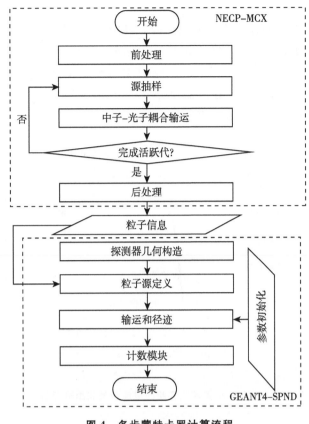

图 4　多步蒙特卡罗计算流程

3　实验结果和数值分析

本章对探测器伽马响应实验和研究堆辐照实验的测量结果进行介绍，并结合数值计算模型对实验现象进行理论分析。

3.1　探测器伽马响应

图 5 显示了钒 SPND 在 ^{60}Co 源实验中的测量电流随时间变化情况。开关机后，探测器达到稳定电流约需要 4.8 min，实验电流呈现了明显的负效应。探测器的稳态电流测量值为 -63.27 pA，伽马灵敏度的实验标定值为 -5.82×10^{-16} A·(Gy/ h·cm)$^{-1}$。稳态电流的计算值为 -72.081 pA，由于钒探测器伽马灵敏度对入射伽马能量的强烈依赖性，计算误差主要来源于探测器位置的模拟伽马能谱与实际情况的差异。

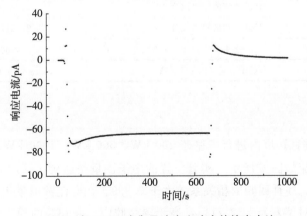

图 5　钒 SPND 在伽马响应实验中的输出电流

3.2 辐照腔实验

V01－SPND 在辐照腔内进行了多个功率点实验，其中 1MW 辐照腔实验电流如图 6 所示。反应堆在指定功率稳定运行了约 50 min，停堆后数据采集系统持续测量，实验曲线呈现了电流信号的延迟效应，这与探测器响应原理是一致的。图 6 也展示了数值计算模型对 1 MW 辐照腔实验电流的模拟结果，该模型显示了很好的动态特性。在电流组分分析方面，瞬发伽马射线产生的噪声信号是显著的，占总电流的 11.8%，且呈现负电流效应[14]。

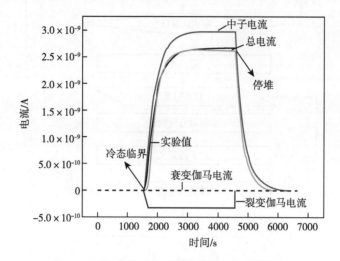

图 6　1 MW 辐照腔实验的电流趋势和组分分析

为进一步研究 SPND 在实际辐射场的响应特征，基于停堆衰减曲线对稳态电流的瞬发成分进行了量化，并与理论计算结果相比较。1 MW 辐照腔实验中稳态电流瞬发成分的比较结果见表 1，瞬发电流份额的测量值为 1.36%，数值模型计算的该值为 1.03%，两者吻合较好，验证了 GEANT4－SPND 电流信号分离功能的正确性。

表 1　瞬发电流分量的计算和实验结果比较

参数	类别	值	贡献
实验	测量电流/ A	2.62558×10^{-9}	
	测量电流的延迟成分/ A	2.58996×10^{-9}	98.643%
	测量电流的提示成分/ A	3.56224×10^{-11}	1.357%
计算	计算电流/ A	2.66816×10^{-9}	
	计算电流的延迟成分/ A	2.64064×10^{-9}	98.969%
	计算电流的提示成分/ A	2.75176×10^{-11}	1.031%
	提示分量 (n, γ, e⁻) / A	3.41800×10^{-10}	正向电流
	提示分量 (γ, e⁻) / A	-3.14283×10^{-10}	反向电流

3.3 中央垂直孔道实验

V02－SPND 在中央垂直孔道内进行了基于 200 kW、500 kW、1000 kW、2000 kW 的功率台阶连续测量实验，探测器电流如图 7 所示。实验位置的中子注量率达到了 10^{13} 量级，探测器的响应线性度和监测稳定性非常好，线性回归的相关系数大于 0.999。在电流数值模拟方面，2 MW 中央垂直孔道内稳态电流的计算相对偏差为 +12.71%，高于辐照腔内 +5.93% 的稳态电流计算相对偏差，这一现象很有可能是垂直孔道内探测器的定位位置倾斜及温度反馈效应引起的。

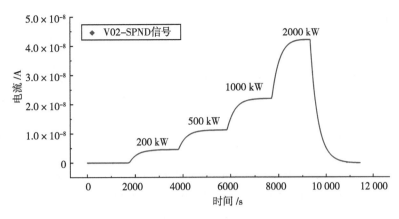

图7　中央垂直孔道内功率台阶实验的探测器电流

4　结论

本文针对三代压水堆堆芯监测系统广泛应用的自给能探测器，基于^{60}Co伽马射线源和西安脉冲堆内多种辐照设施开展了详细的辐照实验和数值分析。研究表明：

①国产化钒探测器的基础性能合格，基于堆上辐照实验的探测器响应线性化良好，可以满足堆芯中子注量率监测的需求，并通过实验确认了预期的延迟效应和停堆衰减电流特征。

②基于GEANT4-SPND的探测器蒙特卡罗数值模型可以适用于多种辐照场景的响应电流模拟问题，并对伽马射线的负电流效应和电流动态变化特性等实验现象提供机理解释。

③根据实测的停堆衰减电流曲线获取了稳态电流提示分量，指出在堆芯测量分析中，不能忽略钒自给能探测器的伽马效应。

致谢

感谢国家自然科学基金资助项目（11735011，U2067209）的资助。感谢西北核技术研究所相关操作人员和科研人员对研究堆实验工作的支持，感谢西安交通大学电气工程学院、多相流国家重点实验室的实验员及西北核技术研究所的刘林月老师在电子学测试方面的指导和帮助。

参考文献

[1] 黄有骏，李文平，等. 华龙一号堆芯中子注量率测量系统自给能中子探测器关键参数研究 [J]. 核动力工程，2020，41（S2）：45-49.

[2] 李树成，胡铸萱. CAP 1400核电厂堆芯钒自给能中子探测器设计与验证 [J]. 核电子学与探测技术，2018，38（5）：699-702.

[3] LEE H, CHOI S, CHA K H, et al. New calculational model for self-powered neutron detector based on Monte Carlo simulation [J]. Journal of nuclear science and technology, 2015, 52 (5)：660-669.

[4] RAJ P, ANGELONE M, FISCHER U, et al. Monte carlo analyses of the fusion neutron and gamma signals from the chromium self-powered detector [J]. Review of scientific instruments, 2021, 92 (6)：063307.

[5] BARBOT L, VILLARD J F, FOURREZ S, et al. The self-powered detector simulation 'MATiSSe' toolbox applied to SPNDs for severe accident monitoring in PWRs [C]. EPJ Web of Conferences. EDP Sciences, 2018 (170)：08001.

[6] WARREN H D, SULCOSKI M F. Performance of prompt- and delayed-responding self-powered in-core neutron detectors in a pressurized water reactor [J]. Nuclear science and engineering, 1984, 86 (1)：1-9.

［7］ 王焱辉，刘奇，赵安中，等. 自给能中子探测器关键材料及元件的研制进展 ［J］. 中国核电，2021，14 （1）：93 - 99.

［8］ 黄国良. 核电厂反应堆堆芯中子与温度探测器组件研制 ［J］. 核电子学与探测技术，2014，34 （2）：267 - 270.

［9］ CHEN L X, TANG X B, JIANG X B, et al. Theoretical study on boiling heat transfer in the Xi'an pulsed reactor ［J］. Science China technological sciences, 2013, （56）：137 - 142.

［10］ AGOSTINELLI S, ALLISON J, AMAKO K, et al. GEANT4：a simulation toolkit ［J］. Nuclear instruments and methods in physics research section A：accelerators, spectrometers, detectors and associated equipment, 2003, 506 （3）：250 - 303.

［11］ WARREN H D. Calculational model for self - powered neutron detector ［J］. Nuclear science and engineering, 1972, 48 （3）：331 - 342.

［12］ VERMA V, BARBOT L, Filliatre P, et al. Self powered neutron detectors as in - core detectors for sodium - cooled fast reactors ［J］. Nuclear instruments and methods in physics research section A：accelerators, spectrometers, detectors and associated equipment, 2017, （860）：6 - 12.

［13］ HE Q, ZHENG Q, LI J, et al. NECP - MCX：a hybrid Monte - Carlo - deterministic particle - transport code for the simulation of deep - penetration problems ［J］. Annals of nuclear energy, 2021 （151）：107978.

［14］ LIU X, WANG Z, ZHANG Q, et al. Current compensation for material consumption of cobalt self - powered neutron detector ［J］. Nuclear engineering and technology, 2020, 52 （4）：863 - 868.

Method validation and experimental research on response calculation of in – core neutron detectors for the third generation PWR

ZHOU Yao[1], CAO Liang-zhi[1] *, WANG Li-peng[2],
ZHANG Hao-yu[1,2], WU Hong-chun[1]

(1. School of Nuclear Science and Technology at Xi'an Jiaotong University, Xi'an, Shaanxi 710049, China;
2. State Key Laboratory of Intense Pulsed Radiation Simulation and Effect, Northwest Institute of Nuclear
Technology, Xi'an, Shaanxi 710024, China)

Abstract: As the monitoring instrument of neutron flux in the core, which is widely used in the third – generation nuclear power technology, the high – precision numerical research and domestic development of self – powered detectors are of great significance. In this study, aiming at the response mechanism of self – powered detectors, a more comprehensive one – step calculation model of detector response is established based on Monte Carlo method, which has the main functions of sensitivity components analysis and space charge effect evaluation. In order to further confirm the effectiveness of the numerical toolkit, the Nuclear Engineering Computational Physics (NECP) laboratory of Xi'an Jiaotong University conducted relevant experimental research on domestic detector samples. In terms of basic performance and type qualification test, it was found that the insulation resistance of the detector decreased by five orders of magnitude at 350 ℃. Through a series of experiments such as the structural test, material test, electrical performance test, immersion test, penetrant test, vibration test and X – ray inspection, it was proved that the samples met the technical requirements of reactor experiments. Based on the irradiation test of Xi'an pulsed reactor under steady – state operation condition, the linearization characteristics of the response current of the vanadium detector in the neutron flux range of $1 \times 10^{10} \sim 1 \times 10^{13}$ n/ (cm^2 · s) were fitted, and the thermal neutron sensitivity of the 2 MW irradiation cavity environment was 1.62×10^{-22} n/ (cm^2 · s) . Through the irradiation experiment of the channel in the reactor, the detector current curve of the power steps and the response attenuation characteristic after shutdown are studied emphatically. The analysis of beta decay effect in the measured current signal shows that the gamma ray contribution to response of the vanadium self – powered detector is a negative current, and the gamma effect cannot be ignored in the actual measurement and numerical calculation of PWRs. In addition, the gamma sensitivity of the detector was calibrated based on the ^{60}Co radiation source. The results of experimental measurement and theoretical calculation show that the proposed numerical calculation method of detector can be effectively applied to a variety of practical application scenarios, and support the mechanism analysis of experimental phenomena. Furthermore, this study proves the feasibility of the experiment on domestic vanadium self – powered detectors and provides experimental data for the development and verification of sensor sensitivity model.

Key words: Online reactor monitoring; Irradiation experiment; Response current characteristics; High – temperature insulation resistance; ^{60}Co gamma source

基于 D－D 中子源的多重性测量装置设计与模拟优化

张浩然[1]，张　焱[1*]，瞿金辉[1]，刘世梁[2]，王仁波[1,2]，汤　彬[1]

（1. 东华理工大学核技术应用教育部工程研究中心，江西　南昌　330013；

2. 泛华检测技术有限公司，江西　南昌　330013）

摘　要：中子多重性测量方法是目前国际核材料核查与衡算的重要方法，由于中子具备很强的穿透能力，使用多重性测量方法几乎不受样品外形的影响。在对铀材料的衡算中，由于铀同位素自发裂变率较低，测量时往往采用中子源激发样品产生诱发裂变，通过统计一重、二重、三重计数率对材料中的铀含量进行求解。随着核辐射监管力度的增大，可控加速器中子源的研究与应用也更加广泛，目前以 D－D 中子源为代表的加速器中子源已经逐步应用于中子测井、中子活化分析、热中子成像及辐射探测等多个领域。本文基于中子能量较低的 D－D 中子源（2.5MeV），旨在完成基于 D－D 中子发生器的多重性测量装置的设计与优化工作。装置主体参考主动井型符合计数器（AWCC）模型，以高密度聚乙烯作为主体，由 40 根均匀分布在其中的 ^{3}He 探测器组成探测阵列，1 根 ^{3}He 探测器位于底部用于中子源的产额监测。使用泛华检测技术有限公司生产的 D－D 中子源作为激发源激发样品裂变，上部分设置顶端石墨端塞反射中子以提高中子利用率。由于 D－D 中子源的能量在 2.5 MeV 左右，超过 ^{238}U 的诱发裂变阈（1.1 MeV），需要对 D－D 中子源发射的中子进行慢化以减少 ^{238}U 对测量的影响；另外，由于 D－D 中子源从 4π 角度发射中子，所以还需要设置反射层来提高中子的利用率，但装置复杂，理论计算优化较难实现，为此利用 MCNP 软件对装置进行仿真模拟为装置优化提供数据支持。考虑到装置的重量与加工难易程度，选择聚乙烯容器密封重水作为慢化层材料，6.0cm 的铅与石墨组成反射层，装置最终实际裂变中子探测效率为 34.61％。通过铀材料模拟验证装置测量的精度，对不同尺寸的铀材料基本能够满足相对误差＜10％的要求。该研究对多重性装置研制优化及提高装置效率与测量准确度都有一定的参考价值。

关键词：中子多重性；D－D 中子源；MCNP；模拟优化

　　使用多重性测量装置对含铀元件进行铀含量定量时，由于 ^{235}U 及其同位素的自发裂变率较低，通过直接测量其多重性分布来进行铀定量的效率极低，并不能够满足生产的需要。实际测量中，往往通过在装置样品腔的上下分别添加一个中子源作为激发源，由激发源产生中子并诱发材料中的 ^{235}U 裂变并发射中子，通过测量该过程产生中子的多重性分布即可计算出样品中 ^{235}U 含量[1-3]。

　　传统的主动式多重性测量装置，往往使用 ^{241}Am－Li 源作为激发源[4-6]。一方面其平均能量约为 0.3 MeV，低于 ^{238}U 的诱发裂变阈（1.1 MeV），降低了由于 ^{238}U 裂变对 ^{235}U 测量及计算产生的影响[5]；另一方面，其中子由 (α, n) 反应产生，不具备时间上的关联性，其发射的源中子不会对 ^{235}U 诱发裂变中子的多重性分布产生影响。

　　但随着国家对放射源与核辐射监管力度的加大，可控加速器中子源凭借其能量单色性好、产额可控、随用随停等优点成为了同位素中子源的首选替代。本研究以 D－D 中子发生器替换原有的激发源部分，参考有源井型符合中子计数器（AWCC）的部分结构设计了一款基于 D－D 中子源的多重性测

作者简介：张浩然（1998—），男，硕士研究生在读。研究方向：核电子学与核探测技术。

基金资助：国防科工局核能开发项目，n－γ 融合测井方法理论研究（No.20201192－01）；国家自然科学基金面上项目，基于可控同位素中子源的月表元素探测机制与载荷实现关键技术研究（No.42374226）；江西省自然科学基金面上项目，脉冲中子铀矿测井的双中子探测技术研究（No.20232BAB201043）；江西省主要学科学术和技术带头人培养项目，青年人才（No.20232BCJ23006）；放射性地质与勘探技术国防重点学科实验室开放基金，铀裂变瞬发中子测井的双中子输运理论研究（No.2022RGET20）。

量装置[5]，并通过 MCNP 建模的方式对部分设计结构进行了模拟与优化。最后通过 MCNP 建立新装置的完整模型对一系列含铀元件进行模拟测量与定量，用以验证装置设计的合理性及定量的准确性。

1 装置结构与模拟优化

1.1 装置结构

装置参考 AWCC 的部分结构[5]，将原有的两个激发源修改为单个置于底部发射结构内的单根 D-D 中子发生器，通过外部程序即可对发生器的中子管进行控制，发射中子激发样品裂变便可完成样品的测量过程。装置整体由 10 个部分构成，从上到下依次为电子学电路、石墨反射层、慢化体、³He 探测器阵列、样品腔、中子出射孔、D-D 中子发生器、底部反射层、底部屏蔽层及产额监测装置的单根 ³He 探测器，如图 1 所示。另外，在样品腔、装置外层及发生器与 ³He 探测器阵列交界位置均放置了 1 mm 厚的镉（Cd），一方面用以吸收慢化后返回腔室的热中子，以减小测量误差；另一方面吸收未被探测器阵列探测到或由 D-D 中子源直接泄漏被慢化的热中子，起到辐射屏蔽的作用。装置模型中的发生器结构参考泛华检测有限公司生产的 D-D 中子发生器，其直径为 5.0 cm，长度为 110 cm。

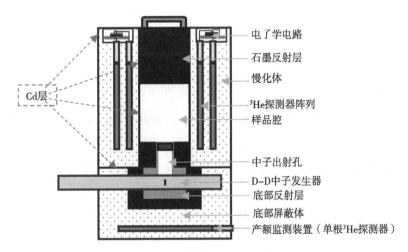

电子学电路
石墨反射层
慢化体
³He探测器阵列
样品腔
Cd层
中子出射孔
D-D中子发生器
底部反射层
底部屏蔽体
产额监测装置（单根³He探测器）

图 1 装置整体结构设计

在装置主体结构确定后，为了提高探测阵列和中子源的利用率，需要进一步对装置部件规格与结构进行选择与优化。³He 中子探测器数量、直径、管长及排布等参数对装置的探测效率均存在一定的影响，对这些参数的选择直接影响到装置的响应；另外，由于 D-D 中子源的能量在 2.5 MeV 左右，超过 ^{238}U 的诱发裂变阈（1.1 MeV），需要对 D-D 中子源发射的中子进行慢化以减少 ^{238}U 对测量的影响；其次，由于 D-D 中子源以 4π 角度发射中子，所以还需要设置反射层来提高中子的利用率。但装置复杂，理论计算优化较难实现，为此本研究利用 MCNP 软件对装置进行建模，通过模拟的方式对探测阵列、反射层与出射孔结构进行优化，以进一步提高装置的检测效率与测量精度。

1.2 模拟优化

1.2.1 ³He 探测阵列优化模拟

考虑到实际测量样品的大小，样品腔尺寸固定为 Φ20 cm×30 cm 的圆柱体。而 ³He 中子探测器需要均匀地环绕在样品腔的周围，用以捕获样品腔内样品诱发裂变释放的中子。新装置设计时参考 AWCC 中 ³He 探测阵列的结构，使用 40 根 ³He 中子探测器分两圈布置在聚乙烯慢化体中组成中子探测阵列，第一圈 ³He 探测器中心轴距离 14.27 cm，第二圈中心轴距离 18.27 cm，如图 2 所示。

同时，由于信号采集装置需要在纳秒级的时间内收集并区分各路 ³He 探测器所产生的信号，选取探测器的响应速度必须足够快。对于 ³He 探测器来说，慢化体的热中子与其中的 ³He 气体发生反应，使气体电离，随后带电粒子触碰到中心阳极丝产生信号，探测器的响应速度随探测器直径的增大而减小。因此探测器管径不宜过大，所以选择直径为 2.54 cm 的 ³He 探测器以提高响应速度。

另外，该管径的 ³He 探测器还有 130 cm、220 cm、300 cm 等多种长度规格可选，为了进一步提高探测器的利用效率，利用 MCNP 软件搭建样品腔、聚乙烯慢化体及 ³He 探测阵列仿真模型，通过模拟样品腔内的裂变中子经过慢化体慢化后被 ³He 探测器俘获过程中，不同长度 ³He 探测器的探测效率，来选择 ³He 探测器的长度。装有慢化体、样品腔与探测阵列的 MCNP 模型如图 3 所示，源项设计为一个以样品腔中心向 4π 角度发射能量为 2.0 MeV 的中子点源。

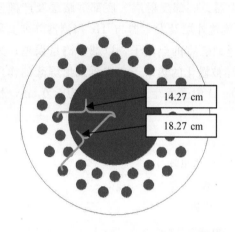 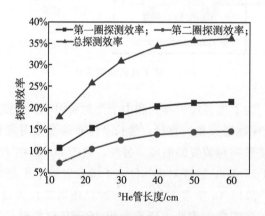

图 2　不同圈层 ³He 中子探测器距离轴心的距离　　图 3　装有慢化体、样品腔与探测阵列的 MCNP 模型

设置探测器内气压为 6 atm（1 atm＝10 325 Pa），通过 F4 卡与 FM4 卡分别记录两圈 ³He 探测器内 ³He 气体对中子的俘获的效率，并计算探测器阵列的整体效率，如图 4 所示。

图 4　探测器探测效率随 ³He 长度的变化关系

从图 4 可以看出，随着 ³He 探测器长度的增加，每圈及整体的探测效率都有所提升，但提升速度随着长度的增加逐渐减缓。这是因为样品腔大小外形固定后，中子在慢化体内的弥散范围有限，当超过一定距离后，区域内的中子数量较少，进而增加探测器的长度对整体探测效率的贡献也不再增加。综合考虑后，选择 40 cm 有效长度的 ³He 探测器进行装置的搭建。

1.2.2　反射层与屏蔽层优化模拟

装置开启时，源向 4π 角度发射中子，中子利用率较低。由于反射层对中子存在散射，设置合理的反射层结构能够起到提高 D－D 中子源中子利用率的作用。为了选择合理的反射层材料与材料规格，首先使用 MCNP 对石墨、铅、钨等一系列常用的反射或慢化材料的反射及透射效果进行模拟（图5）。模型采用一束能量为2.5 MeV 的单能中子束轰击立方体材料块的中心，中子出射原点位于模型质心5.0 cm 处，之后在中子束所在平面，以立方体材料质心为原点，在半径为10.0cm 的圆上使用 F5 卡均匀布置36 个点探测器，用以检测不同方向的中子通量，从而表示不同材料下的透射及反射情况，结果如图6所示。

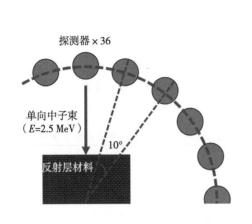

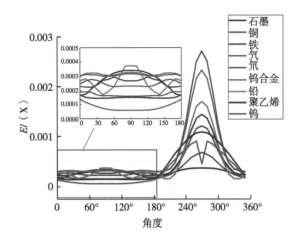

图 5　MCNP 模拟不同材料的反射及透射效果　　　　图 6　不同材料中子通量随角度变化的关系图

观察图 6 中 60°～180°的反射数据可以得出，在中子入射方向±30°的范围内，铅的反射效果较好；在±45°的范围内，石墨的整体效果最佳；在±90°范围内，钨及其合金表现出优良的反射性能。由于 D−D 中子源的产额随角度变换的曲线并不平坦，如图 7 所示，同时参考到钨材料的价格较昂贵，所以采用铅作为反射层效果最佳。

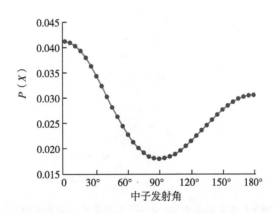

图 7　D−D 中子源中子产额占比随角度变化分布情况

而在图 6 中 180°～360°，当材料为石墨时透射中子数最少。这一方面取决于石墨对中子的反射作用，直接降低了透射中子数；另一方面，石墨对中子也能够起到一定的慢化与吸收作用，能够在提高反射中子数的同时，起到屏蔽部分中子吸收的作用，所以采用内层为铅、外层为石墨的双层结构搭建反射层。然后利用 MCNP 对底部反射层与屏蔽层结构进行建模，模型如图 8 所示。

分别模拟不同铅层厚度时出射窗部分的中子通量，然后计算不同铅层厚度时使用铅的质量，并作中子通量随铅层质量的变化图，中子通量随铅层质量的变换如图 9 所示。从图可知，随着铅层的增加，被反射的中子数有所提升，但铅层质量超过 40.0 kg 后继续增加铅层质量时通量变化不再明显，所以选用铅质量为 40.0 kg，即铅层厚度为 6.0 cm。

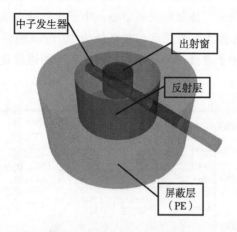

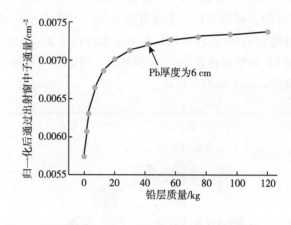

图 8　中子屏蔽层、反射层及中子发生器的 MCNP 模型　　　图 9　出射窗部分的中子通量随铅层质量的变化关系

1.3　MCNP 优化模型建立

通过 MCNP 软件建立优化后的模型如图 10 所示,经过模拟测试,装置对于裂变中子的探测效率为 34.61%[7-9]。探测器中子衰减时间为 56.15 μs。在完成建模后,参考黎素芬团队主动式多重性的 MCNP 仿真流程[12],使用新模型分别对表 1 中的 4 个样品进行测量模拟并按照模拟结果对样品进行多重性分析。模拟时设置预延迟时间为 2.5 μs,符合门宽为 64 μs,长延迟为 2 ms。D-D 源中子产额设置为 $1×10^5$ n·s^{-1},模拟粒子数为 $2×10^6$ 个,即模拟一个测量周期 20 s。

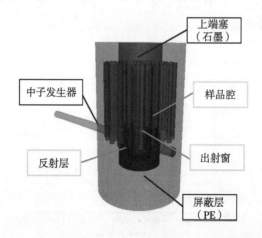

图 10　MCNP 建立的基于 D-D 中子源的多重性装置模型结构示意

表 1　模拟样品属性

编号	样品尺寸 / cm	^{235}U 预制质量 / g
1	Φ 5.91×5.00	2599.22
2	Φ 4.80×4.60	1577.39
3	Φ 4.40×4.40	1267.81
4	Φ 5.20×4.60	1851.24

2 样品定量与结果分析

2.1 主动式多重性定量方法

主动式多重性测量方法基于一重、二重、三重计数率 $S/D/T$ 来分析样品的增殖系数（M）与诱发裂变率（F）等[13]，式（1）、式（2）、式（3）表示了多重计数率 $S/D/T$ 与 M、F 的关系[15]，通过式（2）、式（3）联立解得 M 与 F，然后根据式（4）便能求得待测样品中铀的总质量[8-10]。

$$S = S_0 + B + S_S + FM \varepsilon_f v_{s1}, \tag{1}$$

$$D = \frac{F \varepsilon_f{}^2 f_d v_{s2} M^2}{2} \left[1 + \frac{(M-1)v_{s1} v_{i2}}{v_{s2}(v_{i1}-1)} \right], \tag{2}$$

$$T = \frac{F \varepsilon_f{}^3 f_t v_{s3} M^3}{6} \left[1 + \frac{(M-1)(3v_{s2} v_{i2} + v_{s1} v_{i3})}{v_{s3}(v_{i1}-1)} + \frac{(M-1)3v_{s1} v_{i2}{}^2}{v_{s3}(v_{i1}-1)^2} \right]. \tag{3}$$

式中，S_0 为 D-D 源的计数率；B 为本底计数率；S_s 为样品对源中子的散射和自屏蔽；F 为样品诱发裂变率，s^{-1}；M 为中子增殖系数；ε_f 为诱发裂变中子探测效率；v_{s1}、v_{s2}、v_{s3} 分别为激发源诱发铀裂变的 1、2、3 阶矩；f_d 为二重符合门因子；f_t 为三重符合门因子。

$$m_U = \frac{F_{235}}{f_{235} C Y}. \tag{4}$$

式中，C 为装置的耦合系数，由标准样品刻度得到；m_U 为样品中铀的总质量；F_{235} 为激发源诱发 ^{235}U 裂变的裂变率，f_{235} 为 ^{235}U 的丰度，Y 为激发源的中子产额。

2.2 模拟结果与分析

模拟结果如表 2 所示，使用 1~3 号样品作为标样，对耦合系数 C 进行标定，耦合系数的标定结果如图 11 所示。并使用 4 号样品对耦合系数 C 的拟合结果进行验证。

表 2 MCNP 模拟测量结果

编号	^{235}U 预制质量 / g	D / cps	T / cps	M	$C \times 10^6$	m_s / g	相对误差
1	2599.22	951.47	560.53	1.4031	5.62	2597.13	—
2	1577.39	473.22	188.31	1.2634	6.58	1578.17	—
3	1267.81	402.38	140.84	1.2247	7.76	1267.31	—
4	1851.24	558.12	262.24	1.3185	5.71	1768.33	4.48％

注：D 为二重计数率，T 为三重计数率，M 为增殖系数，C 为耦合系数，m_s 为通过模拟得到的质量

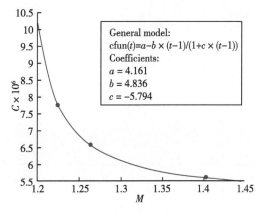

图 11 C-M 耦合曲线

通过表 2 的结果可知，优化的装置在一个 20 s 的测量周期内，对随机外形的铀样品能够达到相对误差小于 10%[12] 的工业要求，装置设计合理。

3　结论

本文提出和设计了一种基于 D-D 中子源的多重性测量装置，通过 MCNP 模拟，选择了 40 cm 长的 ^{3}He 探测器组成探测器阵列，优化装置的中子响应；选择了 6.0 cm 的铅与石墨组成反射层，进一步提高了装置的中子利用率。

接着通过铀材料模拟验证装置测量的精度，对随机尺寸的铀材料基本能够实现相对误差<10% 的要求。该研究对多重性装置研制优化及提高装置效率与测量准确度有重要参考价值。

参考文献

［1］　CODY L，BRADEN G. Ability of non-destructive assay techniques to identify sophisticated material partial defects ［J］. Nuclear engineering and technology，2020，52（6）：1252-1258.

［2］　EVANS L G. Pulse train analysis applied to the re-evaluation of deadtime correction factors for correlated neutron counting ［J］. Alabama：Univesity of Bilrmingham，2009.

［3］　NAGY L，PÁZSIT I，PÁL L. Multiplicity counting from fission detector signals with time delay effects ［J］. Nuclear Inst. and methods in physics research A，2018（884）：119-127.

［4］　BRADE N GODDAR D，STEPHEN C. High-fidelity passive neutron multiplicity measurements and simulations of uranium oxide ［J］. Nuclear Inst. and methods in physics research A，2013（712）：147-156.

［5］　许小明，贾向军，甘霖. 含钚物料中子多重性测量技术研究 ［M］//. 中国核学会核化工分会成立三十周年庆祝大会暨全国核化工学术交流年会会议论文集. 北京：2010：358-361.

［6］　刘晓波，胡倩，肖建国. 铀材料的中子多重性测量分析方法 ［J］. 核动力工程，2009，30（1）：74-77.

［7］　刘晓波，肖建国，陈选勇. 多重性探测器中子衰减时间的标定 ［J］. 原子能科学技术，2010，44（S1）：423-425.

［8］　朱剑钰，李瑞，黄孟，等. 用时序探测事件模拟提升中子多重性计算效率 ［J］. 强激光与粒子束，2018，30（2）：142-148.

［9］　左文明，张全虎，庄琳，等. 中子多重性计数器探测效率空间分布研究 ［J］. 核电子学与探测技术，2017，37（12）：1223-1228.

［10］　Anon. Office of scientific and technical information ［J］. Choice reviews online，2009，47（4）：1947-1959.

［11］　陈利高，刘晓波，龚建，等. 大空腔探测系统中子多重性随机模拟及参数计算 ［J］. 强激光与粒子束，2014，26（1）：222-227.

［12］　黎素芬，张全虎，弟宇鸣，等. 有源中子多重性测量计算机模拟研究 ［M］//中国电子学会，中国核学会核电子学与核探测技术分会. 第十六届全国核电子学与核探测技术学术年会论文集（下册）. 北京：2012：299-306.

Design and simulation optimization of multiplicity measurement device based on D - D neutron source

ZHANG Hao-ran[1], ZHANG Yan[1]*, QU Jin-hui[1], LIU Shi-liang[2],
WANG Ren-bo[1,2], TANG Bin[1]

(1. Engineering Research Center for Nuclear Technology Application, Ministry of Education,
East China University of Technology, Nanchang, Jiangxi 330013 China;
2. Pan - China Detection Technology, Nanchang, Jiangxi 330013, China)

Abstract: The neutron multiplicity measurement method is presently a crucial technique for international nuclear material verification and accounting. Due to the strong penetration ability of neutrons, the measurement method of multiplicity is minimally affected by the shape of the sample. For uranium material calculations, because of the low spontaneous fission rate of uranium isotopes, neutron sources are often used to excite the sample and induce fission. The uranium content in the material is determined via the calculation of the first, second, and third counting rates. With the increasing control of nuclear radiation, the research and application of controllable accelerator neutron sources has become more widespread. At this juncture, accelerator neutron sources represented by D - D neutron sources have been gradually applied to various fields such as neutron logging, neutron activation analysis, thermal neutron imaging, and radiation testing. This article focuses on the low energy D - D neutron source (2.5 MeV), aiming to complete the design and optimization of a multiplicity measurement device based on a D - D neutron generator. The device is structured according to the active well type coincidence counter (AWCC) model, featuring high - density polyethylene as the main body material. The detection array comprises 40 uniformly distributed ^{3}He detectors, with one specifically located at the bottom for neutron source yield monitoring. Using the D - D neutron source from Pan - China Detection Technology to excite the sample fission, a top graphite end plug is attached to the upper part to reflect neutrons and enhance neutron utilization efficiency. Since the energy of the D - D neutron source is about 2.5 MeV, which exceeds the induced fission threshold of ^{238}U (1.1 MeV), it is necessary to slow down the neutrons emitted by the D - D neutron source to reduce the influence of ^{238}U on the measurements; in addition, owing to the 4π angle emission of the neutrons from the D - D neutron source, it is necessary to set up a reflection layer to improve the utilization rate of the neutrons. Due to the device's complexity and the difficulty in optimizing theoretical calculations, the MCNP software was utilized to simulate the device and provide data support for device optimization. Considering the weight and processing complexity, heavy water - sealed polyethylene container was chosen for moderating layer material. A reflector layer, consisting of 6.0cm lead and graphite, was then formed. The actual fission neutron detection efficiency of the device was found to be 34.61%. The uranium material simulation verification device can achieve a relative error of under 10% for uranium materials of varying sizes. This study is valuable for enhancing device efficiency, optimizing the creation of multiple devices, and improving measurement accuracy.

Key words: Neutron multiplicity; D - D neutron source; MCNP; Simulation optimization

反应堆一回路泄漏监测技术比较分析

张多飞，李晓玲，贾靖轩，王威

（武汉第二船舶设计研究所，武汉 430064）

摘 要：本文简单介绍了反应堆一回路泄漏的不同监测方法（如稳压器水位监测、稳压器排放管温度监测、安全壳地坑水位监测等基本物理监测方法）。重点介绍了反应堆一回路泄漏放射性监测方法。详细分析了惰性气体浓度监测、^{131}I 放射性比活度测量、^{13}N 气体放射性测量及 ^{18}F 气溶胶监测等一回路泄漏监测方法。梳理了各类放射性监测方法的特性，对比了不同监测方法的响应速度、监测灵敏度和系统可靠性。介绍了各类监测方法的当前应用情况，并对一回路泄漏监测技术发展趋势进行了初步分析探讨。

关键词：一回路；核辐射；泄漏监测

反应堆一回路冷却剂具有高温、高压、高辐射的特点，并且一回路压力边界涉及较多的设备、管道和阀门接口，这些管道阀门接口长期在高温、高压、高辐射的一回路冷却冲蚀下，容易产生缺陷或裂纹，导致一回路冷却剂泄漏。冷却剂泄漏如果不能及时发现和处理，可能导致一回路大破口事故，因此及时准确地监测一回路泄漏，对反应堆的安全运行具有重要意义。反应堆设计必须包括完整有效的一回路泄漏监测系统。本文分析了反应堆一回路泄漏的不同监测方法，比较了各监测方法特点及其发展趋势。

1 反应堆一回路泄漏监测方法介绍

反应堆一回路泄漏监测方法较多，通常监测方法可以归纳为三大类：一是基本物理量水位、温度、湿度等物理量变化监测，如稳压器水位下降、冷却剂疏水箱收集水量增多、安全壳地坑液位上升、安全壳内湿度快速上升等；二是声发射监测，声发射技术是 20 世纪 50 年代后迅速发展起来的一种动态无损检测方法，其基本原理是用灵敏的仪器接收和处理声发射信号，通过对声发射源特征参数的分析和研究，推断出材料或结构内部活动缺陷的位置、状态变化程度和发展趋势；三是安全壳内放射性监测，一回路冷却剂泄漏会导致安全壳内相关核素放射性浓度增大，通过监测特定核素放射性活度浓度可监测到一回路冷却剂的泄漏率。

1.1 基本物理量监测技术

当一回路冷却剂泄漏，一回路的装水量会减少，会造成稳压器液位降低，引起 CVS 补水泵启动向一回路补水。如果当前一回路处于稳定运行状态，通过此现象可以判断一回路冷却剂可能发生泄漏；冷却剂疏水箱收集量增大，引起 RCDT 泵的非预期频繁启动，也可以判断一回路冷却剂可能发生泄漏；安全壳地坑液位计指示地坑液位上升，引起安全壳地坑泵频繁启动，也可作为一回路冷却剂泄漏的参考依据。当高温高压的一回路冷却剂发生泄漏时，会在安全壳内迅速气化为蒸气，引起安全壳内湿度快速上升，通过湿度的变化，也可判定可能会发生一回路冷却剂泄漏。上述冷却剂泄漏监测方法简单、高效、故障率低，但无法确定具体泄漏位置和泄漏量，因此需要与其他监测技术配合综合判断一回路泄漏位置和泄漏量。

1.2 声发射监测技术

当反应堆主回路压力边界冷却剂发生泄漏时，泄漏冷却剂与金属压力边界材料发生作用，产生超

作者简介：张多飞（1991—），男，工程师，主要从事辐射监测系统设计相关工作。

声范围的连续发射的瑞利波，这种信号沿金属压力边界表面传播，产生的声压可利用高频响应的压电晶体传感器探测，金属压力边界泄漏声信号在数十千赫兹至数百千赫兹频率。声学泄漏监测系统根据监测到的声信号判断是否产生泄漏及泄漏量的大小和位置。田湾核电厂 1 号、2 号机组设计了声学泄漏监测系统，该套系统在一回路上布置了 54 个声传感器，系统灵敏度≤3.8 L/min；在冷却剂流速＞4.0 kg/min 的情况下，能探测主系统冷却剂的泄漏，并能探测到特定管线或段位的泄漏点，泄漏位置估计误差≤50%，泄漏大小估计误差≤50%[1]。

1.3 放射性监测技术

一回路泄漏放射监测技术主要手段有安全壳内空气放射性浓度监测、放射性气溶胶监测、^{131}I 浓度监测、^{131}I 浓度监测、^{13}N 浓度监测、安全壳内 ^{18}F 放射性活度监测等监测手段。下面将重点介绍各类放射性监测方法的特点。

2 一回路泄漏放射性监测方法特点比较

2.1 惰性气体、气溶胶和 ^{131}I 监测方法

国内外核电站基本安装了基于惰性气体、气溶胶和 ^{131}I 的监测系统，用于判断一回路冷却剂泄漏情况。安全壳内惰性气体主要来自两部分，分别是安全壳内空气中的 ^{40}Ar 受热中子活化产生的 ^{41}Ar 本底和一回路系统泄漏导致冷却剂中的惰性气体迁移至安全壳空气中形成的放射性气体。采用气流 β 闪烁体探测器对安全壳内空气进行取样监测。放射性气溶胶是悬浮在空气中的放射性固体颗粒，直径大小不等，它们可能是裂变产物核素或是腐蚀活化产物核素可发生 β 衰变，且伴随 γ 射线的放出，通过取样过滤将气溶胶收集到滤纸上，可采用 β 或 γ 探测器测量气溶胶浓度。为准确测量气溶胶活度浓度需采用延时测量法消除天然本底，核电站一般采用串联两个探测器的方法进行及时和延时测量。正常运行情况下，空气中不存在 ^{131}I 当发生泄漏后气态 ^{131}I 被活性炭吸附收集，可通过监测 ^{131}I 浓度变化来判断一回路泄漏情况。

上述放射性泄漏监测是典型的一回路泄漏监测方法能准确地测量放射性比活度，但是由于不能准确确定源项，因此通过放射性比活度不能定量表示一回路泄漏率，并且受限于气体取样口位置，不能准确定位泄漏点。

2.2 ^{13}N 监测方法

^{13}N 监测方法以正电子衰变核素 ^{13}N 作为监测源项，通过监测安全壳内 ^{13}N 含量来判断一回路泄漏率。^{13}N 主要来自一回路的水活化，半衰期为 9.96 min，一回路水中的比放射性活度可以精确计算，并能实时定量在线监测一回路水泄漏率。该监测方法响应速度快，能准确给出压力边界的泄漏率，可以实现多点探测，能较为具体地给出泄漏位置。但是由于安全壳内 ^{13}N 浓度水平低，导致探测效率低，因此测量下线较高。20 世纪 90 年代起法国将 ^{13}N 监测法应用于核电站。目前国内外核电站基本安装了 ^{13}N 监测系统。

2.3 ^{18}F 监测方法

^{18}F 是一回路水中的另一种活化产物，具有 β+放射性，浓度较高，半衰期长达 109.7 min，^{18}F 在空气中与微尘形成气溶胶颗粒，通过测量安全壳内 ^{18}F 微尘的放射性活度可以准确测量一回路压力边界泄漏率，是监测一回路压力边界泄漏率的新方法。^{18}F 监测系统主要由取样器、PIPS 探测器、信号处理单元及相关电缆组成。另外，表 1 给出了各放射性监测方法特点比较。

表 1　各放射性监测方法特点比较

监测方法	被监测对象	探测器类型	优点	缺点	应用情况
惰性气体、气溶胶和^{131}I 监测	含有裂变产物和活化产物	闪烁体探测器、半导体探测器等	技术成熟、准确度高、稳定可靠	源项无法分辨，无法准确给出泄漏点和泄漏率	广泛应用
^{13}N 监测	气态形式存在，半衰期短	闪烁体探测器	灵敏度高、可靠性高、响应速度快	测量下限较高、稳定性较差	广泛应用
^{18}F 监测	主要以气溶胶形式存在，半衰期较长	PIPS 探测器	响应速度快、定量给出一回路泄漏率	成熟度较低、受不同取样位置气体浓度分布影响较大	初步应用

3　反应堆一回路泄漏监测技术发展趋势

随着技术的发展和安全理念的进一步完善，要求反应堆一回路泄漏监测向高灵敏度、准泄漏率、精确泄漏位置、高可靠性的方向发展。声发射监测技术有望克服当前反应堆一回路泄漏监测只能分区分段设点监测的局限，使承压边界的整体监测成为可能。如 2—回路泄漏放射性监测方法所述各方法有各自的优缺点，惰性气体、气溶胶和^{131}I 等传统辐射监测方法具备高效、可靠的特性，但受限于监测原理该类监测方式无法实现泄漏率精确测量。为克服^{13}N 监测方法测量下限较高的缺陷，有研究提出了基于^{13}N 的多探头 γ 符合法反应堆泄漏监测。^{13}N 和^{18}F 监测方法具有响应速度快、灵敏度高的特点，但是取样监测会受不同区域分布浓度的影响，因此建立高精度的反应堆压力边界泄漏模型，进行数字化仿真，研究它们在安全壳内的传输机制和浓度分布对提高监测可靠性具有重要意义。

4　总结

反应堆一回路泄漏监测系统是确保反应堆安全运行不可或缺的重要系统，随着核电技术的发展，各类监测技术也在不断进步，实现精确定位、高灵敏度、高可靠性、高响应速度的探测手段是一回路泄漏监测技术的发展目标。本文通过比较各类监测方法的特点，分析一回路泄漏监测技术发展趋势，为反应堆一回路泄漏监测系统设计提供参考。

参考文献

[1]　周正平．核电厂声学泄漏监测系统的设计和验证［J］．核动力工程，2018，39（3）：110－113.
[2]　赵越．基于^{13}N 的多探头 γ 符合法反应堆泄漏监测研究［D］．衡阳：南华大学，2020.

Comparison and analysis of leakage monitoring technologies for reactor primary circuit

ZHANG Duo-fei, LI Xiao-ling, JIA Jing-xuan, WANG Wei

(Wuhan Second Ship Design and Research Institute, Wuhan, Hubei 430064, China)

Abstract: This article briefly introduces different monitoring methods for reactor primary circuit leakage (such as basic physical monitoring methods pressurizer water level monitoring, pressurizer discharge pipe temperature monitoring, and containment sump water level monitoring). The radioactive monitoring method for reactor primary circuit leakage is emphatically introduced. The primary circuit leakage monitoring methods such as inert gas concentration monitoring, ^{131}I specific activity measurement, ^{13}N gas radioactivity measurement, and ^{18}F aerosol monitoring were analyzed in detail. The characteristics of various radioactive monitoring methods are summarized, and the response speed, monitoring sensitivity, and system reliability of different monitoring methods are compared. The current application of various monitoring methods is introduced, and the development trend of primary circuit leakage monitoring technology is preliminarily analyzed and discussed.

Key words: Primary loop; Nuclear radiation; Leakage monitoring

面向宇航应用的核能谱信号高斯成形滤波器设计

陈建武，张海力，沈　亮，陈志玲，盖芳钦，

常　晔，梅志武，赵春晖，刘旭力

（北京控制工程研究所，北京　100190）

摘　要：高斯成形滤波器可将前置放大器输出的阶跃信号转化为高斯脉冲，提高核脉冲信号的信噪比并将脉冲信号快速恢复到基线，从而实现高计数率。采用多极点滤波器设计方法实现高增益低噪声的成形放大。通过仿真分析优化滤波器设计参数，满足贝塞尔滤波器响应特性，实现恒定群延时和线性相位响应。采用宇航级运算放大器设计两级滤波器电路和一级增益调节电路，构成四阶高斯成形滤波器。采用信号发生器模拟 SDD 探测器和前置放大器，测试成形滤波器的阶跃响应波形、噪声、输出幅值的变化范围及线性度，验证成形滤波器的响应特性，其输入端与 SDD 探测器的电荷灵敏放大器相连，输出端与峰值保持电路及多道分析器相连。采用 X 射线管照射不同金属靶材产生多种单色 X 射线，覆盖 1.49 keV～22.16 keV，测试成形滤波器的输出信号，即多道能谱，通过标定获得能量响应矩阵。实际测试结果表明，能量分辨率优于 141.8 eV@5.90 keV 的，满足宇航应用需求。

关键词：X 射线探测器；成形滤波器；高斯成形；能量分辨率

　　在核能谱测量仪器中，从探测器及放大器输出的信号通常混有噪声，叠加到脉冲幅度上使脉冲幅度有一定的随机波动，影响对幅度提取的准确性，是影响能量分辨率的主要因素之一。另外，由于核辐射是随机发生的，短时间内可能有多个事件发生，若测量得到的脉冲幅度为两个或多个核脉冲幅度叠加后的值，会改变计数率和能谱，从而影响测量的准确性。为了滤除噪声、减小脉冲堆积，通常要采用滤波成形电路对单光子信号进行处理。根据最佳滤波器的理论分析可知，对称无限宽尖顶脉冲具有最佳信噪比，而高斯波形即具有该特征，并且顶部比较平坦，弹道亏损小[1]。核脉冲一般成形为准高斯型波形，通常由多级无源积分或有源积分电路组成[2]。

1　Sallen‐Key 成形滤波器

　　Sallen‐Key 成形滤波器是一种二阶有源滤波电路，1955 年由麻省理工学院林肯实验室的 R. P. SaUen 和 E. L. Key 提出。该电路采用部分正反馈，具有较大的品质因数。通常应用于核脉冲的滤波成形电路，可以在较少的级数下得到质量较好的准高斯波形。一级的 Sallen‐Key 滤波器的滤波效果相当于二级无源 RC 滤波器的。可以通过调整放大器的增益，将多个 Sallen‐Key 滤波器串联起来达到高阶滤波的目的[3]。

　　Sallen‐Key 滤波器电路的频率特性完全由 RC 参数决定。对于单级 Sallen‐Key 滤波器（图 1），其传递函数为：

$$H(s) = \frac{K_{p} \times F_{c}^{2}}{s^{2} + \frac{F_{c}}{Q}S + F_{c}^{2}}。 \tag{1}$$

作者简介：陈建武（1985—），男，高级工程师，博士，现主要从事空间辐射探测器的设计与研究。

基金项目：国家自然科学基金（1203000376）。

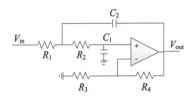

图1 Sallen‑Key 滤波器拓扑结构

其中，K_p 为电压增益：

$$K_p = \frac{R_3 + R_4}{R_3}。 \tag{2}$$

F_c 为滤波器截止频率：

$$F_c = \frac{1}{2\pi\sqrt{R_1 R_2 C_1 C_2}}。 \tag{3}$$

Q 为品质因素：

$$Q = \frac{\sqrt{R_1 R_2 C_1 C_2}}{R_2 C_1 + R_1 C_1 + R_1 C_2 (1 - K_p)}。 \tag{4}$$

通常选取 $K_p = 1$，令 $R_1 = mR_2$；$C_2 = nC_1 = nC$。这样只需确定 m、n 的值，便可确定成形滤波器的频率特性。

Sallen‑Key 滤波器对电阻、电容参数偏差要求低，但存在上升时间快、下降时间长的拖尾问题，不仅影响能量分辨率，而且降低了光子通量。为此，设计基于双极点多重反馈型成形滤波器。

2 双极点多重反馈型成形滤波器

2.1 工作原理

双极点多重反馈型成形滤波器拓扑结构如图 2 所示，与 Sallen‑Key 滤波器不同，其输出端经过 RC 滤波，进一步降低输出噪声，具有高增益、低噪声、高光子计数率的特点。

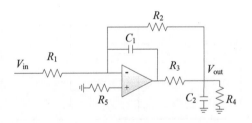

图2 双极点多重反馈型成形滤波器拓扑结构

电容 C_2 包含负载电容在内，有利于提高滤波器的稳定性。电阻 R_1 实现滤波器增益调节，不影响滤波器频率特性。滤波器增益为：

$$G = \frac{R_2}{R_1}。 \tag{5}$$

传递函数的极点可通过求解获得：

$$R_4 + C_1 R_2 R_3 s + C_1 R_2 R_4 s + C_1 R_3 R_4 s + + C_1 C_2 R_2 R_3 R_4 s^2 = 0。$$

首先选择合适的电阻 R_2、R_3，且 $R_2 \gg R_3$，负载电阻 $R_4 \gg R_3$，再求解电容 C_1 和 C_2。通过电路参数调节，获得 Bessel 滤波器响应特性。Bessel 滤波器相位有最平坦。时域过冲和延时最小特性，针对线性相位响应进行优化，实现在通带范围内相同的群延时。

2.2 仿真分析

利用双极点多重反馈型成形滤波器拓扑结构，构建核脉冲信号成形滤波电路，如图 3 所示。第一级与 X 射线探测器前置放大器输出相连，实现微分成形放大，第二级为增益调节电路，第三级电路实现成形滤波并驱动下一级峰值保持器和比较器电路。

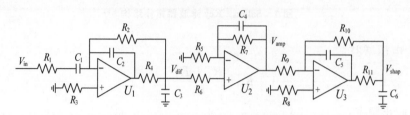

图 3 核脉冲信号成形滤波器电路原理

第一级成形滤波器，不仅实现成形滤波，而且利用 C_1 实现微分，极点位于 R_1C_1，R_2、R_4、C_2 和 C_3 构成复极点。

第二级成形滤波器的 R_{10}、R_{11}、C_5 和 C_6 构成复极点。为了驱动下一级电路，减小输出阻抗，一般将电阻 R_{11} 设置为小阻值，电容 C_{11} 设置为大容值。

在第一级和第二级成形滤波器中间，增加一级增益调节电路，根据探测器增益和能量探测范围调节增益电阻 R_5 和 R_7。

开展电路的频域仿真分析，依据群延时仿真结果调节电路中电阻和电容参数，满足 Bessel 响应特性要求，最终确定成形滤波器电路电阻和电容参数如表 1 所示。群延时仿真结果如图 4 所示，在通带范围内具有最大平坦的群延时，853.8 ns，满足线性相位响应的要求。

表 1 成形滤波器电路电阻和电容参数

R_1/Ω	$R_2=R_3/\Omega$	$R_4=R_{11}/\Omega$	$C_1=C_3/\text{pF}$	C_2/pF	$R_5=R_6/\Omega$	R_7/Ω	$R_8=R_9/\Omega$	R_{10}/Ω	C_5/pF	C_6/pF
200	1000	51	1200	220	100	1500	200	1300	270	680

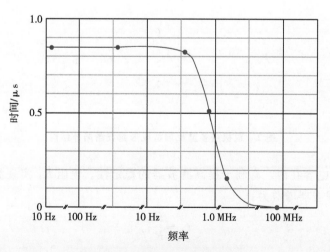

图 4 成形滤波器电路群延时仿真

开展电路的时域仿真分析，输入为阶跃信号，输出波形如图 5 所示，未出现过冲或振铃，上升时间为 315.9 ns，下降时间为 944.4 ns。输出信号脉冲宽度 < 3 μs，满足最高计数率 100 kcps 的要求。

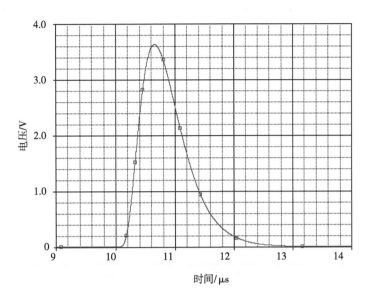

图 5　成形滤波器电路时域波形仿真

2.3　测试与验证

　　为了验证仿真结果，采用宽带低噪声运算放大器设计电路板。采用信号发生器模拟 SDD 探测器和前置放大器。电路板输入端连接到信号发生器产生的脉冲信号，输出的实验波形如图 6 所示，上升时间 300.0 ns，下降时间 961.7 ns，与仿真结果相当。

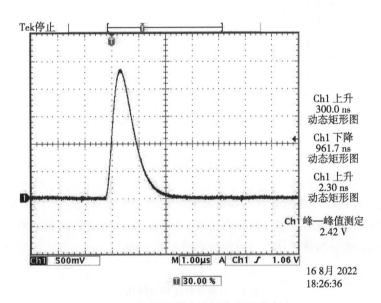

图 6　成形滤波器电路板输出测试波形

　　为验证成形滤波器的线性相位响应特性，将电路板输出连接到多道分析器，输入端与信号发生器相连，连接关系如图 7 所示。

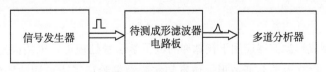

图 7　成形滤波器电路线性度测试原理

记录多道分析器道址与信号发生器脉冲幅值的关系，如图8所示，验证了成形滤波器的线性响应。

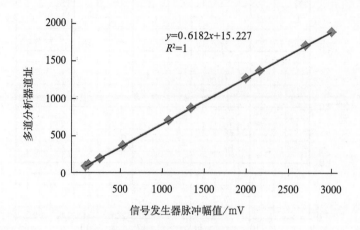

$y=0.6182x+15.227$
$R^2=1$

图8 成形滤波器电路线性度测试

将成形滤波器电路板输入端连接到 SDD 探测器，制冷到 -30 ℃，采用 X 射线管照射不同金属靶材产生多种单色 X 射线，覆盖 1.49 keV～22.16 keV，其中 Mn 金属靶材的能量分辨率测试如图9所示，K_α 能量峰 5.90 keV，其能量分辨率为 141.8 eV。

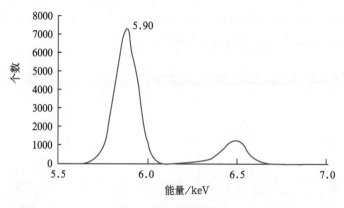

图9 能量分辨率测试

国内外宇航 SDD 能谱仪的能量分辨率对比如表2所示，本设计通过优化成形滤波器设计参数降低电子线路噪声，实现高能量分辨率。国际空间站 NICER 载荷的 SDD 探测器制冷温度是 -55 ℃，与本设计的 -30 ℃相比，进一步降低热噪声对能量分辨率的影响。

表2 能量分辨率特性对比

风云二号[4]	张衡一号[5]	MinXSS[6]	NICER[7]	本设计
185 eV@5.88 keV	175 eV@5.90 keV	150 eV@5.90 keV	139 eV@5.90 keV	141.8 eV@5.90 keV

3 结论

将双极点多重反馈型成形滤波器应用于核脉冲的电子学信号处理中，采用高速低噪声运算放大器，实现以较少的成形滤波器级数获得准高斯波形，仿真和实验结果验证了成形滤波器设计的可行性和有效性。通过搭建成形滤波器电路和多道能谱分析电路，并与 SDD 探测器相连，构建完整的 X 射线能谱探测电路，实现能量分辨率优于 141.8 eV@5.9 keV。双极点多重反馈型成形滤波器采用的运算放大器数量少，有利于实现低功耗和小型化，适用于空间辐射探测、高能天文观测等空间科学仪器的开发与应用。

致谢

在相关电路研制与试验进行中，得到了项目组同事付伟纯、石永强、左富昌、刘思远、熊琰的大力支持，在此对项目组同事的大力帮助表示衷心的感谢。

参考文献

[1] 祁中，李东仓，杨磊，等．基于低通 S－K 滤波器的核脉冲成形电路 [J]．兰州大学学报（自然科学版），2008，44（5）：137－140.

[2] 张志勇，曾卫华，周舜铭，等．核能谱信号放大器脉冲成形电路的设计 [J]．核电子学与探测技术，2011，31（11）：1300－1302.

[3] 李东仓，杨磊，田勇，等．基于 Sallen－Key 滤波器的核脉冲成形电路研究 [J]．核电子学与探测技术，2008，28（3）：563－566.

[4] 韦飞，张效信，张斌全，等．风云二号 F 星太阳 X 射线探测器在轨探测初步成果 [J]．地球物理学报，2014，57（11）：3812－3821.

[5] Li X Q. The high－energy particle package onboard CSES [J]. Radiation detection technology and methods，2019，3（22）：1－11.

[6] CHRISTOPHER S. The instruments and capabilities of the miniature X－Ray solar spectrometer (MinXSS) cubesats [J]. Solar physics，2018，293（21）：1－40 .

[7] GREGORY. Nicer instrument detector subsystem：description and performance [C]. Proc. of SPIE space telescopes and instrumentation 2016：ultraviolet to gamma ray，2016（9905）：1－12 .

Nuclear spectroscopy Gaussian shaping amplifier designed for space application

CHEN Jian-wu，ZHANG Hai-li，SHEN Liang，CHEN Zhi-ling，
GAI Fang-qin，CHANG Ye，MEI Zhi-wu，ZHAO Chun-hui，LIU Xu-li

(Beijing Institute of Control Engineering，Beijing 100190，China)

Abstract：Gaussian shaping amplifiers accept a step－like input pulse and produce an output pulse shaped like a Gaussian function. The purposes are to filter out much of the noise from the signal and to provide a quickly restored baseline to allow for higher counting rates. The shaping amplifiers are designed based on the multi－pole filter topology for high gain and low noise. The parameters of the shaping amplifiers are optimized by simulation. The advantages of the Bessel filters were the constant group－delay and the linear phase response. The four－order filter circuits are design with two－stage filters and one－stage gain tuning amplifier adopting space－grade operational amplifiers. A signal generator was connected to the input port to test the impulse response，noise，the range and linearity of the output amplitude. The time domain results were in agreement with the simulation. Furthermore，a SDD detector and a MCA with peak hold were connected to the shaping amplifiers. Different targets were radiated by X－ray tube to get an energy range of 1.49 keV and 22.16 keV. The energy response of the spectroscopy was calibrated. The energy resolution was 141.8 eV FWHM at the 5.9 keV Mn Ka line.

Key words：X－ray detector；Shaping amplifier；Gaussian shaping；Energy resolution

基于北斗通信的环境辐射监测系统研制

石松杰，马　畅，梁英超，马天骥，钟秋林，章红雨，邓文康，罗　凡

（武汉第二船舶设计研究所，湖北　武汉　430064）

摘　要： 在核电站运行过程中，会产生大量的放射性废液和废气，为了控制放射性废弃物的排放，为了人类的安全，必须进行核电站的环境放射性监测。本文研究的基于北斗通信的环境辐射监测系统是核电站厂区辐射和气象监测系统的重要组成部分。

关键词： 北斗通信；环境辐射监测；中央站；应急监测子站

核电站环境监测分为运行前的本底调查、运行中的常规监测和应急环境监测 3 个层次，分别是运行前的本底调查、运行中的常规监测、应急环境监测[1-3]。本文的研究基于北斗通信的环境辐射监测系统，属于应急环境监测的一部分。

尽管核电站从设计到运行，在安全上都做到层层设防、纵深设计，做到了几乎万无一失的程度，但仍可能由于操纵失误或某方面的故障，引起放射性物质大量外泄。对于应急事故监测：首先，及时了解事故释放对环境污染的途径，水平和范围，以便采取撤离居民、封闭道路等应急措施，以减少对居民的照射和受照人数，限制事故的后果[4]；其次，确定和估计在事故情况下，居名受外照射和因呼吸放射性引起内照射的程度，作为采取包括医学措施在内的相应措施的依据；最后，提供事故后果和释放到环境中放射性物理行为和生物中迁移的科学资料，可用来检验反应堆事故安全系统的性能，检验预先所做的事故分析和常规监测计划是否合理。

所以应急环境检测在环境辐射监测中扮演着重要角色。目前国内使用的应急环境辐射监测系统多依赖国外厂家设备，国外的应急环境系统多采用 GPS 定位技术和数传电台通信计数路线，部分设计不符合国内用户的使用习惯，并且价格十分昂贵、维护成本高。我国北斗卫星系统特有的定位及短报文通信能力非常适用于应急环境监测。基于我国北斗卫星系统技术优势，本文研究了基于北斗通信的环境辐射监测系统。该系统布放简单、续航时间长，具备应急使用优势。

1　系统组成

基于北斗通信的环境辐射监测系统由应急环境 γ 辐射监测站点（简称"应急监测子站"）和中央监控中心（简称"中央站"）组成。

中央站由北斗短报文通信装置、应急数据采集工作站、应急 KRS 网络服务器组成。将应急监测子站北斗短报文通信装置发送数据目的的 ID 设置为中央站北斗短报文通信装置设备 ID，中央站的北斗短报文通信装置可以接收到所有监测子站北斗短报文通信装置发出的数据。

应急监测子站主要由无线数据传输装置和便携式 γ 辐射探测器组成，便携式 γ 辐射探测器采用双 GM 管探测器实现超宽量程 γ 剂量率测量。便携式 γ 探测器集成有一体式风速风向仪、无线数据传输装置采用北斗短报文通信装置，该装置兼具定位和数据传输功能。

系统网络拓扑图如图 1 所示。

作者简介：石松杰（1992—），男，硕士学位，工程师，现主要从事反核仪器研发工作。

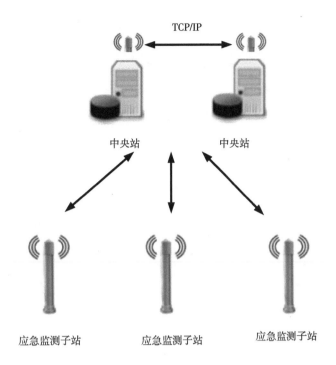

TCP/IP

中央站　　　　中央站

应急监测子站　　　应急监测子站　　　应急监测子站

图1　系统拓扑图

1.1　中央站

中央站的主要功能是连续采集监测子站的监测数据。完成大气 γ 辐射监测数据的采集与分析、气象数据的采集分析，实时处理和显示监测值、实时处理和显示超阈值报警信息及系统和设备的各种故障报警信息。同时具有建立各类数据库、提供趋势图等各种数据分析处理功能和自动报表输出功能等。

1.2　应急监测子站

应急监测子站具备环境剂量率监测能力、气象信息监测能力和北斗短报文通信能力。应急监测子站将采集的环境 γ 剂量率、气象数据打包后通过北斗短报文通信装置定时对外发送。应急监测子站设备均安置于户外，需要保证在高温、高湿、盐雾等恶劣环境下能正常工作。

2　系统设计

2.1　数据传输方案

北斗短报文通信是卫星通信的一种，基于北斗通信的环境辐射监测系统能够突破地形及距离限制，实现任意区域的环境剂量率实时监测。

应急监测子站设备间采用 RS485 通信，应急监测子站通过北斗短报文通信装置与卫星通信通信。中央站的北斗短报文通信装置与中央站的数据采集服务器之间采用 RS485 通信；中央站的数据采集服务器与网络服务器之间采用 TCP/IP 通信。

基于北斗通信的环境辐射监测系统采用数字化、网络化和信息化的设计，实现信息的集中控制和分散管理，系统主要由上层的集中控制中央站和下层的应急监测站组成。中央站与应急监测子站采用卫星通信方式，提高系统应急使用能力。

系统数据传输方案如图 2 所示。

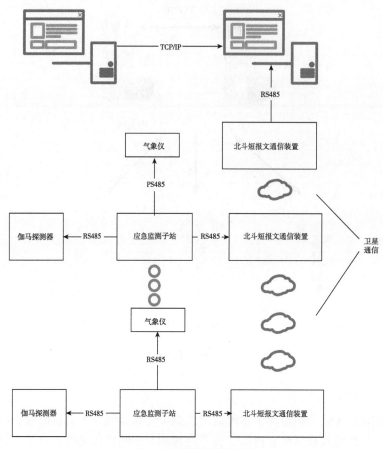

图 2　系统数据传输方案

2.2　中央站设计方案

中央站是整个系统的网络控制核心，由多台计算机、北斗短报文通信装置及后备电源等部件组成。

中央站数据采集计算机是中央站所有监测数据的来源，其工作的稳定性与整个系统数据的获取率息息相关。为减少系统的故障率，在本系统中，我们采用两台计算机的冗余设计，当其中一台计算机故障时，另一台计算机仍然可以保障系统正常运行。

两台数据采集工作站彼此互为冗余，为实现此功能，安装在数据采集工作站的服务引擎软件已内置了双机心跳线监测功能。

网络服务器是一台扩展能力强的专业服务器，它是 KRS 网络的主控制器、文件服务器和数据库服务器，提供数据、文件共享服务，配置了专业的数据库管理软件。

2.3　应急监测子站设计方案

应急监测子站设备均工作于户外，为保证设备在各种恶劣环境下运行，应急监测子站采用一体化快拆设计。设备防水防尘等级达到 IP67。应急监测子站采用可充电锂电池组为设备供电。

应急监测子站包含数据采集装置、便携式 γ 探测器、一体化气象仪、北斗短报文通信装置、锂电池组等。应急监测子站的核心为数据采集装置，该装置负责采集剂量率、气象信息、打包数据、并且控制北斗短报文通信装置发送数据包。数据采集装置还具备历史数据存储、配置参数存储等功能。

便携式 γ 探测器采用一体化设计，通过 RS485 对外通信。该探测器有着良好的探测性能及极低功耗，能够满足应急监测子站的需求。

3 研制结论

基于北斗通信的环境辐射监测系统运行情况，系统运行稳定、界面友好、操作简单，适应应急环境辐射监测工作环境，能准确有效地对周边环境的放射性物质及其对居民的照射剂量进行监控，满足应急环境使用的要求。

参考文献

[1] 李玉婷，陈勇强，孙显海，等 . 核电站应急环境监测方案制定［J］. 中国石油和化工标准与质量，2018（9）：17 - 24，29 - 33.

[2] 马秀娟 . 浅析核电站建设期间环境监测方案［J］. 科技创新与应用，2017（5）：1.

[3] 刘虹 . 核应急监测中的数据信息融合系统设计［J］. 电子技术（上海），2022，51（12）：3.

Research on environmental radiation monitoring system based on Beidou satellite communication

SHI Song-jie，MA Chang，LIANG Ying-chao，MA TIAN-ji，
ZHONG Qiu-lin，ZHANG Hong-yu，DENG Wen-kang，LUO Fan

（Wuhan Secondary Institute of Ships，Hubei，Wuhan 430064，China）

Abstract：During the operation of nuclear power plants，a large amount of radioactive waste liquid and exhaust gas are generated. In order to control the discharge of radioactive waste and for human safety，environmental radiation monitoring of nuclear power plants is necessary. The environmental radiation monitoring system based on Beidou Communication studied in this article is an important component of the radiation and meteorological monitoring system in the nuclear power plant area.

Key words：Beidou satellite communication；Environmental radiation monitoring；Central station；Emergency monitoring substation

核安全级就地处理显示单元嵌入式软件的设计

金　坦，王巨智，邓文康，欧阳小龙，毕明德

（武汉第二船舶设计研究所，湖北　武汉　430205）

摘　要：随着核电站数字化仪表的逐渐普及，我国核电相关监管部门和核电站越来越重视核安全级数字化仪表的软件质量管理。就地处理显示单元是应用于核电站厂房环境监测系统的 1E 级核安全数字化仪表，用于连续监测核电厂或其他核设施控制区内人行通道、操作场所及部分设备间等区域放射性水平，并可把监测数据通过总线传送至上层网络，当被测量值超过预定阈值时发出音响和灯光报警并给出信号启动隔离保护设施，以警示现场工作人员，确保工作人员安全。安全级软件作为安全级数字化电子仪表的重要组成部分，其质量已成为保障核电站安全运行的重要因素之一，也成为相关监管部门的关注重点。就地处理显示单元在研发过程中应首先结合我国核安全法规体系和国内外的主要标准给出了核安全软件生命周期模型，软件 V&V 工作与软件设计开发同步进行，软件质量保证贯穿整个软件生命周期。

就地处理显示单元嵌入式软件要实现的关键功能包括耦合探测器获得测量值、显示功能和报警功能。关键技术包括安全自检技术和无中断处理技术。软件设计过程中使用有限状态机和结构化方法，采用防御性编程、故障检测及诊断、错误检验代码技术措施进行编程；采用 C 语言进行代码编写，符合 MISRA C—2012 *Guidelines for the use of the C language in critical systems* 要求。为保证软件的可靠性，由独立的第三方软件 V&V 团队，依据 IEC 60880—2006 进行了软件验证与确认工作，编制了软件验证与确认计划，进行了系统规格书验证、软件需求验证、软件设计验证、软件编码验证、软件单元测试、软件集成测试和确认测试等工作，确保就地处理显示单元软件的可靠性满足 HAD 102/16—2004 和 IEC 60880—2006 的要求，性能指标满足技术规格书的要求。

关键词：就地处理显示单元；核安全软件；软件验证与确认

核电站传统的安全级模拟电子仪表系统正在逐渐被安全级数字化电子仪表代替。其中厂区环境监测系统中的就地处理显示单元正是其中之一，主要功能是耦合各种不同类型的探测器获得测量值，进行显示及报警甄别，并可把监测数据通过 RS485 总线传送给上层网络。当测量值超过预定阈值时，发出声光报警并切换继电器无源触点输出状态。安全级软件作为安全级数字化电子仪表的重要组成部分，其质量已成为保障核电站安全运行的重要因素之一，也成为相关监管部门的关注重点。

本文首先结合我国核安全法规体系和国内外的主要标准给出了核安全软件生命周期模型；然后依据软件生命周期模型详细阐述了就地处理显示单元嵌入式软件在每个设计阶段的主要工作内容；最后给出本次设计过程中的关键技术。

1　软件生命周期模型

我国核安全法规 HAF003、HAF102 及导则 HAD102/16[1-4] 给出了核安全级数字化电子仪表系统设计和软件 V&V 的质保和技术要求。

欧洲核电行业主要采用国际电工委员会的 IEC 标准[5-8] 指导核安全级数字化电子仪表系统的设计开发和软件 V&V 工作，其中 IEC 60880[5] 详细规定了核电厂安全重要仪表和控制系统中执行 A 类功能的计算机软件的 V&V 活动阶段和流程。

我国能源行业标准 NB/T 20054[9] 是对 IEC 60880 的修改完善，其中有关 V&V 活动阶段和流程的相关内容与 IEC 60880 基本一致。

作者简介：金坦（1988—），男，本科，高级工程师，现主要从事核辐射监测仪表研制工作。

本文根据我国核安全法规 HAF003、HAF102 及导则 HAD102/16 的要求，以及 IEC 60880、NB/T 20054 的规定，结合经典的"V"字模型[8] 给出了核安全级软件的生命周期模型，如图 1 所示。软件 V&V 工作与设计开发同步进行，软件质量保证贯穿整个软件生命周期。

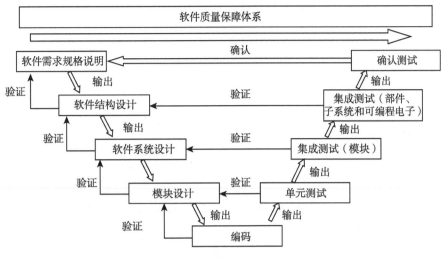

图 1　核安全级软件生命周期模型

2　软件设计

2.1　结构设计

图 2 为就地处理显示单元结构，就地处理显示单元包括信号处理板和显示模块两个部分，就地处理显示单元以嵌入式软件形式运行在信号处理板中。根据工作现场需求，就地处理显示单元可以向不同类型的探测器提供高压、低压电源，对接收到的探测器输出脉冲信号进行处理后得出测量值和状态信息；通过 SPI 发送数据显示模块进行显示，显示模块显示测量和状态信息；通过 RS232 口与调试计算机进行通信，通过 RS485 口与上层网络实现通信；通过报警灯光模块输出报警信息。

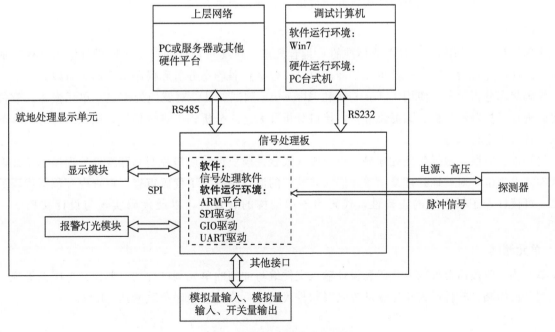

图 2　就地处理显示单元结构

2.2 模块设计

就地处理显示单元嵌入式软件（LPDU‑QRSRJ）为了降低程序各部分之间的耦合度，采用结构化设计（由驱动层和逻辑处理层两个层次组成）。每一层次由多个功能块构成，功能块之间相互独立，便于系统剪裁与扩展。LPDU‑QRSRJ软件层次结构如图3所示。

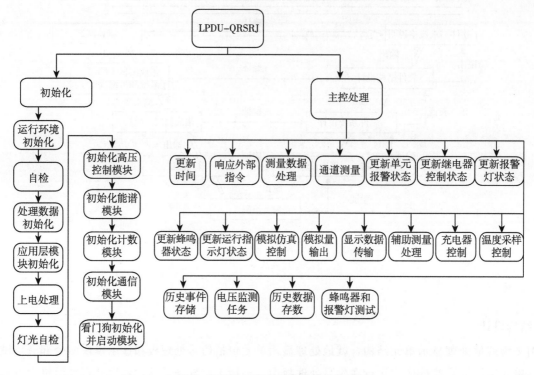

图 3   LPDU‑QRSRJ 软件层次结构

该层次结构采用分层的设计思想，初始化层负责驱动硬件及其硬件通信接口，实现软件运行环境的初始化处理；主控处理层完成对数据的获取处理、通信数据的实际收发，更新时间、报警、继电器、报警灯、蜂鸣器、指示灯等状态，并完成历史事件和数据存储。

2.3 代码设计

代码编写遵循 MISRA‑C 工业标准的 C 编程规范，在编写过程中严格按照设计输入文件完成功能需求。代码完成后进行了软件单元的静态测试，包括代码静态分析和代码审查两个阶段。

代码静态分析阶段，使用了 Testbed 和 Klocwork 测试工具，对就地处理显示单元嵌入式软件的源代码进行了控制流分析、数据流分析、接口分析及表达式分析；工具分析后，测试组再对工具分析结果进行人工定位和分析。

代码审查阶段，根据就地处理显示单元嵌入式软件模块设计规格说明书和就地处理显示单元嵌入式软件需求规范，对就地处理显示单元嵌入式软件的源代码进行了代码审查。审查内容包括代码的规范性、可读性，逻辑表达的正确性，代码实现和结构的合理性，以及代码实现与设计文档的一致性等。

2.4 单元测试

单元测试阶段需要根据源代码和设计输入文件编写详细的单元测试计划、单元测试用例等规程文件，然后使用测试软件或人工走查的方式对软件代码进行测试，确保覆盖率达100%。

2.5 模块集成测试

模块集成测试主要验证在开发的早期阶段所有软件模块是否能够正确地协同执行预期功能。软件单元之间的兼容性及功能是否符合设计文件的要求。需要根据源代码和设计输入文件编写详细的集成测试计划、集成测试用例等规程文件，然后使用测试软件或人工走查的方式进行测试。

2.6 软硬件集成测试

软硬件集成测试主要验证软件和硬件之间的兼容性及软硬件能否满足功能的要求。需要根据软硬件和设计输入文件编写详细的集成测试计划、集成测试用例等规程文件，然后使用在线调试、测试软件监测和人工检查的方式进行测试。对安全级功能需要进行故障插入试验和性能测试，确保安全级功能正确执行，动作响应时间等性能符合设计要求。

2.7 确认测试

确认测试的目的是针对完整的电子仪表进行测试和评估，以保证满足系统的功能、性能及需求说明的要求。需要编写确认测试计划、确认测试用例等规程文件对电子仪表进行安全功能特性测试、故障插入测试、性能测试、失效影响测试、共因故障测试等。

3 关键技术

为了提高设备的可靠性，以及充分符合 IEC 60880 和核安全局审查的要求，系统中实现安全功能的代码采用无中断处理技术。为了实现上述目标，需解决对响应时间有紧迫要求的任务（通信处理）的处理方法及对于采用轮询方式耗时较多的任务（如大量数据的传输）的处理方法。

通信数据接收处理流程如下：

①串口接收控制器通过移位寄存器接收来自总线上的比特流数据；

②当移位寄存器完成 1 个字节（8 bit）数据移位后，将该数据送入数据接收寄存器；

③DMA 控制检测到数据接收寄存器有新数据后会自动将该数据取出并放入指定的内存中；

④CPU 定期查询 DMA 控制器，检测是否完成一个数据包的传输，如果完成则对内存中的数据进行处理。

由于 DMA 控制的最大传输数据数量为 4 K，远大于 Modus 通信的最长数据帧，因此对 CPU 的查询时间无严苛要求，只需满足通信最大应答时间（通常为几十至几百毫秒）即可。

数据发送处理流程如下：

①CPU 对 DMA 控制器进行配置，源地址为内存中需发送数据的首地址，目标地址为数据发送寄存器地址，传输数据个数为许发送数据的个数，配置完成后启动 DMA 控制器；

②DMA 控制器启动后，DMA 控制器会连续不断地自动将内存中待发送的数据写入数据发送寄存器中（触发条件为发送寄存器为"空"）；

③写入数据发送寄存器的数据会送往移位寄存器进行移位输出；

④CPU 定期查询 DMA 控制器是否完成全部数据的发送。

在数据发送过程中 CPU 仅 DMA 进行初始化配置和查询工作，而实际的数据传输均通过 DMA 控制器完成，因此 CPU 的占用时间基本上可忽略不计。

参考文献

[1] 全国人大常务委员会．中华人民共和国核安全法［Z］．2018．

[2] 国务院令第 500 号．民用核安全设备监督管理条例［Z］．2019．

[3] 国家核安全局．核电厂质量保证安全规定：HAF003—1991［Z］．1991．

[4] 国家核安全局．核电厂设计安全规定：HAF102—2004［Z］．2004．

[5] IEC. Nuclear power plants – Instrumentation and control systems important to safety – Software aspects for computer – based systems performing category A functions: IEC 60880 – 2006 [Z]. 2006.

[6] IEC. Nuclear power plants – Instrumentation and control important to safety – Classification of instrumentation and control: IEC 61226 – 2009 [Z]. 2009.

[7] IEC. Functional safety of electrical/electronic/programmable electronic safety – related systems – Part 3: Software requirements: IEC 61508 – 3 – 2010 [Z]. 2010.

[8] IEC. Nuclear power plants Instrumentation and control for systems important to safety – General requirements for systems: IEC 61513 – 2001 [Z]. 2001.

[9] 国家能源局. 核电厂安全重要仪表和控制系统执行 A 类功能的计算软件: NB/T 20054 – 2011 [S]. 北京: 原子能出版社, 2011.

Design of Embedded Software for Nuclear Safety Local Processing and Display Unit

JIN Tan, WANG Ju-zhi, DENG Wen-kang, OUYANG Xiao-long, Bi Ming-de

(Wuhan Secondary Institute of Ships, Wuhan, Hubei 430205, China)

Abstract: With the gradual popularization of digital instruments in nuclear power plants, China's nuclear power related regulatory authorities and nuclear power plants pay more and more attention to the software quality management of nuclear safety digital instruments. The local processing display unit is a 1E level nuclear safety digital instrument used in the environmental monitoring system of the nuclear power plant, which is used to continuously monitor the radioactivity level of the pedestrian passage, operation site and some equipment rooms in the control area of the nuclear power plant or other nuclear facilities, and can transmit the monitoring data to the upper network through the bus, and when the measured value exceeds the predetermined threshold, the sound and light alarm is issued and the signal is given to start the isolation and protection facilities to warn the on – site staff and ensure the safety of the staff. As an important part of safety – level digital electronic instruments, the quality of safety – level software has become one of the important factors to ensure the safe operation of nuclear power plants, and has also become the focus of relevant regulatory authorities. In the process of research and development, the local processing display unit should first combine China's nuclear safety regulatory system and major standards at home and abroad to give a nuclear safety software life cycle model, software V&V work and software design and development are carried out simultaneously, and software quality assurance runs through the entire software life cycle.

The key functions to be implemented by the embedded software of the local processing display unit include: coupling the detector to obtain the measured value, display function and alarm function. Key technologies include safety self – test technology and non – disruptive processing technology. In the software design process, finite state machine and structured method are used, and defensive programming, fault detection and diagnosis, and error verification code technical measures are used for programming; Code in C and meets the MISRA C—2012 Guidelines for the use of the C language in critical systems. In order to ensure the reliability of the software, the independent third – party software V&V team carried out software verification and validation work in accordance with IEC 60880—2006, compiled a software verification and confirmation plan, and carried out system specification verification, software requirement verification, software design verification, software coding verification, software unit testing, software integration testing and confirmation testing, etc., to ensure that the reliability of the local processing display unit software meets HAD 102/16—2004 and IEC 60880—2006 requirements, performance indicators meet the requirements of the technical specifications.

Key words: Local processing display unit; Nuclear safety – related software; Software verification and validation

一种数字化核脉冲多道分析系统的非线性优化设计

艾　烨，梁英超，毕明德，程紫阳

（武汉第二船舶设计研究所，湖北　武汉　430000）

摘　要： 核脉冲多道分析系统是辐射监测领域能谱分析仪器的核心组成部分。随着高速模数转换器（ADC）及数字信号处理技术的飞速发展，数字化核脉冲多道分析系统依靠其在稳定性、分辨率、信号处理速度、环境适应性等方面的巨大优势，正在逐渐取代模拟多道分析系统成为核能谱测量系统的主要方向。微分非线性（DNL）和积分非线性（INL）指标是核脉冲多道分析系统的两个关键指标。根据 GB/T 4833.1—2007 的要求，对于小型（便携式）核测量设备，积分非线性（INL）应小于等于±0.05%，微分非线性（DNL）应小于等于±1.0%。核脉冲多道分析系统的非线性除了受高速 ADC 自身的微分非线性（DNL）和积分非线性（INL）的影响外，还会受其他因素的影响。本文首先从 DNL 和 INL、分辨率、信噪比（SNR）、输入信号动态范围、带宽及功耗等方面提出了一种 ADC 的选型；然后根据核脉冲多道分析系统的特点，重点考虑带宽、压摆率、噪声和 PSRR 指标，提出了一种放大器的选型。此外，时钟接口阈值区间附近的抖动会破坏模数转换器（ADC）的时序。例如，抖动会导致 ADC 在错误的时间采样，造成对模拟输入的误采样，并且降低器件的信噪比。经计算，为了实现 14 位 SNR 性能，系统的孔径抖动必须小于 0.15ps。本系统中使用高速 ADC 具有高达 14 位的分辨率，更高的分辨率也意味着系统对噪声更敏感。高速 ADC 及相关运算放大器等均会受到电源噪声的影响，从而导致后端的脉冲分析出现非线性失真。本系统采用了在开关稳压器后加线性稳压器的方式进行电源滤波设计。线性稳压器能有效滤除开关稳压器产生的纹波电压。此外，本系统还通过适当的信号路由、去耦和接地，在恶劣的数字环境内保持 ADC 的宽动态范围和低噪声。最终，本文针对非线性优化后的核脉冲多道分析系统进行了积分非线性和微分非线性的测试，系统的积分非线性：0.047%；微分非线性：0.95%，满足 GB/T 4833.1—2007 的要求。

关键词： 数字化核脉冲多道分析系统；微分非线性；积分非线性

　　多通道分析系统（MCA）是一种分析由电压脉冲组成的输入信号的仪器[1]，广泛用于数字化各种光谱测量，尤其是与核物理学有关的测量值，包括各种类型的光谱法。MCA 是基于伽马能谱的环境辐射监测的主要组成部分，可用于测量和识别来自自然和人工背景辐射的放射源。MCA 记录了由探测器探测到的放射源发出粒子的脉冲高度分布。随着高速模数转换器（ADC）及数字信号处理技术的飞速发展，目前伽马能谱仪已普遍采用了数字 MCA。与模拟 MCA 相比，数字 MCA 的点是核能谱分析速度快、脉冲速度高、使用可编程器件对数字信号进行处理，另外，在稳定性、分辨率、信号处理速度、环境适应性等方面均有巨大优势。微分非线性（DNL）和积分非线性（INL）指标是核脉冲多道分析系统的两个关键指标。根据 GB/T 4833.1—2007 的要求，对于小型（便携式）核测量设备，积分非线性（INL）应小于等于±0.05%，微分非线性（DNL）应小于等于±1.0%。核脉冲多道分析系统的非线性除了受高速 ADC 自身的微分非线性（DNL）和积分非线性（INL）影响外，还会受到其他因素的影响（包括电源噪声、放大器性能、时钟抖动、模拟与数字地平面处理等），设计时需要同时对上述各个方面进行特殊优化处理，才能使整个系统的非线性指标满足要求。

　　本文从 ADC 选型、放大器选型、ADC 时钟抖动、电源噪声优化、模拟及数字地平面处理等方面提出了一种非线性优化设计，用于提高核脉冲多道分析系统的微分非线性和积分非线性指标。

作者简介： 艾烨（1990—），男，湖北武汉人，电子学学硕士。研究方向：辐射监测设备。

1 设计方案

1.1 ADC 选型

根据核脉冲多道分析系统的需求特点，对 ADC 的选型重点考虑以下几个方面特性。

（1）DNL 和 INL

ADC 自身的 DNL 和 INL 会直接影响核脉冲多道分析系统的 DNL 和 INL。选择具有良好 DNL 和 INL 的 ADC 能直接提升系统的 DNL 和 INL 性能。

（2）分辨率

分辨率是决定分析精度的重要指标。流水线结构的 ADC 能够提供高分辨率和高转换速率，并在精度、速度与功耗间取得较好的平衡，因此是选型应满足的基本条件。为了使核脉冲多道分析系统达到 4 k 道的分析精度，应选择 12 位（$2^{12} = 4096$）以上的 ADC；而为了达到 16 k 道的分析精度，应选择 14 位（$2^{14} = 16\,384$）以上的 ADC。

（3）信噪比

信噪比是高速 ADC 的核心指标，对核脉冲多道分析系统的分析精度有着决定性作用。更高的信噪比意味着更高的分析精度，即对输入信号的采样更精确，便于后端算法对脉冲幅度的分析。

（4）输入信号动态范围

由于电子学系统中不可避免地会存在本底噪声（数百 uVpp），因此更高的输入信号动态范围能更有效提升信噪比，提高系统的分析精度。

（5）带宽

ADC 的带宽需要满足输入脉冲信号的要求。根据香农采样定理，当输入脉冲信号的最大频率为 100 MHz 时，为了保证对脉冲信号的采样不失真，要求采样率不小于 200 MHz。因此，根据工程经验，ADC 的带宽应达到此值的 2～4 倍。

（6）功耗

本系统面向便携式应用场景，需求体积较小，若 ADC 功耗过高会导致严重的发热问题，将影响 ADC 的性能和长期运行的稳定性。

根据上述要求，项目组选用 ADI 公司的 LTC2152IUJ – 14 作为该系统的高速 ADC，其主要性能指标如下：

采样频率：250 MHz；

分辨率：14 bit；

优秀的 DNL 和 INL 性能：±1.0 LSB（INL），±0.25 LSB（DNL）；

高信噪比：69.5dB@140M 输入；

宽动态输入范围：1.5 Vpp；

高带宽：1250 MHz；

低功耗：356 mW。

1.2 放大器选型

根据核脉冲多道分析系统的特点，放大器的选型需重点考虑以下几个方面。

（1）带宽

与高速 ADC 的带宽要求相同，为了保证对输入脉冲信号的采样不失真，应尽可能选择高带宽的运算放大器。

（2）压摆率

由于核脉冲信号通常具有快速的上升沿（可高达几十纳秒），若放大器的压摆率不足，将会导致放大器出现非线性失真。因此需选择高压摆率的放大器以免非线性失真。

（3）噪声

对于核脉冲多道分析系统，放大器的噪声具有重要的影响，放大器的输出噪声会直接影响后端ADC 的采样精度，进而影响系统的分析精度。因此低噪声是选用放大器的关键指标。

（4）PSRR

电源抑制比（PSRR）决定了放大器对电源纹波的抑制能力，由于系统中不可避免地会使用开关稳压器（输出纹波较高），因此对纹波的抑制能力直接决定了放大器的输出噪声，并影响系统的分析精度。

根据上述要求，项目组选用 TI 公司的 LMH6554 作为模拟前端的放大器，其主要性能指标如下：

高带宽：高达 1.8 GHz；

高压摆率：6200 V/μs；

低噪声：0.9 nV/$\sqrt{\ }$Hz；

高 PSRR：高达 95 dB。

核脉冲多道分析系统的模拟前端采用两级放大电路对输入的脉冲进行放大，两级放大倍数可分别设置成 1 或 4。对放大电路进行建模（图 1），通过计算分析得到的电路输出噪声如表 1 所示。可见在 100 MHz 的脉冲输入情况下，各种增益配置均能够保持 80 dB 以上的信噪比。由于 ADC 的信噪比为 70 dB，放大电路的信噪比比高速 ADC 的信噪比多约 10 dB，因此不会对 ADC 的采样精度产生显著影响。

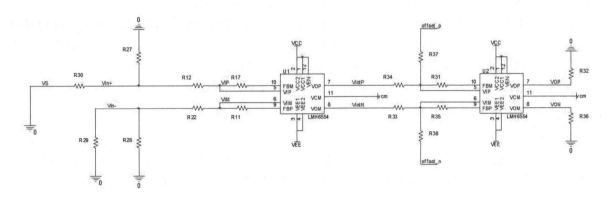

图 1　放大电路噪声计算模型

表 1　放大电路噪声分析

增益类型	差分噪声密度/ nV/SQRT（Hz）	差分噪声/RMS μV （20MHz）	差分噪声/RMS μV （100 MHz）	SNR/1Vpp @20MHz	SNR/1Vpp @100MHz
一级增益 ×1	6.07	27.25	60.65	88.2824	81.331
一级增益 ×4	6.45	28.886	64.174	87.776	80.8425
两级增益 ×1×1	6.65	29.725	66.588	87.5273	80.561
两级增益 ×4×4	7.02	31.424	70.128	87.0445	80.0719

1.3　ADC 时钟抖动

时钟接口阈值区间附近的抖动会破坏模数转换器（ADC）的时序。例如，抖动会导致 ADC 在错误的时间采样，造成对模拟输入的误采样，并且降低器件的 SNR。

时钟抖动主要来源于 ADC 内部电路或外部电路。外部电路的各种信号源会对采样时钟进行幅度和相位的调制。这些信号源包括宽带随机噪声、电源噪声或由于不合理的接地而引入的数字噪声等。在内部电路则主要是高速 ADC 内部时钟放大器电路产生的宽带白噪声致使时钟的边沿抖动。

时钟抖动会导致采样的时刻不固定，有一定的随机性，它的结果等效于引入了噪声。由于时钟抖动是随机的，属于高斯分布，因而它引入的噪声是白噪声。且信号频率越高，引入的噪声越大。

时钟抖动对 ADC 的最大输入频率的限制可由式（1）描述。

$$f_{max} = \frac{1}{3\pi\sigma_j \times 2^{N+1}}。 \tag{1}$$

其中，σ_j 为有效孔径时间抖动的均方根值；N 为 ADC 的位数。

以 20 Msps、12 位的 ADC 为例，若 $\sigma_j = 10$ ps，则由上式可得，$f_{max} = 1.296$ MHz；若 $\sigma_j = 50$ ps，则 $f_{max} = 259$ kHz。

若采用 40 Msps、14 位的 ADC，当 $\sigma_j = 10$ ps，则 $f_{max} = 324$ kHz。

由此可见，ADC 的位数越高，时钟抖动对 ADC 输入信号频率的限制越大。同样位数下，时钟抖动越大，输入信号的频率范围越小。

时钟抖动对 ADC 的 SNR 的影响可式（2）计算：

$$SNR = 20\lg\left[\frac{1}{2\pi f t_j}\right]。 \tag{2}$$

其中 F 为输入信号频率；t_j 为有效孔径时间抖动的均方根值（$t_j = \sigma_j$）。

式（2）假设 ADC 具有无限的分辨率，孔径抖动是决定 SNR 的唯一因素。孔径和采样时钟抖动对 SNR 和 ENOB 有严重影响，特别是当输入频率较高时。由于最大的非失真输入信号频率为 100 MHz，根据香农采样定理最低采样率为 200 MHz，因此为了实现 14 位 SNR 性能，孔径抖动必须小于 0.15 ps。

1.4 电源噪声优化

本系统中使用的高速采样模数转换器（ADC）具有高达 14 位的分辨率，以便能够进行更精确的系统测量分析。然而，更高的分辨率也意味着系统对噪声更敏感。系统分辨率每提高 1 位，如从 13 位提高到 14 位，系统对噪声的敏感度就会提升 1 倍。然而高速 ADC 及相关运算放大器等均会受电源噪声的影响，从而导致后端的脉冲分析出现非线性失真。

一般系统的供电电源可分为线性电源和开关电源。线性电源具有低纹波噪声的优点，非常适合本系统的低电源噪声需求，但其体积重量较大难以满足技术指标要求。而开关电源虽然具有更小的体积、重量及更高的转换效率，但如果直接采用开关电源给运算放大器、高速 ADC 供电将会导致这些噪声敏感器件受电源纹波的影响，从而降低信噪比，出现非线性失真，影响测量精度。

开关稳压器总会产生一定量的输出电压纹波。在众多处理小信号的应用中，这种纹波会造成干扰。通常使用无源组件来滤除开关稳压器的输出电压纹波，但 LC 滤波器等无源滤波器存在一些缺点。根据滤波器所需的截止频率，有时空间要求会相当大，而且电感器成本高昂。不过，无源滤波器的最大缺点是会增加一些损耗和随工作电流变化的输出电压。因此，所产生电压的直流调节精度相当低。

本系统中采用了在开关稳压器后加线性稳压器的方式进行电源滤波设计。线性稳压器能有效滤除开关稳压器产生的纹波电压。系统中采用具有很高电源电压抑制比（PSRR）的线性稳压器。这意味着，线性稳压器的大部分输入纹波会被阻挡，因此线性稳压器的输出纹波会很小。此外，线性稳压器的输出电压有自己的闭环回路，因此会进行较好的精确调节。

线性稳压器的另一个重要规格也与无源 LC 滤波器不同，即其本征的由其内部基准电压及内部误差放大器产生的噪声。由于本系统中对低干扰（低噪声）具有较强要求，线性稳压器产生的本征干扰影响不容忽视。因此，选用的线性器本身均具有超低噪声。

此方案不仅适用于正电源电压，也适用于负电源电压。本系统信号路径中的调理电路要求使用具有正负电源电压的低噪声双极性电源。正电源选用的是线性稳压器 TPS73801，PSRR 高达 63 dB，噪声 16 uVRMS，负电源选用的线性稳压器 TPS7A33，PSRR 高达 72 dB，噪声 54uVRMS。其中，电源纹波抑制比（PSRR）是输入电源变化量（以 V 为单位）与转换器输出变化量（以 V 为单位）的比值。线性稳压器的 PSRR 越高，则表明该线性稳压器对输入电源的纹波抑制能力越强，其输出电源的纹波越低，从而更有利于核脉冲信号的采样分析。

1.5 模拟与数字地平面处理

在基于数字脉冲处理的核脉冲多道分析系统上，不可避免地会使用高速 ADC 这种数模混合器件。在恶劣的数字环境内，能否保持 ADC 的宽动态范围和低噪声与是否采用良好的高速电路设计技术密切相关，包括适当的信号路由、去耦和接地。

1.5.1 接地层和电源层

保持低阻抗大面积接地层对目前所有的模拟和数字电路都很重要。接地层不仅用作去耦高频电流（源于快速数字逻辑）的低阻抗返回路径，还能将 EMI/RFI 辐射降至最低。由于接地层的屏蔽作用，电路受外部 EMI/RFI 的影响也会降低。所有集成电路接地引脚应直接焊接到低阻抗接地层，从而将串联电感和电阻降至最低。

由于系统中使用大量数字元件、模拟元件和数模混合元件，因此需要在物理上分离敏感的模拟元件与多噪声的数字元件。另外针对模拟和数字电路使用分离的接地层也很有利，避免重叠可将两者间的容性耦合降至最低。两层一直保持分离，直至回到共同的系统"星型"接地，位于电源入口处。接地层、电源和"星型"接地之间的连接应由多个总线或铺铜构成，以便获得最小的电阻和电感。

1.5.2 低频和高频去耦

每个电源在进入 PCB 板时，应通过高质量电解电容去耦至低阻抗接地层。这样可以将电源线路上的低频噪声降至最低。在每个独立的模拟器件旁，均需放置一个高频的去耦电容用于仅针对高频的滤波。尽量保持去耦电容的接地路径最短，以免增加额外的 PCB 走线电感，使有效性降低。铁氧体磁珠会增强高频噪声隔离和去耦，有利于降低噪声。但需要验证磁珠永远不会在 IC 处理高电流时饱和并留有足够余量（因为即使在完全饱和前，磁珠也可能变成非线性），以保证 IC 器件在低失真输出下工作。

1.5.3 高速 ADC 的接地处理

系统中敏感的模拟元件，如放大器、基准电压源等，需要接入模拟地，而 FPGA、SDRAM 等具有较大噪声的数字器件应接入数字地。具有低数字电流的高速 ADC 一般应视为模拟元件，同样接地并去耦至模拟接地层，其原因如图 2 所示。

同时具有模拟和数字电路的高速 ADC 内部，接地应保持独立，以免将数字信号耦合至模拟电路。图 2 给出了一个简单的转换器模型。将芯片焊盘连接到封装引脚难免产生线焊电感和电阻，这是无法避免的。快速变化的数字电流在 B 点产生电压，且必然会通过杂散电容 C_{stray} 耦合至模拟电路的 A 点。不过，为了防止进一步耦合，AGND 和 DGND 应通过最短的引线在外部连在一起，并接到模拟接地层。DGND 连接内的任何额外阻抗将在 B 点产生更多的数字噪声；继而使更多数字噪声通过杂散电容耦合至模拟电路。如果将 DGND 连接到数字接地层会在 AGND 和 DGND 引脚两端施加 U_{noise}，带来严重影响，导致 ADC 收到较大的噪声干扰，信噪比显著降低。

这种接地方式确实可能给模拟接地层注入少量数字噪声。但这些电流非常小，只要确保 ADC 转换器的输出不会驱动较大扇出，就能将数字噪声降至最低。将转换器数字端口上的扇出降至最低，还能让转换器逻辑转换少受振铃影响，尽可能减少数字开关电流，从而降低耦合至转换器模拟端口的可能。通过插入小型有损铁氧体磁珠，如图 2 所示，逻辑电源引脚（U_D）可进一步与模拟电源隔离。

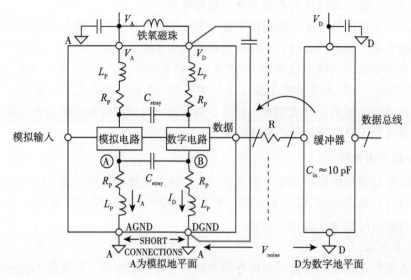

图 2 高速 ADC 接地方案

转换器的内部瞬态数字电流将在小环路内流动，从 U_D 经去耦电容到达 DGND（此路径用图中粗实线表示）。因此瞬态数字电流不会出现在外部模拟接地层上，而是局限于环路内。U_D 引脚去耦电容应尽可能靠近转换器放置，以便将寄生电感降至最低。这些去耦电容应为低电感陶瓷型，通常介于 $0.01 \sim 0.1\ \mu F$。

ADC 输出与后级缓冲器输入间的串联电阻（图 2 中标示为 "R"）有助于将数字瞬态电流降至最低，这些电流可能影响转换器性能。电阻可将数字输出驱动器与缓冲寄存器输入的电容隔离开。此外，由串联电阻和缓冲器输入电容构成的 RC 网络用作低通滤波器，以减缓快速边沿。

2　系统非线性测试

依据 GB/T 4833.1—2007《多道分析器 第 1 部分：主要技术要求与试验方法》，本文针对非线性优化后的核脉冲多道分析系统进行了积分非线性和微分非线性的测试，测试结果如图 3 所示。

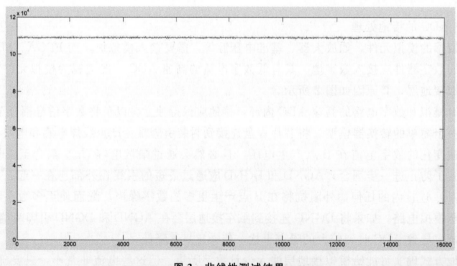

图 3　非线性测试结果

经分析计算，系统的积分非线性为 0.047%，微分非线性为 0.95%。满足 GB/T 4833.1—2007 的要求。

3 总结

本文针对核脉冲多道分析系统在微分非线性和积分非线性两方面的设计上提出了参考方法，首先，从 DNL、INL、分辨率、信噪比、输入信号动态范围、带宽及功耗等方面提出了一种 ADC 的选型；其次，根据核脉冲多道分析系统的特点，重点考虑带宽、压摆率、噪声和 PSRR 指标，提出了一种放大器的选型，通过在开关稳压器后加线性稳压器的方式进行电源滤波设计以滤除纹波电压；然后，本系统还通过适当的信号路由、去耦和接地，在恶劣的数字环境内保持 ADC 的宽动态范围和低噪声；最后，本文针对非线性优化后的核脉冲多道分析系统进行了积分非线性和微分非线性的测试，系统的积分非线性为 0.047%，微分非线性为 0.95%，满足 GB/T 4833.1—2007 的要求。

参考文献

[1] 杨华庭．改善 ADC 微分非线性的一种方法 [D]．北京：中国辐射防护研究院，2001.

[2] 甘武兵．一种新颖的低非线性全数字多相时钟产生电路 [D]．成都：电子科技大学，2014.

[3] 吴芝路．高速 ADC 构成的并行/交替式数据采集系统的非线性研究 [D]．哈尔滨：哈尔滨工业大学，2001.

Nonlinear optimization design of a digital nuclear pulse multichannel analysis system

AI Ye, LIANG Ying-chao, BI Ming-de, CHENG Zi-yang

(Wuhan Second Ship Design and Research Institute, Wuhan, Hubei 430000, China)

Abstract: Nuclear pulse multichannel analysis system is the core component of spectrum analysis instrument in the field of radiation monitoring. With the rapid development of high-speed ADC and digital signal processing and counting, digital nuclear pulse multichannel analysis system is gradually replacing analog multichannel analysis system to become the main direction of nuclear spectrum measurement system, relying on its great advantages in stability, resolution, signal processing speed, environmental adaptability and other aspects. Differential nonlinearity (DNL) and integral nonlinearity (INL) are two key indexes of nuclear pulse multichannel analysis system. According to the requirements of GB/T 4833. 1—2007, for small (portable) nuclear measuring equipment, integral nonlinearity (INL) should $\leqslant \pm 0.05\%$, differential nonlinearity (DNL) should $\leqslant \pm 1.0\%$. The nonlinearity of nuclear pulse multichannel analysis system is not only affected by differential nonlinearity (DNL) and integral nonlinearity (INL) of high-speed ADC itself, but also affected by other factors. In this paper, an ADC selection is proposed from DNL and INL, resolution, signal-to-noise ratio, dynamic range of input signal, bandwidth and power consumption. Then, according to the characteristics of the nuclear pulse multichannel analysis system, an amplifier selection is proposed considering the bandwidth, piezoswing rate, noise and PSRR index. Jitter near the threshold interval of the clock interface can destroy the ADC timing. For example, jitter can cause the ADC to sample at the wrong time, resulting in missampling of analog inputs, and reducing the device's signal-to-noise ratio (SNR). It is calculated that the aperture jitter of the system must be less than 0.15 ps in order to achieve 14 bits SNR performance. The high-speed sampling analog-to-digital converter (ADC) used in this system has a resolution of up to 14 bits, and higher resolution also means that the system is more sensitive to noise. High speed ADC and related operational amplifiers are affected by power supply noise, which leads to nonlinear distortion in pulse analysis at the back end. This system adopts the method of adding linear voltage regulator after switching voltage regulator for power supply filtering design. Linear voltage regulator can effectively filter the ripple voltage generated by switching voltage regulator. In addition, the system maintains the ADC's wide dynamic range and low noise in harsh digital environments through proper signal routing, decoupling, and grounding. Finally, the integral nonlinearity and differential nonlinearity of the nuclear pulse signal processing system after nonlinear optimization are tested in this paper. The integral nonlinearity of the system is 0.047%, and the differential nonlinearity is 0.95%, meeting the requirements specified in GB/T 4833. 1—2007.

Key words: Digital nuclear pulse multichannel analysis system; Differential nonlinearity; Integral nonlinearity

碲锌镉半导体探测器时间响应性能分析

陈　翔，张　侃，胡启航，尹洪峤

（西北核技术研究所强脉冲辐射环境模拟与效应国家重点实验室　陕西　西安　710024）

摘　要： 本文研究了电流型碲锌镉（CZT）半导体探测器的时间响应特性。首先理论分析了 CZT 半导体中浅能级缺陷对探测器时间响应特性的影响，并基于 ps 级脉冲电子束装置获取了不同工作电压、晶体厚度下探测器时间响应曲线。研究结果表明：造成 CZT 探测器时间响应曲线后沿拖尾的主要因素是空穴的慢迁移过程，以及晶体内高浓度的缺陷对载流子的俘获和去俘获作用过程。通过合理设置探测器的工作电压和晶体厚度等参数（如工作电压为 100 V、晶体厚度为 200 μm），使 CZT 探测器时间响应曲线的上升时间、脉冲半宽及持续时间均可达到 ns 级。该研究成果可以为高强度脉冲伽马射线场诊断提供一种具有 ns 级超快响应特性的电流型半导体探测器。

关键词： 脉冲伽马射线；半导体探测器；碲锌镉半导体；时间响应；晶体缺陷

碲锌镉（CdZnTe，CZT）半导体具有优异的综合物理性质，如宽禁带宽度、高电阻率、快载流子迁移率等，在空间探测、医学诊断、核安保等诸多领域均得到了广泛应用[1-2]。基于上述材料特性，在高强度脉冲辐射场诊断领域中，CZT 半导体有望提供一种具有高信噪比、快时间响应、高探测效率、可室温操作及小体积等性能优异的电流型探测器。在高强度脉冲伽马射线测量中，其存在的主要问题是晶体内具有高浓度的复杂缺陷。缺陷对辐射产生的载流子的俘获和去俘获过程等效于延长了载流子的收集时间，造成探测器时间响应性能变慢，限制其在高强度脉冲辐射场诊断中的应用[3-5]。

赵晓川研究了持续时间 200 ps、能量为 100 keV 的贯穿脉冲硬 X 射线辐照条件下 CZT 探测器输出信号变化规律，表现为快的上升时间（～ns 数量级）及缓慢的后沿衰减时间，通过调控工作电压初步认为后沿拖尾的主要贡献因素是载流子去俘获效应[3]。郭榕榕研究了持续时间在 200 ps、能量为 40 keV～70 keV 的脉冲软 X 射线辐照条件下 CZT 探测器输出信号的变化规律。CZT 探测器输出信号上升时间为 2 ns，下降过程存在快成分和慢成分两个部分。快成分的衰减时间为 9.17 ns，慢成分的衰减时间为 14.01 ns。理论分析认为，快成分主要贡献因素是复合过程所引起，慢成分主要贡献因素是载流子去俘获效应所引起[4]。陈翔研究了持续时间在 ns 数量级、能量为 100 keV～430 keV 的脉冲 X 射线辐照条件下 CZT 探测器输出信号变化规律，CZT 探测器输出信号上升沿为 ns 级，下降沿遵循单指数衰减规律，衰减常数为 10^{-8} s 数量级。随工作电压的升高，不同尺寸探测器后沿衰减常数呈降低趋势且趋于一致[5]。上述研究粗略揭示了 CZT 探测器时间响应后沿拖尾与晶体内缺陷对载流子作用之间的联系，但都没有给出两者之间的细致关联，无法用于指导强脉冲条件下如何改进 CZT 探测器时间响应后沿拖尾问题。

本文旨在研究基于 CZT 半导体的电流型探测器时间响应性能。首先分析不同能级缺陷对 CZT 探测器时间响应性能的影响规律，探索基于 CZT 半导体的超快脉冲辐射探测器的实现途径。其次，基于 ps 级脉冲电子束装置开展探测器时间响应性能实验研究，进一步验证其时间响应特性。通过理论分析和实验研究的相互印证，初步揭示了 CZT 探测器时间响应曲线的后沿拖尾与晶体缺陷之间的联系。

作者简介： 陈翔（1990—），男，江苏连云港人，助理研究员，博士，现主要从事脉冲辐射场诊断研究。

基金项目： 国家自然科学基金资助项目（12205238）。

1　理论分析

在外加电场 U 作用下，辐射在厚度为 d 中的 CZT 半导体中产生的载流子的运动速度 v 可由式（1）表示。

$$v = \mu E = \frac{\mu U}{d}。 \tag{1}$$

其中，μ 为载流子的迁移率，电子迁移率约为 $1000\ \text{cm}^2 \cdot \text{V}^{-1} \cdot \text{s}^{-1}$，空穴迁移率约为 $100\ \text{cm}^2 \cdot \text{V}^{-1} \cdot \text{s}^{-1}$；$E$ 为 CZT 晶体中平均电场强度，$E = U/d$。

载流子穿过晶体厚度 d 所需要的渡越时间 t_d 可用式（2）表示。

$$t_d = \frac{d}{v} = \frac{d^2}{\mu U}。 \tag{2}$$

在不同晶体厚度 d、不同工作电压 U 条件下，载流子的渡越时间如表 1 所示[6]。

表 1　不同厚度 d、不同工作电压 U 条件下 CZT 晶体中载流子渡越时间 $t_{d,e(h)}$ 计算结果

d/mm	U/V	$t_{d,e}$/ns	$t_{d,h}$/ns	d/mm	U/V	$t_{d,e}$/ns	$t_{d,h}$/ns
2	100	400	4000	0.2	100	4	40
	200	200	2000		200	2	20
	300	133	1333		300	1.3	13
	400	100	1000		400	1	10
	500	80	800		500	0.8	8
	600	67	667		600	0.7	7

可以看出，当晶体厚度达到 200 μm、工作电压高于 200 V 时，CZT 晶体中电子的渡越时间小于 10 ns。

由于 CZT 晶体内存在高浓度的复杂缺陷，载流子在被收集过程中容易被缺陷俘获和去俘获。以辐射产生的电子被收集过程为例，这些电子存在产生、漂移、缺陷作用等过程，电子浓度 n 随时间的变化过程可由式（3）表示。其中，f_n 是辐射引起的电子的产生率；J_n 是电子漂移电流密度，由式（4）表示；n_t 是缺陷能级上被俘获电子的密度；τ_{et}、τ_{er} 及 τ_{ed} 分别为缺陷对电子的俘获寿命、复合寿命及去俘获寿命[6]。在探测器时间响应测量中，通常脉冲源的持续时间非常短（可达亚 ns 数量级），因此时间响应曲线后沿位置处 $f_n \approx 0$。结合式（5）给出的泊松方程，可以得到 CZT 探测器时间响应后沿过程与空间电荷浓度 ρ、缺陷对电子的俘获寿命（τ_{et}）、复合寿命（τ_{er}）及去俘获寿命（τ_{ed}）等复杂因素有关。

$$\frac{\partial n}{\partial t} = f_n + \frac{1}{e} \nabla \cdot \vec{J_n} - \frac{n}{\tau_{et}} - \frac{n}{\tau_{er}} + \frac{n_t}{\tau_{ed}}, \tag{3}$$

$$\vec{J_n} = e\mu_e n \vec{E}, \tag{4}$$

$$\nabla \cdot \vec{E} = \frac{\rho}{\varepsilon}。 \tag{5}$$

基于相关文献报道，CZT 晶体中，随着缺陷能级（0.04 eV 至 0.95 eV）的增加，缺陷的俘获时间（10^5 s 至 10^{-11} s）单调降低，而去俘获时间（10^{-7} s 至 1 s）单调增加[7-10]。这一结果表明深能级缺陷比浅能级缺陷更快地俘获载流子（$\tau_{t,deep} \ll \tau_{t,shallow}$），浅能级缺陷比深能级缺陷更快地去俘获载流子（$\tau_{dt,deep} \gg \tau_{dt,shallow}$）。上述规律反映出：与深能级缺陷相比，浅能级缺陷的去俘获过程较短（可达数十纳秒数量级），该过程可能是时间响应曲线出现后沿拖尾过程的主要影响因素之一，深能级缺陷能够更快地俘获载流子，但是被俘获的载流子发生去俘获过程所需的时间较长（ms 甚至 s 级）。该过程对探测器时间响应曲线的影响主要体现在两个方面：一方面是辐照初期时间响应曲线的快衰减过程；另一方面是低的时间响应曲线幅度。

综上，在时间响应测试中，引起 CZT 探测器时间响应后沿拖尾现象的主要因素是载流子的渡越过程及浅能级缺陷的去俘获过程。为了提高 CZT 探测器时间响应特性，要求 CZT 晶体厚度尽可能薄且探测器工作电压尽可能高，也即 CZT 晶体中载流子的平均自由程（λ）要远高于晶体自身的厚度（d），可由式（6）表示。

$$\lambda = \mu\tau E = \frac{\mu\tau U}{d} >> d。 \tag{6}$$

其中，τ 为载流子的寿命，约为 1 μs 数量级。

2 实验研究

在西北核技术研究所的超快脉冲电子注入器上开展了 CZT 探测器时间响应测试。该装置能够产生能量 5 MeV～100 MeV、脉冲持续时间在 ps 量级的单能脉冲电子束[11]。利用该装置产生的 20 MeV 单能电子束轰击 10 mm 厚的 Pb 靶产生的韧致辐射测试 CZT 探测器的时间响应性能，系统布局如图 1a 所示。CZT 探测器放置在偏离电子束入射 15°、距离电子束与 Pb 靶作用位置约 30 cm。CZT 探测器位置处接收到的 γ 射线能谱如图 1b 所示。

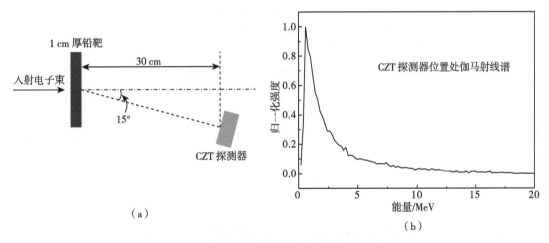

图 1 CZT 探测器测试时间响应

（a）时间响应测试系统布局；（b）电子束打靶在 CZT 探测器位置处的韧致辐射谱

实验所用 CZT 晶体由西北工业大学材料学院提供，尺寸分别为 10 mm×10 mm×2 mm 和 4 mm×4 mm×0.2 mm，编号分别为 1♯ 和 2♯，具体的 CZT 探测器参数如表 2 所示。由于 MeV 能量的 γ 射线能够穿透 CZT 探测器，可以认为 γ 射线在 CZT 晶体中的沉积能量接近均匀体分布，即沉积能量产生的载流子在晶体内均匀分布。CZT 探测器输出信号由带宽为 500 MHz 的数字示波器记录，工作电压由高压源提供，单次脉冲中装置产生的电子电荷量由积分电流环（ICT）测试给出。1♯ 和 2♯ CZT 探测器时间响应测试结果如图 2 和图 3 所示。

表 2 实验用 CZT 参数

编号	尺寸/mm³	U/V	λ_e/mm	λ_e/d	λ_h/mm	λ_h/d
1♯	10×10×2	300	15	7.5	1.5	0.75
		600	30	15	3.0	1.5

编号	尺寸/mm³	U（V）	λ_e/mm	λ_e/d	λ_h/mm	λ_h/d
2#	4×4×0.2	100	50	250	5	25
		200	100	500	10	50

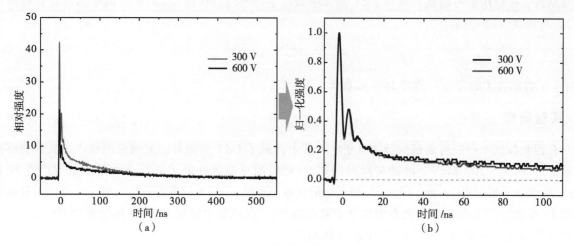

图2　1#CZT探测器时间响应曲线

（a）ICT归一曲线；（b）幅度归一曲线

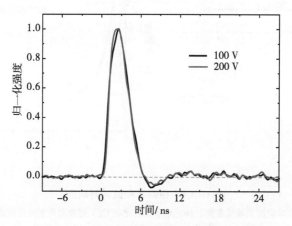

图3　2#CZT探测器时间响应幅度归一曲线

3　分析讨论

3.1　时间响应特性

由图2可看出，1#CZT探测器时间响应曲线后沿存在明显的拖尾现象，尤其是在辐照100 ns后，曲线后沿拖尾水平仍然占峰值的10％左右。基于CZT探测器时间响应的理论分析和实验研究，可以得到CZT探测器时间响应出现后沿拖尾现象的决定因素主要有两类，即辐射产生的载流子的渡越过程及缺陷对载流子的俘获和去俘获等过程。

载流子的渡越时间可由式（2），可以看出：晶体厚度越薄、工作电压越大，载流子的渡越时间越短。载流子渡越过程对时间响应的限制作用越弱，探测器时间响应性能越好。将式（2）作一简单变换，可以建立起渡越时间（t_d）和平均自由程（λ）之间的对应关系，如式（7）所示。

$$t_d = \frac{d^2}{\mu U} = \frac{d\tau}{\frac{\mu \tau U}{d}} = \frac{d}{\lambda}\tau。 \tag{7}$$

可以看出：载流子渡越时间（t_d）与平均自由程与晶体厚度的比值（λ / d）成反比规律，也即 λ / d 越大，载流子渡越时间越短。

CZT 半导体的平均自由程定义为载流子发生相邻两次碰撞之间的平均距离，有两层含义：第一，平均自由程是一个统计量，只有当平均自由程远高于晶体厚度时，载流子才有可能在完成渡越过程中不发生碰撞；第二，平均自由程实际上已经考虑了缺陷对载流子的作用，因此，采用平均自由程与晶体厚度的比值（λ / d），能够综合衡量包括载流子渡越过程和缺陷对载流子的作用过程对探测器时间响应的影响。

基于 Hecht 方程，给出了单载流子型输运过程中载流子收集效率（η）和平均自由程与晶体厚度（λ / d）之间的关系，如式（8）所示[12]。以平均自由程与晶体厚度（λ / d）为横坐标，载流子收集效率（η）为纵坐标，得到二者之间的关系曲线，如图 4 所示。其中，η 和 λ / d 之间呈单调递增的关系。取载流子收集效率 $\eta = 99\%$ 时，对应的 λ / d 取值为 50。

$$\eta \approx \frac{\mu \tau E}{d}(1 - \exp(-\frac{d}{\mu \tau E})) = \frac{\lambda}{d}(1 - \exp(-\frac{d}{\lambda}))。 \tag{8}$$

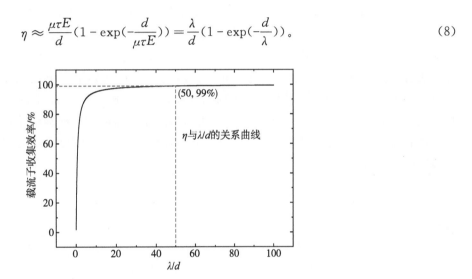

图 4　载流子收集效率（η）与平均自由程与晶体厚度比值（λ / d）之间的关系曲线

综合以上分析可以得到：CZT 探测器时间响应特性，尤其是后沿拖尾问题，与载流子渡越过程和缺陷对载流子的作用过程密切相关。而这两个过程都可归于一个关键参数，即平均自由程和晶体厚度的比值 λ / d。λ / d 越大，载流子渡越过程和缺陷对载流子的作用过程对 CZT 探测器时间响应性能的影响程度越小。

3.2　超快响应特性的实现

CZT 半导体的超快响应特性的实现，除了基于载流子收集效率 η 和平均自由程与晶体厚度（λ / d）之间的关系外，还需要综合考虑探测器暗电流、射线探测效率等因素。例如，高的工作电压会引入较高的暗电流噪声，薄厚度的晶体存在不易加工且对射线的探测效率较低等问题。本文主要关注如何实现基于 CZT 半导体的超快响应特性。

图 3 给出了厚度 d 为 0.02 cm 工作电压 U 为 100 V、200 V 时 2#CZT 探测器的时间响应特性幅度归一曲线。对应于 100 V 和 200 V 工作电压，电子和空穴的平均自由程与晶体厚度的比值如表 2 所示，结合图 4 结果得到载流子的收集效率接近或超过 99%。此时，2#CZT 探测器时间响应曲线不存在后沿拖尾问题，且特征参数均为 ns 数量级，如表 3 所示。因此，实验证明了可通过合理设置晶体

厚度（d）、探测器工作电压（U），使得探测器具有高的（λ/d）（高的载流子收集效率），从而设计得到具有 ns 级超快响应特性的 CZT 探测器。

表3　2♯CZT 探测器时间响应特征参数

时间响应特征参数	工作电压/V	
	100	200
上升时间/ns	1.52	1.02
脉冲半宽/ns	3.33	3.19
持续时间/ns	5.38	5.16

4　结论

本文重点关注 CZT 探测器的时间响应特性，理论分析了引起 CZT 探测器时间响应曲线后沿拖尾的影响因素，梳理出影响探测器时间响应性能的 CZT 半导体关键参数，即平均自由程与晶体厚度的比值（λ/d）。基于 ps 级脉冲电子束装置，实验获取了不同工作电压、厚度条件下探测器时间响应曲线，验证了（λ/d）对时间响应特性的影响规律。研究结果表明，造成 CZT 探测器时间响应曲线后沿拖尾的主要因素是空穴的慢迁移过程及晶体内高浓度的缺陷对载流子的俘获和去俘获作用过程。此外，还通过合理设置探测器工作电压和晶体厚度等参数（如工作电压在 100 V、晶体厚度为 200 μm），CZT 探测器时间响应曲线的上升时间（1.52 ns）、脉冲半宽（3.33 ns）及持续时间（5.38 ns）均达到了 ns 数量级。本文研究成果一方面可以为高强度脉冲伽马射线场诊断提供了一种具有超快响应特性的脉冲半导体探测器设计方案；另一方面推动了其他受限于晶体缺陷的半导体材料在脉冲辐射场诊断中的应用。

参考文献

［1］杨帆，王涛，周伯儒，等. 室温核辐射探测器用碲锌镉晶体生长研究进展［J］. 人工晶体学报，2020，49（4）：561－569.

［2］JAESUB H，BRANDEN A，JONATHAN G，et al. Tiled array of pixelated CZT imaging detectors for ProtoEX-IST2 and MIRAX - HXI［J］. IEEE transactions on nuclear science，2013，60（6）：4610－4617.

［3］ZHAO X C，OUYANG X P，XU Y D，et al. Time response of $Cd_{0.9}Zn_{0.1}Te$ crystals under transient and pulsed ir-radiation［J］. AIP advances，2012，2，012162.

［4］GUO R R，XU Y D，ZHA G Q，et al. Temporal pulsed x - ray response of CdZnTe：In detector［J］. Chinese physics B，2018，27（12）：1－5.

［5］陈翔，韩和同，李刚，等. 指数法拟合 CZT 探测器时间响应曲线［J］. 核电子学与探测技术，2016，36（1）：77－81.

［6］刘恩科. 半导体物理学［M］. 7版. 北京：电子工业出版社，2012：93－94.

［7］REJHON M，FRANC J，DEDIC V，et al. Analysis of trapping and de - trapping in CdZnTe detectors by Pockels effect［J］. Journal of physics D：applied physics，2016（49）：1－8.

［8］LUO X X，ZHA G Q，XU L Y，et al. Improvement to the carrier transport properties of CdZnTe detector using sub - band - gap light radiation［J］. Sensors，2019（19）：1－10.

［9］ZHANG J X，LIANG X Y，MIN J H，et al. Effect of point defects trapping characteristics on mobility - lifetime（$\mu\tau$）product in CdZnTe crystals［J］. Journal of crystal growth，2019（519）：41－45.

［10］GAUBAS E，CEPONIS T，DEVEIKIS L，et al. Study of the electrical characteristics of CdZnTe Schottky diodes［J］. Materials science in semiconductor processing，2020（105）：1－11.

[11] CHEN X, ZHANG Z C, ZHANG K, et al. Study on the time response of a barium fluoride scintillation detector for fast pulse radiation detection [J]. IEEE transactions on nuclear science, 2020, 67 (8): 1893 – 1898.

[12] DU J W, INIEWSKI K. Gramma ray imaging [M]. Springer: SWitzerland, 2023: 103 – 135.

[13] HE Z. Review of the Shockley – Ramo theorem and its application in semiconductor gamma – ray detectors [J]. Nuclear instruments and methods in physics research A, 2001 (463): 250 – 267.

Investigation on the time response performance of CdZnTe semiconductor detector

CHEN Xiang, ZHANG Kan, HU Qi-hang, YIN Hong-qiao

(Northwest Institute of Nuclear Technology National Key Laboratory of Intense Pulsed
Radiation Simulation and Effect, Xi'an, Shaanxi 710024, China)

Abstract: In this paper, the time response performance of current mode CdZnTe (CZT) semiconductor detector is investigated. Firstly, the influence of shallow level defects in CZT semiconductor on the time response performance is theoretically analyzed. Based on the ps – level pulsed electron beam device, the time response curves of CZT detector under different operating voltages and crystal thicknesses are obtained. Results show that the main factors causing the trailing effect on the time response curves of CZT detector are the slow migration process of holes, and the capture and de – capture processes of the high – concentration defects on the radiation – generated carriers. By the reasonable setting of the operating voltage and crystal thickness (such as the working voltage of 100 V and the crystal thickness of 200 μm), the rise time, FWHM, and duration time for the time response curve of CZT detector can all reach the order of ns. This research can provide a kind of current – mode semiconductor detector with ns – level ultra – fast response characteristics for the diagnosis of high – intensity pulsed γ – ray field.

Key words: Pulsed γ – ray; Semiconductor detector; CdZnTe semiconductor; Time response; Crystal defect

0.4 mm 正交条形碲锌镉探测器的 PET 成像研究

尹永智[1]，李英帼[1]，崔振存[2]，郭　典[1]，黄　川[1]，张庆华[1]，单诚洁[1]，

刘美楼[1]，蔡舒凡[1]，邱玺玉[1]，陈熙萌[1]

（1. 兰州大学核科学与技术学院，甘肃　兰州　730000；

2. 兰州大学第二医院核医学科，甘肃　兰州　730030）

摘　要： 本文使用 0.4 mm 正交条形碲锌镉探测器开展亚毫米高分辨率的 PET 成像研究。该探测器采用 16 根 0.3 mm 阳极条和 16 根 0.9 mm 阴极条互相垂直排列，电极间隙均为 0.1 mm，厚度为 5 mm。在 511 keV 伽马射线测试中，0.4 mm 碲锌镉探测器的单阳极、相邻阳极和非相邻阳极事件的能量分辨率分别为 6.5%、4.6% 和 8.5%。该探测器在保证高位置分辨率的同时，实现了较高的单阳极信号和相邻阳极加和信号能量分辨率。使用 0.4 mm 正交条形碲锌镉探测器与 1.0 mm 硅酸钇镥闪烁体探测器进行 PET 符合成像，通过旋转平台对直径为 3 mm 的 Na-22 点源 PET 成像结果显示，单阳极事件 PET 图像分辨率为 3.0 mm，与放射源直径相当；相邻多阳极事件 PET 图像分辨率为 3.1 mm，图像分辨率稍有降低，但是相邻多阳极事件的引入使 PET 成像系统灵敏度提高了 1.8 倍。

关键词： 碲锌镉探测器；正电子发射断层显像；射线作用深度；图像重建

　　碲锌镉是一种室温半导体材料，在兆电子伏特（MeV）以下的 X 射线和伽马射线测量中显示了良好的性能，广泛应用在粒子物理与核物理、天体物理、辐射安全与检测、医学成像等领域。碲锌镉半导体探测器采用一步转换技术，将 X 光子/γ 光子直接转换为电荷，通过电子学器件读出信号，能够准确测量每个光子的能量、位置、时间等，最大程度地给出物质本真信息，实现低噪声、高能量分辨率、高位置分辨率及低剂量医学成像。

　　碲锌镉探测器在发射型计算机断层显像（X-CT）和单光子发射断层显像（SPECT）临床诊断设备中获得应用，在正电子发射断层成像设备（PET）方面已开展了较多研究。碲锌镉探测器在 PET 成像中需要攻克的关键技术包括飞行时间（TOF）技术、提高伽马射线探测效率、极小像素与 ASIC 芯片耦合引出等[8-13]。作为一种半导体探测器，γ 射线在碲锌镉探测器中沉积能量后，生成电子空穴对，该电荷云在电场作用下，向探测器的两侧电极漂移，在阴极和阳极表面的金属电极上产生感应电荷，通过电荷灵敏前置放大器将该感应电荷转换成输出电压。

　　为了研究碲锌镉探测器在 PET 成像中的优势，了解其在 PET 成像中的极限分辨率，探索将全能峰事件和康普顿散射事件用于 PET 图像重建中带来的计数率提升[14]，本文使用 0.4 mm 正交条形碲锌镉探测器测量正电子湮灭伽马射线在探测器中作用的三维位置。使用阳极条信号和阴极条信号给出二维位置分布，以阴极阳极信号幅度比值给定射线作用方向的三维位置。相比于传统商用 PET 对 γ 射线的二维测量，碲锌镉探测器精确的三维位置信息能够进一步提升 PET 响应线的精确度，即对放射性药物的空间定位更加准确，进而实现高分辨率的 PET 图像。

　　由于 PET 数据采集和图像重建中仅保留全能峰事件，大量的康普顿散射事件将被排除，该种方法虽然能够从测量数据中清晰地给定 511 keV 伽马射线在 PET 探测器中的第一作用位置，但是带来了 γ 散射的事件的丢失，使得 PET 计数率难以进一步提升。当前商用 PET 使用较厚的闪烁体晶体条，提升 PET 对 511

作者简介： 尹永智（1981—），男，教授，主要从事核探测与成像技术研究。

基金项目： 国家自然科学基金（基于高分辨率碲锌镉 PET 系统的碳离子治癌实时剂量成像方法研究，11875156）、兰州大学中央高校基本科研业务费专项资金资助（核医学成像创新团队，lzujbky-2021-ct02）。

keV 伽马射线的探测效率。本文研究使用全能峰事件与康普顿散射事件同时采集的方法，达到 PET 对 511 keV γ 射线的完全测量，理论上实现 100% 的探测效率。由于空间分辨率的提升，需要采用较小尺寸的晶体间距，但是极小尺寸的电极条在信号读出时，会引入大量的电荷共享事件。本文发展了基于信号权重的 γ 射线的三维位置计算方法，读出信号能够按照单阳极、双阳极和多阳极进行分类处理，精确给出了所有 γ 事件的三维位置，实现了将全部 γ 事件包含在 PET 图像重建中的目的，提升了 PET 系统计数率。

1 实验设置

1.1 0.4 mm 正交条形碲锌镉探测器

论文使用 0.4 mm 碲锌镉探测器，晶体尺寸为 18 mm×18 mm×5 mm。探测器阳极电极尺寸为 16.4 mm × 0.3 mm，阴极电极尺寸为 16.4 mm × 0.9 mm，电极间距均为 0.1 mm。阴极和阳极电极均匀分布在上下两表面，相互正交分布。0.4 mm 碲锌镉探测器的阳极和阴极采用不同尺寸的电极条设计，主要是为了利用小像素效应得到更好的能量分辨率，能够实现 0.4 mm 的位置分辨，从而在后续成像实验中实现预期的 0.5 mm 位置的图像分辨率。信号引出使用手动点胶封装装置实现 0.3 mm 微小电极引出，整体绝缘封装后，从 PCB 板用排针引出 16 个阳极条，进入电荷灵敏前置放大器。阳极表面两侧剩余部分使用相同工艺镀金并接地，剩余部分宽度为 5.85 mm。0.4 mm 正交条形碲锌镉探测器如图 1 所示。

0.4 mm 正交条形碲锌镉探测器的电场和权重势场仿真如图 2 所示。分析表明，0.4 mm 电极的权重电势弯曲程度显著，体现出 0.4 mm 正交条形碲锌镉探测器具有良好的单极特性，验证了"小像素效应"。电势分布变化较大，边缘处的电子在深度方向漂移，向电极条中心方向靠近。阳极所在面电势分布显示，附近靠近边缘处的电势很小，在阳极附近，电极间微弱的电势差不足以收集全部间隙处的电荷，该小尺寸正交电极条设计方案避免了电子收集不完整和能量分辨率降低。

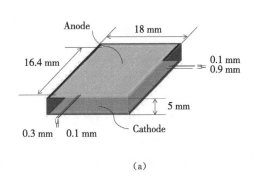  

（a） （b） （c）

图 1 0.4 mm 正交条形碲锌镉探测器

（a）结构示意；（b）探测器实物示意；（c）探测器测试信号引出

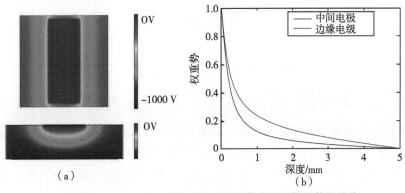

（a） （b）

图 2 0.4 mm 正交条形碲锌镉探测器电场和权重势场仿真

（a）电场；（b）权重势场

1.2 PET成像实验设置

实验中采用PET模拟器测量0.4 mm正交条形碲锌镉探测器的PET成像性能，利用旋转台和一对符合探测器旋转360°完成PET断层实验，如图3a所示。选用1.0 mm LYSO闪烁体晶体阵列作为符合探测器，该探测器含18×18阵列0.9 mm的晶体条、0.1 mm的硫酸钡反射层，晶体阵列二维位置测试如图3b所示，显示了较好的晶体条区分度。采用虚拟针孔PET结构，将0.4 mm碲锌镉与1.0 mm的LYSO探测器分别放置在Na-22点源两侧[15-17]。Na-22点源放射源活度为0.5微居，放射源直径为3 mm。0.4 mm碲锌镉探测器距离旋转中心30 mm，1.0 mm LYSO探测器距离旋转中心75 mm，非对称结构的PET符合设置考虑了两种晶体的像素尺寸差异，保证在360°旋转时两种探测器的探测矩阵的晶体数目基本相同。

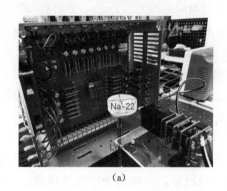
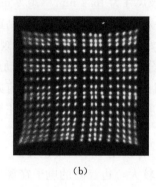

(a)   (b)

图3　0.4 mm正交条形碲锌镉探测器PET符合成像实验设置及1.0 mm LYSO闪烁体符合探测器晶体阵列二维位置区分

(a) 探测器PET符合成像实验设置；(b) 1.0 mm LYSO闪烁体符合探测器晶体阵列二维位置区分

2　结果分析

2.1　探测器波形与射线作用位置

γ射线与碲锌镉探测器作用的三维空间坐标（x，y，z）自己计算如式（1）至式（3）所示。式中选用各路信号的幅度峰值进行位置坐标值计算，需要将数据采集ADC值经由能量刻度至千电子伏特（keV）值（图4a）。由于0.4 mm阳极条尺寸较小，将出现大量的电荷共享事件，如图4b所示。当信号被多个阳极条或多个阴极条收集时，在x和y的坐标计算中需要添加修正项Δx和Δy，如式（4）和式（5）所示。在射线作用深度DOI方向，z坐标通过阴极和阳极幅度的信号比值给出。

$$x = 5.85 + (2 \times (n-1) + 1) \times 0.15 + (n-1) \times 0.1, \tag{1}$$

$$y = 1.05 + (2 \times (n-1) + 1) \times 0.45 \times (n-1) \times 0.1, \tag{2}$$

$$z = \sum C_n \times \frac{1}{A_n} \times N, \tag{3}$$

$$\Delta x = \frac{A_{n+1} - A_{n-1}}{A_{n-1} + A_{n+1}} \times 0.15, \tag{4}$$

$$\Delta y = \frac{(C_{n+1} + C_{n+2}) - (C_{n-2} + C_{n-1})}{(C_{n-2} + C_{n+2}) + (C_{n+1} + C_{n+2})} \times 0.45 \text{。} \tag{5}$$

0.4 mm正交条形碲锌镉探测器的波形如图4所示。图4a为单阳极多阴极信号，当第7号阳极条感应到最大信号时，第8号和第6号阳极条只感应到单微弱的信号。电荷云偏向第7号阳极条，在相邻阳极也感应到信号，当电荷云被第7号阳极条收集时，相邻电极条信号迅速跌落。该信号对应的γ射线作用坐标经由上述公式计算为：$x = 8.40$ mm，$y = 13.37$ mm，$z = 2.55$ mm。图4b为多阳极单阴极信号，阳极收集电极包括第5和第6阳极条；第10号阴极感应到强烈信号，同时第9号阴极仅有微弱的信号感应。该信号对应的 γ 射线在正交条形碲锌镉探测器内的能量沉积坐标经由上述公式计算为：$x=7.67$ mm，$y=10.31$ mm，$z=3.23$ mm。

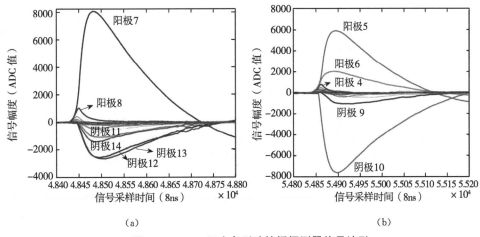

图 4　0.4 mm 正交条形碲锌镉探测器信号波形

（a）单阳极多阴极信号；（b）多阳极单阴极信号

2.2　能量分辨率

　　0.4 mm 正交条形碲锌镉探测器单阳极事件阳极-阴极二维图和能谱都清晰地显示出 511 keV 全能峰，如图 5 所示。数据处理分析 16 个阳极电极的能谱，以第 2 号阳极条为例，归一化后的 511 keV 全能峰能量分辨率为 6.46%。由于 0.4 mm 正交条形碲锌镉探测器的电极结构分布，第 1 号和第 16 号阳极收集到的信号数量显著多于其他电极收集的，第 1 和第 16 号阳极的单阳极事件，部分电荷云产生的位置可能距离电极条较远，部分电荷不能被电极收集，会造成能量分辨率的恶化；第 2 号至第 15 号均匀电场区域，单阳极事件的能量分辨率较好。0.4 mm 正交条形碲锌镉探测器单阳极事件的 511 keV 全能峰清晰可见，虽然由于 5 mm 厚度的碲锌镉单阳极事件发生概率降低，但本实验仍然证明了 0.4 mm 碲锌镉探测器在 PET 成像中对正电子湮灭 γ 射线的测量是可行的，在获得极高位置分辨率的同时，保证了高于闪烁体的能量分辨率，为 0.5 mm 分辨率的碲锌镉 PET 成像奠定了基础。

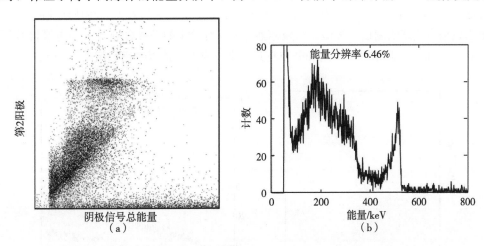

图 5　0.4 mm 正交条形碲锌镉探测器的单阳极事件阳极-阴极二维和

能量谱第 2 号阳极条的单阳极事件能谱

（a）单阳极事件阳极-阴极二维；（b）第 2 号阳极条的单阳极事件能谱，511 keV 能量分辨率为 6.46%

对于 0.4 mm 正交条形碲锌镉探测器相邻多阳极事件，将共享电极上的能量求和后绘制成的能谱如图 6 所示，第 3 号阳极条 511 keV 全能峰的能量分辨率为 4.85%。实验测量显示，0.4 mm 正交条形碲锌镉探测器相邻多阳极事件的全能峰分辨率好于单阳极事件的全能峰分辨率，该实验结果与前期 0.35 mm 的像素正交条形碲锌镉探测器的能谱测试结果一致，证明了在微小电极的碲锌镉半导体 PET 成像中将相邻阳极电荷共享事件应用到图像重建中的重要性。0.4 mm 碲锌镉的相邻阳极加和能谱显示出较好的全能峰分布，相邻多阳极信号事件数多于单阳极事件数。对于第 1 号和第 16 号阳极，由于排除了探测器边缘区域电极条分布，丢失了大量信号，其相邻阳极事件数少于第 2 至第 15 号阳极相邻阳极事件。图 6a 所示，0.4 mm 碲锌镉探测器第 3 号阳极条的电荷共享示意显示，相邻阳极之间共享分布为直线型，这一现象为碲锌镉 PET 成像中的电荷共享插值提供了重要参考依据，结合本文提出的 γ 射线与碲锌镉探测器作用的三维位置坐标（x，y，z）计算公式，能够精确地给出电荷共享的能量沉积位置，将为碲锌镉探测器的 DOI PET 应用提供重要依据。

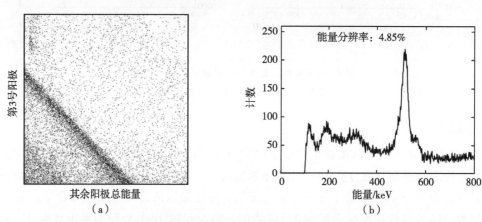

图 6　0.4 mm 正交条形碲锌镉探测器第 3 号阳极条的电荷共享示意（a）和
能量第 3 号阳极条的双阳极加和能谱（511 keV 能量分辨率为 4.85%）

将 0.4 mm 碲锌镉探测器非相邻阳极上的信号幅度求和后绘制的能谱如图 7 所示，非相邻多阳极相加能谱中仍然能够显示出较清晰的 511 keV 全能峰，第 10 号非相邻阳极加和能谱能量分辨率为 10.23%。由于阳极电极条未覆盖区域占总面积的 2/3，第 1 号阳极与第 16 号阳极组成的非相邻多阳极事件约占总数的 3/4，且由于未收集到的电荷量较多，造成了第 1 号和第 16 号阳极能谱畸变。将非相邻事件的多个阳极信号幅度绘制成二维谱，在坐标轴附近仅有较少的信号分布，单个电极信号幅度大量分布在 125 keV～375 keV，其信号幅度之和分布在某一直线附近，该直线函数值略小于 511 keV。

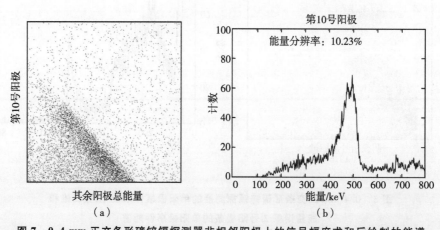

图 7　0.4 mm 正交条形碲锌镉探测器非相邻阳极上的信号幅度求和后绘制的能谱

（a）多阳极事件电荷共享二维图；（b）第 10 号非相邻阳极条多阳极加和能谱（511 keV 能量分辨率为 10.23%）

2.3 探测器三维位置分布

图 8 给出了 0.4 mm 正交条形碲锌镉探测器信号的阴极-阳极信号二维位置谱（x–y）、阴极-DOI 深度二维位置谱（y–z）和阳极-DOI 深度二维位置谱（x–z）3 个位置分布图。结果显示 0.4 mm 碲锌镉探测器的信号二维位置分布保持均匀，验证了本论文提出的正交条形碲锌镉探测器三维坐标位置计算公式的正确性。阴极-阳极信号二维位置谱（x–y）中显示每个电极条上呈现出最中间信号分布较多，偏离中心逐渐递减的趋势，其数据统计为高斯分布。阳极-DOI 深度位置谱显示，对于边缘处的阳极条信号分布多于中间电极条，这是由于 0.4 mm 碲锌镉探测器阳极表面只有 16 个电极条，其覆盖宽度仅为 5.5 mm，阳极表面两侧存在较大的镀金电极空余所致，该实验测试结果与电场仿真结果一致。

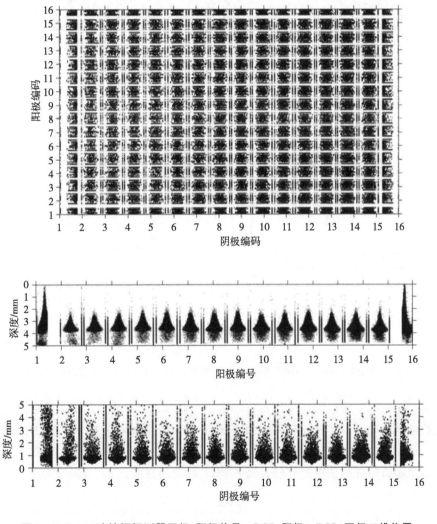

图 8　0.4 mm 碲锌镉探测器阴极-阳极信号、DOI-阳极、DOI-阴极二维位置

2.4 PET 成像结果

将单阳极事件和相邻多阳极事件的全能峰信号分别用于图像重建[18-19]。能量窗为 350 keV～650 keV。图像重建矩阵大小为 100 × 100 × 23，像素值为 0.6 × 0.6 × 0.25。重建结果如图 9 所示。使用单阳极事件（图 9a）和多阳极事件（图 9b）的重建剖面如图 10 所示。可以看出，单阳极事件和相邻多阳极事件都可以重建点源的图像，并能清楚地区分位置。单阳极事件的重建图像轮廓线图显示

FWHM 为 3.0 mm，相邻多阳极事件的重建轮廓线图表明 FWHM 为 3.1 mm，另外，使用多阳极事件系统灵敏度将提高 1.8 倍。

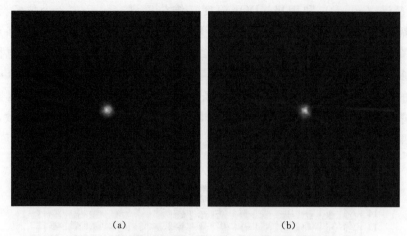

(a)   (b)

图 9   0.4 mm 碲锌镉探测器与 LYSO 符合探测器初步成像结果

（a）单阳极事件图像；（b）多阳极事件重建图像

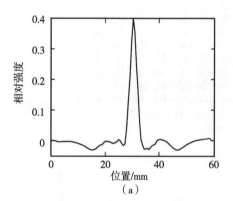 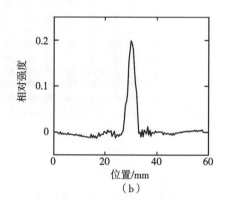

(a)   (b)

图 10   0.4 mm 碲锌镉-LYSO PET 成像实验重建轮廓图

（a）单阳极事件；（b）多阳极事件

（注：Na-22 点源直径 3 mm，单阳极事件重建图像半高宽 3 mm，多阳极事件重建图像半高宽 3.1 mm）

由于符合实验中使用的放射源尺寸为 3.0 mm，与 NEMA 要求的 0.3 mm 差距较大，因此本 PET 成像实验未能够给出准确的 0.4 mm 碲锌镉探测器的 PET 图像极限分辨率。单阳极事件 PET 图像分辨率结果为 3.0 mm，与放射源直径相当，初步证明了 0.4 mm 碲锌镉探测器对 PET 成像分辨率有较好提升，特别是多阳极事件的使用能够较大提升 PET 计数的性能。

3   结论

本文使用 0.4 mm 正交条形碲锌镉探测器开展亚毫米高分辨率的 PET 成像研究。该探测器采用 0.3 mm 阳极条和 0.1 mm 电极间隙，厚度为 5 mm。Na-22 放射源对 0.4 mm 碲锌镉探测器的能谱测试结果显示，单阳极、相邻阳极和非相邻阳极事件的能量分辨率分别为 6.5%、4.6% 和 8.5%。0.4 mm 正交条形碲锌镉探测器相邻多阳极事件的全能峰分辨率好于单阳极事件全能峰分辨率，该实验结果与前期已经发表的 0.35 mm 碲锌镉探测器的能谱测试结果保持一致。再一次证明了在微小电极碲锌镉半导体 PET 成像中将相邻阳极电荷共享事件应用到图像重建中的重要性。

0.4 mm 碲锌镉探测器 511 keV 伽马射线测量统计结果说明，对于 511 keV 伽马射线 0.4 mm 碲锌镉探测器到的事件中相邻阳极电荷共享事件占比最高，后续的碲锌镉 PET 符合成像加入相邻阳极电荷共享信号将对提高 PET 成像灵敏度和计数率有重要作用，有助于大幅缩短碲锌镉 PET 成像信号采集时间，提升图像信噪比。

使用 0.4 mm 正交条形碲锌镉探测器与 1.0 mm 硅酸钇镥闪烁体探测器进行了 PET 符合成像，通过旋转平台对直径为 3 mm 的 Na - 22 点源 PET 成像结果显示，单阳极事件 PET 图像分辨率为 3.0 mm，与放射源直径相当；相邻多阳极事件 PET 图像分辨率为 3.1 mm，图像分辨率稍有降低，但是相邻多阳极事件的引入使 PET 成像系统灵敏度提高了 1.8 倍。

参考文献

[1] JIN Y F，STREICHER M，YAN H，et al. Experimental evaluation of a 3 - D CZT imaging spectrometer for potential use in compton - enhanced pet imaging [J]．IEEE Trans Rad Plas Med Sci，2023 (7)：1.

[2] GU Y，MATTESON J L，SKELTON R T，et al. Study of a high - resolution，3D positioning cadmium zinc telluride detector for PET [J]．Phys Med Biol.，2011 (56)：1563 - 1584.

[3] WAHL C G. Gamma - ray point - source detection in unknown background using 3D - position - sensitive semiconductor detectors [J]．IEEE Trans. Nucl. Sci.，2011，58 (3)：605 - 613.

[4] GROLL A，KIM K，BHATIA H J，et al. Hybrid Pixel - Waveform (HPWF) enabled cdte detectors for small animal Gamma - Ray imaging applications [J]．IEEE Trans. Rad. Plas. Med. Sci.，2017 (1)：1.

[5] MARSH J F，SORGENSEN M J，RUNDLE D S，et al. Evaluation of a photon counting Medipix3RX cadmium zinc telluride spectral X - Ray detector [J]．Journal of medical imaging，2019 (5)：4.

[6] YIN Y，CHEN X，LI C，et al. Evaluation of PET imaging resolution using 350 μm Pixelated CZT as VP - PET Insert Detector [J]．IEEE Trans. Nucl. Sci.，2014，61 (1)：154 - 161.

[7] TANG J，KISLAT F，KRAWCZYNSKI H. Cadmium Zinc telluride detectors for a next - generation hard X - ray telescope [J]．Astroparticle physics，2021 (128)：102563.

[8] GAO W，LIU H，GAN B，et al. Characteristics of a multichannel low - noise front - end ASIC for CZT - based small animal PET imaging [J]．Nucl. Instrum. Meth. A，2014 (745)：19 - 26.

[9] 李颖锐，吴森，郭玉，等．温度对碲锌镉光子计数探测器计数性能的影响及机理研究 [J]．红外与激光工程，2019，48 (10)：27 - 29.

[10] 傅榫强，碲锌镉探测器若干关键技术研究 [D]．北京：清华大学，2017.

[11] 曾蕙明，魏廷存，高武．CZT 探测器低噪声读出电路设计 [J]．微电子学，2013，43 (3)：341 - 349.

[12] 魏微，陆卫国，郭海东，等．一种高速、高精度全差分采样保持电路的 ASIC 设计 [J]．核电子学与探测技术，2012，32 (8)：17 - 23.

[13] 徐超，孙士文，杨建荣，等．红外光热吸收成像技术在碲锌镉材料检测中的应用 [J]．红外与毫米波学报，2019，38 (3)：58 - 63.

[14] TAKYU S，YOSHIDA E，NISHIKIDO F，et al. Development of a Two - Layer staggered GAGG scatter detector for whole gamma imaging [J]．IEEE Trans. Rad. Plas. Med. Sci.，2022，6 (7)：63 - 74.

[15] TAIC Y，WU H，PAL D A，et al. Virtual - Pinhole PET [J] J. Nucl. Med.，2008，49 (3)：471 - 479.

[16] ZHOU J，QI J. Theoretical analysis and simulation study of a high - resolution zoom - in PET system [J]．Phy. Med. Biol.，2009 (54)：5193 - 5208.

[17] YIN Y，CHEN X，WU H，et al. 3D spatial resolution of 350 μm pitch pixelated CdZnTe detectors for imaging applications [J]．IEEE Trans. Nucl. Sci.，2013，60 (1)：29 - 34.

[18] HUANG C，WEN J，GUO D，et al. Compton imaging study for dose monitoring in carbon therapy [C]．IEEE NSS - MIC，2021.

[19] YIN Y，KOMAROV S. Positron Emission Tomography (PET) imaging based on sub - millimeter pixelated CdZnTe detectors，advanced X - ray detector technologies：design and applications [M]．Berlin：Springer，2022.

PET imaging study based on 0.4 mm cross – strip 3D CdZnTe detectors

YIN Yong-zhi[1], LI Ying-guo[1], CUI Zhen-cun[2], GUO Dian[1],

HUANG Chuan[1], ZHANG Qing-hua[1], SHAN Cheng-jie[1], LIU Mei-lou[1],

CAI Shu-fan[1], QIU Xi-yu[1], CHEN Xi-meng[1]

(1. School of Nuclear Science and Technology, Lanzhou University, Lanzhou, Gansu 730000, China;

2. Nuclear Medicine, Second Hospital of Lanzhou University, Lanzhou, Gansu 730030, China)

Abstract: Cadmium Zinc Telluride (CdZnTe) detector has been successfully used in medical imaging to achieve sub – millimeter image resolution, including Computed Tomography (CT) and Single Photon Emission Computed Tomography (SPECT). There are no clinical applications of CdZnTe scanners in Positron Emission Tomography (PET). We are investigated the feasibility of using cross – strip CdZnTe detector for sub – 500 μm resolution PET imaging applications. A 5mm thick CdZnTe detector was fabricated with 400 μm pitch electrode strips, 300 μm strips with 100μm gap on anode. The cathode electrodes were deposited with 900μm strips with 100μm gap. In the 511 keV gamma ray test, the energy resolution of the 0.4 mm CdZnTe detector for single anode, adjacent anode, and non – adjacent anode events was 6.5%, 4.6%, and 8.5%, respectively. This detector achieves high energy resolution for single anode signals and adjacent anode summed signals while ensuring high positional resolution. The 0.4 mm cross – strip CdZnTe detector and 1.0 mm LYSO Scintillator were used for PET coincidence imaging. We built the PET imaging experiment of a Na – 22 point source with a diameter of 3 mm by rotating the platform. Results showed that the PET image resolution of the single anode event was 3.0 mm, which was equivalent to the diameter of the radioactive source. The PET image resolution of adjacent multi – anode events is 3.1 mm, with a slight decrease in image resolution. The introduction of adjacent multi – anode events increases the sensitivity of the PET imaging system by 1.8 times. This proves that using 0.4 mm cross – strip 3D CdZnTe detector in PET imaging would potentially improve both PET image resolution and sensitivity.

Key words: CdZnTe detectors; Positron emission tomography; Depth of interaction; Image reconstruction

中国核科学技术进展报告（第八卷）

核电子学与核探测技术分卷　Progress Report on China Nuclear Science & Technology (Vol. 8)　　2023 年 10 月

锦屏中微子实验波形数字化系统的初步设计

姜　林[1,2]，文敬君[1,2]，薛　涛[1,2]，韦亮军[3]，郭晓伟[1,2]，

杨昊彦[1,2]，潘秋桐[1,2]，李荐民[1,2]，刘以农[1,2]

［1. 粒子技术与辐射成像教育部重点实验室（清华大学），北京　100084；2. 清华大学工程物理系，北京　100084；

3. 粤港澳大湾区国家技术创新中心，广东　广州，510535］

摘　要：本文详细介绍了锦屏中微子实验波形数字化系统 WRX0608A1 的初步设计。WRX0608A1 设计含 12 层 PCB，搭载了 6 颗 ADC（ADC13B1G）、1 颗 FPGA（Xilinx Kintex 7 XC7K325T）、1 颗 PLL（TI LMK04803）、1 个 DDR3 SODIMM（Micron MT8KTF51264HZ－1G9P1）、1 颗转接驱动器（TI DS125BR820）和两个 QSFP 接口等。使用 R&S 的 SMA100B、TTE 的带通滤波器 Q70T－10M－1M－50－720A 和低通滤波器 J97T－14M－50－69A 实际测试了 ADC 的有效位数。结果表明，在 10 MHz 正弦波下，ENOB 大于 10 bit，可以满足中微子实验的需求。QSFP 所有八通道的眼图张开面积和张开 UI 分别好于 3900 和 50%。当 BER 为 6.393e－15 时，测试无误码。30 通道的数据获取系统的搭建及测试正在进行中。

关键词：锦屏中微子实验；数据采集系统；无触发；光电倍增管

　　锦屏中微子实验[1,2] 的物理目标是研究 MeV 量级的太阳中微子、地球中微子和超新星中微子。采用掺杂的液体闪烁体作为探测介质。锦屏中微子实验 1 吨原型机已成功运行多年，并预计在 2026 年将探测器质量升级到百吨量级。相应的，读出电子学的要求也会提高到 2000～8000 个高速采样通道，每通道的采样率为 1GSPS，采样速度为 12 bit。经过前期 1 GSPS ADC 同 2 inch 光电倍增管 R1828－01[3] 的对接测试，确定了 ADC 前端采用直流耦合方式。直流耦合下，抗混叠滤波器带宽设计为 500 MHz，可以完整采集到带宽高达～300 MHz 的 PMT 暗噪声信号。直流耦合和交流耦合的系统渡越时间离散相差不大，总 TTS（transit time spread）的贡献基本来自 PMT 自身。

1　数据采集系统的设计

1.1　ADC13B1G 同 R1828－01 对接测试

　　在快速 PMT 波形数字化需求中，数据采集系统的有效位数及其对渡越时间离散的影响是两个关键的参数。一般来说，ADC（analog to digital converter）前端的耦合方式有 DC（直流）耦合和 AC（交流）耦合两种方式。为了确定 ADC 的前端耦合方式，基于清华大学微电子学研究所设计的高速 1 GSPS、13 bit ADC13B1G，设计了两块 ADC 子卡，其前端耦合分别设计为 DC 耦合和 AC 耦合。两块子卡同时进行了 ENOB（effective number of bits）测试、对接 2 inch PMT 的测试。

　　在 ENOB 测试中，使用了 R&S 的 SMA100B 作为信号源，测试频率范围为 10 MHz～100 MHz。实验测得的 AC 耦合子卡的 ENOB 约为 10.7，而 DC 耦合子卡的 ENOB 约为 10.5。图 1 为 ENOB 的测试结果。在对接 2 inch PMT 测试中，采用 ORTEC 的 556H 高压模块，并将输出电压设置为－1400 V，使用 ADC 子卡对 PMT 暗噪声进行连续采集。数据处理过程中重点对信号半高宽、频率和 TTS 进行分析。图 2 为 DC 耦合 ADC 子卡采集 PMT 暗噪声的波形和所有波形归一化后的平均频谱。PMT 暗噪声信号的半高宽约为 2.8 ns 而信号的有效频率可以约达 300 MHz。DC 耦合和 AC

作者简介：姜林（1994—），男，博士，现主要从事核电子学、高速波形数字化读出等科研工作。

耦合 ADC 都能完整采集 PMT 信号，因此不再展示 AC 耦合的波形处理。

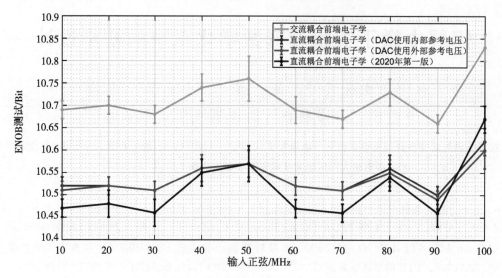

图 1 AC 耦合和 DC 耦合 ADC 子卡的 ENOB 测试结果

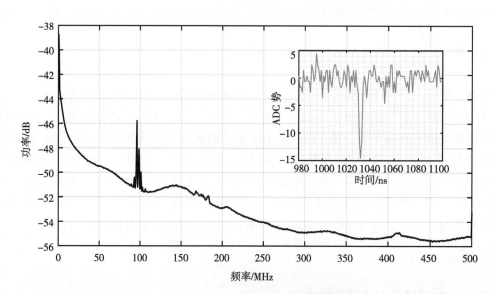

图 2 DC 耦合 ADC 子卡采集 PMT 暗噪声的波形及所有波形归一化后的平均频谱

在 TTS 分析中，采用 5 倍插值恒比定时的方法对信号进行预处理，选取 50％峰值处的时间为触发时间，分析 PMT 及波形数字化系统的 TTS。分析结果表明，DC 耦合的总 TTS 为 0.59 ns，AC 耦合的总 TTS 为 0.61 ns。

与 PMT 对接测试结果表明 AC 耦合和 DC 耦合的表现相差不大，都能完整采集到 PMT 信号，且不会对 TTS 带来明显的恶化。虽然 AC 耦合的 ENOB 略高于 DC 耦合（0.2 bit），但是由于 AC 耦合仅能使用 ADC 一半的动态范围，无法调节偏置。而 DC 耦合的 10.5 bit 的 ENOB 也可满足中微子的读出需求。因此，经过对比我们确定采用 DC 耦合的方式设计锦屏中微子实验波形数字化系统。

1.2 数据采集系统的设计

面向锦屏中微子实验读出电子学需求，本文设计了 6 通道 1 GSPS、12 bit 波形数字化系统 WRX0608A1。WRX0608A1 基于 6U CPCI 标准，一共 12 层，板材选用较为便宜的 FR-4。图 3 为其原理框及 PCB 实物。ADC 前端耦合方案沿用了上述的 DC 耦合，抗混叠滤波器带宽设计为 500 MHz。通过 AD5686 DAC[4] 和 AD8676[5] 运放为输入信号提供偏置。WRX0608A1 的主控芯片为 Xilinx FPGA

7k325t[6]，并设计有最大 4 GB 容量的 DDR3 缓存。采用自主研制的 ZYNQBee2 模块对系统进行慢控制，包括远程更新 FPGA 固件、闪存，偏置调节等部分。ZYNQBee2 模块基于 Xilinx ZYNQ7010[7]，时钟部分基于 TI 的 LMK04803[8] 进行设计，通过 STM32 单片机完成上电快速配置。

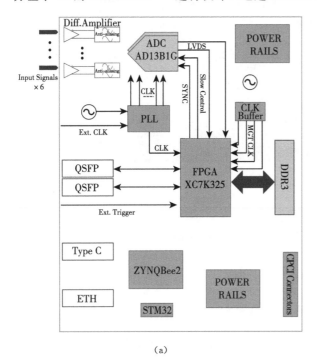
（a）

（b）

图 3　WRX0608A1 波形数字化系统原理框及 PCB 实物
（a）原理框；（b）PCB 实物

ADC 数据可通过两种方式进行读出。第一种是通过背板，基于 Aurora 协议，实现点对点理论 10 Gbps 带宽的数据上传；第二种是通过前面板 QSFP 接口，同样基于 Aurora 协议，实现理论 80 Gbps 带宽的数据上传。此外，前面板还设计有外部参考时钟及外触发输入接口。

2　数据采集系统的测试

本文分别对所设计的波形数字化系统 WRX0608A1 的电源轨、DDR3 内存、QSFP 接口眼图、ADC 的 ENOB 和网口等其他接口进行了实际测试。测试结果表明系统的硬件设计不存在大的不足。其中，将详细介绍 QSFP 接口眼图和 ADC ENOB 测试。

2.1　QSFP 接口眼图测试

在 QSFP 接口眼图测试中，本文使用 100G 自回环模块对链路进行了自回环测试。链路速度设置为 10.3125 Gbps，编码方式为 PRBS 7 bit。图 4 显示了 QSFP 接口通道 1 的眼图测试。4 个通道的眼图张开面积和张开百分比分别好于 3900 和 50%，测试结果如表 1 所示。且在 BER 为 6.393e－15 时，链路无误码。这表明 QSFP 接口可以以 10 Gbps 带宽完成无误码数据传输。

表 1　QSFP 接口眼图测试结果

MGTX_B118 通道	张开面积	张开百分比
通道 0	4216	53.85%
通道 1	3904	55.38%
通道 2	3978	52.31%
通道 3	4543	50.77%

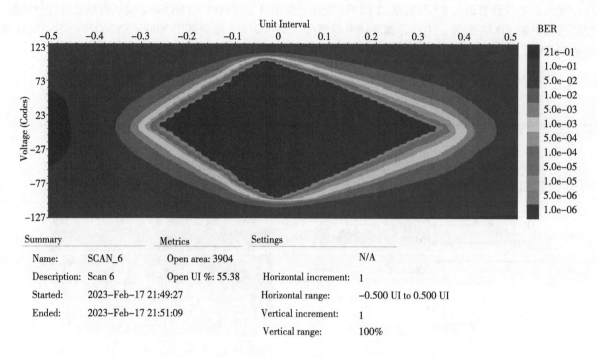

Summary		Metrics		Settings	
Name:	SCAN_6	Open area: 3904		N/A	
Description:	Scan 6	Open UI %: 55.38		Horizontal increment:	1
Started:	2023–Feb–17 21:49:27			Horizontal range:	−0.500 UI to 0.500 UI
Ended:	2023–Feb–17 21:51:09			Vertical increment:	1
				Vertical range:	100%

图 4　QSFP 接口通道 1 的眼图测试

2.2　ADC ENOB 测试

使用 R&S 的 SMA100B、TTE 的带通滤波器 Q70T－10M－1M－50－720A 和低通滤波器 J97T－14M－50－69A 实际测试了 ADC 的 ENOB。设置 SMA100B 输出 10 MHz 正弦波，每个事例采集 32 768 个数据点，ENOB 的测试分析结果如表 2 所示。实测结果表明 ADC ENOB 大于 10 bit。

表 2　10 MHz 下 ADC ENOB 的测试结果

测量次数	1	2	3	4	5	6	7	8	9	10	平均值及标准值
通道 2	9.86	10.02	9.93	10.00	9.85	9.79	9.93	9.75	9.89	9.92	9.89±0.09
通道 2＋带通滤波器	9.88	9.97	9.98	10.05	9.91	9.83	9.85	9.96	9.79	9.78	9.90±0.09
通道 2＋带通滤波器＋低通滤波器	10.01	9.90	9.93	10.01	10.03	9.87	9.80	9.86	10.02	9.91	9.93±0.08

3　结论

本文展示了锦屏中微子实验波形数字化系统的初步设计。波形数字化系统基于 1 GSPS、12 bit ADC，单块板卡可提供 6 个模拟采样通道，实测 ENOB 大于 10 bit，可以满足未来锦屏中微子实验的需求。数据传输可以以 10 Gbps 带宽通过背板进行传输，也可以以 80 Gbps 带宽通过前面板 QSFP 接口进行传输。30 通道的数据获取系统的搭建及测试正在进行中。

致谢

感谢薛宇、薛文平、张建峰的耐心帮助。他们是经验丰富的硬件技术人员，在工程物理系的电子车间有丰富的焊接和返工经验。

参考文献

[1] 郭子溢. 基于烷基苯的慢液闪在中微子探测器原型机上的实验研究 [D]. 北京：清华大学，2020.

[2] WU Y，LI J J. Performance of the 1 – ton prototype neutrino detector at CJPL – I [J]. arXir，2002 (2212)：13158.

[3] https：//www. hamamatsu. com. cn/content/dam/hamamatsu – photonics/sites/documents/99 _ SALES _ LI-BRARY/etd/R1828 – 01 _ R2059 _ TPMH1259E. pdf (2019 – 02 – 03) [2023 – 12 – 15].

[4] https：//www. analog. com/media/en/technical – documentation/data – sheets/ad5686r _ 5685r _ 5684r. pdf. (2015 – 08 – 04) [2023 – 12 – 15].

[5] https：//www. analog. com/media/en/technical – documentation/data – sheets/AD8676. pdf. (2006 – 11 – 06) [2023 – 12 – 15].

[6] https：//docs. xilinx. com/v/u/en – US/ds182 _ Kintex _ 7 _ Data _ Sheet. (2021 – 03 – 26) [2023 – 12 – 15].

[7] https：//docs. xilinx. com/v/u/en – US/ds191 – XC7Z030 – XC7Z045 – data – sheet. (2018 – 07 – 12) [2023 – 12 – 15].

[8] https：//www. ti. com/lit/ds/symlink/lmk04803. pdf? ts ＝ 1702629852970&ref _ url ＝ https％253A％252F％252Fwww. ti. com％252Fproduct％252FLMK04803. (2014 – 12 – 24) [2023 – 12 – 15].

Preliminary design of waveform digitizer for Jinping neutrino experiment

JIANG Lin[1,2]，WEN Jing-jun[1,2]，XUE Tao[1,2]，
WEI Liang-jun[3]，GUO Xiao-wei[1,2]，YANG Hao-yan[1,2]，
PAN Qiu-tong[1,2]，LI Jian-min[1,2]，LIU Yi-nong[1,2]

[1. Key Laboratory of Particle & Radiation Imaging (Tsinghua University)，Beijing 100084，China；

2. Department of Engineering Physics，Tsinghua University，Beijing 100084，China；

3. Greater Bay Area National Center of Technology Innovation，Guangzhou，Guangdong 510535，China]

Abstract：This paper reports the preliminary design of waveform digitizer WRX0608A1 for Jinping neutrino experiment at CJPL. The WRX0608A1 is a 12 layer PCB, hosting 6 ADCs, one FPGA (Xilinx Kintex 7 XC7K325T), one PLL (TI LMK04803), one DDR3 SODIMM (Micron MT8KTF51264HZ – 1G9P1), one re – driver (TI DS125BR820), two QSFP interfaces and other parts. The ADC's effective number of bits (ENOB) was actually tested using SMA100B from R&S, band – pass filter Q70T – 10 M – 1M – 50 – 720A and low – pass filter J97T – 14M – 50 – 69A from TTE. The results show that under 10 MHz sine wave，ENOB＞10 bit, which means that it can meet the needs of neutrino experiments. The open area and the open UI of QSFP all eight lanes' eye diagram are better than 3900 and 50％, respectively. When BER is 6. 393e – 15, the test is no error. The 30 channel data acquisition system is being set up and tested.

Key words：Jinping neutrino Experiment；Data acquisition system；Trigger – less；PMT

降质中子照相图像清晰化及其质量度量方法

张　天，孟成博，张　震，赵辰一，乔　双

（东北师范大学　物理学院，吉林　长春　130024）

摘　要： 中子照相也叫中子成像，是一种重要的射线无损检测技术。在中子成像过程中，会因电子设备、中子的空间涨落、准直器结构及高能粒子辐照成像探测器等因素引入不同程度的中子照相图像降质，主要表现为高斯噪声、泊松噪声、几何不锐度（模糊）和白斑噪声等图像失真，尤其在中子通量受限的小型中子照相系统上愈发严重。为此，本文研究了中子照相图像的多种降质模型，构建了基于真实中子照相图像的多重失真数据集，依据深度学习生成对抗网络（GAN）模型，设计了基于坐标注意力机制的图像清晰化复原网络，通过端到端的训练，实现了对真实中子照相图像多重失真的有效抑制。同时，鉴于自然图像与中子照相图像的成像机制与失真类型的迥异，本文进一步设计了针对中子照相失真类型的图像无参考质量度量方案。系列真实中子照相图像的处理结果表明，本文所提图像清晰化复原方案在主观评价上取得了最好的表现力，同时，客观质量评价方法也侧面验证了本文方法的有效性，以上研究成果将有望促进我国小型中子照相技术的软硬件均衡发展。

关键词： 中子照相；图像复原；无参考图像质量评价；深度学习

由于中子的衰减特性与 X 射线迥异，使中子照相技术在金属包裹的轻质材料成分检测上具有不可替代性，尤其在航空航天、军事军械和核工业等领域有重大需求[1]。目前，基于反应堆的中子照相技术研究已经日趋成熟，但受限于反应堆资源稀缺、使用成本高昂及检测地点受限等问题，使得发展具备现场灵活照相能力的小型中子照相技术成了当今国内外中子照相研究中的主要课题之一。但小型化所带来的中子源产额不足、准直器设计规模有限，使其低通量图像不可避免地受到混合噪声（高斯噪声、泊松噪声及白斑等）和几何不锐度（模糊）等降质因素影响，限制了其在精密器件的小尺寸缺陷准确识别与精密测量上的应用。现有的中子照相图像复原方法大多依赖于一些先验知识，如噪声强度、模糊类型等，且常常出现为了抑制一种失真而加重另外一种失真的情况[2-3]。因此，传统的多重失真——去除方法效率极低，且在很大程度上并不能获得令人满意的图像质量。为此，设计一种行之有效的中子照相图像多重失真抑制方法变得愈发重要。

同时，鉴于真实的中子照相图像不具备参考图像，经典的峰值信噪比（PSNR）、结构相似度（SSIM）和相似度偏差（GMSD）等全参考和半参考评价方法已不再适用[3]。而既有的无参考评价模型大都针对自然图像所设计，由于中子照相图像的成像机制与失真类型均与自然图像差异显著，使得研究能够评判中子照相图像好坏的客观质量度量方法变得极为必要。早期的中子照相图像无参考质量评价模型较为简单，仅考虑了中子照相图像中蕴含的高斯噪声、泊松噪声和几何不锐度，尚无法对中子照相图像中的大面积高亮度白斑进行有效评价[4-5]。而白斑是高能射线成像所特有的噪声类型，具有显著恶化图像质量的特点。为此，本文进一步扩充了已有质量度量模型的评价范围，使其能够兼顾真实中子照相图像中的多种失真类型，同时保证了客观评价与人眼主观评价具有较好的一致性。

作者简介： 张天（1986—），男，吉林临江人，博士，副教授，现主要从事中子照相图像处理和无参考质量评价等方面的研究工作。

基金项目： 国家自然科学基金资助项目以中小管为源的中子照相无参考图像质量评价方法研究（编号：11905028）；国家自然科学基金，基于瞬态场分布的小型中子照相系统超分辨重建方法研究（项目编号：12105040）；吉林省教育厅科学技术项目小型中子照相系统图像失真度量分析当研究（编号：JJKH20231294KJ）。

1 中子照相图像清晰化复原模型及客观度量方法

近年来，随着人工智能（AI）技术在机器视觉和模式识别领域的卓越成功，基于深度学习的图像处理方法逐渐成了机器视觉领域的重要手段[6]。为此，本文基于深度学习框架提出了降质中子照相图像复原及其质量度量方案。方案流程如图 1 所示，可分为构建数据集、图像清晰化和图像质量评价3 个过程。

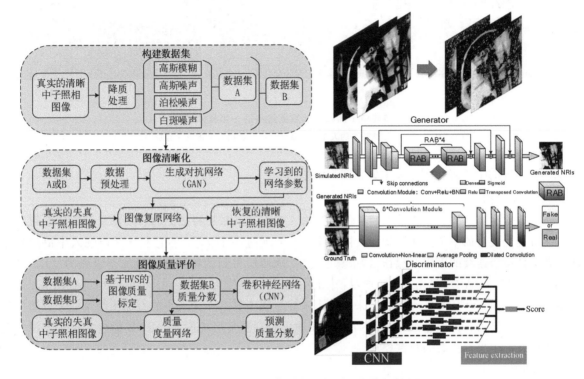

图 1 降质中子照相图像复原与质量度量方案流程

1.1 中子照相图像退化模型

通过分析真实拍摄的含有多重失真的中子照相图像可知，中子照相图像退化模型可简单概括为式（1）和式（2）两类：

$$g = P(H * f) + n。\tag{1}$$

其中，g 为真实的含有多重失真的中子照相图像，f 为经过本方法恢复后的清晰的中子照相图像，H 为高斯模糊集，$*$ 为卷积操作，$P(\cdot)$ 为代表乘性的泊松噪声干扰，$n \sim N(0, \sigma^2)$ 为均值为 0、方差为 σ^2 的加性高斯噪声。

$$g = P(H * f) + n + b。\tag{2}$$

其中，g、H、f、n 与式（1）表达含义相同，而 b 为加性的白斑噪声。

1.2 数据集的构建

本文设计了适用于中子照相图像多重失真抑制和质量评价的大规模图像训练数据集，即依据两种中子照相图像退化模型，采用真实的清晰中子照相图像作为原图，随机组合不同程度的失真类型构建大规模中子照相训练数据集。鉴于目前尚未见任何一个开源的中子照相图像数据集，因而不同于经典的 LIVEMD 和 TID2013 等自然图像公用数据集[7-8]，本文首次构建了一个基于真实中子照相图像的图像处理数据集。数据集包含反应堆上拍摄的清晰中子图像及对其分别添加不同等级的高斯模糊、高斯噪声、泊松噪声和白斑噪声的人工合成中子照相图像。

根据中子照相图像退化模型：①构建训练数据集 A，首先选择清晰的真实中子照相图像作为标签，并且将其进行如下降质处理，分别添加不同等级的高斯模糊、高斯噪声和泊松噪声，根据中子图像退化模型；②构建训练数据集 B，与训练数据集 A 不同的是训练数据集 B 需要在训练数据集 A 的基础上添加加性白斑噪声。图 2 为一张源于自建中子照相图像数据集中的样本图像。

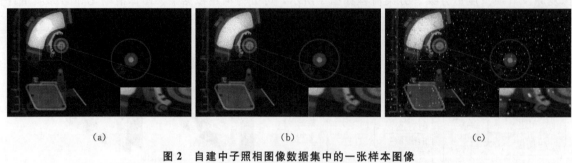

（a）   （b）   （c）

图 2　自建中子照相图像数据集中的一张样本图像

（a）原图；（b）数据集 A 的人工合成图像；（c）数据集 B 的人工合成图像

1.3　基于 GAN 的中子照相图像多重失真抑制模型

1.3.1　生成器架构

以模拟的含有多重失真的中子照相图像作为输入，通过一系列特征提取、残差单元上的学习和上采样重建得到恢复后的中子照相图像。具体来说，首先通过一个 7×7 的卷积从噪声输入中提取初始特征，其次是两个连续的下采样操作（卷积-池化），随后所得到的特征图通过 4 个级联的"Residual Attention Block"（RAB）单元进一步学习，同时，在网络中使用了两个 transposed convolution 进行上采样操作。采用 skip connection 将上采样和下采样过程中具有相同大小的特征图联系起来以适应任意大小的输入。最后，再次通过一个 7×7 的卷积输出得到恢复后的图像。RAB 中包含膨胀卷积、两个残差连接及一个坐标注意力机制模块。

1.3.2　判别器架构

在判别网络部分包含 8 个卷积层，随着网络层数加深，特征个数不断增加，特征尺寸不断减小，选取激活函数为 Leaky ReLU，最终通过两个全连接层和最终的 Sigmoid 激活函数得到预测为清晰的中子图像的概率。

1.3.3　训练细节

对于训练中的每一张中子照相图像将其随机裁剪出一系列大小为 128×128 的块用于训练。用 x 表示噪声输入，y 表示对应的 ground truth，每一次迭代中的训练对表示为 $\{x_i, y_i\}_{i=1}^N$，其中 N 为 batch size，在训练中设置为 16。考虑到训练集中的图像含有多种类型的失真，采用 Huber loss 作为生成器模型训练中的损失函数。判别器采用的损失函数是 BCE loss，在训练中，优化器设置为 ADAM，初始学习率为 0.01，一共进行了 100 次训练循环。

1.4　图像质量度量方法

要完成中子照相图像的无参考质量评价，首先要建立含有质量分数标签的中子照相图像数据集，为此，本文进一步提出了一种基于人类视觉系统（HVS）修正的质量标定方法用以建立中子照相图像质量评价数据集。

尽管局部梯度幅值相似性（GMSD）[5] 方法可以很好地评价如噪声和模糊等图像降质，但在中子照相图像中还有白斑噪声。由于白斑噪声内部为平滑的二维图像，在进行局部梯度计算时，梯度算子只对白斑噪声边缘起作用，而对白斑噪声的内部图像不敏感，但白斑噪声却显著影响主观感知。图像显著度借助变换模型对图像内容进行评价以模拟人类主观评估结果，可以很好地感知白斑噪声。因此，利用图像显著度修正局部质量图，可以实现全面客观的评价中子照相图像质量。通过上述图像质量标定方法对中子照相图像退化数据集B中的退化图像标定图像质量分数，构建中子照相图像质量评价数据集。再借助构建的图像质量评价数据集，通过基于卷积神经网络（CNN）的端到端训练，即可实现对中子照相图像质量的无参考度量。

2 实验与结果

为了验证本文方法的有效性，引入了多种专门针对中子照相图像的复原方法，与本文所提方法在系列真实中子照相图像进行了综合对比实验，借助无参考质量度量方法进行了图像质量客观评价。图3中给出了一张小电机的中子照相图像，其遭受了较为严重的白斑噪声及模糊影响；图4中给出了一张小电机在准直比 $L/D=115$ 时获得的中子照相图像[10]，可以看到，原图因为准直比较小而呈现出较严重的模糊效应，同时还含有少量的噪声污染。可以看出，传统的图像复原方法，如 SK-RL 和 imageJ 对于中子照相图像恢复能力十分有限，且在恢复过程中也可能会额外加重图像模糊。同时，在使用相同训练数据集的条件下，与自然图像失真抑制领域效果较为理想的 RIDNet 方法对比，依然可以看出本文所提方法的视觉优越性。此外，作者寻找了30组对本领域有所涉猎的研究人员对每张恢复图像进行主观打分，统计结果也表明本文方法在噪声和模糊等方面的恢复效果均达到了行业内领先的水平。

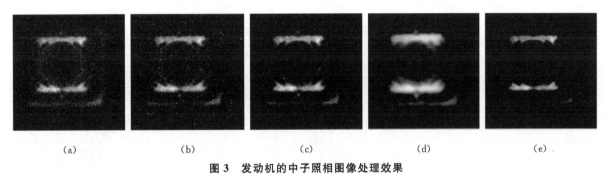

(a)　　　　　　(b)　　　　　　(c)　　　　　　(d)　　　　　　(e)

图3　发动机的中子照相图像处理效果

(a) 原图；(b) SK-RL；(c) imageJ；(d) RIDNet；(e) 本文

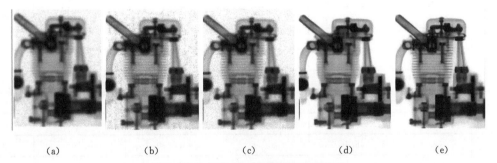

(a)　　　　　　(b)　　　　　　(c)　　　　　　(d)　　　　　　(e)

图4　小电机的中子照相图像处理效果

(a) 原图；(b) SK-RL；(c) imageJ；(d) RIDNet；(e) 本文

(注：图3和图4中从a至e分别为原图、SK-RL、imageJ、RIDNet和本文方法恢复的图像处理结果)

图5给出了同一物体分别使用反应堆图5f和加速器图5a中子源得到的中子照相图像[11]，加速器中子源因其体积小，运行成本远低于反应堆，而成了中子照相小型化的重要手段。但因其中子通量低于反应堆几个量级，导致中子照相图像存在明显的模糊含噪等降质问题，使用不同方法分别对由加速器中子源得到的航空发动机涡轮叶片中子照相图像进行清晰化复原，结果如图5所示。从主观评价来看，图5a至图5d的质量感知相差不大，而本文方法恢复效果图5e在噪声和模糊方面表现相对较好，尽管在细节部分距离由反应堆得到的中子照相图像图5f还有一定的差距，但通过数字图像处理技术弥补加速器中子照相的中子产额瓶颈，具有重大的现实意义，将有助于在硬件技术瓶颈下进一步推动

小型中子照相技术的实用化进程。

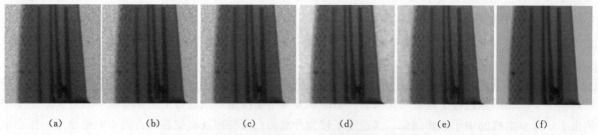

图 5　航空发动机涡轮叶片中子照相图像处理效果
(a) 加速器原图；(b) SK－RL；(c) imageJ；(d) RIDNet；(e) 本文；(f) 反应堆原图

为了定量地分析复原图像的质量，表 1 给出了对上述图 3、图 4 和图 5 应用多种无参考质量评价方法的预测结果对比。其中，"＋"类评价方法（如 BLIINDS）的评价值为正系数分布，即分值越高代表图像质量越好；而"—"类评价方法的评价值为负系数分布，即分值越低代表图像质量越好。

表 1　中子照相图像客观质量评价结果

图号		BLIINDS	NIQE	BRISQUE	Zhang et al.[5]	Proposed
		＋	—	—	—	—
图 3	(a)	38.3	5.678	56.715	0.112	0.7559
	(b)	61.7	12.842	53.900	0.166	0.7338
	(c)	57.5	9.548	57.766	0.057	0.5596
	(d)	61.5	6.512	34.628	0.069	0.3331
	(e)	30.5	10.612	60.791	0.095	0.2674
图 4	(a)	27	10.523	76.795	0.203	0.6215
	(b)	23	9.127	91.967	0.194	0.5788
	(c)	39	8.665	44.884	0.150	0.5044
	(d)	49	10.357	60.615	0.147	0.4162
	(e)	58.5	7.282	59.705	0.122	0.3656
图 5	(a)	37.5	7.388	36.618	0.212	0.7460
	(b)	42.6	5.897	35.470	0.200	0.7991
	(c)	46.4	8.155	60.390	0.197	0.6511
	(d)	37.5	6.995	42.212	0.199	0.7283
	(e)	45.7	9.624	70.167	0.145	0.3656
	(f)	21.5	7.630	33.206	0.169	0.2797

为了直观地分析表 1 的结果，进一步绘制了数据折线图（图 6），其中理想趋势（ideal trend）点虚线为主观感知分级趋势。由折线图可以看出，目前已有的无参考评价质量方法均存在质量预测波动较大，甚至难以区分图像质量的情况，这主要是由于中子照相图像的降质类型与自然图像显著不同所导致的。而本文所提出的质量度量方法与主观评价走势具有较好的一致性，对中子照相图像处理算法的设计提供了辅助依据。此外，不同于经典的中子束指示器方法评估图像质量，本文方法给出了从纯图像角度的中子照相质量度量方案，不仅可以客观地预测真实中子照相图像质量，还可以间接地反馈小型中子照相系统存在的结构、材料和尺寸上的设计缺陷，以期完善和推动小型中子照相系统的硬件部件优化。

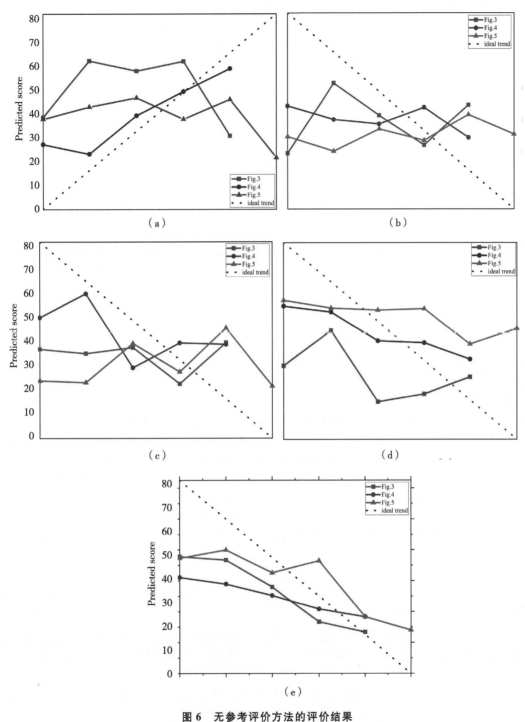

图 6　无参考评价方法的评价结果

（a）BLIINDS；（b）NIQE；（c）BRISQUE；（d）ZHang[5]；（e）本文

3　结论

加速器中子源因其结构紧凑、中子产额高达 10^{11} 量级、使用和维护成本可控等优势，已经成为中子照相装置小型化的重要手段。目前，中国原子能科学研究院的高强度小型化、桌面式移动中子源和中国工程物理研究院研制的可移动式中子成像检测仪，均为此类中子源。另外，东北师范大学早期进行热中子照相实验所使用的密封中子发生器，其本质也是一种小型加速器中子源，只是其中子产额还要低于上述加速器中子源1～2个数量级，因而曝光时间偏长、图像质量较差。受限于小型化的尺寸和技术瓶颈，提高中子源的产额并不是一件容易的事。因此，研究适用于低通量降质中子照相图像的后期处理技术，可以在不改变硬件设备的前提下，进一步改善中子照相图像的质量，促进小型中子照相技术在航空航天、军事军械等军工国防领域的推广和应用。

参考文献

[1] 郭广平，陈启芳，邬冠华．中子照相技术及其在无损检测中的应用研究 [J]．失效分析与预防，2014，9（6）：388－393．

[2] 乔双，吴晓阳，赵辰一，等．基于 PCA 和 BM3D 的噪声估计方法及其在中子图像去噪的应用 [J]．原子能科学技术，2018，52（4）：729－736．

[3] QIAO S，WANG Q，SUN J N，et al．A new method by steering kernel－based Richardson－Lucy algorithm for neutron imaging restoration [J]．Nuclear inst & methods in physics research A，2014（735）：541－545．

[4] QIAO S，LI J，ZHAO C，et al．No－reference quality assessment for neutron radiographic image based on a deep bilinear convolutional neural network [J]．Nuclear instruments and methods in physics research section A：accelerators，spectrometers，detectors and associated equipment，2021（1005）：165406－165411．

[5] LI J，QIAO S，ZHAO C，et al．A practical residual block－based no－reference quality metric for neutron radiographic images [J]．Nuclear instruments and methods in physics research，section A：accelerators，spectrometers，detectors and associated Equipment，2021（1019）：165841－165849．

[6] TIAN C，FEI L，ZHENG W，et al．Deep learning on image denoising：an overview [J]，Neural networks，2020（131）：251－275．

[7] JAYARAMAN D，MITTAL A，MOORTHY A K．Objective quality assessment of multiply distorted images [C] //Asilomar Conference on Signals．CA：Pecific GaRove，2012（4－7）：1693－1697．

[8] PONOMARENKO N，IEREMEIEV O，LUKIN V，et al．Color image database TID2013：peculiarities and preliminary results [J]．European workshop on visual information processing，2013（10－12）：106－111．

[9] XUE W，ZHANG L，MOU X，et al．Gradient magnitude similarity deviation：a highly efficient perceptual image quality index [J]．IEEE transactions on image processing，2014，23（2）：684－695．

[10] 张芳．图像泊松去噪算法研究 [D]．杭州：杭州电子科技大学通信工程学院，2017．

[11] 王倩妮，郭广平，顾国红，等．航空发动机叶片残余型芯中子照相检测 [J]．失效分析与预防，2021，16（1）：76－82．

Clarification of degraded neutron radiographic images and its quality metric method

ZHANG Tian, MENG Cheng-bo, ZHANG Zhen, ZHAO Chen-yi, QIAO Shuang

(School of Physics, Northeast Normal University, Changchun, Jilin 130024, China)

Abstract: Neutron radiography also called neutron imaging, is a significant radiographic non-destructive testing (NDT) technology. In the process of neutron imaging, electronic equipment, space fluctuation of neutrons, collimator structure, high-energy particle irradiation imaging detector and other factors will introduce different degrees of degradation of neutron photographic images, mainly in the form of Gauss-Poisson noise, geometric unsharpness (blur), white spot and other image distortions, especially in small neutron photographic systems with limited neutron flux. Therefore, we study the multiple-degradation models of neutron photographic images and construct the multiple-distortion data sets based on real neutron photographic images. The image restoration networks are designed by generative adversarial network (GAN) models with coordinate attention mechanism. Through end-to-end training, multiple distortions of real neutron photographic images are effectively suppressed. Moreover, in view of the different imaging mechanisms and distortion types of natural image and neutron photographic image, we further design a no-reference quality measurement scheme for the neutron photographic distortion type. A series of real neutron photography images experiments showed that the proposed method achieved a good performance in the subjective evaluation. Meanwhile, the objective quality evaluation method also verified the effectiveness of the proposed method. Therefore, the above research results have potential to promote the scientific development of compact neutron radiographic technology in China.

Key words: Neutron radiography; Image restoration; No-reference Image quality assessment; Deep learning

基于闪烁光纤阵列的宇宙线缪子径迹探测
关键技术研究

王启奇[1]，田立朝[1]，张　湘[1]，马燕云[2]，姜　静[1]，孙乙文[1]

(1. 国防科技大学理学院，湖南　长沙　410073；
2. 国防科技大学前沿交叉学科学院，湖南　长沙　410073)

摘　要： 宇宙线缪子散射成像系统对金属材料屏蔽下的高铀（Z）等放射性物质具有良好的识别效果，其中关键硬件设备是缪子位置灵敏探测器。设计一种基于闪烁光纤阵列搭配硅光电倍增管（SiPM）阵列的缪子位置灵敏探测器，可同时兼具塑料闪烁体缪子探测器的全固态优势和气体缪子探测器的低 γ 本底优势，且更便携和易组装。宇宙线缪子在闪烁光纤中产生的弱光信号读出与缪子位置重建是系统的关键技术，本文介绍基于闪烁光纤阵列的宇宙线缪子径迹探测器的总体设计方案、缪子弱光信号的读出与甄别方法、SiPM 阵列重建缪子入射位置的方法等，并对下一步实验展开讨论。

关键词： 硅光电倍增管；塑料闪烁光纤；缪子探测

宇宙线缪子（μ 子，muon）散射成像系统可以探测到隐藏在金属容器中的高铀材料，在跨境安检、核安保等领域相比 X 射线等常规无损检测手段具有独特优势[1]。现有的缪子散射成像系统中使用的缪子位置灵敏探测器有气体型缪子位置灵敏探测器[2] 和塑料闪烁条型缪子位置灵敏探测器[3] 两种，前者包括漂移管探测器、多丝正比室探测器、阻性板室探测器、微结构气体探测器[4] 等，技术成熟、探测精度高，但需要几百至上千伏的工作电压及较为庞大的供气系统，限制了其的应用场景；后者采用塑料闪烁条＋波移光纤作为敏感材料[5]，每个光路搭配单个光电倍增管（PMT）或硅光电倍增管（SiPM）作为光电转换器件，具有全固态、抗电磁干扰能力强、低 γ 本底的优势，但通常需要上百路光信号处理电路，电子学系统过于庞大。

我们设计了一种基于闪烁光纤阵列搭配 SiPM 阵列[6] 的新型缪子位置灵敏探测器，采用塑料闪烁光纤（PSF）[7] 作为敏感材料，多根光纤在探测平面上紧密排布成光纤板，缪子穿过某根光纤时沉积能量并产生荧光光子，光子从光纤内传输到光纤端面。多根光纤一端集结成束，端面贴在 SiPM 阵列的感光面上，通过 SiPM 阵列将闪烁光转换成电信号并重建发光点的位置，继而定位出发光光纤，正交布置的 2 层光纤板即可定位出缪子径迹上的一个点。

闪烁光纤体积小、可弯曲，可以应用在较为复杂的环境中，且探测精度较高，初始位置探测精度等于光纤直径。但由于缪子在光纤中穿过的路径短、沉积能量低、产生的光信号较弱，需要进行缪子弱光信号情况下的多光路读出研究。基于电容复用电路的 SiPM 阵列在一定程度上可以解决这一问题，实现对多路弱光信号的实时处理，基于此对缪子入射位置重建开展研究，实现缪子位置探测。本文按照闪烁光纤缪子探测器的总体设计思路及其衍生的两大问题的总分结构，介绍研究的当前进展和阶段性成果。

作者简介： 王启奇（1994—），男，硕士在读，现主要从事辐射测量技术研究。

基金项目： 湖南省自然科学基金项目（No. 2021JJ30772、No. 2021JJ40654）。

1 位置灵敏探测器方案

1.1 总体方案

基于闪烁光纤阵列搭配 SiPM 阵列的缪子位置灵敏探测器主要由 X 方向部件、Y 方向部件及数据传输电路组成，如图1所示。X 方向部件和 Y 方向部件正交布置且贴合，闪烁光纤紧密平铺在探测平面上并固定形成光纤板，光纤板光子输出端面集结成束，光纤逐根穿过微孔支架贴合在 SiPM 感光面并固定。如图2所示，当缪子穿过探测器敏感面时会在 X 方向部件和 Y 方向部件各1根光纤中沉积能量发光，光子传输到 SiPM 阵列感光面，转换成电信号后传输至计算机，经过算法重建发光点位置，再根据发光点位置确定缪子入射光纤，两根正交的光纤交点便是缪子径迹上的一个点。

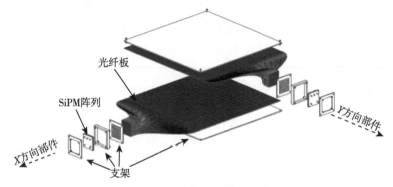

图1 缪子位置灵敏探测器爆炸图

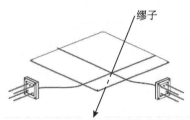

图2 缪子位置灵敏探测器定位原理

1.2 基于 SiPM 阵列的发光点定位原理

SiPM 阵列通常在 PET－CT 中与闪烁晶体搭配用来探测 γ 射线，基于电容复用电路的 $n \times n$ SiPM 阵列可将 SiPM 读出电路通道数从 $n \times n$ 路减少到4路[8]。电容复用电路原理及实物如图3所示，每个 SiPM 输出信号传输到 P/Q/R/S 4个通道的权重与 SiPM 位置有关，可通过 SiPM 输出端与4个通道之间的电容来设置。

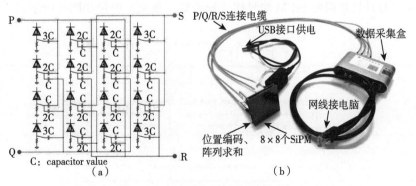

图3 4×4 SiPM 阵列电容复用电路原理[8] 及实物

（a）电路原理；（b）实物

SiPM 阵列感光面表面贴有一层光导，厚度通常是 1mm 至数毫米，光导越厚光斑扩散面积越大[9]。当光信号落在 SiPM 阵列感光面时，光子在光导内扩散，传输到以光信号落点为中心的周围数个 SiPM 中，转换成电信号分配传输到 P/Q/R/S 4 个通道。以 SiPM 阵列感光面几何中心为原点建立 XOY 坐标系，用 P/Q/R/S 表示 4 个通道的信号峰值或积分值时，发光点位置坐标计算公式为：

$$X = [(R+S)-(P+Q)]/(P+Q+R+S), \tag{1}$$

$$Y = [(P+S)-(Q+R)]/(P+Q+R+S). \tag{2}$$

其中，X 和 Y 是无量纲的数值，范围是 1~1，且 P/Q/R/S 4 个通道的信号之和与入射光子数量成正比。

2 弱光信号的读出与缪子甄别方法

由 SiPM 阵列工作原理可知，发光点定位精度与光信号的强弱直接相关，光信号越强信噪比越高，定位精度越高；发光点定位精度也与发光点位置有关，越靠近 SiPM 阵列边缘的光信号定位精度越差。在设计光纤光子输出端面在 SiPM 阵列敏感面上的排布方式之前，需要先排除缪子之外信号的干扰，并研究缪子在光纤中产生的光信号特征。

2.1 缪子测量望远镜系统

使用单根光纤＋单个 SiPM 探测缪子，光纤一端贴在 SiPM 敏感面，采集 SiPM 的输出信号。为了排除缪子之外的干扰信号，在光纤上方和下方各放置一块塑料闪烁体，并连接信号处理电路，构成望远镜系统，用于排除干扰信号，如图 4 所示。

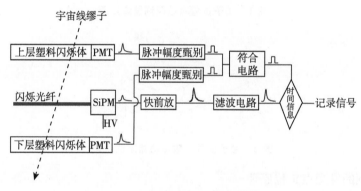

图 4 时间符合法测缪子信号框图

缪子具备很强的穿透能力，且传输速度接近光速。当缪子同时穿过上下两层塑料闪烁体及闪烁光纤时，与塑料闪烁体搭配的 PMT 和闪烁光纤后端的 SiPM 同时输出信号。2 个 PMT 输出信号经过脉冲幅度甄别电路后输入符合电路，输出符合信号。SiPM 输出的信号经过放大和滤波后被记录。PMT 输出信号、符合信号及处理后的 SiPM 信号接入示波器，典型的时序如图 5 所示。

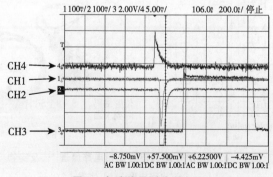

图 5 各路信号时序特征

其中，CH1、CH2 是上下 2 个 PMT 的输出信号，CH3 是符合信号，CH4 是 SiPM 输出的缪子信号。由于电子学系统对相似信号的处理时间基本稳定，所以缪子信号与符合信号之间存在一个较为稳定的时间差，经过测量本实验系统中时间差约为 260 ns。即可以通过符合信号出现的时间判断缪子信号出现的位置，可以准确、稳定地甄别缪子信号。

SiPM 输出信号经过放大和滤波得到缪子信号的电压值分布，如图 6 所示。通过对电信号的分析可以得到缪子在光纤中产生的光信号特征。

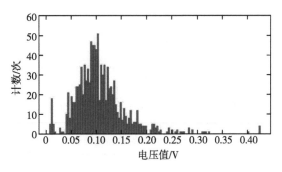

图 6　SiPM 缪子信号电压值分布

2.2　光纤输出光信号读出

每个 SiPM 由上千个二维排列的雪崩光电二极管（APD）和串联的淬灭电阻构成，光子入射到 APD 的 PN 结会产生载流子，载流子在反向偏压形成的电场作用下漂移和倍增，最终在阳极输出电信号。无光环境中，材料中电子热运动会在 PN 结耗尽层中随机产生非光生载流子，物理载体是电子-离子对，同样会在电场作用下漂移、倍增，在阳极输出暗噪声信号。热运动随机产生的电子个数是离散的整数，如图 7 所示，单个电子输出的暗噪声信号经过放大和滤波后会在能谱图上形成一个单电子信号，在统计涨落和电子学展宽情况下以原位置为中心形成一个单电子峰。同样的双电子和多电子也会在能谱图上形成双电子峰和多电子峰。相邻峰位之差应当相同，表示的是单个电子在该实验条件下，经过放大和滤波后输出的电压信号的值。

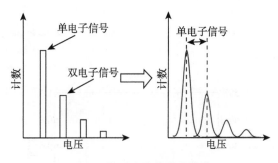

图 7　热运动噪声信号能谱

使用 2.1 的 SiPM、放大器和滤波电路搭建实验电路，框图如图 8 所示，保持 SiPM 工作电压和其他实验条件不变，在无光条件下测量该套实验设备单电子对应的输出信号电压值。

图 8　热运动噪声信号能谱

经过实验得到 SiPM 在不同工作高压下，由于热运动产生的电子信号分布，如图 9 所示，通过拟合可得到单电子对应的输出电压值，如表 1 所示。

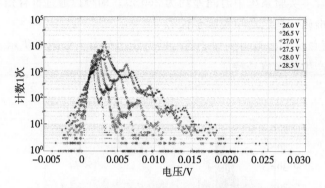

图 9　不同高压下热运动电子输出信号谱

表 1　单电子对应的输出电压值

序号	SiPM 工作电压/V	单个电子对应信号峰值/mV
1	26.0	1.31
2	26.5	1.64
3	27.0	2.05
4	27.5	2.52
5	28.0	3.00
6	28.5	3.40

N 个光子入射到 SiPM 会产生 ηN 个电子，单个电子对应的电压信号峰值是 V_e，则 N 个光子入射输出的电压信号峰值是：

$$V_{out} = \eta \cdot N \cdot V_e。 \tag{3}$$

其中，η 是 SiPM 的量子效率，其与光信号的波长、SiPM 工作电压有关。图 10 给出的是实验中选用的光纤发射光谱及选用的 SiPM 量子效率（28 V 电压下），经过插值和积分计算出综合量子效率 $\eta = 36.53\%$。

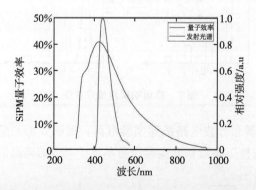

图 10　光纤发射光谱（窄曲线）及 28 V 工作电压下 SiPM 量子效率（宽曲线）

因此图 6 中的电压信号分布可以经过下列公式转换为光子个数的分布：

$$N = V_{out}/(\eta \cdot V_e) = V_{out}/(36.53\% \times 3)。 \tag{4}$$

结果如图 11 所示，经过拟合计算出光子数期望是 85 个。

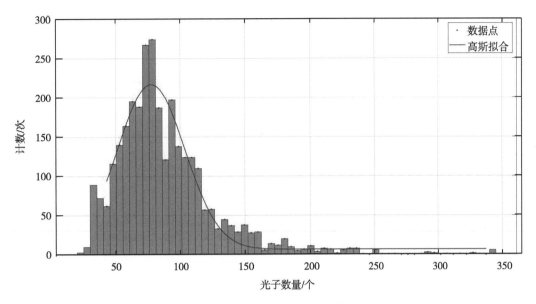

图 11　缪子在光纤中产生的光子数

3　SiPM 阵列对缪子入射位置重建方法

　　SiPM 阵列对缪子入射位置的重建本质是定位出发光光纤的位置，SiPM 阵列定位发光光纤位置与光纤端面在 SiPM 阵列上的排布方式有关。由 2 可知缪子在光纤中产生的光子数期望值是 85 个，SiPM 阵列不同位置对弱光的定位精度不同，所以光纤板光子输出端面在 SiPM 阵列感光面上的排布方式是非均匀的，越靠近 SiPM 阵列中心位置光纤密度越高，越靠 SiPM 阵列近边缘位置光纤越稀疏。

3.1　光子数对定位精度的影响

　　为了验证 SiPM 阵列对不同光子数光信号定位精度的差异，使用脉冲驱动 LED 光源作为光信号源，通过调整光源增益控制每个脉冲的光子数。脉冲光子数的测量采用 2.2 描述的基于暗噪声标定的方法，测量结果如表 2 所示，其中增益低于 4 时，实验得到的光子数谱型较差，表明该 LED 光源弱光输出稳定性较差，强光输出稳定性较好，故不用于测量 SiPM 阵列不同位置定位精度，但可以用在测量 SiPM 阵列不同光子数的定位精度。

表 2　LED 光源增益与光子数关系

LED 光源增益	脉冲光子数/个
3.0	~10
3.5	~36
4.0	96
4.5	213
5.0	449
5.5	758
6.0	981
6.5	1076
7.0	1151
7.5	1200

LED 光源增益	脉冲光子数/个
8.0	1240
8.5	1270
9.0	1305
9.5	1320

LED 光源输出端是直径 2 mm 的光纤,光子输出端面贴在 SiPM 阵列中间偏上的位置,测量不同增益下定位出的光斑大小,结果如图 12 所示,其中最外侧圆圈表示 99% 定位点落在其内,中间圆圈表示 95% 定位点落在其内,内侧圆圈表示 50% 定位点落在其内,不同增益下各圆直径(光斑直径)如表 3 所示。

图 12　定位光斑大小描述示意

表 3　LED 光源增益与光子数关系

LED 光源增益	光子数期望/个	光斑直径-50%/mm	光斑直径-95%/mm	光斑直径-99%/mm
4.5	213	0.4199	0.8749	1.0852
5.0	449	0.2308	0.4809	0.5965
5.5	758	0.1297	0.2702	0.3351
6.0	981	0.0881	0.1836	0.2277

由测试结果知,光脉冲中光子数越多,定位精度越高,为 SiPM 阵列对缪子入射位置重建精度的提升指明了研究方向。

3.2　入射位置对定位精度的影响

如图 13 所示,将光纤光子输出端贴在 SiPM 阵列不同位置,研究各位置发光点定位精度。由于缪子通量较小测量足够数据需要很长时间,验证[137]Cs 放射源释放的 β 射线在光纤中产生的光子数与缪子光子数是否接近,若接近便可用其来代替缪子,提高实验效率。

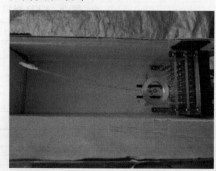

图 13　实验布置

缪子产生的光子照射在 SiPM 阵列上某一位置输出的 4 通道之和信号与[137]Cs 源光子照射在 SiPM

阵列同样位置上输出的 4 通道之和信号进行比较，结果如图 14 所示，可见缪子在光纤中产生的光子数与^{137}Cs 源在光纤中产生的光子数基本相同，少数斜入射光纤的缪子导致其在高光子数端有较长的拖尾。因此，可以使用^{137}Cs 源代替缪子研究 SiPM 阵列的定位精度。

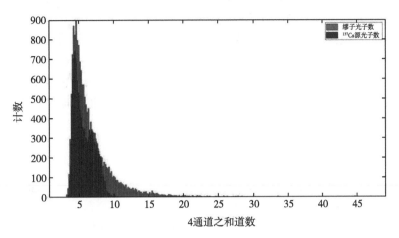

图 14　缪子光子与 ^{137}Cs 源光子 4 通道之和对比

实验中使用的是 8 mm×8 mm 的 SiPM 阵列，选取各 SiPM 的几何中心与光纤光子输出端面贴合，记录并定位发光点位置，结果如图 15 所示，内部黑色方框是 SiPM 阵列轮廓，黑色圆形是光纤放置的位置，椭圆形或图形定位光斑是实验结果。靠近 SiPM 阵列中间位置的发光点定位光斑基本为标准的圆形；靠近 SiPM 阵列边缘的光斑拉伸成椭圆形，拉伸方向为：SiPM 阵列几何中心指向真实光信号落点位置。

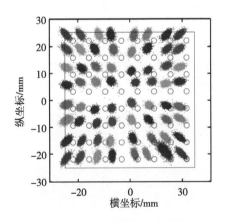

图 15　^{137}Cs 源发光点定位光斑

落点在边缘处的光信号定位光斑拉伸可以进行定性的解释，光信号经过光导的发散传输到多个相邻的 SiPM 上，由于处在 SiPM 阵列边缘，部分光子耗散在阵列之外，剩余的光子定位光斑便会出现拉伸。

所以光导的厚度应当设置为与位置相关的分布，位于 SiPM 阵列中间位置处的光导应当更厚便于扩散到多个 SiPM 上，提升定位精度，而位于 SiPM 阵列边缘位置处的光导应当更薄，减少光子的耗散。当某个 SiPM 上的光导厚度为 0 时，落在该 SiPM 上的光信号不再扩散，定位精度固定为 6 mm×6 mm。

4 结论

由光子数对定位精度的影响可知，缪子入射事件进入 SiPM 阵列的光子数越多，定位精度越好。下一步将通过在光纤端面或者柱面增加反光层的方式，如镀银、喷反光漆、包裹发光材料等方法进一步提高光纤输出的光子数，从而提高定位精度。光导层厚度将直接影响光信号的扩散，与发光点定位精度关系密切，下一步将设计一种非均匀的光导层，提升 SiPM 阵列边缘处的定位精度。

本文介绍了基于闪烁光纤阵列搭配 SiPM 阵列的新型缪子位置灵敏探测器总体设计方案，研究了基于 SiPM 暗噪声标定的缪子弱光信号读出方法及时间符合排除缪子之外信号的缪子甄别方法，在此基础上开展了 SiPM 阵列不同位置、不同光子数定位精度的研究，结果表明，该方案可满足缪子径迹探测、缪子散射成像等应用需求。

参考文献

[1] SCHULTZ L J, BOROZDIN K N, GOMEN J. Cosmic Ray muon radiography for contraband detection [D]. State of Oregon: univesity of porland, 2003.

[2] AIME C, CALZAFERMI S, CASARSA M. Muon detector for a Muon Collider [J]. Nuclear instruments & methods in physics research section A, 2023, (1046): 167800.

[3] PROCUREUR S. Muon imaging: principles, technologies and applications (Review) [J]. Nuclear instruments and methods in physics research, section A: accelerators, spectrometers, detectors and associated equipment, 2018 (878): 169 – 179.

[4] 叶邦角, 李祥, 周志浩, 等. 缪子成像及元素成分分析 [J]. 物理, 2021, 50 (4): 248 – 256.

[5] ANGHEL V, ARMI TAGE J, BOTTE J, et al. Construction, commissioning and first data from the CRIPT muon tomography project [M]. Place: Universitg of Bristol, 2012.

[6] 谷晓芳, 鲍雅晴, 尤晓菲. PET 系统数字化技术研究进展 [J]. 中国医学装备, 2022, 19 (4): 189 – 193.

[7] KHARZHEEV Y N. Radiation hardness of scintillation detectors based on organic plastic scintillators and optical fibers [J]. Physics of particles and nuclei, 2019, 50 (1): 42 – 76.

[8] CHOE H J, CHOI Y, HU W, et al. Development of capacitive multiplexing circuit for SiPM – based time – of – flight (TOF) PET detector [J]. Phys med biol, 2017, 62 (7): N120 – N133.

[9] 征云飞, 杨永峰, 李兰君, 等. 光导厚度对基于高分辨率 LYSO 和 SiPM 阵列 PET 探测器性能的影响 [J]. 核技术, 2018 (4): 040403.

Study on cosmic ray muon track detection technology based on scintillation fiber array

WANG Qi-qi[1] , TIAN Li-chao[1] , ZHANG Xiang[1] ,

MA Yan-yun[2] , JIANG Jing[1] , SUN Yi-wen[1]

(1. College of Science National University of Defense Technology, Changsha, Hunan, China, 410073; 2. College of Advanced Interdisciplinary Studies, National University of Defense Technology, Changsha, Hunan 410073, China)

Abstract: The cosmic ray muon scattering imaging system has a good recognition effect on high Z materials uranium and other radioactive materials shielded by metal materials. The key hardware equipment is the muon position sensitive detector. A muon position - sensitive detector based on scintillation fiber array and silicon photomultiplier tube (SiPM) array is designed, which has the advantages of solid state of plastic scintillation muon detector and low γ background of gas muon detector, and is more portable and easy to assemble. Weak light signal reading and muon position reconstruction of cosmic ray muons in scintillation fiber are the key technologies of the system. This paper introduces the overall design scheme of cosmic ray muon track detector based on scintillation fiber array, the reading and discrimination method of muon weak light signal, and the reconstruction method of muon incident position of SiPM array, and discusses the next experiments.

Key words: SiPM; Plastic scintillation fiber; Muon detection

电极间距对平板型涂硼电离室核性能的影响研究

胡文琪，武文超，张毅林，王军成，周治江，戴　斌

（中国核动力研究设计院第一研究所，四川　成都　610000）

摘　要： 电极间距是涂硼电离室的主要设计参数，电极间距的大小直接影响涂硼电离室的中子灵敏度、坪长、坪斜等性能。本文通过模拟仿真和实验研究，探索电极间距对平板型涂硼电离室的核性能影响。研究结果表明，平板型涂硼电离室电极间距小于 3 mm 时，中子灵敏度随间距的增大而增大；当电极间距大于 3 mm 时，中子灵敏度随电极间距的增大而减小；同时，坪斜和坪长也随电极间距的改变而发生明显的变化。

关键词： 电极间距；中子灵敏度；坪特性；平板型

在电离室设计中需要考虑电离室中的充气气压 P 和电极之间的距离 d。研究表明[1]，对于涂硼中子电离室，如果只考虑 α 粒子对工作气体的电离作用，则当 $P \cdot d = R$（R 为 1 atm 下 α 粒子在工作气体中的射程）时，中子灵敏度 η_n 出现极大值。中子灵敏度与 $P \cdot d$ 的关系如图 1 所示。

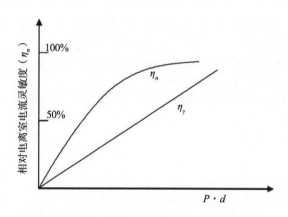

图 1　电离室中子和 γ 灵敏度与 $P \cdot d$ 的关系

从图 1 可以看出，中子灵敏度随着 $P \cdot d$ 值的增大而提高，而 $P \cdot d$ 值的增大可通过增大充气气压和增加电极距离来实现。但是增大气压会带来一定的负面影响，如电离室室壁材料的承受压力增大、电离室内工作气体泄漏概率增加和提高了电离室的制造难度等，同时还不利于过滤混合场中的 γ 射线。

在实际工程应用中，往往选择增加电极间的距离，即间距来提高中子灵敏度。增大间距可以提高中子灵敏度，但间距受制于电离室外形尺寸，且间距的变化直接影响电离室的涂硼面积等，进而影响电离室的其他性能。另外，增大电极间距可有效提高正高压极管与收集极管之间的绝缘电阻，降低电离室的漏电流，改善电离室的坪特性。因此，可以通过调整电极间距来实现电离室的多项性能指标。

作者简介： 胡文琪（1992—），女，硕士，工程师，现主要从事核探测器研发工作。

1 模拟仿真

1.1 仿真软件与建模

本文采用的模拟仿真软件为 Geant 410.7.3.p03 版本，建立涂硼电离室简化模型，编制模拟仿真程序，建立的几何模型如图 2 所示。模拟仿真中，设置的中子源为直径稍小于平板型涂硼电离室电极系统直径的平行束面中子源，面中子源直射涂硼电离室，不考虑立体角的问题。

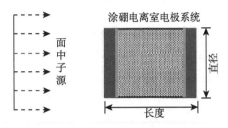

涂硼电离室电极系统

面中子源   直径   长度

图 2   涂硼电离室几何模型

为了模拟不同电极间距对平板型涂硼电离室电极系统的影响，在模拟仿真过程中设置的电极间距范围为：1.0～4.0 mm。

1.2 模拟仿真结果

为了准确研究电极间距的影响效果，需保持涂硼面积不变。本文在 Geant 410.7.3.p03 版本软件中设置了一个电离室元，以最低标准保证了电离室的结构完整性，同时便于仿真模型的构建与后续试验数据结果的等效归一。在仿真软件中共设置了 7 个不同电极间距（1.0 mm、1.5 mm、2.0 mm、2.5 mm、3.0 mm、3.5 mm、4.0 mm），并保持气体组分、压强（0.1 MPa 的 P10 气体）等其他参数不变。中子数 $N=1\times10^6$ s^{-1}，热中子能量为 0.0253 eV。面积一定时，中子数与中子注量率呈线性关系。

中子灵敏度 η 定义为单位注量率 φ 在中子辐射场中所产生的累计电流 I，即：

$$\eta=\frac{I}{\varphi}。 \tag{1}$$

不同电极间距下中子灵敏度（电流信号与中子灵敏度呈线性相关，以电流信号表示中子灵敏度的变化）的仿真结果如表 1 所示。

表 1   不同电极间距下的中子灵敏度模拟结果

电压/V	电流信号/（×10^{-12}A）						
	1.0 mm	1.5 mm	2.0 mm	2.5 mm	3.0 mm	3.5 mm	4.0 mm
10	6.90	9.02	10.86	12.45	13.68	13.07	12.18
20	6.92	9.11	11.04	12.69	13.88	13.32	12.60
50	7.10	9.22	11.23	12.94	14.23	13.89	13.20
100	7.16	9.40	11.42	13.18	14.54	14.12	13.76
150	7.38	9.42	11.50	13.38	14.66	14.29	14.06
200	7.54	9.59	11.58	13.35	14.72	14.34	14.15
250	7.82	9.70	11.60	13.37	14.74	14.39	14.15
300	7.98	9.76	11.66	13.51	14.78	14.45	14.15
350	8.18	9.70	11.66	13.61	14.89	14.51	14.26
400	8.53	9.78	11.67	13.70	14.95	14.54	14.42

电压/V	电流信号/（×10⁻¹²A）						
	1.0 mm	1.5 mm	2.0 mm	2.5 mm	3.0 mm	3.5 mm	4.0 mm
450	9.17	9.90	11.69	13.80	14.87	14.60	14.36
500	9.94	10.10	11.78	13.90	14.89	14.66	14.46
550	10.86	10.50	12.03	13.91	14.96	14.58	14.51
600	13.08	11.61	12.59	13.93	15.09	14.81	14.72

从图 3a 可以看出，当间距较小时，曲线的坪长较短，1.0 mm 时坪长仅为 300 V 左右，信号电流在电压达到 400 V 后快速升高。工作在该电压下的小间距电极系统内部具有高达 4000 V/cm 的电场强度，这种情况下工作气体容易被击穿从而引发雪崩，因此坪长较短。当间距从 1.0 mm 增加到 2.5 mm 时，饱和电压逐渐增大，从 50 V 增加至 150 V，坪斜逐渐减小，坪长逐渐从约 300 V 增加到大于 400 V；当间距大于等于 3.0 mm 时，饱和电压基本不变，坪长大于 450 V，坪斜基本无变化。当间距增大时，电极的边缘电场逐渐增强，因此饱和电压逐渐增大；间距增大为 2.5 mm 时，电子-离子对足以完全沉积，饱和电压不再随电极间距的增大而增大。

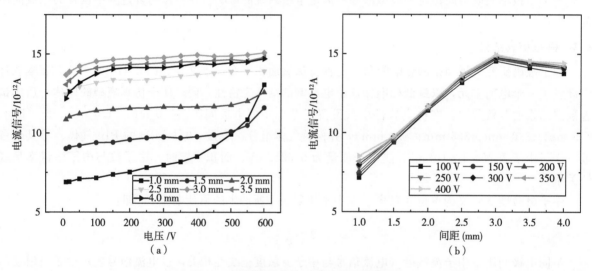

图 3 电离室输出电流与电极间距的关系
(a) 电流信号随电压变化；(b) 电流信号随间距变化

从图 3b 可以看出，不同工作电压下中子灵敏度与电极间距的变化趋势一致。中子灵敏度与间距（1.0～3.0 mm）变化呈近似正相关，继续增大间距（3.0～4.0 mm），中子灵敏度则开始减小。这是因为，当间距较小时，气体总阻止能力 $P \cdot d$ 起主要作用，气压不变，间距 d 越大，则中子灵敏度越大；当间距过大时，气体阻止本领已达到最大，带电粒子的能量已完全沉积，此时电极的边缘电场逐渐增强，使得电子-离子对的扩散与复合损失增多，导致中子灵敏度减小。

综上，电极间距受中子灵敏度、坪长、坪斜等影响较大，因此，为获得最佳核性能参数，需要设计合适的电极间距。

2 试验测试

2.1 试验装置

采用的试验装置为国防科技工业 5114 二级计量站的中子灵敏度校准装置[2-3]，由线中子源、储源容器、慢化体、探测器定位装置、中子源升降装置和屏蔽体组成。线中子源由 20 颗活度为 1.85×

10^{10} Bq 的 ^{241}Am-Be 间隔 50 mm 依次排列组装而成；储源容器和慢化体的材质为聚乙烯，储源容器用于存放放射源，慢化体用于慢化放射源发出来的快中子；探测器定位装置用于试验件的定位，有效调节距离为 162.5～2210 mm；屏蔽体用于屏蔽中子辐射。中子灵敏度校准装置活性区长度为 1000 mm，中子注量率范围为 10～3.9×10^3 ncm^{-2}·s^{-1}，活性区中子注量率均匀性小于 15 %。中子灵敏度校准装置的基本结构如图 4 所示。

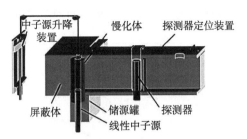

图 4 中子灵敏度校准装置结构示意

2.2 试验方法

按照 GB/T 7164—2004[4] 中的方法开展补偿中子电离室性能测试，将电离室放在中子或伽马辐射场中，以线性范围中点附近的中子进行照射，调整工作电压由低逐渐升高，测得一组输出电流 I_n 与电压 U_n，绘制饱和曲线并计算坪长、坪斜、推荐工作电压等。采用控制变量法，改变电极间距，每个参数对应多组电流 I_n 与电压 U_n，截取工作电压范围内的数据，绘制不同条件下电流随电压的变化关系图，并将模拟结果与试验结果进行对比分析。

3 测试结果与对比分析

在模拟仿真阶段，模型只构建了一个电离室单元，输出的微弱电流信号可被程序采集。实际测试时，单个电离室单元输出的电流很微弱，采用多层平板电极结构构成多个电离室单元，以增加信号电流输出，便于采集。不同电极间距对应着不同的电离室单元数，它主要取决于安装螺柱的长度。每次放入 3 个电离室电极系统组件，重复 3 次，完成了对 1.0 mm、1.5 mm、2.0 mm、2.5 mm、3.0 mm、3.5 mm、4.0 mm 共 7 个间距的试验测试，充入的工作气体为 P10，气压为 0.1 MPa。将输出的电流信号归一化后获得单个电离室单元的饱和特性曲线如图 5 所示。

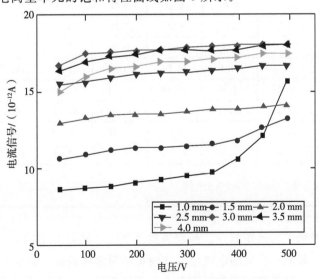

图 5 中子电离室的饱和特性曲线

对比模拟和实验结果可以发现，实验饱和特性曲线变化规律与模拟的结果基本一致：当间距从 1.0 mm 增加到 2.5 mm 时，饱和电压逐渐增大，坪斜逐渐减小，坪长逐渐增大；当间距大于等于 3.0 mm 时，饱和电压基本不变，坪长大于 450 V，坪斜基本无变化。

将 200 V、250 V、300 V 模拟与实验电流信号进行对比，如图 6 所示。结果表明，电极间距从 1.0 mm 增大到 3.0 mm，电离室的输出信号电流快速增大，与间距呈线性关系，若间距继续增大，输出电流开始缓慢下降。平板型涂硼电离室的中子灵敏度随间距先增加后缓慢减小。

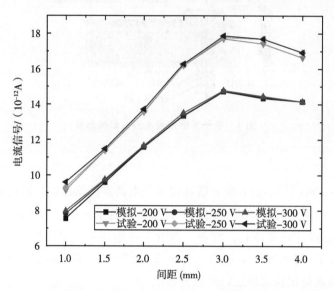

图 6　不同电极间距时的 200 V、250 V、300 V 模拟与实验电流信号对比

同样分别取 200 V、250 V、300 V 的工作电压，将工作电压下的模拟与试验电流信号进行对比，计算相对偏差和 Pearson 相关系数如表 2 所示。

表 2　模拟与试验结果

间距/mm	电流信号/（×10⁻¹²A）						相对偏差		
	200 V		250 V		300 V				
	模拟	试验	模拟	试验	模拟	试验			
1.0	7.54	9.14	7.82	9.30	7.98	9.60	17.5%	15.9%	16.9%
1.5	9.59	11.37	9.7	11.39	9.76	11.48	15.7%	14.8%	15.0%
2.0	11.58	13.56	11.6	13.58	11.66	13.73	14.6%	14.6%	15.1%
2.5	13.35	16.19	13.37	16.20	13.51	16.28	17.5%	17.5%	17.0%
3.0	14.72	17.70	14.74	17.78	14.78	17.87	16.8%	17.1%	17.3%
3.5	14.34	17.42	14.39	17.69	14.45	17.69	17.7%	18.7%	18.3%
4.0	14.15	16.64	14.15	16.93	14.15	16.93	15.0%	16.4%	16.4%
Pearson 相关系数	0.997 58		0.998 08		0.998 44				

由表 2 可知，在相同的工作电压附近，两者的相关系数均接近 1，且相对偏差均小于 19%，说明模拟与试验结果的符合度较高。实验的电流信号比模拟结果总体偏高，其偏差主要来源于实验与模拟的中子源范围能谱、中子入射进探测器的角度存在一定的差异，且实验使用的电离室组装时存在一定的尺寸偏差，另外，与设计值仿真模型也存在一定的误差差异。

4 结论

通过模拟仿真和实验开展了电极间距对平板型涂硼电离室的核性能影响研究，找到了核性能随电极间距的变化规律。研究结果表明：平板型涂硼电离室的电极间距对中子灵敏度、坪长和坪斜具有较大的影响。实际工程应用中，需要综合考虑多种因素的影响后，选取合适的电极间距，来实现电离室的各项技术指标，对平板型涂硼电离室在今后各领域的工程应用具有指导意义。

参考文献

[1] 朱立. 混合辐射场探测器研制与实验测试 [D]. 南京：南京航空航天大学，2012.

[2] 周治江，武文超，章航洲，等. 涂硼电离室中子灵敏度计算与验证 [J]. 仪器仪表用户，2020，27 （12）：75 – 78.

[3] 王军成，武文超，安天才，等. 工作气体对涂硼电离室性能的影响研究 [J]. 核动力工程，2021，42 （1）：86 – 89.

[4] 中华人民共和国国家质量监督检验检疫总局，中国国家标准化管理委员会. 用于核反应堆的辐射探测器特性及其检验方法：GB/T 7164—2004 [S]. 北京：中国标准出版社，2004.

Study on the influence of electrode spacing on the nuclear properties of flat – plate boron – coated ionization chamber

HU Wen-qi ，WU Wen-chao，ZHANG Yi-lin，
WANG Jun-cheng，ZHOU Zhi-jiang，DAI Bin

(The First Research Institute of China Nuclear Power Research and Design Institute, Chengdu, Sichuan 610000，China)

Abstract：Electrode spacing is the main design parameter of boron – coated ionization chamber，which directly affects the neutron sensitivity, plateau characteristics of the chamber. In this paper, the influence of electrode spacing on the nuclear properties of a flat – plate boron – coated ionization chamber is investigated by simulation and experiment. The results show that when the electrode spacing was less than 3 mm, the neutron sensitivity increased with the increase of the spacing. When the electrode spacing was greater than 3 mm, the neutron sensitivity decreased with the increase of electrode spacing. At the same time, plateau characteristics also changed significantly with the change of electrode spacing.

Key words：Electrode spacing；Neutron sensitivity；Plateau characteristics；Plate type

基于不同尺寸 SiPM 双端读出 PET 探测器性能研究

柳　正，杨永峰

（中国科学院深圳先进技术研究院，广东　深圳　518055）

摘　要：飞行时间技术正在广泛应用于新的临床全身正电子发射断层成像（PET）系统，可提高图像质量，如果增加深度探测技术，临床 PET 系统的图像质量在全视野内可以得到进一步改善。我们选择了 3 种可用于临床 PET 系统的商业化硅光电倍增管（SiPM），它们的有效面积是 3 mm×3 mm、4 mm×4 mm 和 6 mm×6 mm。通过将 2 mm×2 mm×20 mm 的硅酸钇镥（LYSO）晶体的两端与这些 SiPM 耦合，我们研究了它们的能量分辨率、时间分辨率和深度分辨率。能量分辨率在 8.9%～10.3%，这 3 个探测器之间的差异很小。3 个探测器的时间分辨率半高宽值分别为 135 ps（探测器 1，Hamamastu 3 mm×3 mm SiPM）、159 ps（探测器 2，Sensl 4 mm×4 mm SiPM）和 201 ps（探测器 3，Hamamastu 6×6 mm SiPM）。3 个探测器的深度分辨率约为 2 mm，可见深度分辨率并不取决于 SiPM 的尺寸大小。为了获得更好的时间分辨率，可以使用更小尺寸的 SiPM。另外，6 mm×6 mm 尺寸的 SiPM 可以提供～200 ps 的时间分辨率，其组成的阵列所需的读出通道数要少得多、成本低，因此它仍然比较适用于建造全身 PET 系统。

关键词：飞行时间；正电子发射断层扫描；硅光电倍增管；相互作用深度

飞行时间（time of flight，TOF）、正电子发射断层扫描（positron emission tomography，PET）正在成为临床全身 PET 系统的标准技术。TOF 信息提高了重建图像的信噪比（SNR）[1]。近些年用于 TOF－PET 的另一种光电探测器是硅光电倍增管（SiPM）[2]。由于 SiPM 相比传统 PMT 结构紧凑、对磁场不敏感、探测效率高、工作电压低，如今已被用于 TOF－PET 商业系统[3-5]。最新的商用 TOF－PET 系统西门子 Biograph Vision 系统，其系统的时间分辨率（CTR）达到了 214 ps。对于临床 PET 系统来说，通常要采用长的闪烁晶体（长于 15 mm），以确保对 511 keV 能量的光子有良好的探测灵敏度。然而，大多数临床 PET 系统并不测量 511 keV 光子沿轴向的相互作用位置［这被称为相互作用深度（depth of interaction，DOI）］。这种 DOI 测量的不确定性降低了以轴向角度进入的湮灭光子的位置分辨率，通常被称为视差误差。同时具有 TOF 功能和深度测量能力的 PET 探测器将进一步提高临床 PET 系统的图像质量，从而有助于提高早期肿瘤诊断的精度。

在过去的十几年里，大多数具有深度测量能力的 PET 技术是为临床前和专用脑部 PET 系统开发的，这些系统的空间分辨率因 DOI 测量不佳而逐步被淘汰。各种 DOI 编码 PET 探测器技术已经被开发出来，如多层晶体 PET 探测器[6-8]、双端读出 PET 探测器[9-10]、连续晶体 PET 探测器[11] 和光分享 PET 探测器[12-13]。像素化的闪烁体阵列的双端读出 PET 探测器是一种常见的提供深度测量能力的技术，可以提供良好的 DOI 分辨率（～2 mm）。当使用长晶体时，与单端读出相比，双端读出还显示出更好的时间性能[14]。对于临床 PET 系统来说，市面上最常见的 SiPM 的器件尺寸是 3 mm×3 mm、4 mm×4 mm 和 6 mm×6 mm。文献［15］中通过与 2 mm×2 mm×3 mm 的 LSO：Ce：Ca 晶体耦合，在 3 mm×3 mm 至 4 mm×4 mm 的 SiPMs 上测得时间分辨率的半高宽值（FWHM）为 58～76 ps。此外，当使用大面积尺寸（如 6 mm×6 mm）的 SiPM 时，其优势为读出通道数量较少。为了系统地研究双端读出 PET 探测器的时间分辨率和 DOI 分辨率，我们将不同大小的 SiPM（3 mm×3 mm、4 mm×4 mm 和 6 mm×6 mm）耦合到 2 mm×2 mm×20 mm 的 LYSO 晶体的两端。本研

作者简介：柳正（1986—），男，博士，副研究员，现主要从事正电子发射断层成像、核探测技术等科研工作。

基金项目：国家自然科学基金（12105356）、深圳市科技计划（GJHZ20210705141404014、JCYJ20220531100000001）。

究主要测试和对比用不同尺寸的 SiPM 制作的 3 个 PET 探测器的深度分辨率和时间分辨率。

1 研究方法和实验材料

1.1 探测器设计

本研究中采用了同一个 2 mm×2 mm×20 mm 的 LYSO 晶体对不同尺寸的 SiPM 进行测试。LY-SO 晶体的所有表面都经过抛光,其中 2 mm×20 mm 截面的 4 个侧面被铝箔包裹,铝箔和晶体间填充了 0.1 mm 厚度的硫酸钡(BaSO₄)反射膜。LYSO 晶体的另外两端用光学胶水(道康宁 RTV 3145)耦合到一对 SiPM 上,使用不同大小的 SiPM 进行了 3 次测试。探测器的 SiPM 尺寸为 3 mm× 3 mm、4 mm×4 mm、6 mm×6 mm。这些 SiPM 的详细信息如表 1 所示。

表 1   本文采用 SiPM 的详细信息

探测器 #	SiPM 种类	SiPM 尺寸/mm²	微单元大小/mm²
1	HPK S14160 - 3050HS	3×3	50×50
2	Sensl FJ40035	4×4	35×35
3	HPK S14160 - 6050HS	6×6	50×50

1.2 测试实验平台

本文对设计的双读出探测器采用了两种实验装置进行测试。对于探测器的深度分辨率性能研究,我们将待测的 PET 探测器安装在²²Na 源的一侧,将反射晶体(2 mm×2 mm×3 mm LYSO)安装在另一侧,如图 1 所示。其中²²Na 源的直径为 0.5 mm。一个 3 mm×3 mm 的 MPPC(Hamamatsu 的 S14160 - 3050HS 型)被耦合到参考晶体上,该参考探测器的时间抖动是 73 ps FWHM。参考探测器与放射源之间的距离是 30 mm,而待测 PET 探测器与源之间的距离是 10 mm。当参考探测器中选择 511 keV 光电事件时,对应在测试探测器上的辐照光束宽度估计小于 1 mm。参考探测器和²²Na 源被安装在一个移动平台上,该平台将沿着被测 LYSO 晶体的轴向长度移动以选择不同的位置(图 1)。我们在 5 个位置测试了探测器的深度分辨率(分别是距离 SiPM1 的前端 2 mm、6 mm、10 mm、14 mm 和 18 mm 的位置)。

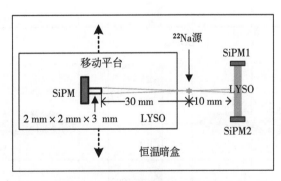

图 1   深度分辨率测试实验原理

图 2 为测试本工作研究的 PET 探测器时间性能的实验方法,双端读出的 PET 探测器被放置在离参考探测器 40 mm 远的地方,放射源被放置在两个探测器之间的中点,实验在环境温度为 18 ℃的密闭暗箱中进行测试。SiPM 的信号由 NINO 读出芯片[16] 进行信号处理,用于定时测量;也由放大器(AD8045)读出,用于能量测量。其中 NINO 的输出信号由泰克 DPO7254C 示波器读出,用于时间信息测量;SiPM 的电荷(能量)用采集卡板(PD2MFS, United Electronic Industries, INC., MA)

进行数字化。

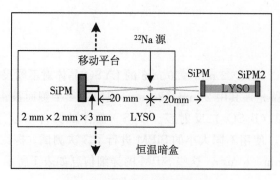

图 2　时间分辨率测试实验原理

1.3　数据分析方法

　　PET 探测器的所吸收伽马能量是 SiPM1 和 SiPM2 两端信号能量的总和。我们将 400 keV～600 keV 能量范围内的事件作为有效事件。通过取两个 SiPM 的时间戳的平均值，可以得到一个"简单平均"；此外，需要针对两个因素修正来获得 PET 探测器的正确时间信息。首先是湮灭光子在晶体中运行的速度和闪烁体产生的光子在晶体中运行的速度不同，其次影响 SiPM 时间信息的因素是不同能量带来的时间游走，通过使用能量计算的 DOI 比率也可以代表能量与时间游走关系，同时也给出了湮灭光子在探测器作用的深度位置信息，这两个影响因素通常造成时间与深度信息的非线性相关关系。为了减少这两个因素对时间分辨率带来的影响，我们通过使用三阶多项式函数对其进行校正，校正结果如图 3 所示。图 3 为探测器 1 使用 DOI 比率对双端 PET 探测器（SiPM1 和 SiPM2）进行校正时结果，图 4 为校正前后 PET 探测器 1 的时间分布。

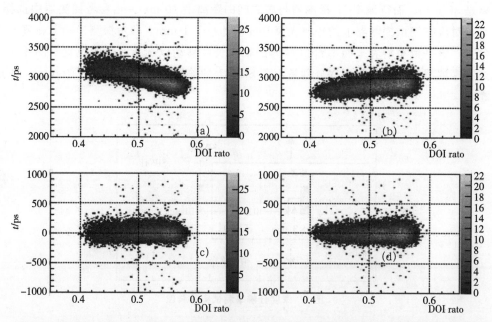

图 3　探测器 1 中使用 DOI 比率对双端 PET 探测器（SiPM1 ＋ SiPM2）进行校正的结果

（a）校正前 SiPM1 的时间与 DOI 比率；（b）校正前 SiPM2 的时间与 DOI 比率；

（c）校正后 SiPM1 时间与 DOI 比率；（d）校正后 SiPM2 时间与 DOI 比率

［注：DOI 比率的计算方法是 DOI 比率＝$E_{SiPM1}/(E_{SiPM1}+E_{SiPM2})$］

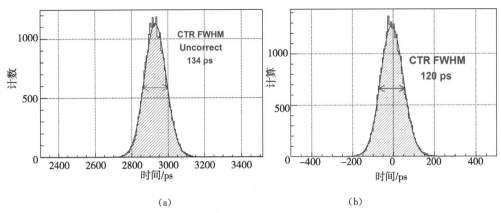

（a）   （b）

图 4　校正前后 PET 探测器 1 的时间分布

（a）探测器 1 校正前的时间分辨率；（b）探测器 1 校正后的时间分辨率

2　实验结果及分析

图 5 显示了在 5 个深度测量的 3 种 PET 探测器的 DOI 比率直方图，DOI 的峰值与 PET 探测器的深度呈线性变化关系。所有 PET 探测器都能提供良好的深度分辨率。使用 4 mm×4 mm Sensl SiPM 的探测器 DOI 分辨率最好。3 个探测器的平均深度分辨率分别为 2.34 mm FWHM、1.89 mm FWHM 和 2.23 mm FWHM。

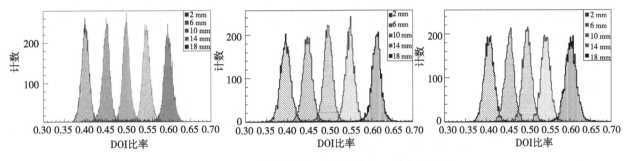

图 5　3 种 PET 探测器在不同深度的 DOI 比率直方图

（a）探测器 1；（b）探测器 2；（c）探测器 3

如图 2 所示，当 SiPM1 在光源前面时，测量了参考探测器与 3 种探测器的时间差。被测 PET 探测器的时间分辨率可以通过引用参考探测器的时间分辨率的影响来计算。因此，一对 PET 探测器的时间分辨率（CTR）可用下式计算

$$CTR_{\text{pair detector}} = \sqrt{2} \times \sqrt{CTR_{\text{measured}}^2 - Jitter_{\text{ref}}^2} \quad。 \tag{1}$$

其中，$CTR_{\text{pair detector}}$ 为两个相同探测器用于 PET 系统的时间分辨率；CTR_{measured} 为使用参考探测器测量的时间分辨率；$Jitter_{\text{ref}}$ 为参考探测器的时间分辨率。例如，探测器 1 测量的时间分辨率为 120 ps FWHM。使用式（1）可以得到探测器 1 的 CTR_{pair} 为 135 ps FWHM。

通过使用 SiPM1 的时间信息和 SiPM2 的时间信息的平均值，时间分辨率如表 2 所示。在深度信息校正和时间能量信息校正后，探测器的时间分辨率有了进一步的提升。探测器 1、探测器 2 和探测器 3 校正后的 FWHM CTR 分别为 135 ps、159 ps 和 201 ps。3 种探测器的能量分辨率和深度分辨率如表 2 所示。

表2 3种PET探测器性能对比

参数	探测器1	探测器2	探测器3
能量分辨率	(9.5±1.1)%	(11.2±0.8)%	(11.9±1.2)%
深度分辨率/mm	2.34±0.15	1.89±0.17	2.23±0.15
未修正时间分辨率/ps	159±3	193±3	219±2
修正后时间分辨率/ps	135±2	159±3	201±2

3 结论

本工作中，我们使用不同尺寸SiPM进行双端LYSO晶体的时间分辨率和深度分辨率的读出。在SiPM尺寸为3 mm×3 mm、4 mm×4 mm和6 mm×6 mm的情况下，3种探测器的深度分辨率均约为2 mm。其中Sensl 4 mm×4 mm的SiPM双端读出给出了最佳的DOI分辨率，这可能是因为它的微单元尺寸为35 mm×35 μm，而其他两种SiPM的微单元为50 mm×50 μm。由于微单元尺寸较小的SiPM在相同的光感面积内有更多的微单元数，其对可见光子测量的动态范围更好，不容易饱和。

从结果也可以看到，如果使用SiPM1和SiPM2两端时间信息的平均值，通过DOI校正和时间能量校正可以将时间分辨率提高20～30 ps。对于像[13]中的探测器设计，使用这些校正来获得更好的时间分辨率是很重要的。

使用3 mm×3 mm HPK S14160-3050HS SiPM的双读出探测器给出了最佳的时间分辨率，即135 ps FWHM。Sensl FJ40035 4 mm×4 mm达到159 ps FWHM，比使用HPK S14160-3050HS SiPM的检测器1略差。HPK S14160-6050HS SiPM双端读出检测器给出了201 ps FWHM和2.28 mm DOI分辨率。DOI分辨率不取决于SiPM的大小。然而，为了获得更好的时间分辨率，更小的SiPM尺寸是首选。另外，6 mm×6 mm的SiPM仍能达到200 ps的时间分辨率，而它所需要的读出通道数要少得多，因此它仍然适用于建造全身PET系统。

参考文献

[1] SURTI S. Update on time-of-flight pet imaging [J]. Journal of nuclear medicine, 2015, 56 (1)：98-105.

[2] SPANOUDAKIV C, LEVIN C S. Photo-detectors for time of flight positron emission tomography (ToF-PET) [J]. Sensors, 2010, 10 (11)：10484-10505.

[3] ZHANG J P, MANIA W, KNOPP M V. Performance evaluation of the next generation solid-state digital photon counting PET/CT system [J]. Ejnmmi research, 2018 (8)：16.

[4] REDDIN J, SCHEUERMANN J, BHARKHADA D, et al. Performance Evaluation of the SiPM-based Siemens Biograph Vision PET/CT System [M] // Advances in PETThe Latest in Instrumentation, Technology, and Clinical Practice. Berlin：Springer, 2018.

[5] BADAWI R D, SHI H C, HU P C, et al. First human imaging studies with the Explorer total-body PET scanner [J]. Journal of nuclear medicine, 2019, 60 (3)：299-303.

[6] YOSHIDA E. Four-layered DOI-PET detector with quadrisected top layer crystals [J]. Nuclear instruments & methods in physics research section a-accelerators spectrometers detectors and associated equipment, 2019 (933)：1-7.

[7] GU Z, AKINOR S, TAKASHI I, et al. Performance evaluation of HiPET, a high sensitivity and high resolution preclinical PET tomograph [J]. Physics in medicine and biology, 2020, 65 (4)：16.

[8] VANDENBROUCKE, A, FOUDRAY A M K, LAU F W Y, et al. Performance characterization of a new high resolution PET scintillation detector [J]. Physics in medicine and biology, 2010, 55 (19)：5895-5911.

[9] KUANG Z H, SANG Z R, WANG X H, et al. Development of depth encoding small animal PET detectors using dual-ended readout of pixelated scintillator arrays with SiPMs [J]. Medical physics, 2018, 45 (2)：613-621.

[10] LI M, ABBASZADEH S. Depth-of-interaction study of a dual-readout detector based on TOFPET2 application-spe-

cific integrated circuit [J]. Physics in medicine and biology, 2019, 64 (17): 8.

[11] XU J F. A preclinical PET detector constructed with a monolithic scintillator ring [J]. Physics in medicine and biology, 2019, 64 (15): 12.

[12] PIZZICHEMI M. A new method for depth of interaction determination in PET detectors [J]. Physics in medicine and biology, 2016, 61 (12): 4679 – 4698.

[13] Kuang Z H, QIAN Y, WANG X H, et al. Performance of a depth encoding PET detector module using light sharing and single – ended readout with SiPMs [J]. Physics in medicine and biology, 2019, 64 (8): 10.

[14] SEIFERT S, SCHAART D R. Improving the time resolution of TOF – PET detectors by double – sided readout [J]. IEEE transactions on nuclear science, 2015, 62 (1): 3 – 11.

[15] GUNDACKER S. Experimental time resolution limits of modern SiPMs and TOF – PET detectors exploring different scintillators and Cherenkov emission [J]. Physics in medicine and biology, 2020: 65 (2): 20.

[16] Anghinolfi F, JARROW P, MARTEMIYANOV A N, et al. NINO: an ultra – fast and low – power front – end amplifier/discriminator ASIC designed for the multigap resistive plate chamber [J]. Nuclear instruments & methods in physics research section a – accelerators spectrometers detectors and associated equipment, 2004, 533 (1 – 2): 183 – 187.

Dual readout PET detector study with different sizes of SiPM

LIU Zheng, YANG Yong-feng

(Shenzhen Institute of Advanced Technology, Chinese Academy of Sciences, Shenzhen, Guangdong 518055, China)

Abstract: Time – of – flight (TOF) technology is being used for the new clinical whole body positron emission tomography (PET) scanners. If depth encoding PET technique is implemented, the image quality of the clinical PET scanners can be further improved. We have selected 3 different commercially available silicon photomultipliers (SiPMs) used for clinical PET scanners. Their active areas are 3 mm× 3 mm, 4 mm× 4 mm and 6 mm× 6 mm. By coupling the two ends of a 2 mm× 2 mm× 20 mm Lutetium – yttrium oxyorthosilicate (LYSO) crystal with these SiPMs, we have studied their energy resolution, time resolution and depth of interaction (DOI) resolution. The energy resolution is in the range of 8.6% to 10.3% with small difference between these detectors. We obtained a full width half maximum (FWHM) coincidence time resolution (CTR) of 135 ps, 159 ps, and 201 ps for the Detector 1 (Hamamastu 3 mm× 3 mm SiPM), Detector 2 (Sensl 4 mm× 4 mm SiPM), and Detector 3 (Hamamastu 6 mm× 6 mm SiPM). All detectors give good DOI resolution of ∼ 2 mm and the DOI resolution does not depend on the SiPM size. To achieve better time resolution, the smaller SiPM size is preferred. On the other hand, as the 6 mm× 6 mm area SiPM can give ∼200 ps time resolution and requires much less readout channel numbers, it is still quite suited for building total body PET scanners, which need large area coverage of PET detectors.

Key words: Positron emission tomography; Time – of – flight; Silicon photomultiplier (SiPM); Depth of interaction

辐照效应
Irradiation Effect

目　录

电子辐照单晶金红石 TiO$_2$ 基的室温铁磁性研究

高旭东[1,2]，魏雯静[1,2]，李　彤[1,2]，李公平[1,2]*

（1. 兰州大学核科学与技术学院，甘肃　兰州　730000；

2. 兰州大学特殊功能材料与结构设计教育部重点实验室，甘肃　兰州　730000）

摘　要： 金红石 TiO$_2$ 因其优异的光电特性，在光催化、能源及耐核辐射涂料等领域有重要应用价值。金红石 TiO$_2$ 在含有本征缺陷或外部元素掺杂的状态时具有室温铁磁性（RTFM），是研制半导体自旋电子学器件的重要基础材料之一。电子辐照可以在样品中产生本征缺陷，通过改变电子能量及注量可控制缺陷的类型和浓度。本研究利用不同能量、不同注量的电子束对金红石 TiO$_2$ 样品进行辐照，并对辐照前后样品的微结构、磁学及光学特性进行测试表征，结果表明电子束辐照并未对样品的晶格体系产生明显的影响，同时所有样品均具有 RTFM，且自旋粒子的相对数目 N_s 的变化与饱和磁化强度 M_s 的变化基本一致，这是电子束辐照可以调控金红石 TiO$_2$ 样品的 RTFM 的直接证据，也是金红石 TiO$_2$ 的本征缺陷会引起 RTFM 的直接证据。

关键词： 室温铁磁性；电子辐照；光学特性；金红石 TiO$_2$

　　利用电子电荷属性制成的半导体器件在现代工业及信息产业等领域有着绝对的重要价值，随着传统半导体器件能耗及散热问题日趋严重，具有运算速度更快、能耗更低等优点的半导体自旋电子学器件逐渐成为关注的热点，而半导体自旋电子学器件发展面临的重大问题就在于寻找居里温度高于室温的材料。TiO$_2$ 是重要的第三代新型宽禁带半导体材料，具有优异的物理、化学特性，其禁带宽度为 3.02 eV，在光催化、能源、涂料及信息等领域有重要应用。21 世纪初，Matsumoto[1] 在 Ti$_{1-x}$Co$_x$O 薄膜样品中检测到室温铁磁性（Room Temperature Ferromagnetism，RTFM），且最高居里温度接近 400 K，一度掀起有关 TiO$_2$ 的 RTFM 起源的研究热潮，时至今日相关研究方兴未艾。关于其 RTFM 起源的因素主要有以下几个角度：①以 Mn、Co 等为代表的磁性掺杂离子的影响[2]，我们课题组[3] 前期对 Co 掺杂的金红石 TiO$_2$ 体系的微结构、磁学和光学特性进行了研究，结果表明，Co 掺杂会使金红石 TiO$_2$ 体系对外表现出 RTFM，且在不同的掺杂位置（O 位、Ti 位或间隙位）所产生的影响也不相同，包含 Co 替位 Ti、Co 替位 O 缺陷的体系中，Co 具有的局域磁矩分别为 1.93 μ_B 和 1.99 μ_B；②以 Cu、C 等为代表的非磁性掺杂离子的影响[4]，我们课题组[5-6] 前期开展了 Cu 掺杂对金红石 TiO$_2$ 的 RTFM 及光学特性的影响，结果表明 Cu:TiO$_2$ 体系的 RTFM 最有可能是由于 Cu 掺杂离子与 O 空位（V$_O$）形成的束缚磁极化子引起的；③以 V$_O$、Ti 空位（V$_{Ti}$）等为代表的本征缺陷的影响[7]，我们课题组[8-9] 前期也开展了 D－D 中子（2.45 MeV）和 ^{60}Co－γ 射线（1.17 MeV、1.33 MeV）辐照金红石 TiO$_2$ 的实验研究，结果表明：金红石 TiO$_2$ 中的 V$_O$ 和 V$_{Ti}$ 等本征缺陷对微结构、磁学和光学特性均有一定程度的影响。

　　电子辐照是一种可以更加有效地调控样品中缺陷的类型及浓度的方式，因为材料中不同类型原子的离位阈能不同，因此要使得不同类型的原子发生离位所需的电子束最低能量不同，即可以通过改变电子束能量来控制在样品中产生的缺陷类型，同时可以通过改变电子束注量控制样品中的缺陷浓度[10-11]。为进一步明确本征缺陷对金红石 TiO$_2$ 的微结构、磁学和光学特性的影响，我们开展了电子束辐照单晶金红石 TiO$_2$ 的研究。

作者简介： 高旭东（1996—），男，甘肃白银人，博士研究生，现主要从事射线与物质相互作用研究。

基金项目： 国家自然科学基金项目（11975006、11575074）；甘肃省科技重大专项项目（21ZD8JA002）。

1 实验方法

本研究所用的单晶金红石 TiO_2 样品是由德国 MaTeck 公司用浮区法制备的,样品被切割成 10 mm×10 mm×0.5 mm 的小块,单面抛光。根据我们前期研究结果[10],产生 V_O 的电子束最低能量为 0.12 MeV,而使得 Ti 原子发生离位的电子束所需的最小能量为 0.84 MeV,样品的电子束能量及注量信息统计如表 1 所示。所有样品在辐照后依次进行了微结构、磁学及光学等性质的测试,主要包括 XRD、Raman、XPS、SQUID、ESR、PL 及 UV-Vis 等。

表 1 样品信息统计表

编号	0#	1#	2#	3#	4#	5#	6#	7#	8#	9#	10#
能量/MeV	0	0.5					1.5				
注量/(electrons/cm²)	0	5E13	1E14	5E14	1E15	5E15	5E13	1E14	5E14	1E15	5E15

2 结果与讨论

2.1 电子束辐照对晶体结构的影响

图 1 是 1.5 MeV 的电子束辐照前后金红石 TiO_2 的 XRD 谱,可以看出,电子束辐照后,样品的主衍射峰[(002)主峰]发生轻微偏移,但并未出现明显改变,如 7# 样品的晶格常数变化最大,其变化量也仅为 0.24%;同样 0.5 MeV 的电子束辐照后的样品的衍射峰也并未发生明显改变,说明在本研究所涉及的注量范围内样品的微观结构没有发生较大的改变。同时,在衍射角为 56.14°、60.42° 和 60.97° 处出现小的衍射峰,对比标准 PDF 卡可知是由 TiO、Ti_3O_5 和 Ti_8O_{15} 等非化学计量成分导致的,但其相对含量非常低。

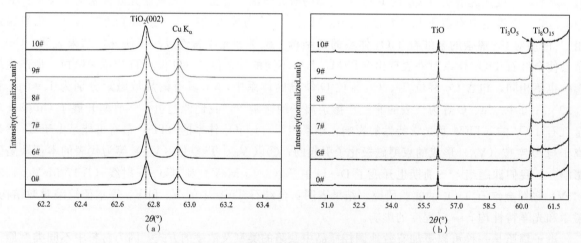

图 1 1.5 MeV 电子束辐照前后金红石 TiO_2 样品的 XRD 谱

(a)(002)主峰谱图;(b)非化学计量比成分谱图

图 2 是样品在电子束辐照前后的 Raman 谱。金红石 TiO_2 是典型的四方晶体结构(晶体点群是 D_{4h}^{14}),其 Raman 特征峰[12] 包含 234 cm⁻¹ (multi-proton process)、395 cm⁻¹ (E_g)、515 cm⁻¹ (A_{1g})和 635 cm⁻¹ (B_{2g})等。A_{1g} 特征峰的 FWHM 常被用来表征样品的辐照损伤情况,从内嵌图中可以看到,随着电子注量的增大,A_{1g} 特征峰的 FWHM 具有线性增长的趋势,说明随着电子束注量的增大,样品内部产生的辐照损伤也逐渐增大。但电子束辐照前后样品并未出现新的特征峰,即电

子束辐照并未对样品的晶格体系产生明显的影响，这进一步验证了 XRD 的测试结果。

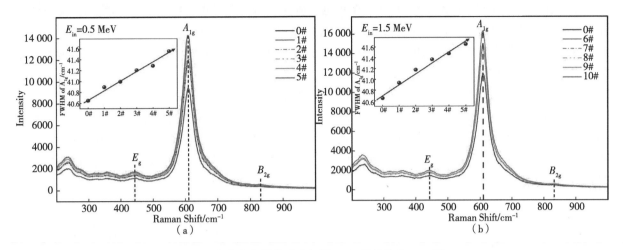

图 2　电子束辐照前后金红石 TiO₂ 样品的 Raman 谱

(a) $E_{in}=0.5$ MeV；(b) $E_{in}=1.5$ MeV

2.2　电子束辐照对磁性的影响

图 3 是金红石 TiO₂ 样品在电子束辐照前后的 M－H 曲线，可以看出，所有样品均具有 RTFM。对于完美的金红石 TiO₂，实验及理论计算结果均表明其不具有 RTFM，但在本研究中未辐照的样品（0♯）同样表现出 RTFM，这是由于实验所用的样品中存在 TiO 等非化学计量成分，即存在 V_O、V_{Ti} 等本征缺陷，而第一性原理计算结果表明（表2），V_O、V_{Ti} 等本征缺陷会导致晶格自旋极化，从而对外显示出磁性。为方便比较，我们将磁化强度按照每个样品的质量进行归一化。

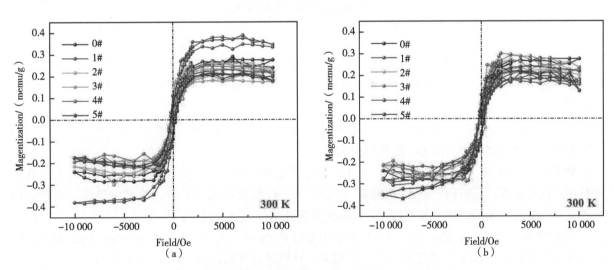

图 3　电子束辐照前后金红石 TiO₂ 样品的 M－H 曲线

(a) $E_{in}=0.5$ MeV；(b) $E_{in}=1.5$ MeV

表 2　金红石 TiO₂ 不同缺陷在富氧条件下的形成能及局域磁矩

	完美晶胞	V_O	Ti^{3+}	V_O+Ti^{3+}	Ti_i	Ti^{3+}_i	V_{Ti}	F^+
E_f/eV	—	5.286	2.830	−1.098	8.946	2.400	−0.082	0.060
Magnetic moment/μ_B	0	2.41	1.28	2.41	4.28	4.30	4.53	1.75

测试各样品在 2 K 时的 ESR 谱图，发现所有样品在 $g=2.003$ 时存在共振峰，这一 g 因子对应自由电子，在金红石 TiO_2 中是由 V_O 束缚一个单电子所导致的，根据式（1）可以由谱线的宽度 ΔH 及强度 I 确定样品中自旋粒子的相对数目 N_S[12]，可以看出样品的 M_s 与 N_S 随着电子注量的变化的趋势一致。这是电子束辐照可以调控金红石 TiO_2 样品 RTFM 的直接证据，也是金红石 TiO_2 的本征缺陷会引起 RTFM 的直接证据。

$$N_S \propto I \cdot \Delta H^2 \text{。} \tag{1}$$

根据前期计算，0.5 MeV 电子束辐照的样品中主要是 O 缺陷，而 O 间隙原子（O_i）很容易形成 O_2 分子从样品中溢出，因此不予考虑，即认为 1♯～5♯ 样品中只存在 V_O 及由 V_O 演化形成的 F^+ 等缺陷。从图 4a 中可以看出，M_s 最大的是 1♯ 样品，最小的是 5♯ 样品，而且随着电子束注量的增加，M_s 呈降低的趋势。

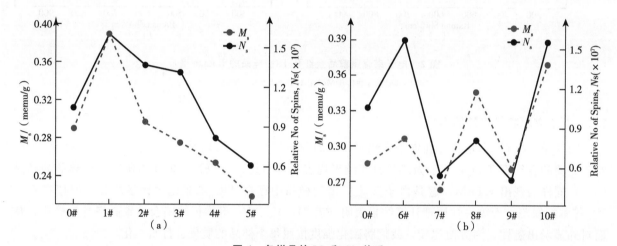

图 4　各样品的 M_s 和 N_s 关系
(a) $E_{in}=0.5$ MeV；(b) $E_{in}=1.5$ MeV

这可能是由于以下原因：V_O 对外显正电性，会吸引自由电子形成 F^+，如表 2 所示，单个的 F^+ 所产生的磁矩小于 V_O 产生的磁矩，从而会造成 M_s 减小；晶格中的 O、Ti 会通过式（2）的反应[13]产生 V_O+Ti^{3+}：

$$4\,Ti^{4+}+O^{2-} \rightarrow 4\,Ti^{4+}+2e^-/\diamond+0.5O_2 \rightarrow 2\,Ti^{4+}+0.5O_2+2\,Ti^{3+}+\diamond \text{。} \tag{2}$$

式中，$\diamond$ 代表晶格中去除 O^{2-} 离子后的空位。

对于 1.5 MeV 电子束辐照的样品，其 M_s 与电子注量之间的关系更为复杂，这主要是由于这些样品中不仅存在 V_O，还存在 V_{Ti}、Ti 间隙（Ti_i）、Ti-O 反位缺陷（Ti_O）、Ti_i^{3+} 缺陷等，而这些缺陷不仅产生的磁矩不同，还会相互转化，从而使得其磁学行为更为复杂。

从 ESR 谱图中可以看到，6♯、9♯ 样品中主要以 F^+ 为主；在 7♯ 样品中，$g=1.977$ 处存在峰值，这对应的是晶格中占据 Ti^{4+} 位置的 Ti^{3+}，根据第一性原理计算的结果，占据晶格中 Ti^{4+} 位置的 Ti^{3+} 产生的局域磁矩仅为 1.28 μ_B，因此 7♯ 样品的 M_s 较小；在 8♯ 样品的 ESR 谱图中，$g=1.960$ 处存在较强的峰，该峰是样品中 Ti_i^{3+} 引起的，单个 Ti_i^{3+} 引起产生的局域磁矩为 4.30 μ_B，所以导致 8♯ 样品的 M_s 较大；10♯ 样品在 $g=2.013$ 处存在峰值，该峰是样品中 $Ti^{4+}O^{2-}Ti^{4+}O^{·-}$ 基引起的。

O-1s 峰可以用来表征样品表面与 O 相关的缺陷。测试结果表明 O-1s 芯电子存在两个峰，其中将位于 530.6 eV 左右的峰记为 LBEC，一般认为是晶格中的 O^{2-} 原子和 Ti^{4+} 所导致的；而将位于 531.6 eV 左右的峰记为 HBEC，其来源主要有两种说法，一种是由 V_O 引起的；另外一种说法认为是由附着于样品表面的羟基导致的。应用 Gauss-Lorentz 函数进行分峰拟合的结果表明，0♯、1♯、2♯、3♯、4♯、5♯ 样品 HBEC 的峰面积分别为：33.0%、36.0%、32.0%、29.0%、29.0% 和

28.0%，可以看出，随着电子束注量的变化，HBEC 的峰面积占比趋势与 M_S 的变化趋势一致，这在一定程度上表明 HBEC 是由样品表面的 V_O 引起的。对 Ti-2p 芯电子的谱图进行分峰拟合后发现，Ti^{4+} $2p_{1/2}$ 和 $2p_{3/2}$ 的结合能分别为 464.0 eV 和 458.3 eV，间距为 5.7 eV，而 Ti^{3+} $2p_{1/2}$ 和 $2p_{3/2}$ 的结合能分别为 456.5 eV 和 462.0 eV，能级间距为 5.5 eV。Ti^{3+} 芯电子的峰面积的占比在一定程度上反映其相对含量，拟合结果表明，Ti^{3+} 峰面积占比与电子束之间并不存在明显的变化关系，即电子束辐照对表面 Ti 元素价态的影响并不明显。

2.3 电子束辐照对光学性质的影响

晶体材料中的晶格缺陷会破坏晶体内部的局部排列规则，产生缺陷能级，当外部光源照射时，电子会吸收能量在能级间跃迁，同时产生发光现象。通过测量电子束辐照前后金红石 TiO_2 样品的光致发光（Photoluminescence，PL）谱，可以得到样品内部的缺陷信息。如图 5 所示，金红石 TiO_2 的 PL 谱具有 3 个发光峰：~470 nm（~2.64 eV）、~610 nm（~2.03 eV）和~813 nm（~1.53 eV）。其中~470 nm 左右的发光峰是由 V_O 引起的；关于~610 nm 的发光峰目前没有明确的解释，Serpone 等[14] 将该发光峰归因于晶格中缺陷周围的离子极化；目前鲜有关于~813 nm 发光峰的研究报道，因此关于该发光峰的起因还未有明确的定论，结合前期利用 D-D 中子及 γ 射线辐照的研究中该发射峰在辐照前后均发生明显改变，我们认为这个发射峰是由 Ti^{3+} 或 F^+ 引起的。

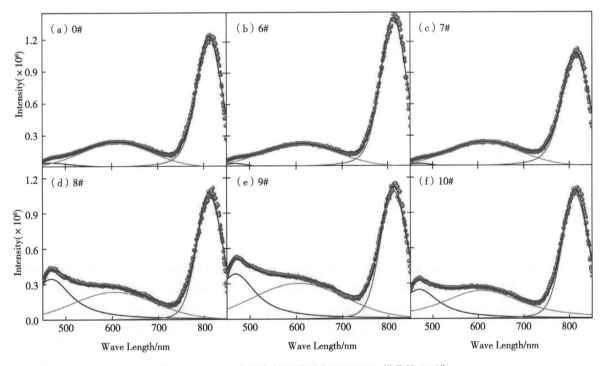

图 5　1.5 MeV 电子束辐照前后金红石 TiO_2 样品的 PL 谱

3 结论

在本研究中，我们分别利用能量为 0.5 MeV 和 1.5 MeV 电子束辐照的方式对金红石 TiO_2 的微结构、磁学和光学性质进行了研究。结果表明两种能量的电子束均对样品的微结构、磁学和光学性质产生了影响，0.5 MeV 的电子束在样品中产生的主要是 V_O 及 F^+，而 1.5 MeV 的电子束会同时使 O、Ti 原子离位，形成的缺陷类型更为复杂。所有样品的饱和磁化强度的变化趋势和样品中相对自旋粒子数目的变化趋势一致，这是电子束辐照可以调控金红石 TiO_2 样品 RTFM 的直接证据，也是金红石 TiO_2 的本征缺陷会引起 RTFM 的直接证据。

致谢

感谢中国科学院强磁场中心稳态强磁场实验装置给予 ESR 和 SQUID 测试的指导和帮助。

参考文献

[1] MATSUMOTO Y. Room – temperature ferromagnetism in transparent transition metal – doped titanium dioxide [J]. Science, 2001, 291 (5505): 854 – 856.

[2] DIETL T. A ten – year perspective on dilute magnetic semiconductors and oxides [J]. Nature materials, 2010, 9 (12): 965 – 974.

[3] LI T J, LI G P, MA J P, et al. Effect of Co^+ implantation on structural and optical properties in single – crystal TiO_2 [J]. Acta Phys. Sin., 2011, 60 (11): 492 – 496.

[4] COEY J. Dilute magnetic oxides [J]. Current opinion in solid state and materials science, 2006, 10 (2): 83 – 92.

[5] XU N N, LI G P, LIN Q L, et al. Structural and magnetic study of undoped and cu – doped rutile TiO_2 single crystals [J]. Journal of superconductivity and novel magnetism, 2017, 30 (9): 2591 – 2596.

[6] LIN Q L, XU N N, LI G P, et al. Carrier and vacancy mediated ferrimagnetism in Cu doped rutile TiO_2 [J]. Journal of materials chemistry C, 2021, 9 (8): 2858 – 2863.

[7] ALIVOV Y, GRANT T, CAPAN C, et al. Origin of magnetism in undoped TiO_2 nanotubes [J]. Nanotechnology, 2013, 24 (27): 275704.

[8] LIU H, LI G P, LIN Q L, et al. Oxygen vacancy – induced room temperature ferromagnetism in rutile TiO_2 [J]. Journal of superconductivity and novel magnetism, 2019, 32 (11): 3557 – 3562.

[9] LIN Q L, LI G P, XU N N, et al. A first – principles study on magnetic properties of the intrinsic defects in rutile TiO_2 [J]. Acta physica sinica, 2017, 66 (3): 037101.

[10] GAO X D, YANG D C, WEI W J, et al. Simulation study of electron beam irradiation damage to ZnO and TiO_2 [J]. Acta physica sinica, 2021, 70 (23): 234101.

[11] 高旭东, 孙淑义, 魏雯静, 等. 金红石 TiO_2 辐照损伤模拟研究 [J]. 计算物理, 2023 (9): 1 – 9.

[12] CHOUDHURY B, CHOUDHURY A. Room temperature ferromagnetism in defective TiO_2 nanoparticles: role of surface and grain boundary oxygen vacancies [J]. Journal of applied physics, 2013, 114 (20): 203906.

[13] ZHU Q, PENG Y, LIN L, et al. Stable blue TiO_{2-x} nanoparticles for efficient visible light photocatalysts [J]. Journal of materials chemistry A, 2014, 2 (12): 4429.

[14] SERPONE N, LAWLESS D, KHAIRUTDINOV R. Size effects on the photophysical properties of colloidal anatase TiO_2 particles: size quantization versus direct transitions in this indirect semiconductor? [J]. The journal of physical chemistry, 1995, 99 (45): 16646 – 16654.

Electron irradiation induced room – temperature ferromagnetism in single crystal TiO₂ substrates

GAO Xu-dong[1,2], WEI Wen-jing[1,2],
LI Tong[1,2], LI Gong-ping[1,2]*

(1. School of Nuclear Science and Technology, Lanzhou University, Lanzhou, Gansu 730000, China;

2. Key Laboratory of Special Functional Materials and Structural Design,

Ministry of Education, Lanzhou University, Lanzhou, Gansu 730000, China)

Abstract: Rutile TiO₂ has crucial application in photocatalysis, energy and nuclear radiation resistant coatings due to excellent properties. In addition, rutile TiO₂ has room temperature ferromagnetic (RTFM) when it contains intrinsic defects or doped by external elements, so it is one of the important basic materials for the development of spintronics. Electron irradiation can produce intrinsic defects, and the defect type and concentration can be controlled by the electron energy and fluence. In this study, rutile TiO₂ was irradiated by electron beam with different energy and different fluence. The microstructure, magnetic and optical properties before and after irradiation were characterized. Electron irradiation has no obvious effect on the lattice system, and all the samples show RTFM. The various of N_S is basically consistent with M_S, which is direct evidence that electron irradiation can regulate the RTFM of rutile TiO₂, and also proves that the intrinsic defects of rutile TiO₂ can cause RTFM.

Key words: Room temperature ferromagnetic; Electron irradiation; Optical properties; Rutile TiO₂

辐照后 HTR - 10 包覆燃料颗粒中的裂变产物分析

王桃葳，刘马林，陈晓彤*，赵宏生，刘　兵*

（清华大学核能与新能源技术研究院，北京　100084）

摘　要：三结构各向同性（TRISO）包覆燃料颗粒是高温气冷堆球形燃料元件的基本单元，在正常与事故工况下对裂变产物均具有极好的包容性。在事故工况时，单个颗粒中裂变产物的释放对燃料元件整体释放行为有重要影响。本研究使用电化学解体的方法获取了 3 个燃耗不同的燃料球中的包覆燃料颗粒，同时使用了伽马能谱对单个辐照后 TRISO 包覆燃料颗粒中裂变产物 Cs-137 的盘存量进行了无损及浸出分析。结果表明：辐照后元件内各单颗粒中的裂变产物含量基本均匀，但呈一定分布；随着燃耗深度的升高，颗粒间裂变产物含量差异上升；酸溶解液可浸出 TRISO 包覆燃料颗粒内绝大部分 Cs-137，表明不溶包覆层基体中的铯含量极少；本研究中未发现裂变产物显著流失的 TRISO 包覆燃料颗粒。

关键词：HTR-10；TRISO 包覆燃料颗粒；裂变产物

三结构各向同性（TRISO）包覆燃料颗粒是高温气冷堆球形燃料元件的基本组成部分，对各类裂变产物有较好的包容性。目前，在已有的 HTR-10、HTR-PM 燃料的辐照实验及 HTR-PM 的辐照后加热实验中，均未发现由于颗粒失效产生的裂变产物释放[1-3]。目前，我们正在开展对辐照及加热后 TRISO 包覆燃料颗粒的进一步研究。Cs-137 拥有极大的裂变产额（约 6.5%）和超长的长半衰期（30.07 年），同时也是高温气冷堆在线燃耗测量的指示核素，是首先关注的核素之一。根据美国的 AGR-2 加热实验后的分析结果，在 1600 ℃ 事故工况高温下，缺陷 TRISO 包覆燃料颗粒是主要的 Cs-137 释放源[4]。因此，研究单个 TRISO 包覆燃料颗粒中的 Cs-137 含量及分布，对更准确地预测铯在 TRISO 包覆燃料颗粒中的高温释放行为有重要作用。在前期研究中，我们发现不同区域 TRISO 包覆燃料颗粒中的裂变产物含量可能存在一些差异[5-6]，在本项研究中，我们对同一区域内的不同 TRISO 包覆燃料颗粒展开了分析。在清华大学核能与新能源技术研究院的乏燃料分析实验室中，通过多种技术手段开展了对辐照后球形燃料元件及 TRISO 包覆燃料颗粒内主要裂变产物 Cs-137 含量的研究。

1　高温气冷堆燃料球形元件与包覆燃料颗粒

球形燃料元件是高温气冷堆的核心技术之一，对保证反应堆的安全性起着至关重要的作用[7-8]。燃料元件由基体石墨及弥散在其中的 TRISO 包覆燃料颗粒组成，其结构如图 1 所示：外形为直径 60 mm 的球体，并包含直径约 50 mm 的燃料区及厚度为 5 mm 的非燃料区。无燃料区中不含 TRISO 包覆燃料颗粒，起到承受外压冲击、保护燃料区的作用[9-14]。燃料区中弥散有约 8500 个 TRISO 包覆燃料颗粒，其直径约为 0.92 mm，内部为 UO_2 燃料核芯，外部为 4 层包覆层：疏松热解炭层、内致密热解炭层、碳化硅层及外致密热解炭层。在反应堆正常运行条件下，TRISO 包覆燃料颗粒的各包覆层能够有效阻挡绝大部分放射性裂变产物的释放。HTR-10 燃料的设计卸料燃耗为 80 GWd/tU，本实验中选用了燃耗为 35 GWd/tU、12 GWd/tU 及 6 GWd/tU 的 3 枚燃料球进行研究。

作者简介：王桃葳（1992—），女，博士研究生，现主要从事 TRISO 包覆颗粒辐照后分析、裂变产物释放行为研究工作。

基金项目：中核英才项目及国家科技重大专项（ZX06901）。

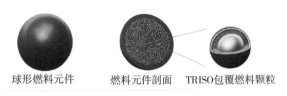

球形燃料元件   燃料元件剖面   TRISO包覆燃料颗粒

图 1 高温气冷堆球形燃料元件结构示意

2 实验装置

2.1 电化学解体获得辐照后 TRISO 包覆燃料颗粒

对辐照后 TRISO 包覆燃料颗粒开展裂变产物分析前，需将其从球形燃料元件中分离。由于 TRISO 包覆燃料颗粒弥散分布在球形燃料元件中，且与石墨基体结合紧密[15]。目前，我们采用了电化学解体的方法，将 TRISO 包覆燃料颗粒温和剥离。实验时通过控制硝酸电解质与燃料元件样品的接触面实现对辐照后球形燃料元件指定区域的取样。

辐照后燃料元件的电化学解体分为两步进行，如图 2 所示。先将燃料元件解体为圆柱体状，之后通过控制样品柱与电解液的接触面积实现定量分区域解体，过程中分别收集每步解体样品的包覆燃料颗粒。解体完成后，得到球形燃料元件沿径向不同区域位置的 10 组解体产物。前期研究结果表明不同区域间燃耗差异不大[6]，因此本实验中在每个燃料球中随机选用了其中来自两组中的 10 枚颗粒样品，分别进行单颗粒直接测量及溶解测量。

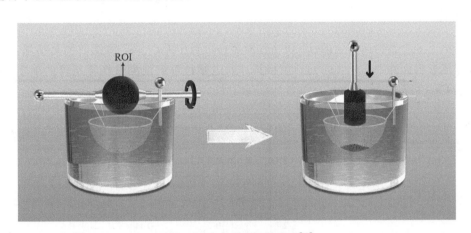

图 2 两步电化学解体示意[16]

2.2 单颗粒裂变产物测量装置

为了对单个 TRISO 包覆燃料颗粒中的放射性核素进行准确分析，我们在热室内建立了单颗粒裂变产物测量装置，如图 3 所示。装置主要组成部分为：用于信号采集的 HPGe 探测器、用于单个 TRISO 包覆燃料颗粒移动的颗粒抓取装置及 XY 运动载台。其中，X 轴轨道用于移动颗粒抓取装置，以便从料管中取放颗粒；Y 轴轨道用于调整测量距离以适应不同活度的样品。考虑到包覆燃料颗粒体积极小，在测量时作为点源处理。实验前使用标准点源对该系统进行能量及效率校准。此方法结果的不确定度为点源不确定度与净峰面积不确定度的平方和，约为 0.3%。

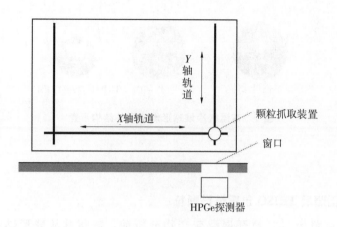

图3 单颗粒裂变产物测量装置

2.3 TRISO包覆燃料颗粒的破碎溶解

辐照后TRISO包覆燃料颗粒中的裂变产物可能存在于核芯、反冲层或扩散至各包覆层中。通过将TRISO包覆燃料颗粒破碎溶解，并测量溶解液中裂变产物的含量，可以获得裂变产物在各组分中的存在比例。本实验中我们将每组10个TRISO包覆燃料颗粒破碎后，使用8 mol/L硝酸混合少量氢氟酸对破碎物进行溶解。溶解后将不溶的碳化硅及热解炭碎壳滤出后，采用HPGe探测器测量溶解液中的Cs-137含量。

3 结果与讨论

图4中展示了3个燃料球对应的TRISO包覆燃料颗粒中Cs-137活度的测量结果，对比了直接测量、通过球形燃料元件中Cs-137总活度换算、通过颗粒溶解液测量换算所得的单个TRISO包覆燃料颗粒中的Cs-137活度。

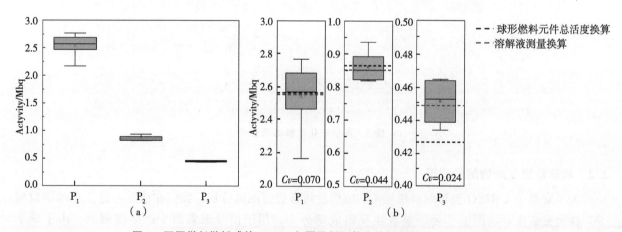

图4 不同燃耗燃料球的TRISO包覆燃料颗粒中的单颗粒Cs-137活度

（a）汇总；（b）局部放大及不同测试方法结果比较

3.1 同一燃料球内的颗粒内裂变产物含量对比

由图4可知，3组样品中的单个TRISO包覆燃料颗粒内的Cs-137活度均呈现一定分布。其中燃耗约为35 GWd/tU的P₁球中Cs-137颗粒间差异较大，且发现P₁球中Cs-137活度最低，TRISO包覆燃料颗粒中的Cs-137含量仅为均值的0.84。值得注意的是，在TRISO包覆燃料颗粒的生产中，通过溶胶凝胶工艺生产的核芯尺寸同样呈现一定分布，由此引入的体积变化约为±15%。因此，造成该颗粒活度较低的具体原因需要通过对比不同裂变产物的含量进一步详细分析，目前无法判断是否为缺陷颗粒及产生原因。

为了对比 3 组 Cs – 137 活度范围不同样品的活度离散程度，我们使用变异系数作为指标，如式（1）所示，式中 σ 为标准差，μ 为平均值。

$$C_v = \frac{\sigma}{\mu}。 \tag{1}$$

结果表明，随着燃耗的加深，颗粒间 Cs – 137 活度的离散程度升高。目前造成该现象的原因暂不明确，后续将对更大样本量开展研究。

3.2 无损与溶解结果对比

3 组结果中，通过溶解液中 Cs – 137 活度换算所得的单颗粒中 Cs – 137 活度与直接测量的平均值基本一致，且不同燃耗间无显著差异。这表明在此燃耗及温度范围内，铯主要集中在氧化物核芯、包覆层孔隙及界面处，并且与燃耗深度无显著关联。颗粒中绝大多数铯可以被酸液溶解，不溶基体中的铯含量较少，因此在评估裂变产物释放的计算时，可以将源项近似为仅存在于核芯中。该结果可为后续裂变产物的释放计算中的源项分布提供输入。

3.3 燃料元件总活度与单个 TRISO 包覆燃料颗粒活度对比

对于燃耗约为 35 GWd/tU 的燃料球和约为 12 GWd/tU 的燃料球，由燃料元件中 Cs – 137 总活度推算所得的单颗粒活度与测量值基本一致，均小于 1%。但对于本次实验中燃耗约为 6 GWd/tU 的燃料球，推算值相较于直接测量值偏低 5.5%。

4 结论

本文通过对辐照后 HTR – 10 球形燃料元件及 TRISO 包覆燃料颗粒样品中 Cs – 137 含量进行研究，得到以下结论：辐照后球形燃料元件中各 TRISO 包覆燃料颗粒中的裂变产物含量基本均匀，但呈一定分布；随着燃耗深度的升高，颗粒间裂变产物含量差异上升；绝大多数 Cs – 137 位于核芯、包覆层孔隙及界面处，表明不溶包覆层，尤其是碳化硅层基体中的铯含量极少。

参考文献：

[1] FREIS D, EL ABJANI A, CORIC D, et al. Burn – up determination and accident testing of HTR – PM fuel elements irradiated in the HFR Petten [J]. Nuclear engineering and design, 2020, 357：110414.

[2] TANG C, FU X, ZHU J, et al. Comparison of two irradiation testing results of HTR – 10 fuel spheres [J]. Nuclear engineering and design, 2012 (251)：453 – 458.

[3] KNOL S, DE GROOT S, SALAMA R V, et al. HTR – PM fuel pebble irradiation qualification in the high flux reactor in Petten [J]. Nuclear engineering and design, 2018 (329)：82 – 88.

[4] STEMPIEN J D, HUNN J D, MORRIS R N, et al. AGR – 2 TRISO fuel post – irradiation examination final report [R]. Idaho Falls：Idaho National Labboratory, 2021.

[5] 王桃葳, 贺林峰, 李彩霞, 等. 辐照后 HTR – 10 球形燃料元件电化学解体及裂变产物分布研究 [J]. 原子能科学技术, 2022, 56 (S1)：92 – 99.

[6] WANG T, CHEN X, HE L, et al. A comparison study on the burnup of HTR – 10 fuels using radiometric and mass spectrometric methods [J]. Progress in nuclear energy, 2023 (156)：104535.

[7] OGAWA M. Inherently – safe high temperature gas – cooled reactor [M] //Zero – carbon energy Kyoto 2012. Berlin：Springer, 2013：183 – 194.

[8] ZHANG Z Y, DONG Y J, LI F, et al. The Shandong Shidao Bay 200 MWe high – temperature gas – cooled reactor pebble – bed module (HTR – PM) demonstration power plant：an engineering and technological innovation [J]. Engineering, 2016, 2 (1)：112 – 118.

[9] ZHAO H, LIANG T, ZHANG J, et al. Manufacture and characteristics of spherical fuel elements for the HTR-10 [J] . Nuclear engineering and design, 2006, 236 (5): 643-647.

[10] TANG C H, TANG Y P, ZHU J G, et al. Research and development of fuel element for Chinese 10 MW high temperature gas-cooled reactor [J] . J Nucl Sci Technol, 2000, 37 (9): 802-806.

[11] TANG C H, TANG Y P, ZHU J G, et al. Design and manufacture of the fuel element for the 10 MW high temperature gas-cooled reactor [J] . Nucl ear engineering and design, 2002, 218 (1-3): 91-102.

[12] ZHOU X W, LU Z M, JIE Z, et al. Preparation of spherical fuel elements for HTR-PM in INET [J] . Nucl ear engineering and design, 2013 (263): 456-461.

[13] 张纯, 唐春和. 高温气冷堆包覆颗粒燃料微球抽样研究 [J]. 清华大学学报: 自然科学版. 1995, 35 (6): 5.

[14] 朱钧国, 杨冰, 张秉忠, 等. 高温气冷堆包覆燃料颗粒研制 [J]. 核动力工程, 1997, 18 (3): 67

[15] HE J, ZOU Y W, QIU X L, et al. Fabrication of spherical fuel element for 10 MW high temperature gas-cooled reactor [J] . Atomic energy science and technology, 2003 (37): 40-44.

[16] JIAO Z, ZHANG C, ZHANG W, et al. Effect of water molecules co-intercalation and hydrolysis on the electrochemical deconsolidation of matrix graphite in aqueous nitric acid [J] . Carbon, 2022 (192): 187-197.

Fission product analysis of post-irradiated TRISO particles for HTR-10

WANG Tao-wei, LIU Ma-lin,
CHEN Xiao-tong*, ZHAO Hong-sheng, LIU Bing*

(Institute of Nuclear and New Energy Technology, Tsinghua University, Beijing 100084, China)

Abstract: TRISO coated fuel particles are the basic units of spherical fuel elements in high-temperature gas-cooled reactor, having excellent retainability to fission products under normal and accident conditions. The release of fission products from individual particles under accident conditions can greatly impact the overall release behavior of fuel elements. In this study, electrochemical deconsolidation method was used to obtain single coated fuel particles from three fuel elements with varying burnups, and Cs-137 radioactivity of single particles was analyzed using both non-destructive method and crushing and leaching methods. The results showed that the fission product content in a single particle within the fuel element was basically uniform but with a certain distribution after irradiation. With the increase of burnup, the dispersion of fission product content between particles increases. Acid dissolution can leach out most of the Cs-137 inside the TRISO particles, indicating that the cesium content in the insoluble coating matrix is very small. No significant loss of fission products was found in the TRISO coated fuel particles in this study.

Key words: HTR-10; TRISO particles; Fission products